Office
餐旅應用綜合實例

適用Office 2019/2016

☑ Word
☑ Excel
☑ PowerPoint

about...

這是一本專門為「餐旅」相關科系所編撰的Office書籍，以經常會遇到的實務應用範例，引導讀者學習如何活用Office軟體。

全書依照軟體性質分為：Word、Excel及PowerPoint三篇，各篇包含五個實用範例，再以「合併列印」的綜合應用做為最後的Ending！

其實不管讀者將來或目前從事哪一個行業，Office辦公室軟體都是必須具備的基本技能。軟體學習程度可深可淺，最重要的是：學會如何應用在實際的工作或生活中。

本書淺顯易懂，簡單的操作步驟，加上詳細的圖文標示，再搭配高畫質語音教學，相信可以讓讀者輕鬆學習、舉一反三。有了基本的操作技巧和正確觀念做基礎，將可往更精進的學習邁進！

本書編撰期間，感謝碁峰資訊出版企劃部同仁給予各方面的協助，更誠摯的感謝購買本書的讀者，您的支持是鼓勵作者繼續堅持下去的動力，謝謝！

郭姮劭

下載說明：
本書影音教學、範例檔請至碁峯網站下載
http://books.gotop.com.tw/download/AEI007600，檔案為 ZIP 格式，請讀者自行解壓縮。

contents...

01.餐飲競賽報名表

圖片和表格是文件中經常出現的元素，圖片可以美化文件，而表格可以讓內容呈現結構及條理化。

學生創意料理烹飪大賽報名表

基本資料			
姓名		身份證號	
電話(家)		手機號碼	
電子郵件			
聯絡地址			
就讀學校		科系年級	
資料附件			
身份證正面影本		2吋照片	

- ✓ 主辦單位：全國廚藝協會
- ✓ 協辦單位：進口食品商聯合會
- ✓ 參賽者填寫完畢後，請將報名表寄至：

115 台北市南港區三重路 88 號 8 樓之 8

「創意料理烹飪主辦單位」收

02.飲品價目表

利用文字藝術師美化標題，以美術效果處理背景圖片，搭配表格和線上圖案，可以設計出精美的價目表。

咖啡品項	中杯	大杯
經典美式	60	80
經典卡布奇諾	120	140
經典拿鐵	120	140
香草拿鐵	130	150
蜂蜜拿鐵	130	150
黑糖拿鐵	130	150
摩卡	140	160
焦糖瑪奇朵	140	160

05.成果發表會手冊

經由前面各章所學習到的文件製作方法，利用樣式製作目錄，加上封面後，即可完成發表會手冊的製作。

06.製作餐點訂單

在儲存格中輸入文字和插入影像，再將儲存格範圍進行合併與美化，即可輕鬆完成餐點訂單的製作。

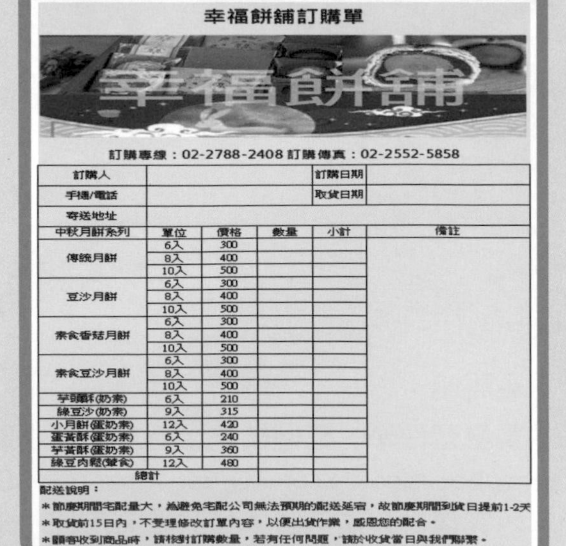

幸福餅舖訂購單

訂購專線：02-2788-2408 訂購傳真：02-2552-5858

訂購人				訂購日期	
手機/電話				取貨日期	
寄送地址					

中秋月餅系列	單位	價格	數量	小計	備註
傳統月餅	6入	300			
	8入	400			
	10入	500			
豆沙月餅	6入	300			
	8入	400			
	10入	500			
素食香菇月餅	6入	300			
	8入	400			
	10入	500			
素食豆沙月餅	6入	300			
	8入	400			
	10入	500			
芋頭酥(奶素)	6入	210			
綠豆沙(奶素)	9入	315			
小月餅(蛋奶素)	12入	420			
蛋黃酥(蛋奶素)	6入	240			
芋黃酥(蛋奶素)	9入	360			
綠豆肉鬆(葷食)	12入	480			
總計					

配送說明：

* 節慶期間宅配量大，為避免宅配公司無法預期的配送延宕，故節慶期間到貨日提前1-2天
* 取貨前15日內，不受理修改訂單內容，以便出貨作業，感恩您的配合。
* 顧客收到商品時，請核對訂購數量，若有任何問題，請於收貨當日與我們聯繫。
* 農曆8/1-8/15宅配送達時間需1-2天，不便之處敬請包涵。

03.美食DM

藉由多張精美圖片和文字方塊，靈活運用物件格式與圖案樣式的設定，可以製作出圖文並茂的餐飲 DM。

04.滿意度問卷調查表

「問卷調查表」是各行各業中經常看到的一種表格，可以透過收集顧客的意見，來改善經營的有效方式。

EST. 1999 Italian cuisine

用餐滿意度調查表

我們非常重視每一位貴賓用餐的感受，希望藉由這份問券，了解您本次用餐的滿意度，這將做為我們改進及提供更高品質服務的參考。感謝您提供寶貴的意見，也歡迎您再度光臨！

姓名：＿＿＿＿＿＿＿＿ 消費日期：＿＿＿＿＿＿＿＿
電話：＿＿＿＿＿＿＿＿ 消費時間：＿＿＿＿＿＿＿＿
e-mail：＿＿＿＿＿＿＿＿＿＿＿＿＿＿＿＿＿＿＿＿

※ 1 分代表「最不滿意」，5 分為「最滿意」。

項目	評分					意見說明
※餐飲滿意度	1	2	3	4	5	
口味	□	□	□	□	□	＿＿＿＿
新鮮度	□	□	□	□	□	＿＿＿＿
份量	□	□	□	□	□	＿＿＿＿
價格	□	□	□	□	□	＿＿＿＿
※服務滿意度	1	2	3	4	5	
人員專業度	□	□	□	□	□	＿＿＿＿
人員親切度	□	□	□	□	□	＿＿＿＿
上菜速度	□	□	□	□	□	＿＿＿＿
※清潔衛生	1	2	3	4	5	
桌面	□	□	□	□	□	＿＿＿＿
餐具	□	□	□	□	□	＿＿＿＿
洗手間	□	□	□	□	□	＿＿＿＿

Thank you!

07.員工薪資費用表

不管是差旅費用、薪資預算、人事資料、銷貨記錄、庫存管理…等，只要是資料庫型式的內容，都可透過 Excel 輕鬆建立與管理，進行分析以取得所需的資訊。

員工薪資費用表

編號	部門	職務	姓名	基本薪資	工作津貼	加班費	勞保自付額	健保自付額	實領薪資
E001	業務	經理	方達敏	60,000	5,000	2,500	962	678	65,860
E002	業務	副理	劉曉天	50,000	3,000	3,000	802	813	54,385
E003	業務	主任	王文銘	35,000	2,000	3,000	605	405	38,990
E004	業務	專員	朱志勳	30,000	1,000	3,500	579	388	33,533
E005	業務	專員	林敏慧	28,000	1,000	5,000	504	338	33,158
E006	資訊	主任	李佳雯	38,000	2,000	5,000	605	405	43,990
E007	資訊	專員	何忠明	32,000	1,000	5,000	579	388	37,033
E008	資訊	專員	李芳珠	32,000	1,000	5,000	579	388	37,033
E009	行政	副理	周瑞奇	40,000	3,000	3,000	605	813	44,582
E010	行政	主任	楊文音	35,000	2,000	3,500	605	405	39,490
E011	行政	專員	江政平	28,000	1,000	5,000	504	388	33,108
E012	行政	專員	劉文明	26,000	1,000	5,000	504	355	31,141
E013	會計	副理	張杰平	40,000	3,000	3,000	605	813	44,582
E014	會計	主任	吳興國	33,000	2,000	2,000	605	388	36,007
E015	會計	專員	曾志銘	26,000	1,000	3,000	504	321	29,175
	加總			533,000	29,000	56,500	9,147	7,286	602,067

08.客戶滿意度分析圖表

收集顧客的問卷調查結果後，在 EXCEL 進行數據統計，再繪製成易於檢視與分析的圖表，可以做為餐飲品味調整或服務品質改善的有力依據。

顧客用餐滿意度調查

顧客編號	回覆代號
VIP001	2
VIP002	3
VIP003	4
VIP004	4
VIP005	3
VIP006	4
VIP007	3
VIP008	4
VIP009	4
VIP010	1
VIP011	3
VIP012	2
VIP013	3
VIP014	4
VIP015	4
VIP016	4
VIP017	2
VIP018	3
VIP019	3
VIP020	3
VIP021	4
VIP022	1
VIP023	2
VIP024	4
VIP025	3
VIP026	4
VIP027	1
VIP028	4
VIP029	4
VIP030	3

代號	說明	小計
1	不滿意	3
2	尚可	4
3	滿意	10
4	非常滿意	13

顧客滿意度分析

14 12 10 8 6 4 2 0
不滿意 尚可 滿意 非常滿意

顧客滿意度分析圖

10% 13% 34% 43%
不滿意 尚可 滿意 非常滿意

*這份顧客滿意度分析，是由抽樣30位VIP顧客的意見調查所得的數據，調查期間為5月份，針對餐飲、服務及清潔衛生等三個項目所做的調查。

contents...

09.產品銷售排行榜

針對營業的商品，定期做銷售數據統計，可以做為物料來源訂購與庫存控管，和改進產品的參考。

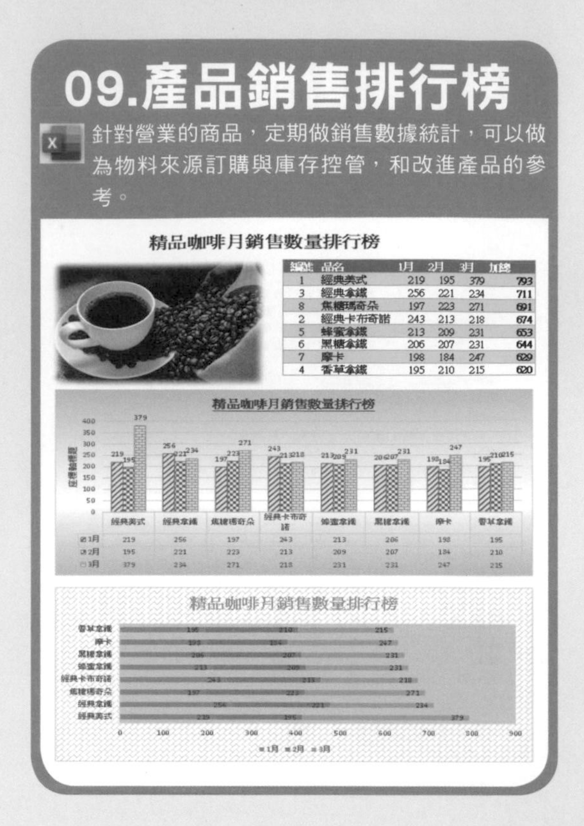

編號	品名	1月	2月	3月	加總
1	經典美式	219	195	379	793
3	經典拿鐵	256	221	234	711
8	焦糖瑪奇朵	197	223	271	691
2	經典卡布奇諾	243	213	218	674
5	蜂蜜拿鐵	213	209	231	653
6	黑糖拿鐵	206	207	231	644
7	摩卡	198	184	247	629
4	香草拿鐵	195	210	215	620

10.連鎖分店銷售比較與分析

連鎖業者定期將各分店的收入資料建立後，透過分析圖表，清楚了解各店家和各項產品的營收狀態，幫助經營者管理和決策。

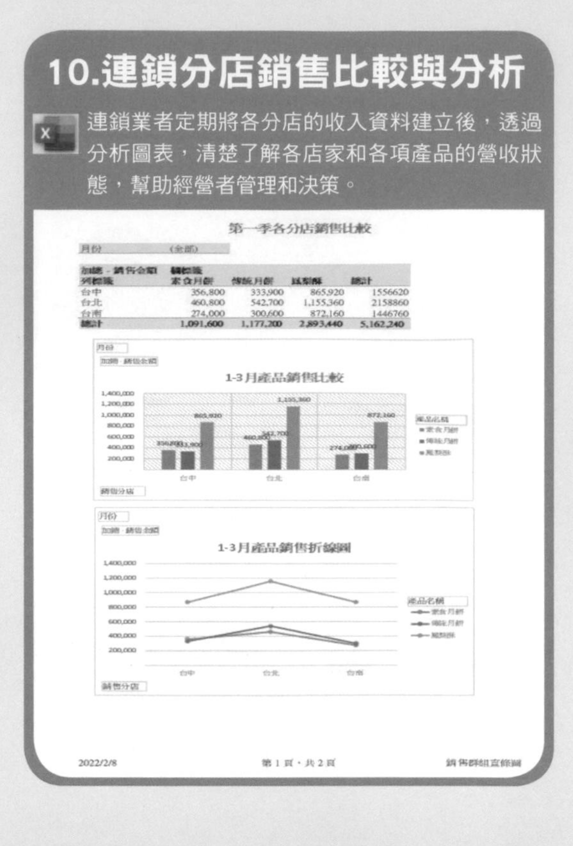

13.員工教育訓練

利用投影片的預設版面配置，可以製作包含文字以外的內容，視覺化的呈現方式，更容易傳達簡報的宗旨。

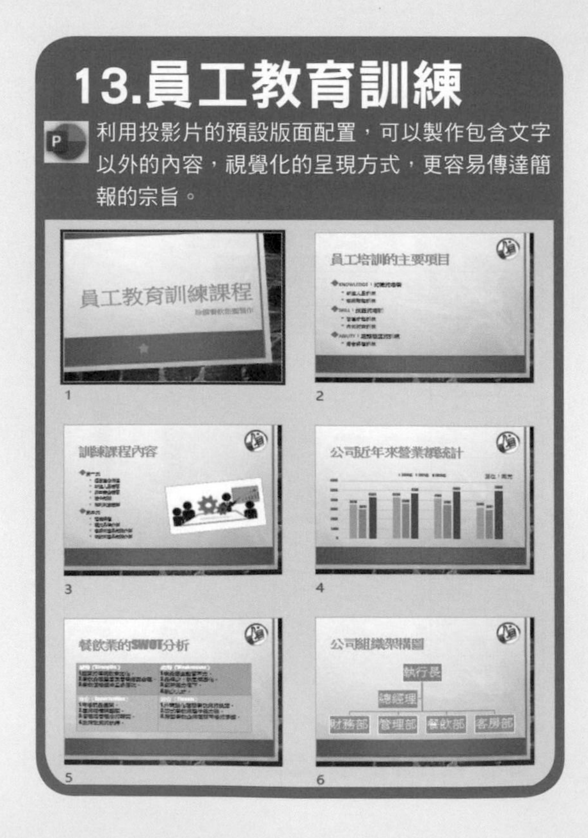

14.新品上市企劃書

為簡報元素加上動畫和音效，投影片加上編號並設定切換效果，可以豐富簡報並增加可看性。

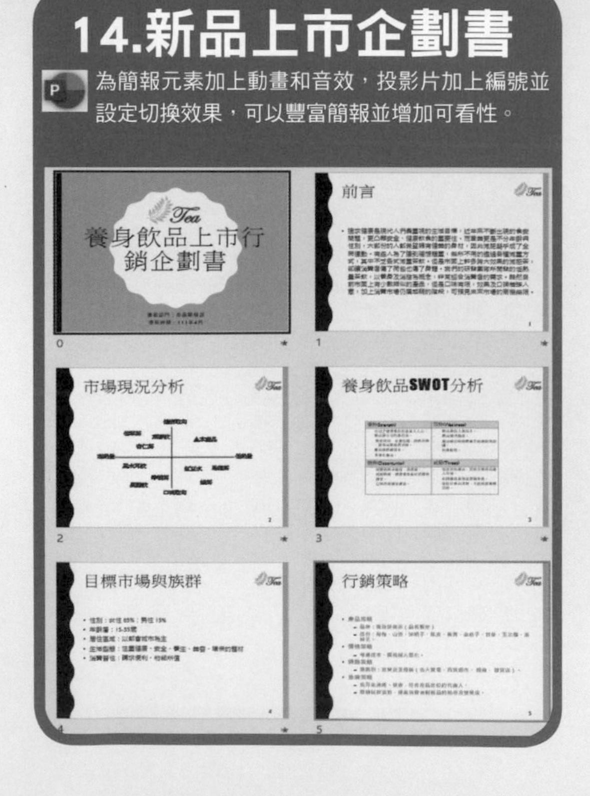

11.餐飲美食介紹

Microsoft PowerPoint 中提供豐富、專業又多元化的素材，很適合用來介紹美食餐飲，吸引消費者的目光。

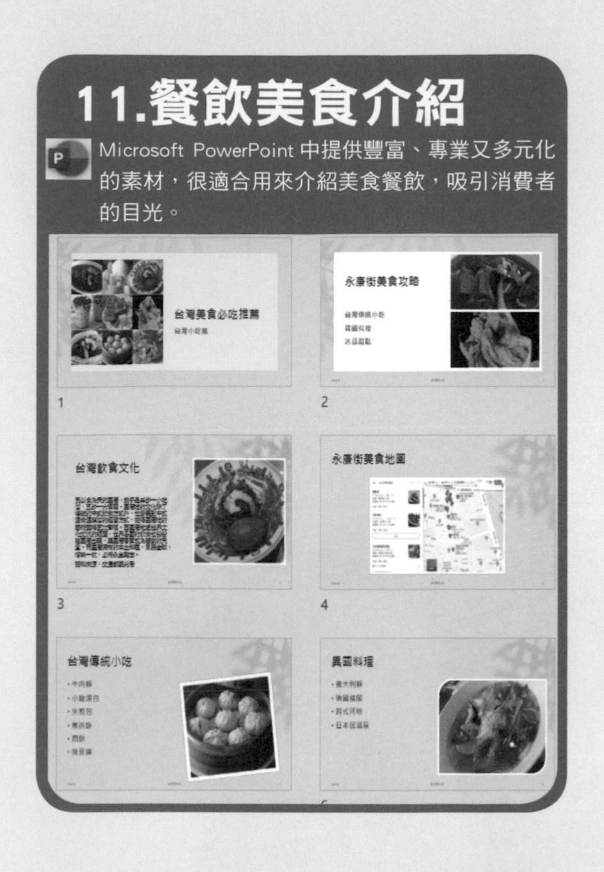

12.美食製作DIY

言簡意賅的文字和美觀的圖片，是成功簡報的基本要素，加上影音多媒體的助陣，可以讓簡報更具說服力。

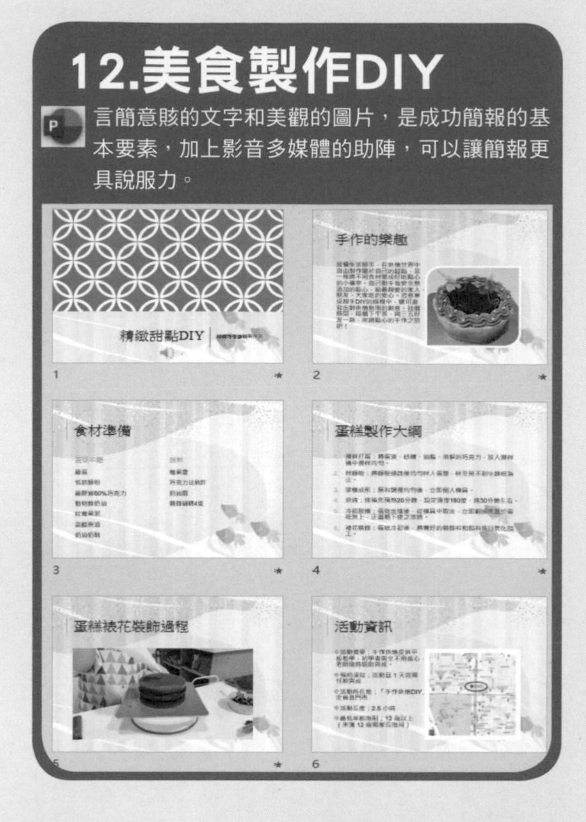

15.世界旅遊景點介紹

「相簿」功能，可以將多張影像同時擷取到新簡報中，加上文字說明或備忘稿，以超連結或動作按鈕控制投影片的播放順序，快速完成旅遊相簿的建立。

16.開幕邀請函-合併列印

透過 Word「合併列印」的功能，可以將邀請函與通訊錄資料庫中的資訊結合在一起，寄送給要通知的對象。

Word 篇

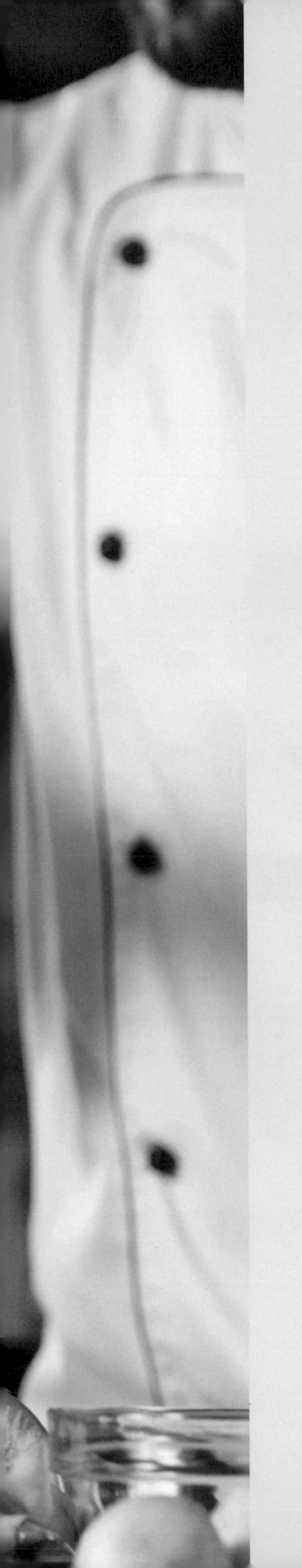

餐飲競賽報名表

文件中的主體一般由文字所組成，而表格可以讓內容的呈現結構化及條理化，更容易傳達文件的使用目的。

學生創意料理烹飪大賽報名表

基本資料			
姓名		身份證號	
電話(家)		手機號碼	
電子郵件			
聯絡地址			
就讀學校		科系年級	
資料附件			
身份證正面影本		2吋照片	

✓ 主辦單位：全國廚藝協會

✓ 協辦單位：進口食品商聯合會

✓ 參賽者填寫完畢後，請將報名表寄至：

115 台北市南港區三重路 88 號 8 樓之 8

「創意料理烹飪主辦單位」收

學習目標

- 建立新文件
- 文件的版面配置
- 輸入文字並格式化
- 插入表格
- 儲存格的選取與對齊
- 調整表格欄寬/列高
- 合併/分割儲存格
- 設定儲存格網底
- 插入符號
- 儲存文件

1.1 建立新文件

1 啟動 **Word**，在開始畫面的「常用」標籤點選「空白文件」縮圖。

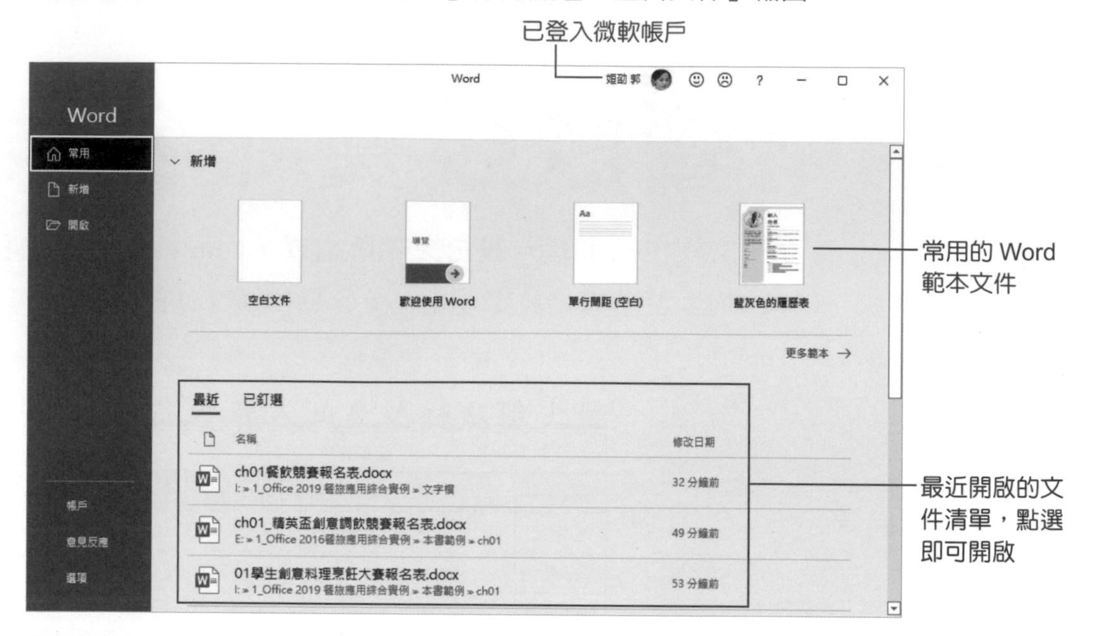

2 開啟空白新文件，檔案自動命名為「文件 **1**」，預設的文件為「**A4**」尺寸、「直向」的版面配置。

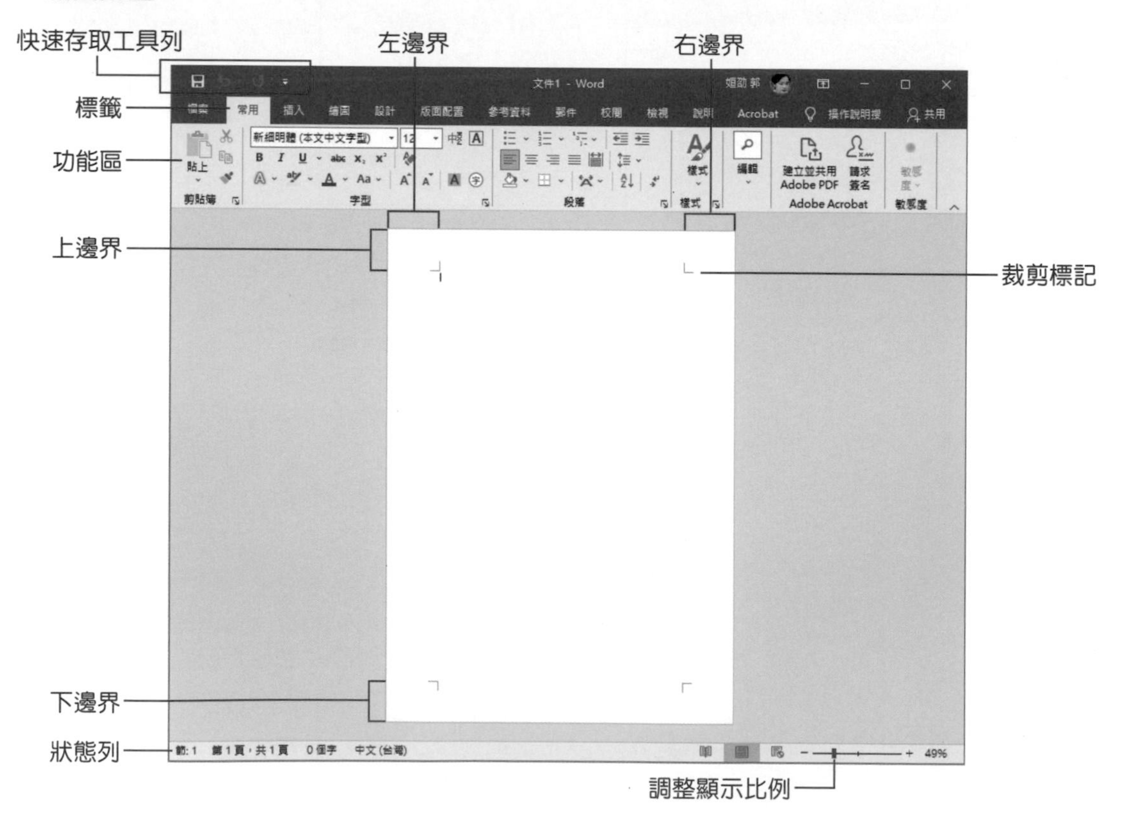

1.2 文件的版面配置

1 點選「版面配置」標籤，執行「版面設定 > 大小」指令，可以選擇預設的文件尺寸。

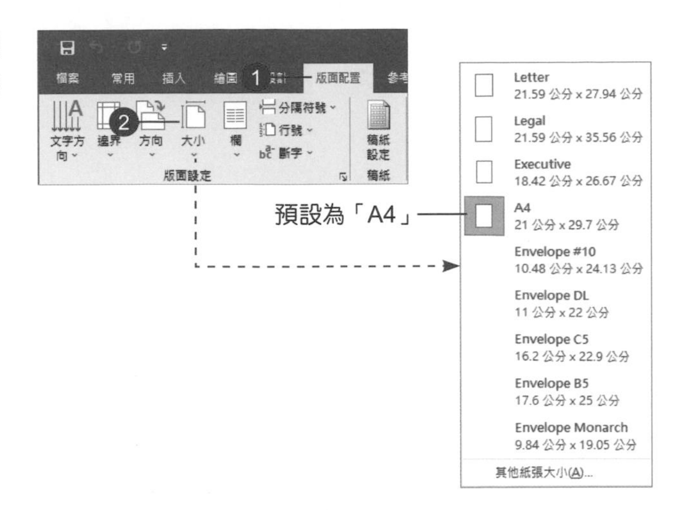

2 執行「版面設定 > 方向」指令，可以變更文件的方向。

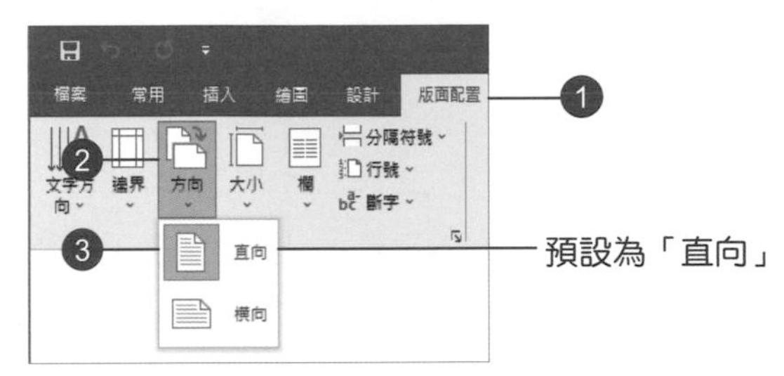

3 執行「版面設定 > 邊界」指令，可以變更文件的邊界。

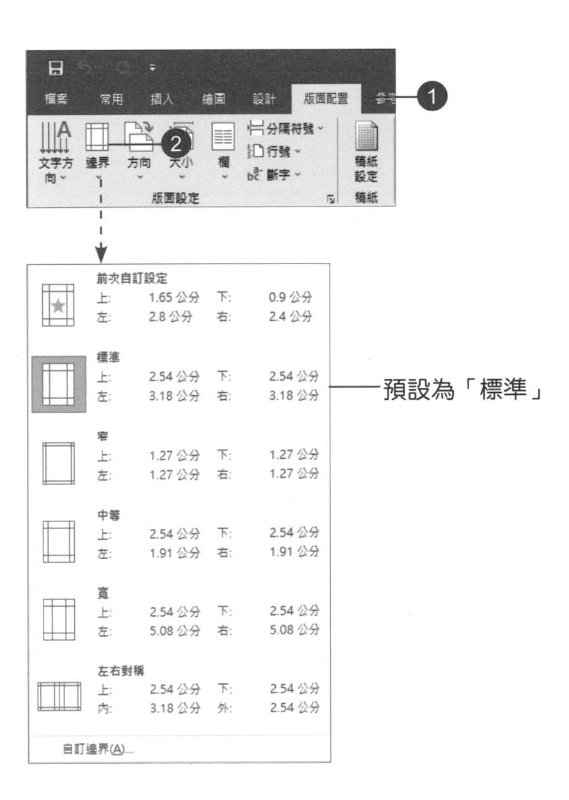

4 執行「版面設定 > 文字方向」指令，可以變更文件中文字的走向。

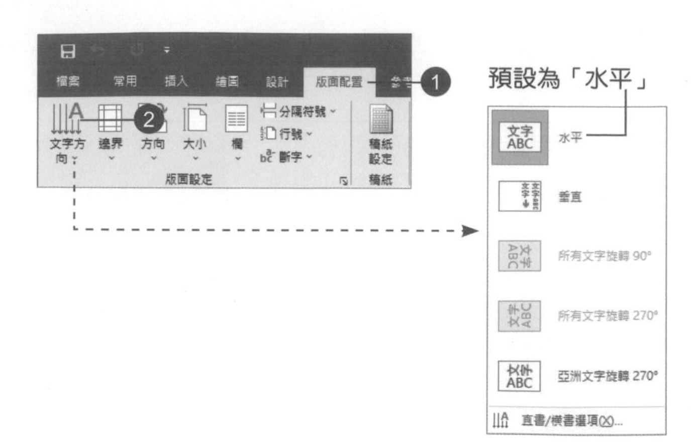

1.3 輸入標題並格式化

1 在文件左上角的「插入點」位置，輸入標題文字的內容，按 **Enter** 鍵。

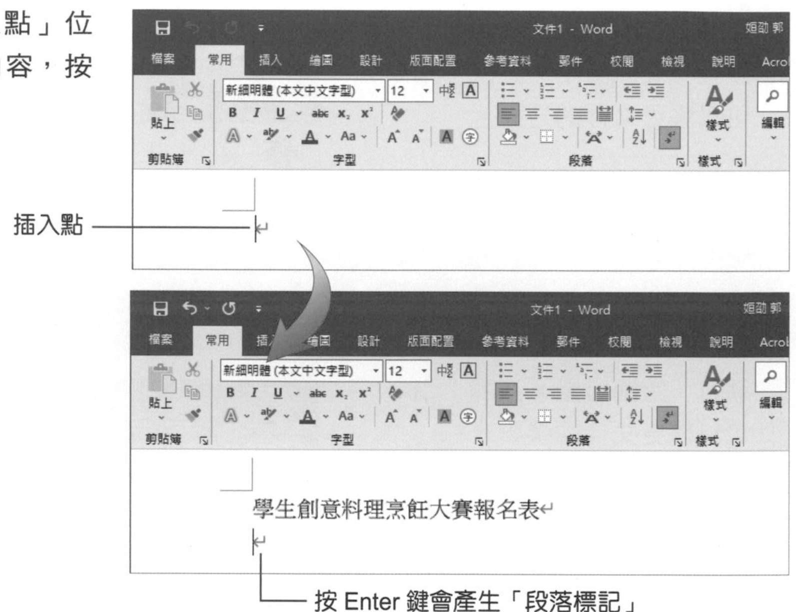

補充說明

- 請選擇中文輸入法輸入內容。
- 中英文輸入切換，在 **Windows 10** 請按 **Shift** 鍵，按 **Ctrl+Shift** 鍵可以切換輸入法。
- 每按一個 **Enter** 鍵，就會產生一個「段落標記」。

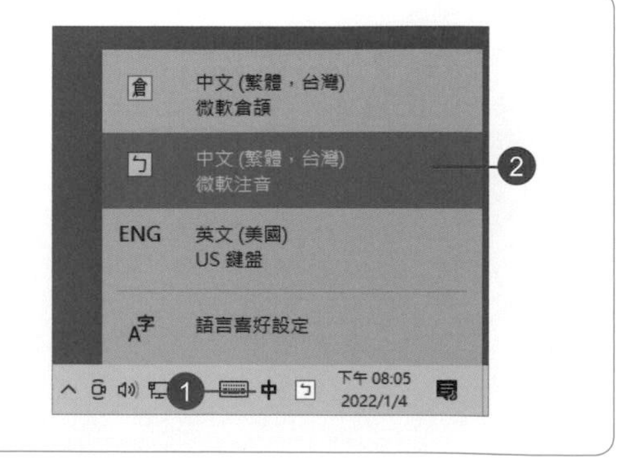

2 選取標題段落，設定文字格式：粗體、大小 **24**、雙底線。

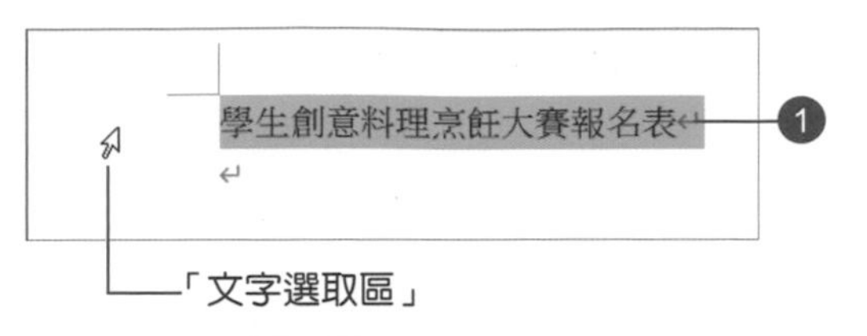

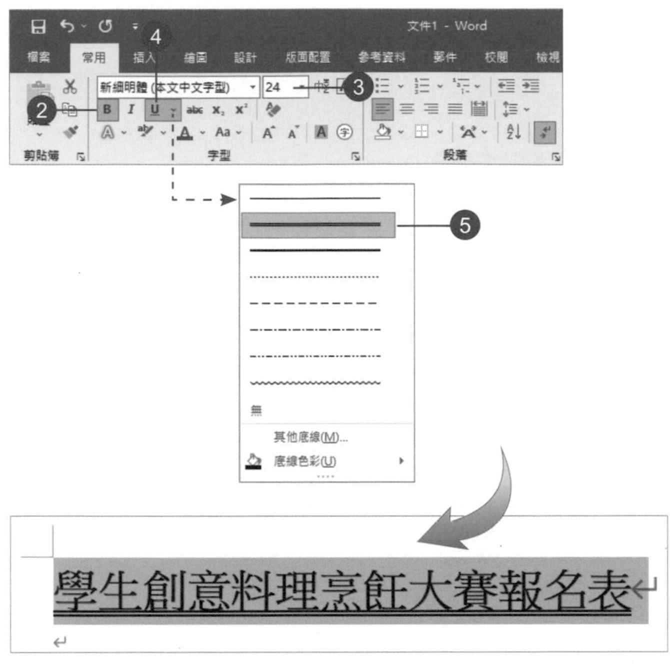

補充說明

左邊界區域為「文字選取區」，在此區點選可選取該行，快按二下可選取該段落，快按三下則選取整份文件。

1.4 插入表格

1 將插入點移到標題下方的段落。

2 執行「插入 > 表格 > 表格」，移到「**4x8** 表格」的位置後點選。

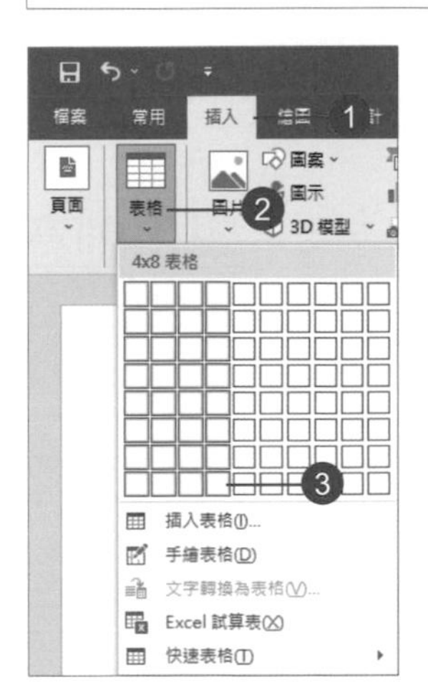

3 產生「**4** 欄、**8** 列」相等欄寬與列高的表格。

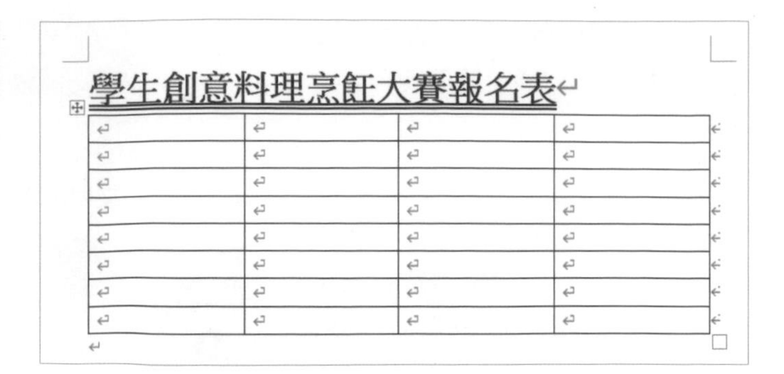

學生創意料理烹飪大賽報名表

補充說明

- 執行「插入表格」指令會開啟對話方塊，指定表格的「欄數」與「列數」，也可產生相同的表格。
- 插入點位於表格內時，滑鼠移到「文字選取區」，列上會出現「+」鈕，點選可插入新列；或移至欄框線上點選「+」鈕產生新欄。

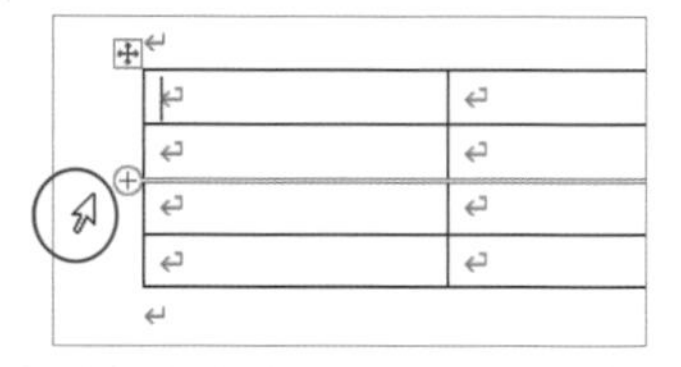

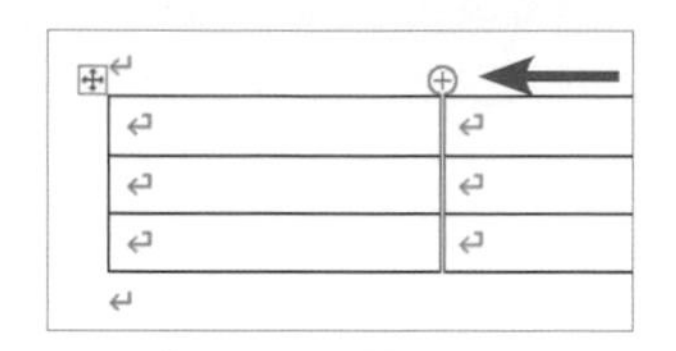

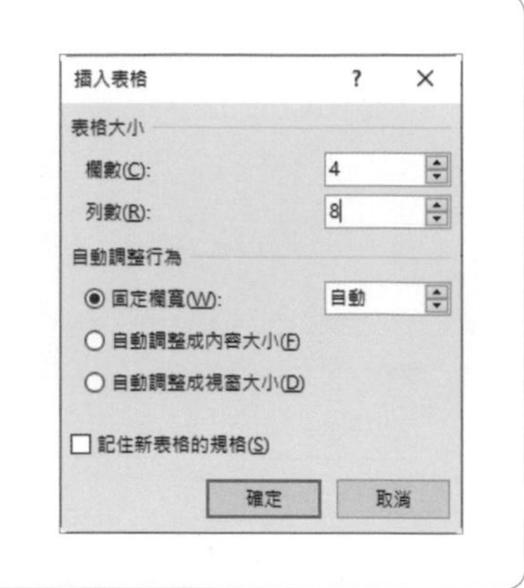

4 點選儲存格並輸入文字。

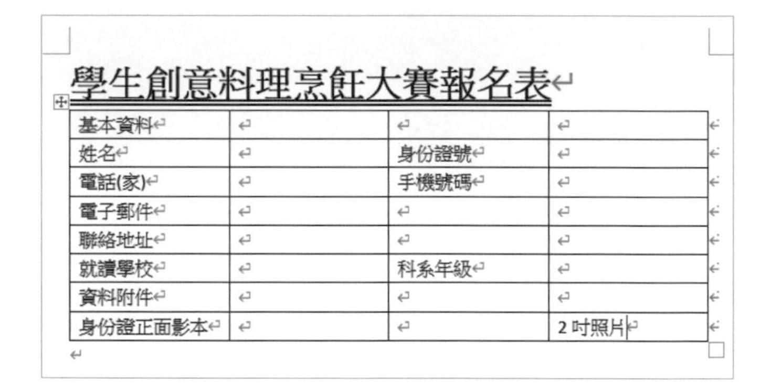

學生創意料理烹飪大賽報名表

基本資料			
姓名		身份證號	
電話(家)		手機號碼	
電子郵件			
聯絡地址			
就讀學校		科系年級	
資料附件			
身份證正面影本			2 吋照片

1.5 儲存格的選取與對齊

1 將滑鼠移到表格第 **1** 欄的上方並點選。

學生創意料理烹飪大賽報名表

基本資料			
姓名		身份證號	
電話(家)		手機號碼	
電子郵件			
聯絡地址			
就讀學校		科系年級	
資料附件			
身份證正面影本			2

2 執行「表格工具 > 版面配置 > 對齊方式 > 置中對齊」指令。

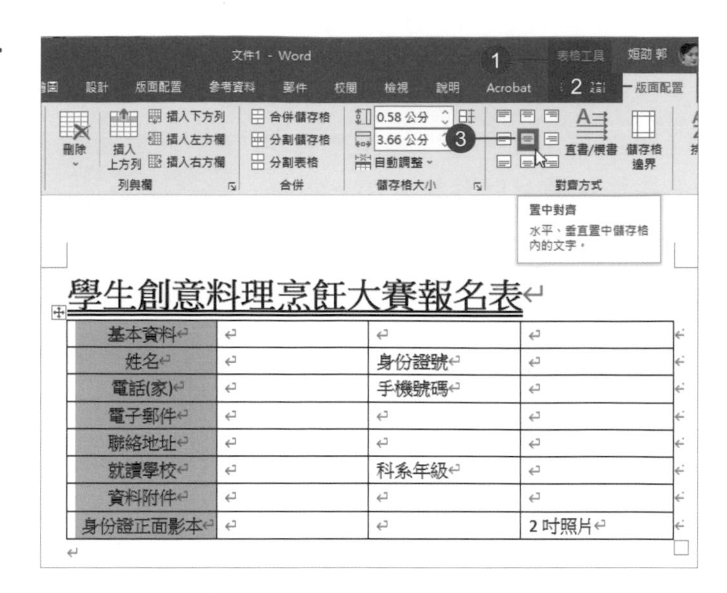

3 將第 **3**、**4** 欄也選取，重複步驟 **2** 的對齊指令。

學生創意料理烹飪大賽報名表

基本資料			
姓名		身份證號	
電話(家)		手機號碼	
電子郵件			
聯絡地址			
就讀學校		科系年級	
資料附件			
身份證正面影本			2 吋照片

4 點選表格左上角的「表格符號」選取整個表格，設定「字型大小」為「**16**」。

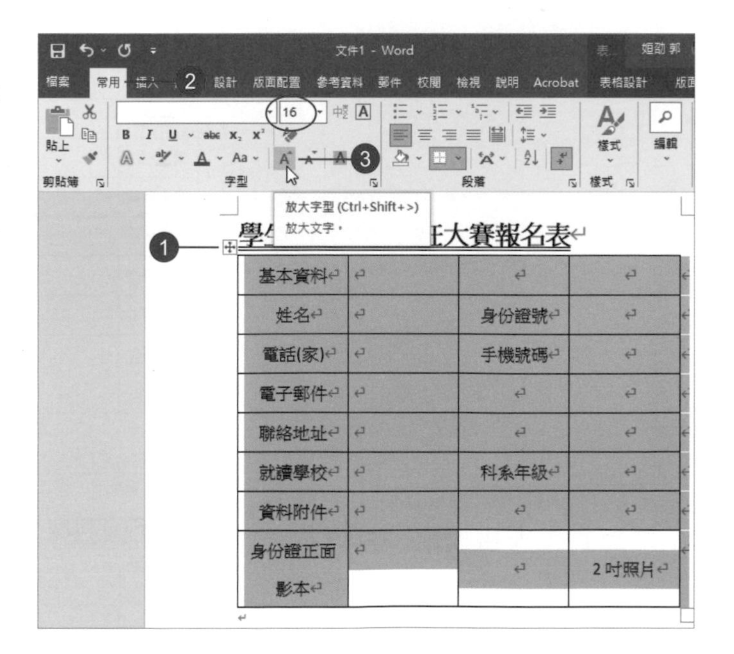

1.6 調整表格欄寬 / 列高

1 選取第 **1** 欄，在「表格工具 > 版面配置 > 儲存格大小 > 表格欄寬」中設定為「**2.7** 公分」。

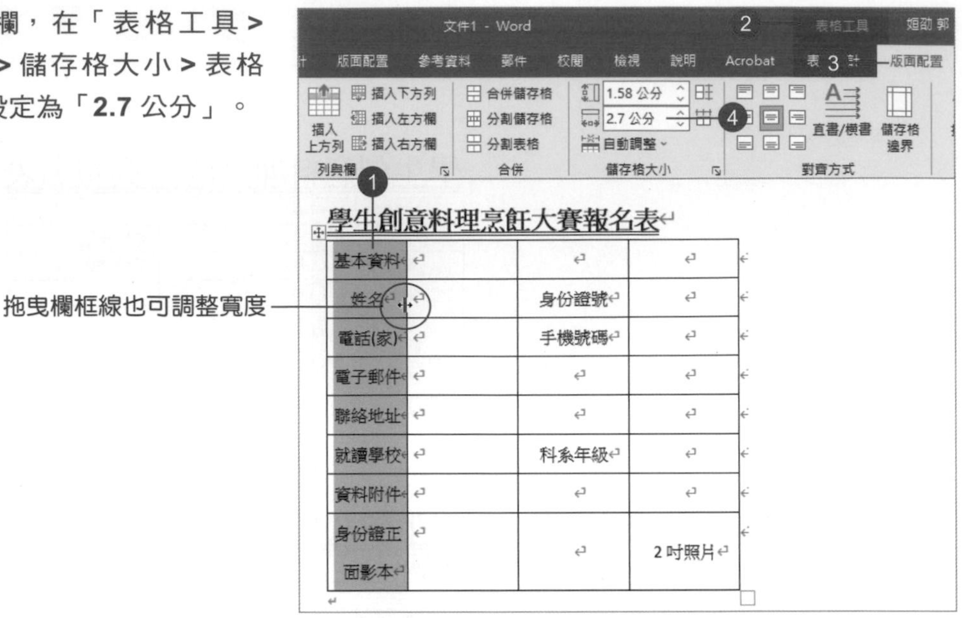

2 重複步驟 **1**，將第 **3** 欄也設定為「**2.7** 公分」。

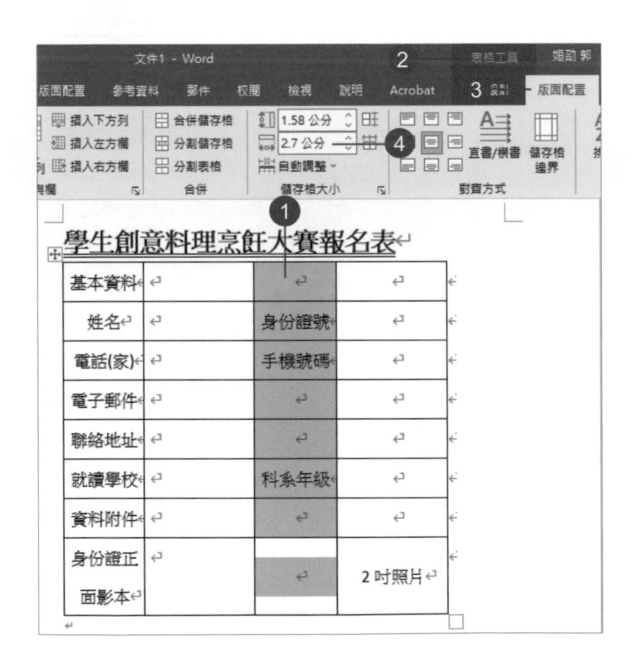

3 滑鼠移到表格的右框線上，向右拖曳調整表格寬度，對齊右邊界。

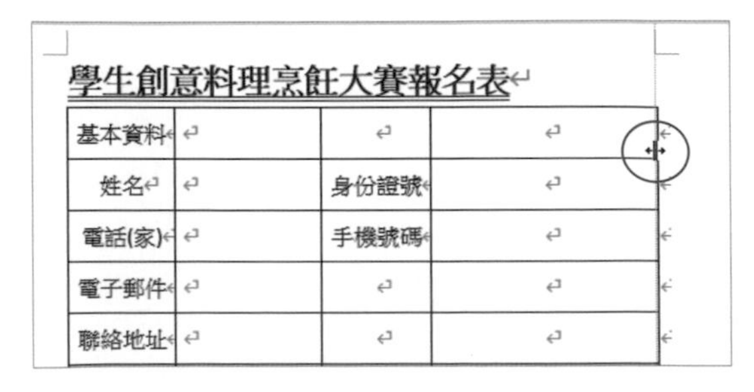

4 選取第 **8** 列，在「表格工具 > 版面配置 > 儲存格大小 > 表格列高」中設定為「**7** 公分」。

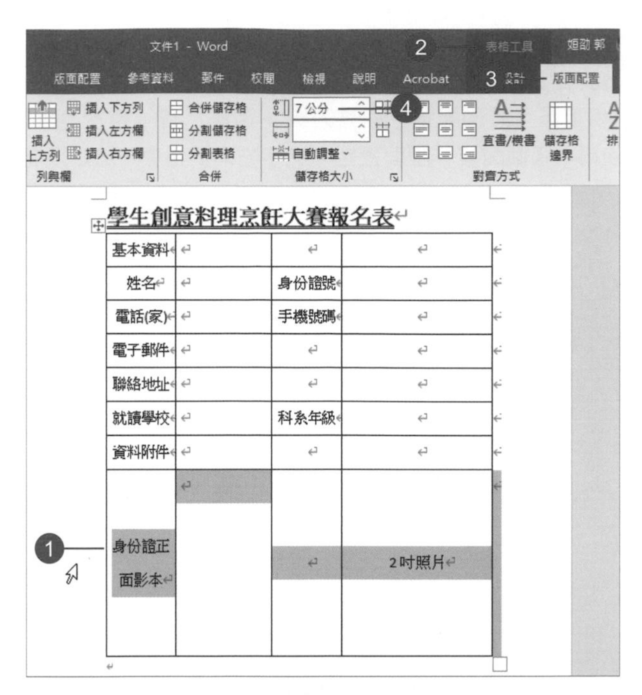

5 再接著執行「表格工具 > 版面配置 > 對齊方式 > 直書 / 橫書」指令。

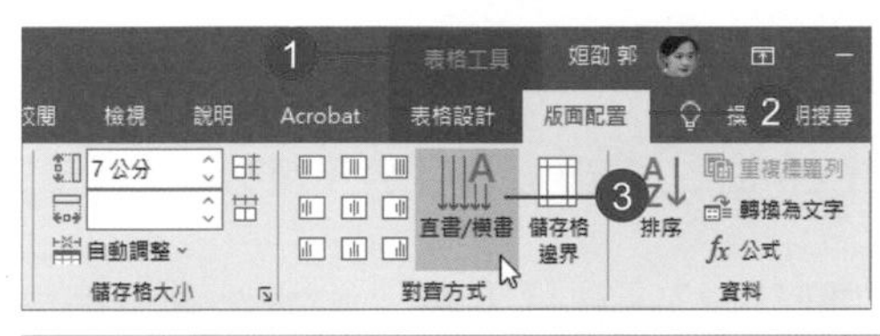

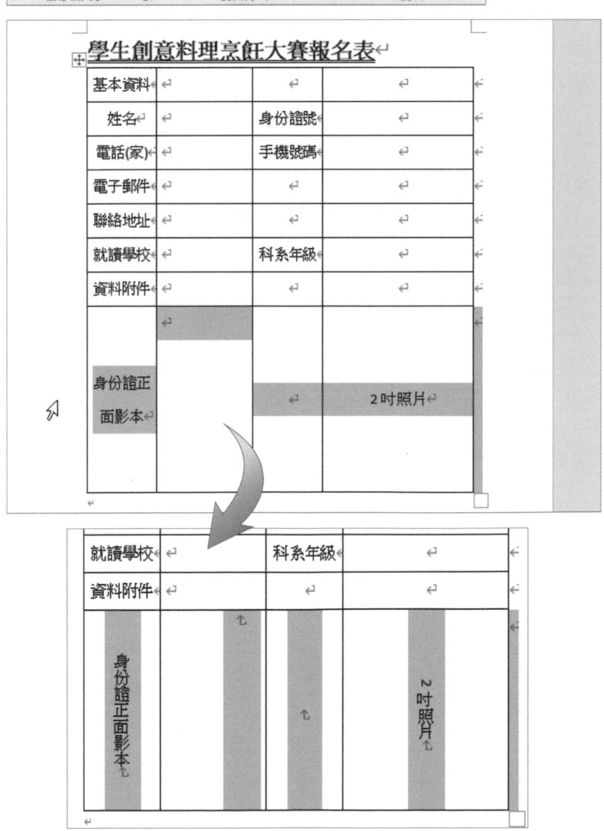

補充說明

「表格工具 > 版面配置 > 對齊方式 > 直書 / 書」指令，可以變更選取儲存格中的文字方向（二種），而使用「版面配置 > 版面設定 > 文字方向」指令，可以讓儲存格中的文字方向有更多的選擇。

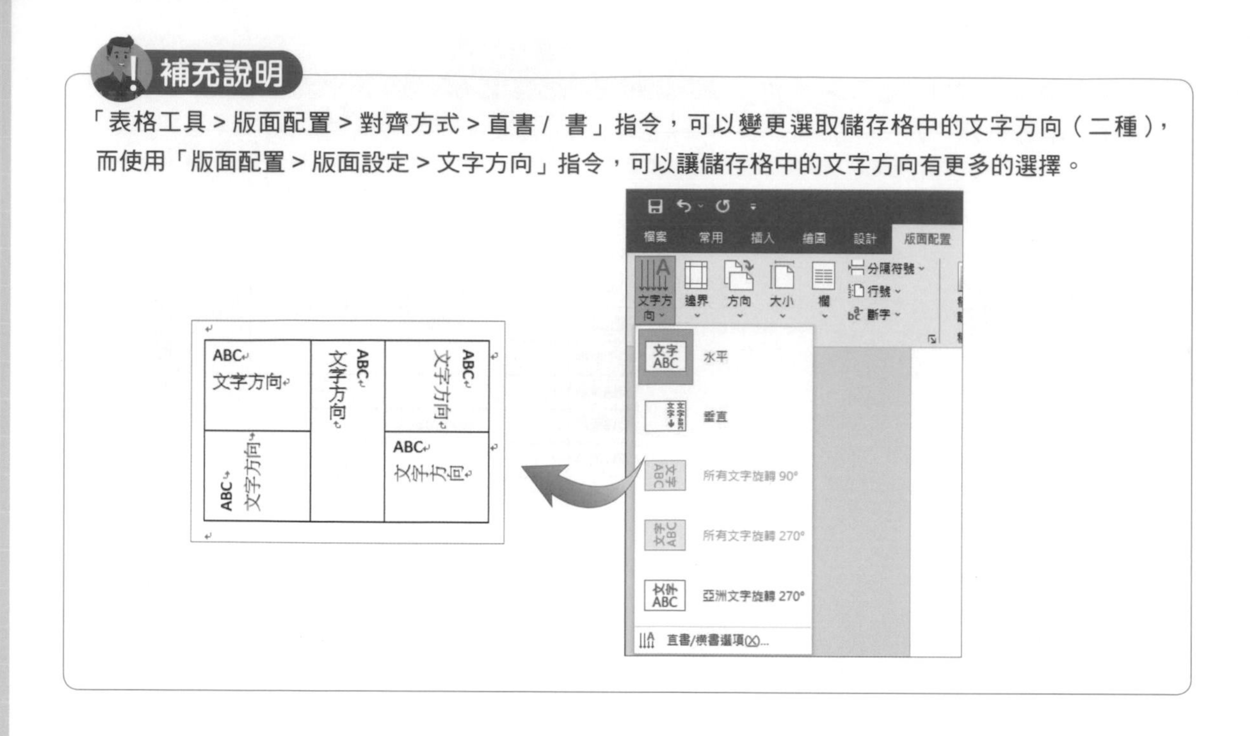

1.7 合併 / 分割儲存格

1 拖曳選取相鄰儲存格，執行「表格工具 > 版面配置 > 合併 > 合併儲存格」指令。

2 重複步驟 **1**，繼續合併相鄰儲存格。

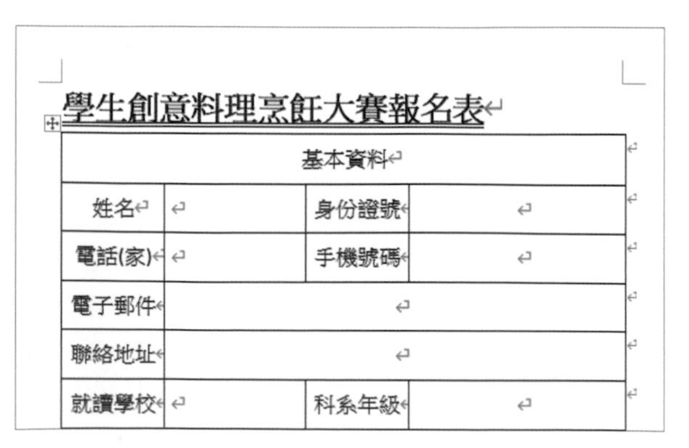

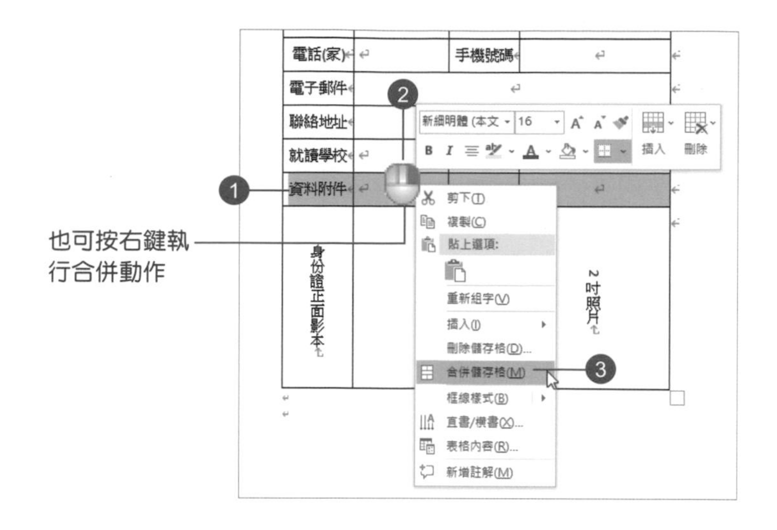

補充說明

選取範圍時，右上方會短暫的出現「迷你工具列」，此時可進行格式化或編輯作業。

也可從「迷你工具列」上執行

3 插入點移到要分割儲存格的位置，執行「表格工具 > 版面配置 > 合併 > 分割儲存格」指令。

4 設定「欄數」為「10」，按【確定】鈕。

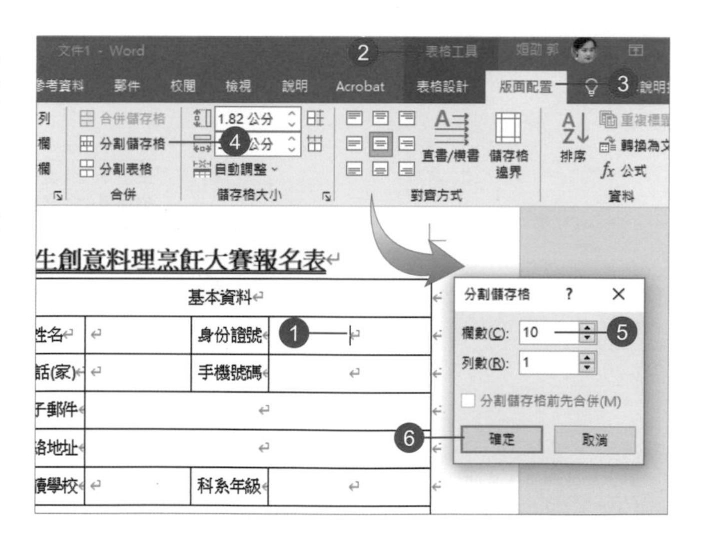

5 儲存格會等分為 10 欄。

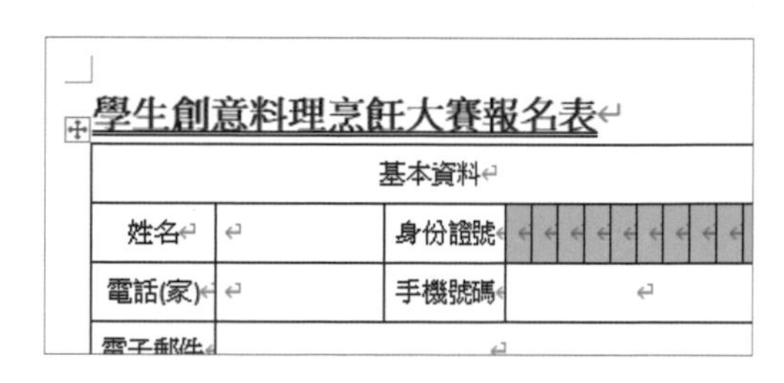

1.8 輸入文字並格式化

1 插入點移到表格下方的段落上，輸入文字內容。

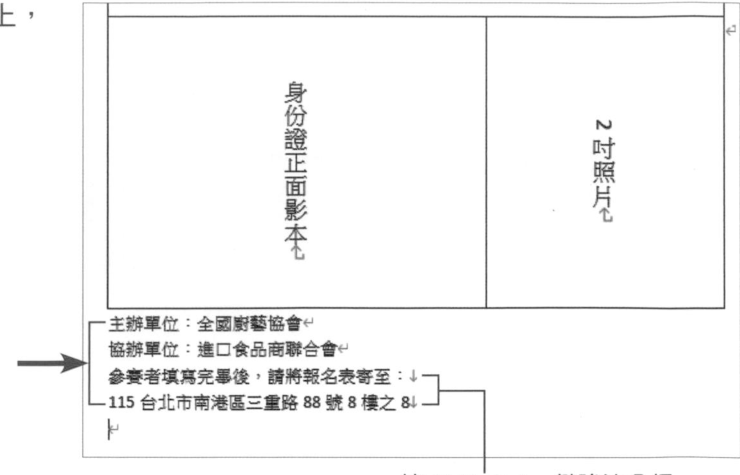

2 需要輸入符號時，執行「插入 > 符號 > 符號」指令。

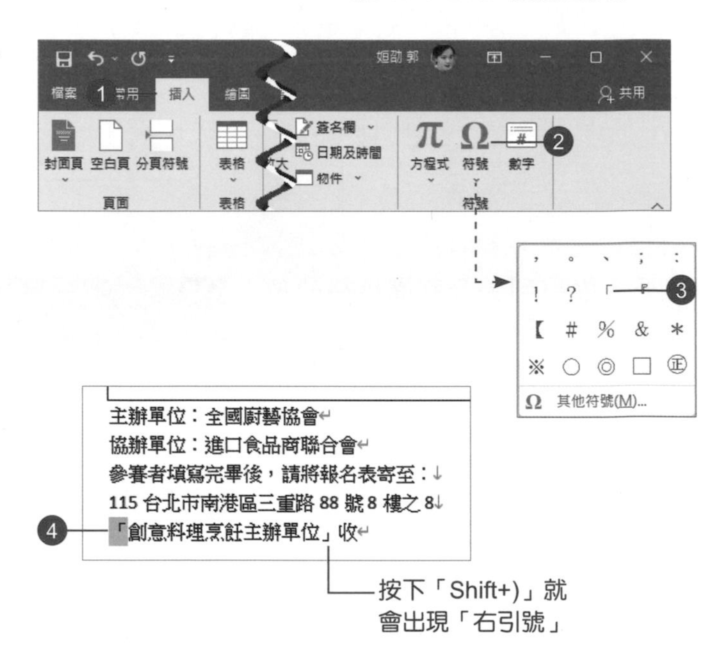

3 選取段落，設定「字型大小」為「14」。

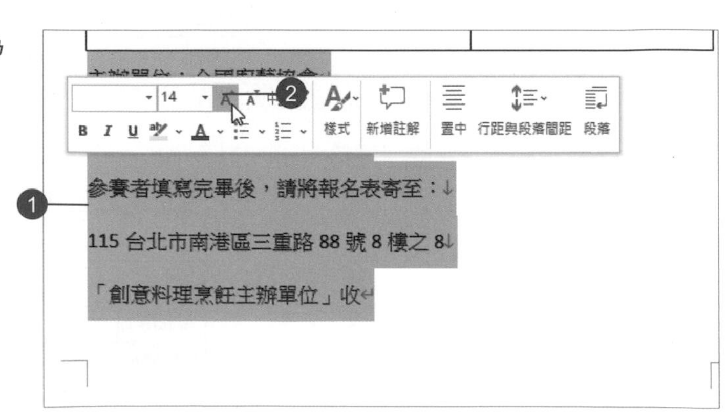

4 選取段落，設定「常用 > 段落 > 項目符號」指令。

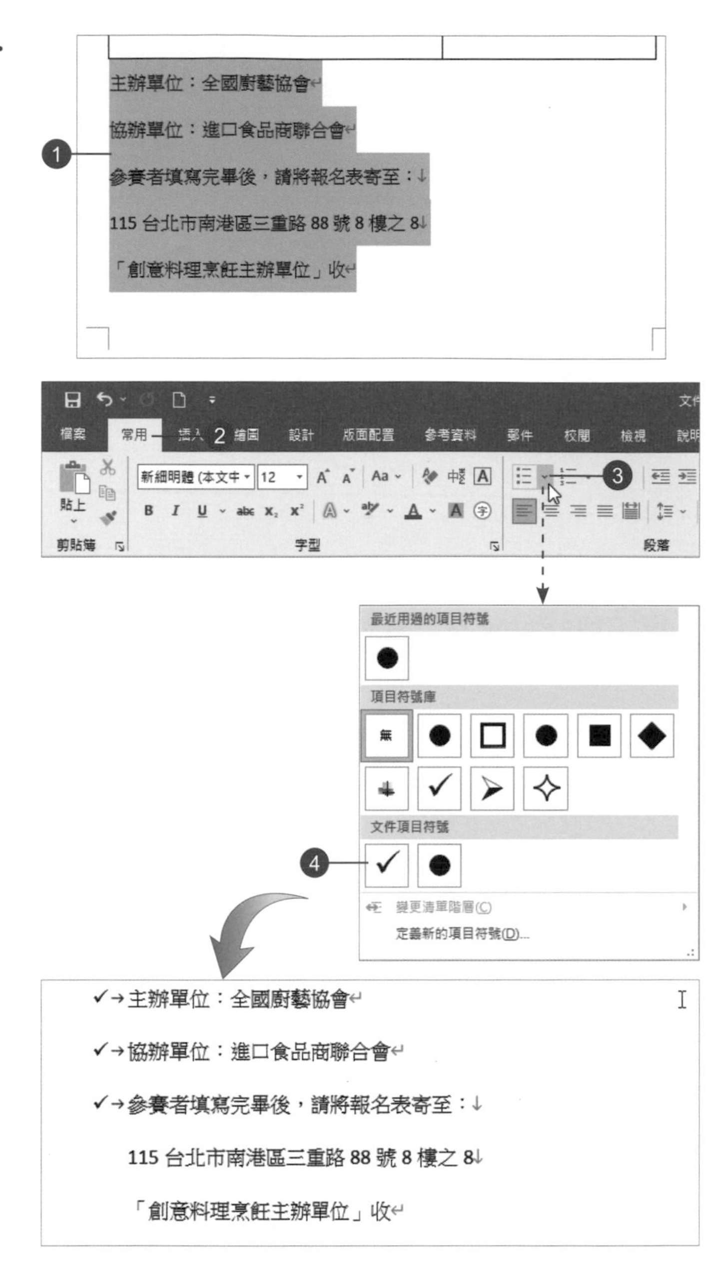

補充說明

- 設定與段落有關的格式時，會以「段落」為單位進行設定，例如：行距、段落間距、對齊、定位點、編號和項目符號 ... 等，因此插入點可放置在該段落的任意處，或是選取要設定的多個段落範圍再執行指令。
- 段落中執行強迫分行後，會分成數行，但仍屬同一個段落。

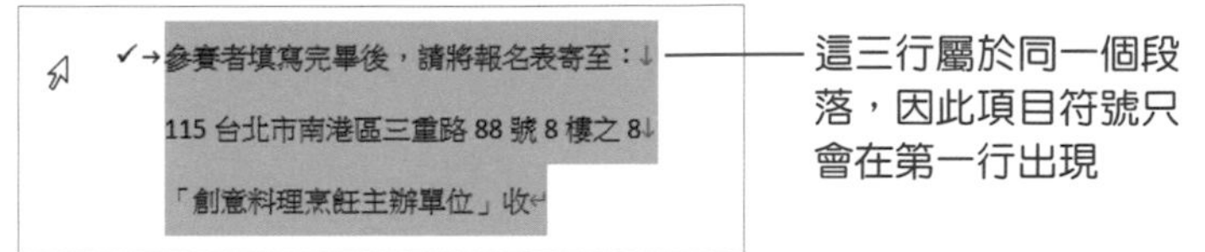

這三行屬於同一個段落，因此項目符號只會在第一行出現

5 選取第 **8** 列，將文字格式化。

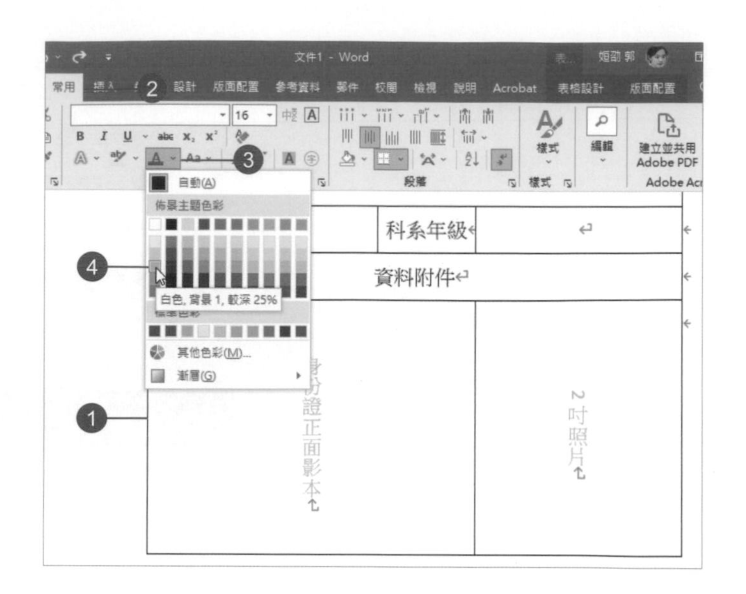

6 按 **Ctrl+Home** 鍵，插入點移到文件一開始處。

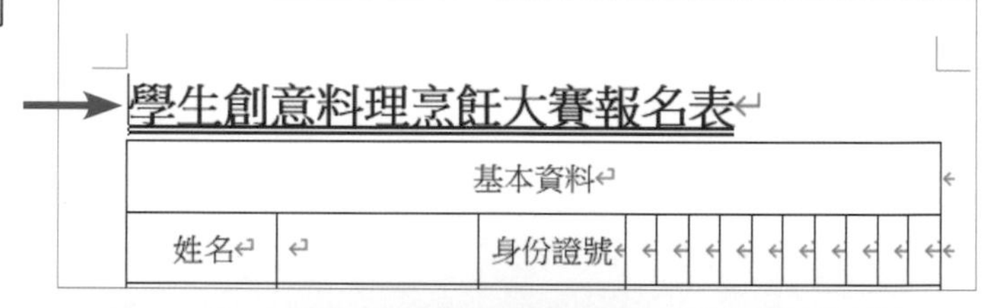

7 執行「常用 > 段落 > 分散對齊」指令。

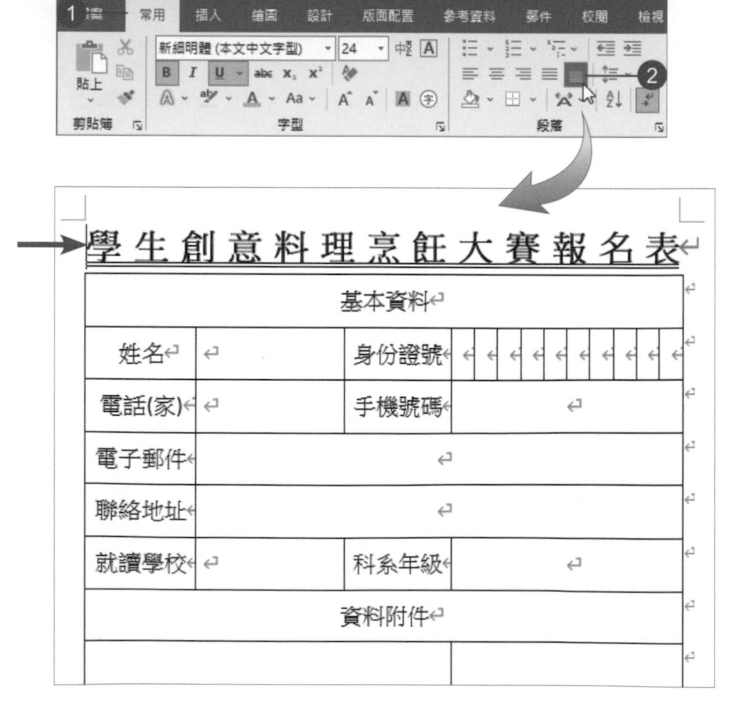

1.9 設定儲存格網底

1 選取第 **1** 列儲存格後，按住 **Ctrl** 鍵再點選第 **7** 列儲存格。

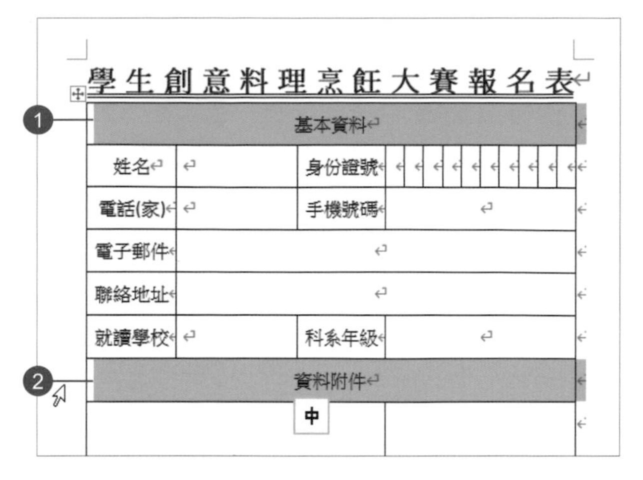

2 執行「表格工具 > 表格設計 > 表格樣式 > 網底」指令，設定網底色彩。

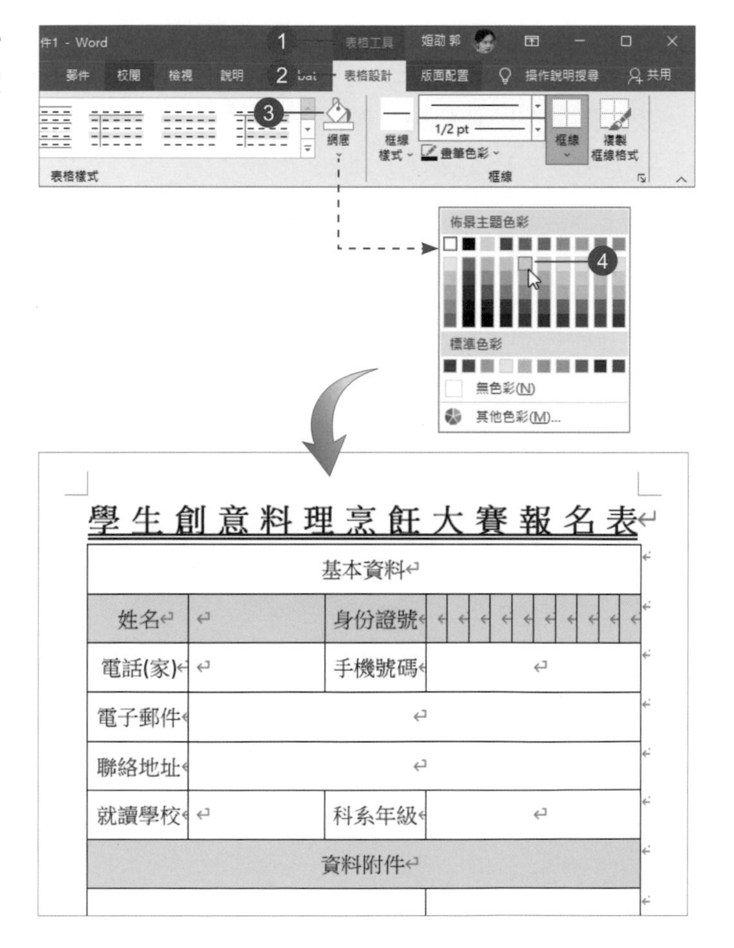

1.10 儲存文件

1 執行「檔案 > 儲存檔案」指令。

2 首次存檔會自動跳到「另存新檔」，點選「這台電腦」，再按下「瀏覽」。

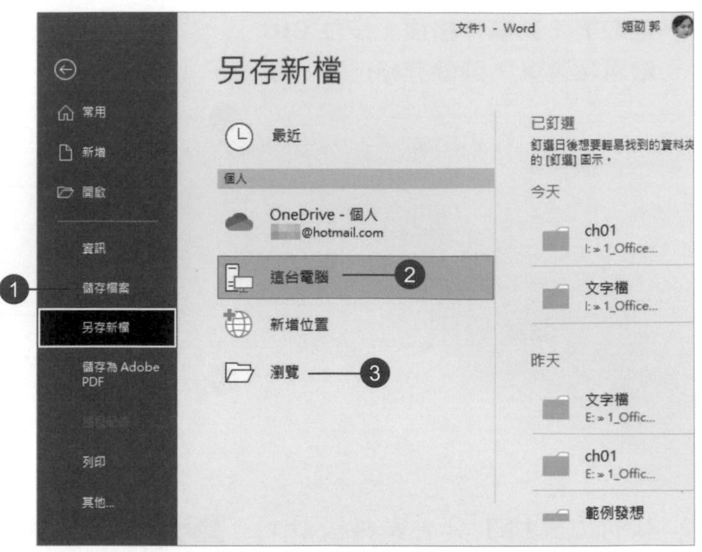

3 找到要儲存的資料夾，輸入「檔案名稱」，按【儲存】鈕。

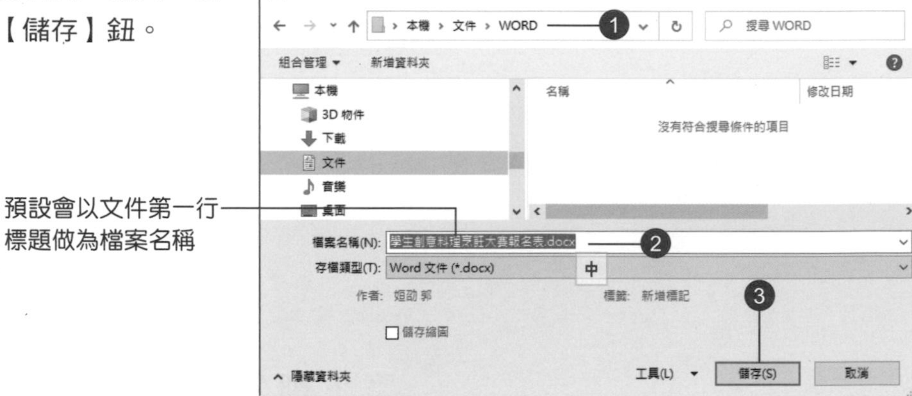

一、選擇題

1. (　) 開啟空白文件時的預設尺寸為？（A）A3（B）A4（C）B4。
2. (　) 要產生新段落可以按什麼按鍵？（A）Enter（B）Shift（C）Alt。
3. (　) 調整文件邊界或方向要在哪一個功能區進行？（A）常用（B）插入（C）版面配置。
4. (　) 哪一個功能區可以設定文字大小、字型和色彩等格式？（A）常用（B）插入（C）設計。
5. (　) 要將相鄰儲存格合併可以在「表格工具 > 版面配置」的什麼群組中執行指令？（A）儲存格大小（B）對齊方式（C）合併。

二、實作題

請使用 Word 軟體，製作如下「A4、直向」的報名表。

全國大專盃美食研討會報名表

參加學校			
科系		聯絡電話	
學校地址			
指導老師			
學生姓名		身份證號	電子郵件
1.			
2.			
3.			
4.			
5.			
6.			
7.			
8.			
9.			
10.			
說明	● 研討會當日請攜帶學生證，以利核對身份。 ● 活動會場不提供停車服務，請盡量搭乘大眾運輸工具（參閱活動需知）。 ● 詳細活動資訊請查閱網址：http://www.gotop.com.tw		

Word 篇

飲品價目表

利用文字藝術師美化標題文字，搭配表格文字和圖片，可以設計出精美的價目表。

INTERNET CAFE

Classic Coffee Shop

咖啡品項	中杯	大杯
經典美式	60	80
經典卡布奇諾	120	140
經典拿鐵	120	140
香草拿鐵	130	150
蜂蜜拿鐵	130	150
黑糖拿鐵	130	150
摩卡	140	160
焦糖瑪奇朵	140	160

學習目標

- 變更版面配置
- 文字轉換為表格
- 調整表格大小
- 套用表格樣式
- 產生文字藝術師與格式化
- 插入圖片與格式化
- 插入圖案與格式化
- 設定文繞圖

2.1 變更版面配置

1 啟動 **Word** 後，於開始畫面按 **Esc** 鍵，新增空白文件。

2 執行「版面配置 **>** 版面設定 **>** 方向」指令，改為「橫向」。

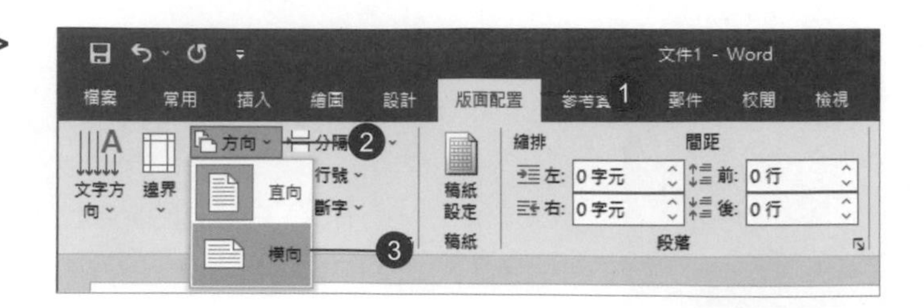

3 再執行「版面配置 **>** 版面設定 **>** 邊界」指令，選擇「中等」。

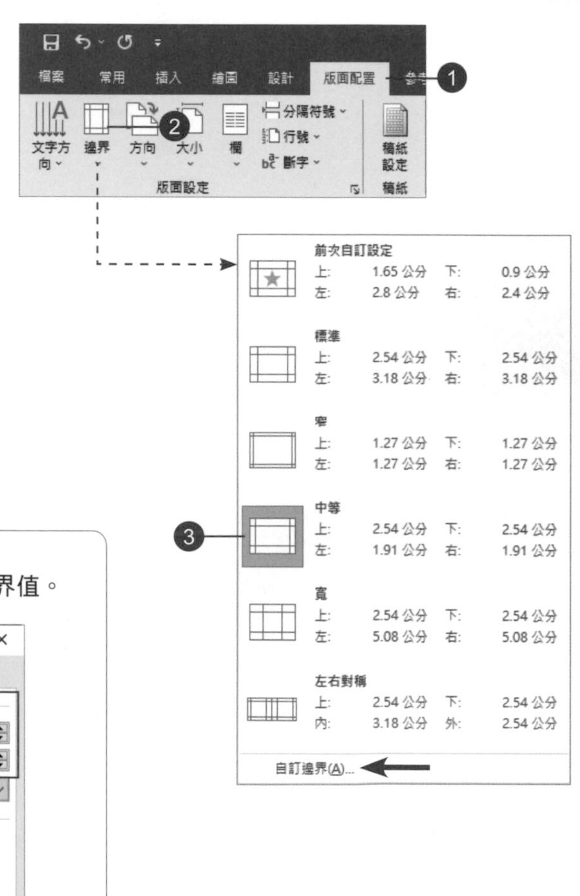

補充說明

執行「自訂邊界」指令可以自行指定邊界值。

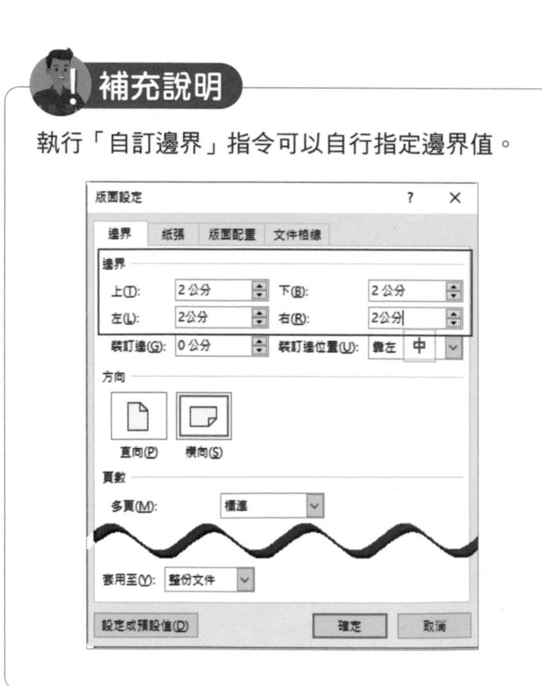

2.2 文字轉換為表格

1 輸入標題文字「**Classic Coffee Shop**」，按 **Enter** 鍵。

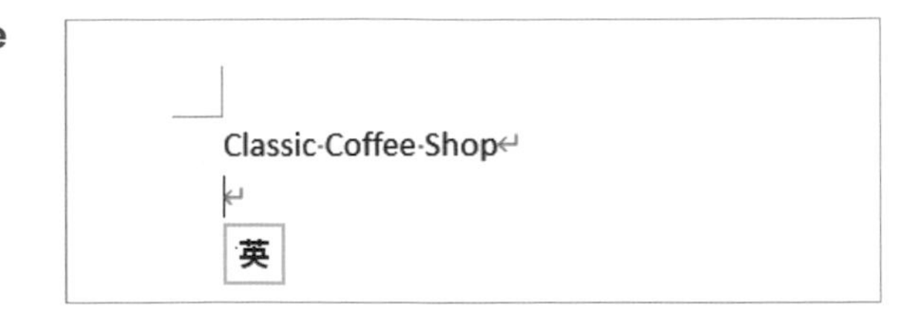

2 第 **2** 個段落輸入「咖啡品項」後，按 **Tab** 鍵輸入「中杯」，再按 **Tab** 鍵繼續輸入「大杯」，按 **Enter** 鍵。

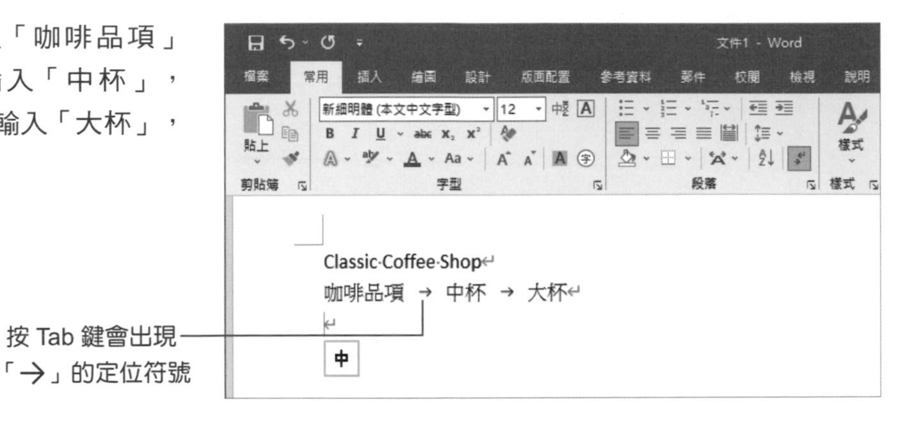

3 第 **3-10** 段落輸入品項和價格，重複第 **2** 段落的操作方式產生間隔。

4 選取第 **2** 至 **10** 的段落。

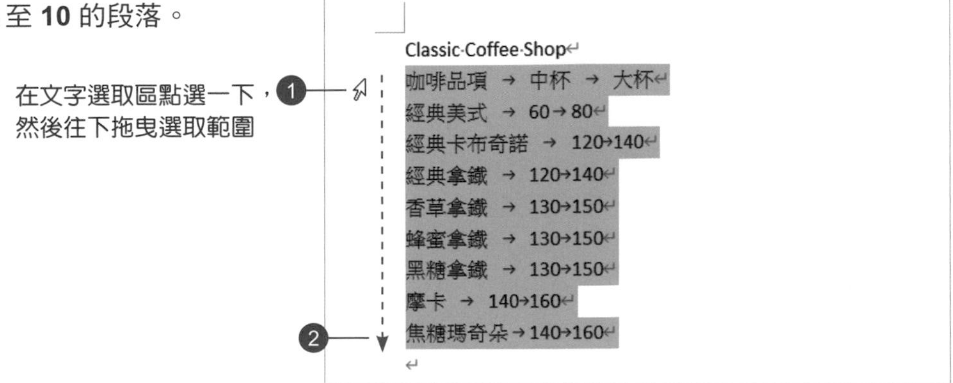

5 執行「插入 > 表格 > 表格 > 文字轉換為表格」指令。

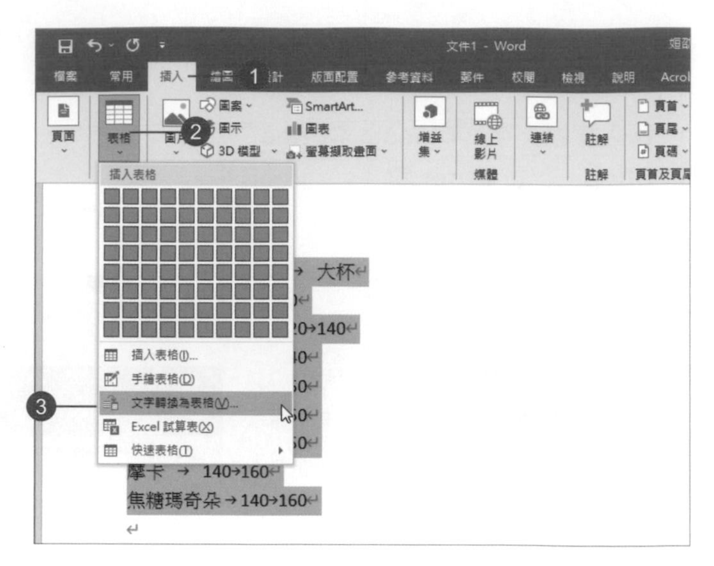

6 開啟對話方塊，「欄數」自動顯示為「**3**」，將「自動調整行為」改選「自動調整成內容大小」，「分隔文字在」顯示為預設的「定位點」，按【確定】鈕。

2.3 調整表格大小

1 表格在選取狀態下，設定文字大小為「**14**」。

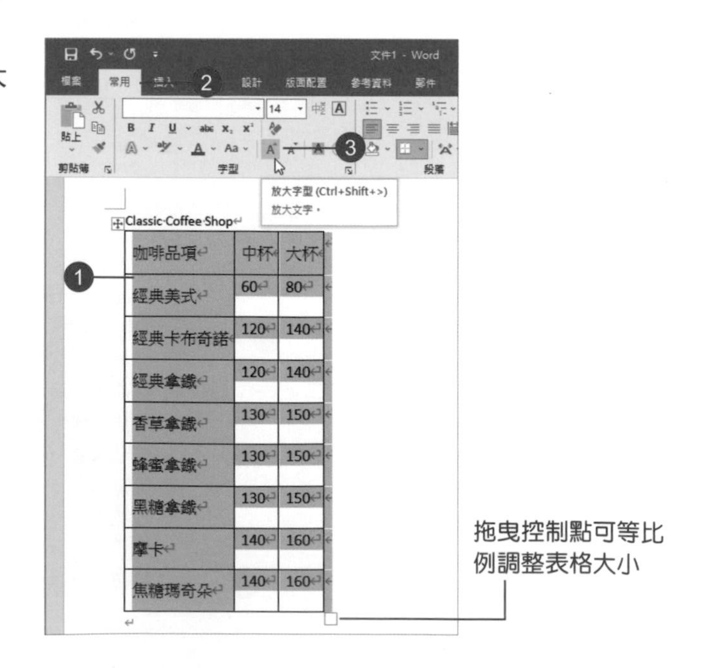

2 執行「表格工具 > 版面配置 > 表格 > 內容」指令。

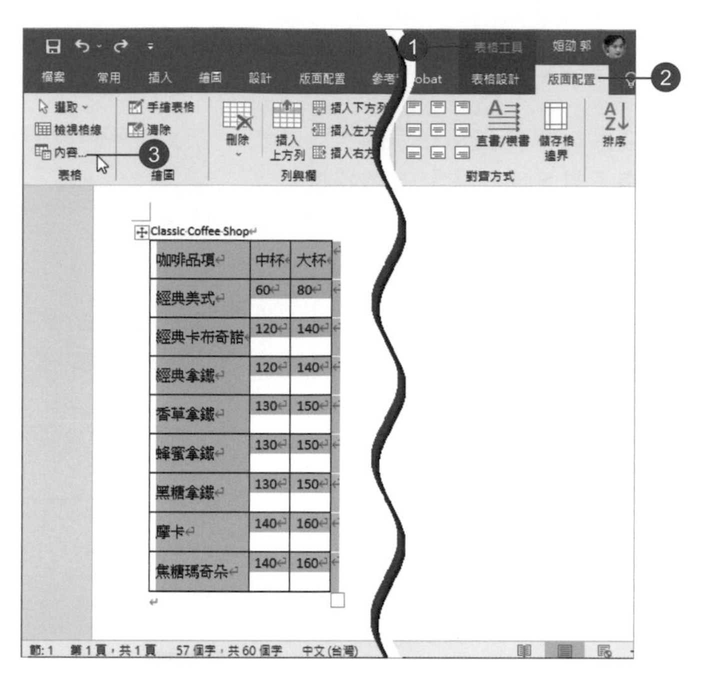

3 請勾選「大小」的「慣用寬度」，並指定為「**12** 公分」，按【確定】鈕。

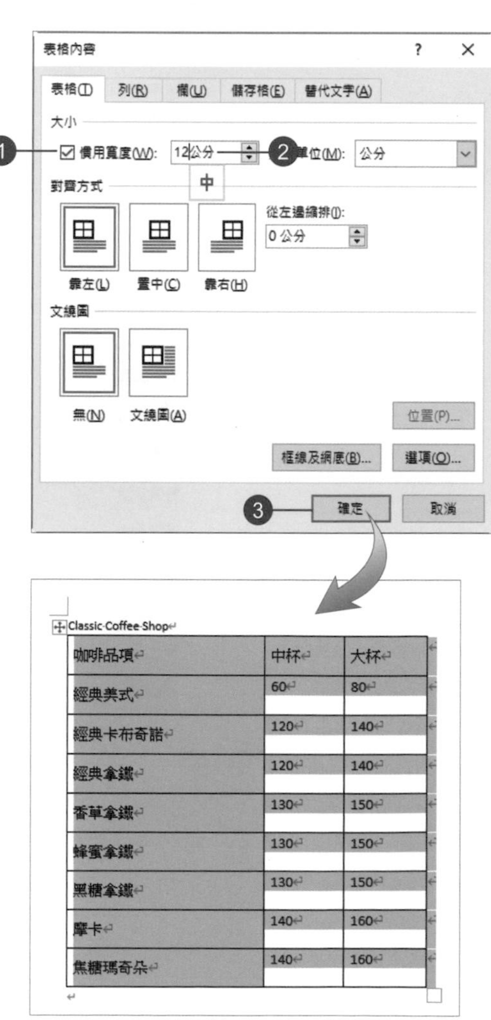

2.4 套用表格樣式

1 插入點置於表格任意處，於「表格工具 > 表格設計 > 表格樣式」清單中套用一種樣式，例如：清單表格 **2-** 輔色 **4**。

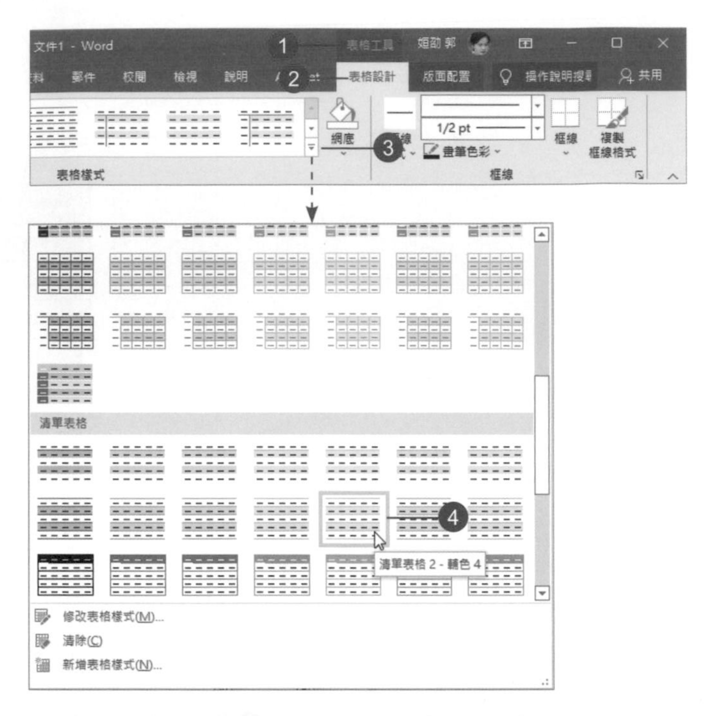

2 視需要可再格式化文字或儲存格。

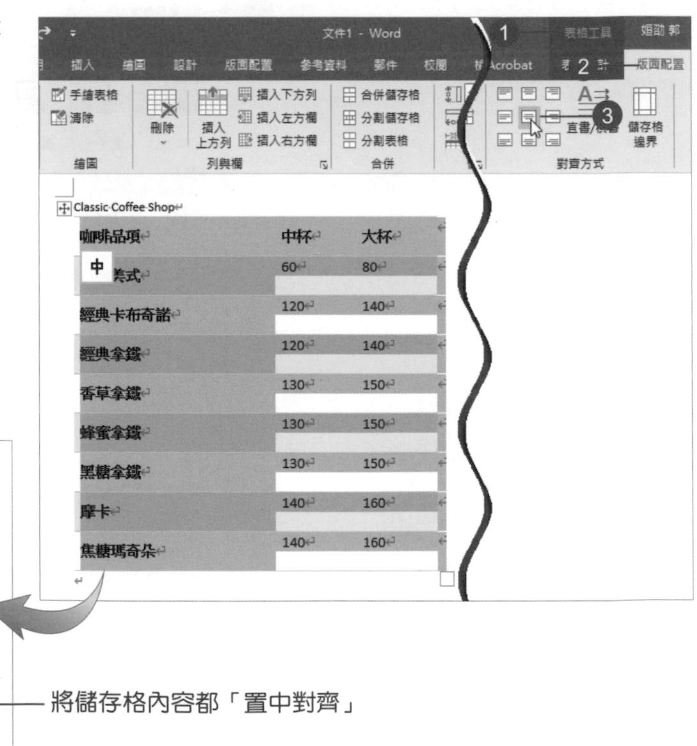

Classic Coffee Shop

咖啡品項	中杯	大杯
經典美式	60	80
經典卡布奇諾	120	140
經典拿鐵	120	140
香草拿鐵	130	150
蜂蜜拿鐵	130	150
黑糖拿鐵	130	150
摩卡	140	160
焦糖瑪奇朵	140	160

將儲存格內容都「置中對齊」

2.5 產生文字藝術師

1 選取第 **1** 個段落，執行「插入 > 文字 > 插入文字藝術師物件」指令，從下拉式清單中選擇一種物件樣式。

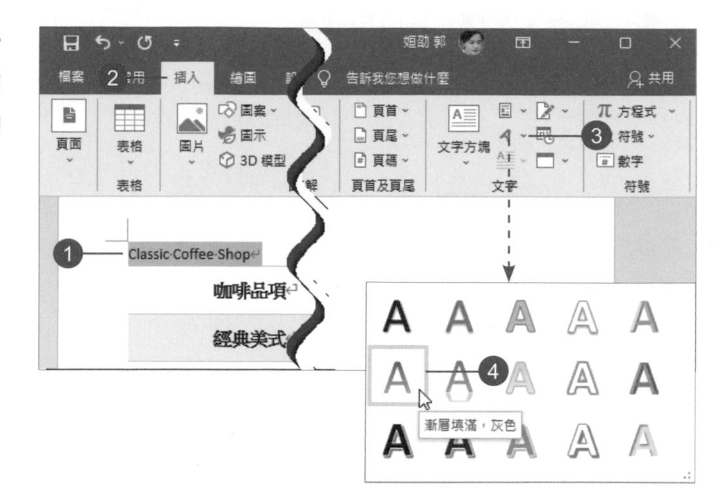

2 選擇一種古典「字型」，「字型大小」輸入為「**60**」。

3 點選「版面配置選項」鈕，選擇「與文字排列」選項。

4 執行「繪圖工具 > 圖形格式 > 文字藝術師樣式 > 文字效果 > 陰影」指令，選擇一種陰影效果。

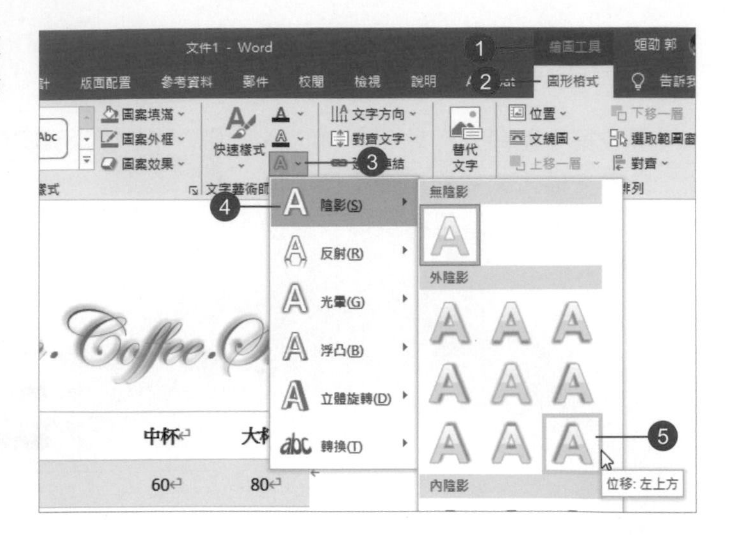

5 將插入點置於文字藝術師物件框的前或後方，執行「常用 > 段落 > 靠右對齊」指令。

2.6 插入圖片與格式化

1 插入點仍在文字藝術師物件框的前方，執行「插入 > 圖例 > 圖片 > 此裝置」指令。

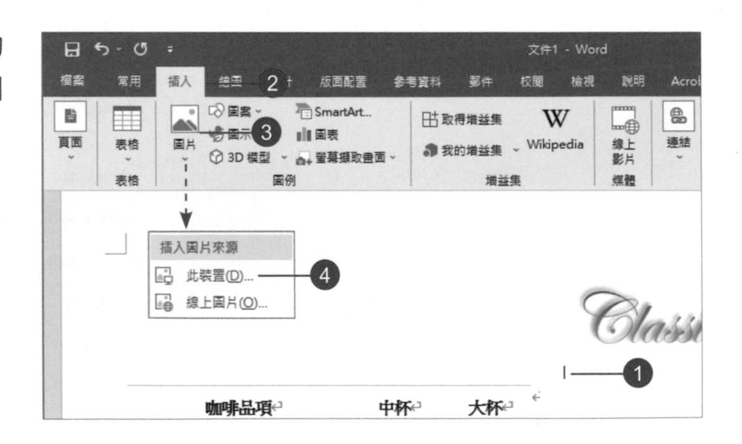

2 插入範例圖片「**Logo.png**」。

3 設定圖片寬度為「**3 公分**」。

4 點選「版面配置選項」鈕，選擇「文字在後」的「文繞圖」選項。

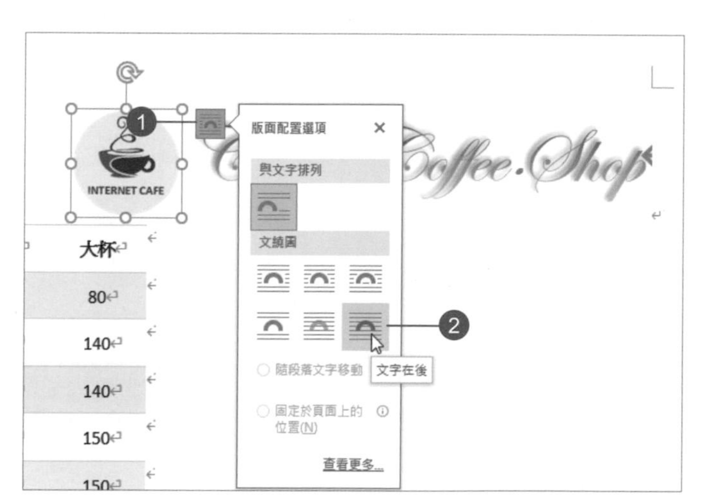

5 拖曳圖片至表格上方的水平中央位置。

智慧型參考線

與頁面上邊界對齊

咖啡品項	中杯	大杯
經典美式	60	80
經典卡布奇諾	120	140

6 重複步驟 **1-2**，插入範例圖片「**Coffee.jpg**」。

7 點選「版面配置選項」鈕，選擇「文字在後」的「文繞圖」選項。

8 執行「圖片工具 **>** 圖片格式 **>** 圖片樣式」指令，選擇「柔邊矩形」樣式套用。

9 將圖片的寬度指定為「**10** 公分」，再拖曳調整圖片位置，使置於表格右側、文字藝術師的下方。

文件若變成 2 頁，可拖曳調整文字藝術師的高度，使文件成為單頁。

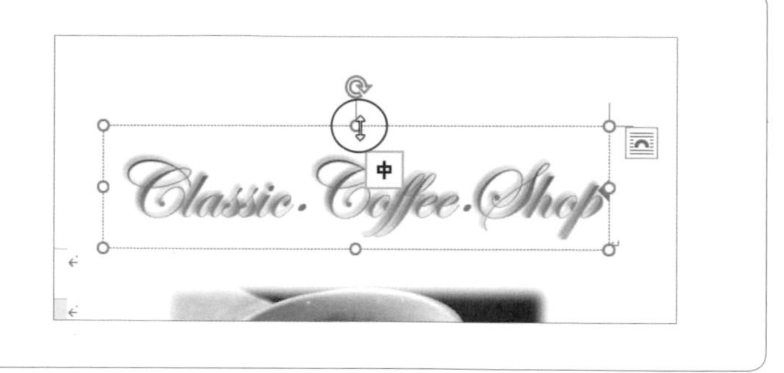

2.7 插入圖案與格式化

1 插入點置於表格下方的段落處，執行「插入 > 圖例 > 圖案」指令，從清單中選擇「矩形」。

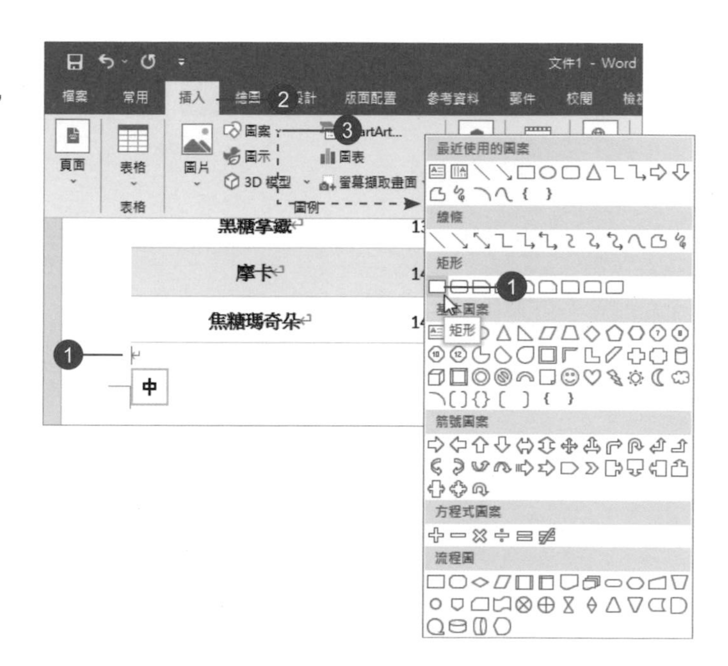

2 拖曳產生可覆蓋整個頁面的矩形圖案。

補充說明

調整狀態列上的顯示比例，或是執行「檢視 > 縮放 > 單頁」指令，方便繪製整頁大小的圖案。

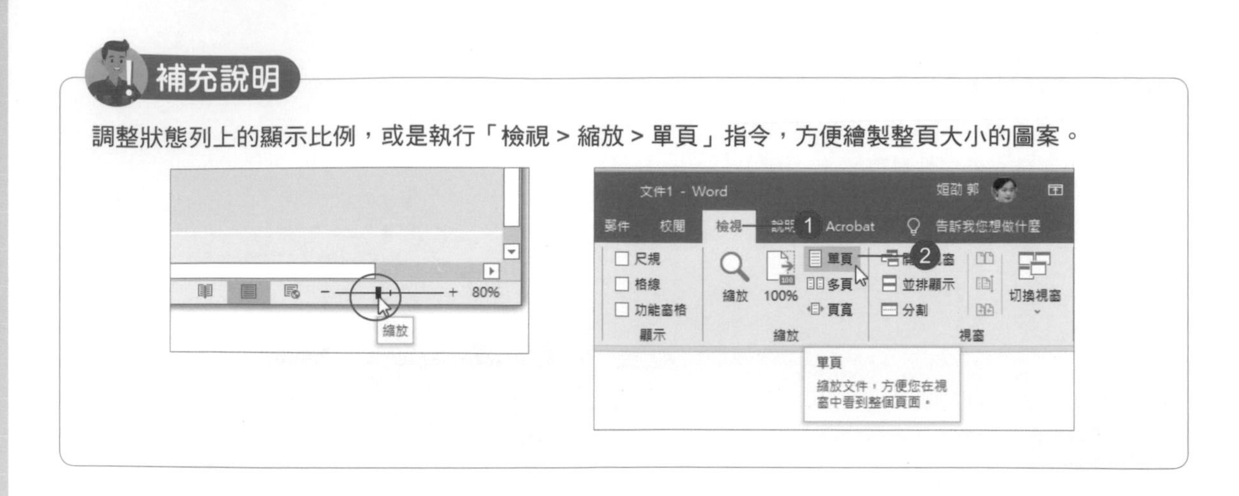

3 點選「繪圖工具 > 圖形格式 > 圖案樣式 > 設定圖形格式」鈕。

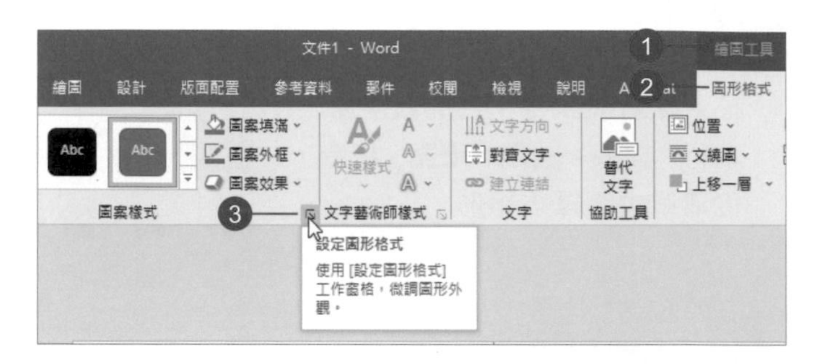

4 將工作窗格開啟，展開「填滿」和「線條」選項。

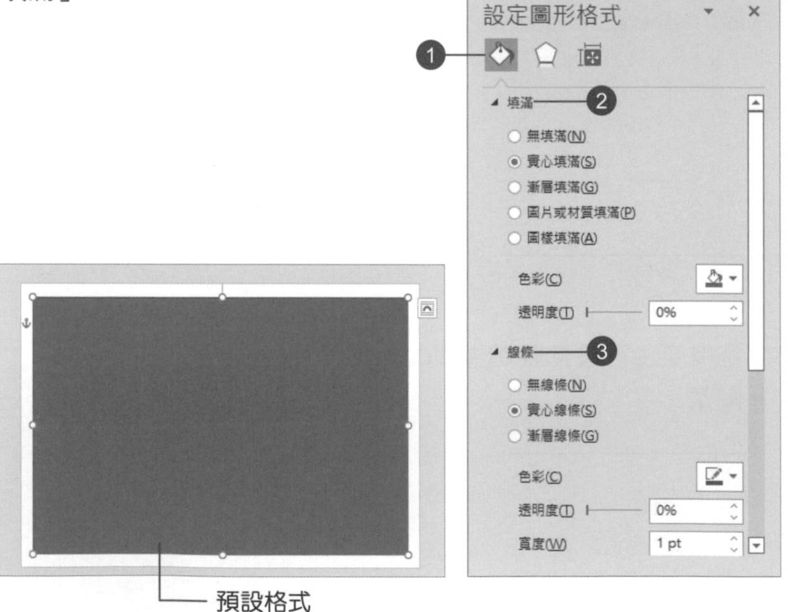

5 指定「實心填滿」的「色彩」和「透明度」，以及「實心線條」的「色彩」和「寬度」。

6 設定完畢，關閉工作窗格，

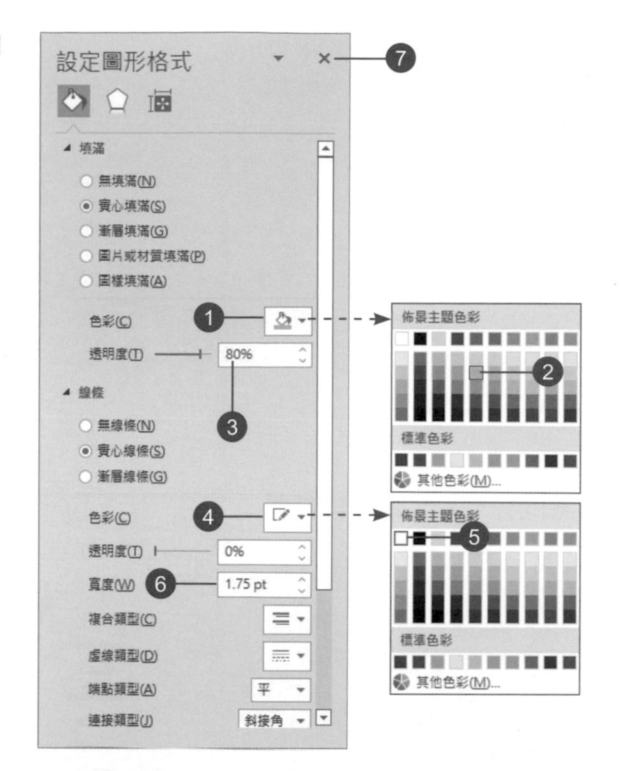

7 選取圖案，執行「繪圖工具 > 圖形格式 > 排列 > 置於文字之後」指令。

8 目前圖案仍為選取狀態，執行 **Ctrl+C** 組合鍵將其複製，再執行 **Ctrl+V** 組合鍵「貼上」。

9 拖曳圖案的控制點，使其與頁面相同大小。

10 執行「繪圖工具 > 圖形格式 > 排列 > 下移一層」指令，置於原矩形圖案的下方。

11 將文件儲存為「**Word** 文件」格式。

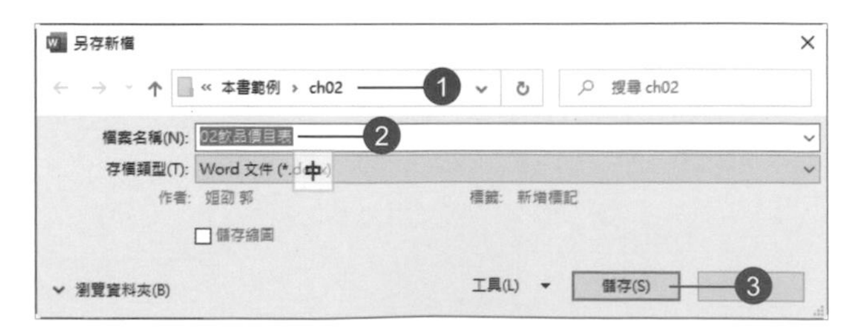

課後練習

一、選擇題

1. (　) 在文件中要產生「定位符號」可以按？（A）Enter（B）Tab（C）Esc。
2. (　) 要調整文件的顯示比例可以在哪個功能區執行？（A）常用（B）版面配置（C）檢視。
3. (　) 要產生文字藝術師可以在哪一個功能區執行？（A）常用（B）插入（C）設計。
4. (　) 選擇物件與周圍文字的互動方式稱作：（A）對齊（B）調整（C）文繞圖。
5. (　) 要調整表格大小可以執行「表格工具 > 版面配置 > 表格」的哪一個指令？（A）內容（B）手繪表格（C）自動調整。

二、實作題

開啟「02 實作題 .docx」，依照下列題意，製作單頁的「飲品價目表」：

- 版面設定改為「橫向」，邊界指定為「1.5 公分」。
- 價目表改為表格呈現，並套用一種表格樣式。
- 將「標題」產生文字藝術師，並套用一種「光暈」的文字效果。
- 插入圖片「drinks.jpg」放置在表格右側，調整大小並套用一種圖片樣式。
- 插入圖案當作背景。

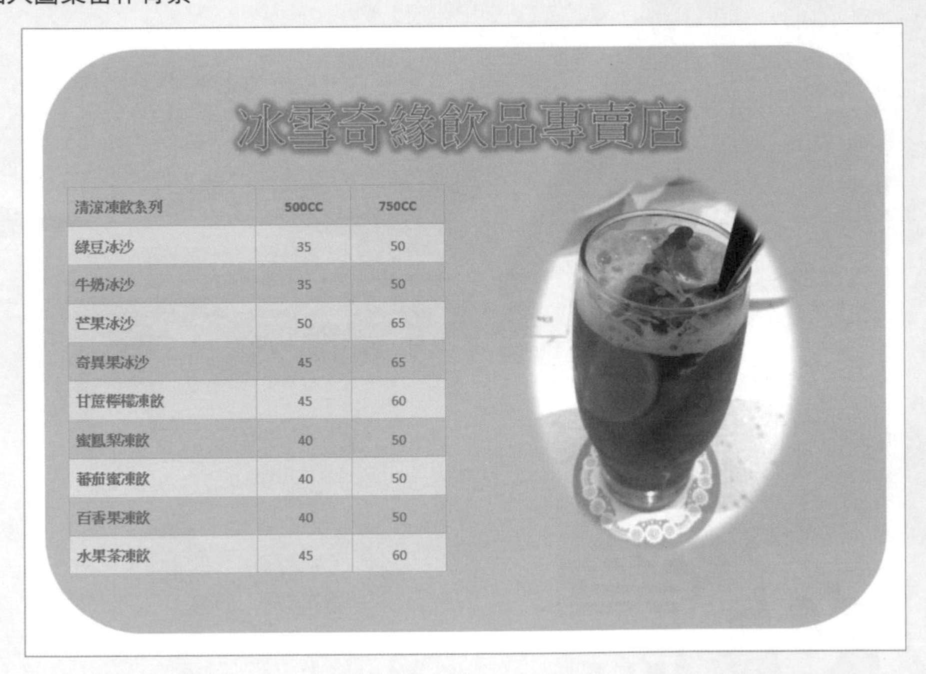

清涼凍飲系列	500CC	750CC
綠豆冰沙	35	50
牛奶冰沙	35	50
芒果冰沙	50	65
奇異果冰沙	45	65
甘蔗檸檬凍飲	45	60
蜜鳳梨凍飲	40	50
蕃茄蜜凍飲	40	50
百香果凍飲	40	50
水果茶凍飲	45	60

Word 篇

美食DM

藉由多張精美圖片和文字方塊，靈活運用物件格式與圖案樣式的設定，可以製作出圖文並茂的餐飲 DM。

學習目標

- 插入圖片與文繞圖
- 插入圖案
- 圖案的樣式與變更
- 物件的對齊與群組
- 移除圖片背景
- 插入文字方塊
- 在圖案上新增文字
- 插入文字藝術師

3.1 插入背景圖片

1 開啟空白文件後，執行「插入 > 圖例 > 圖片 > 此裝置」指令。

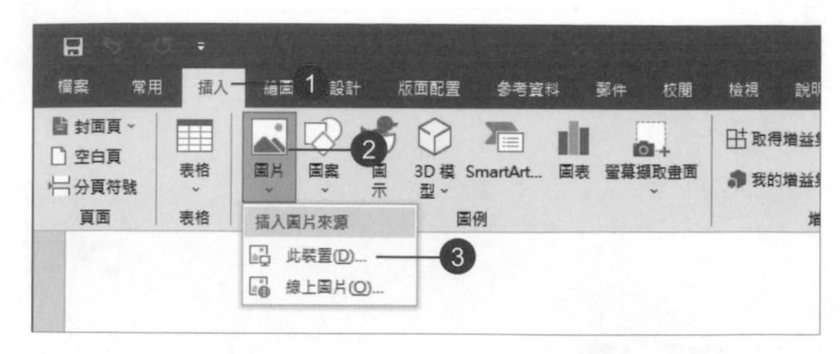

2 將「**bg.jpg**」圖片插入文件。

3 點選「版面配置選項」鈕，選擇「文字在前」及「固定於頁面上的位置」選項。

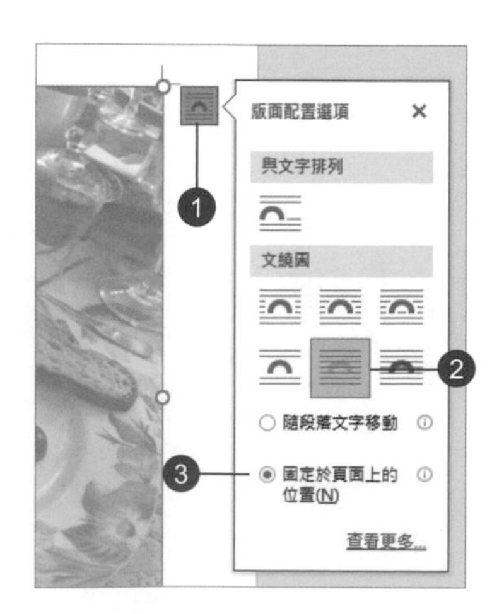

4 執行「檢視 > 縮放 > 單頁」指令。

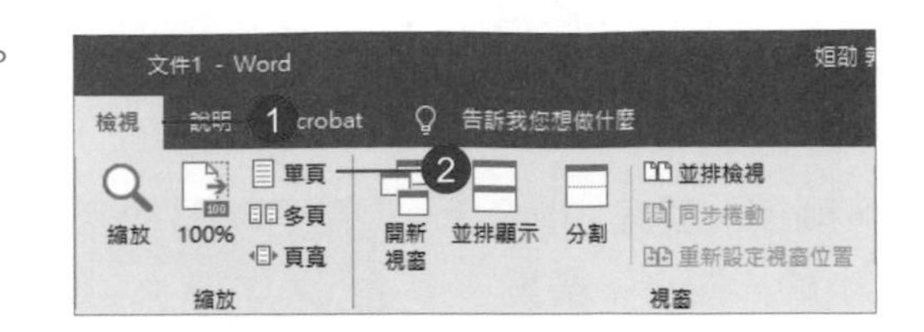

5 拖曳圖片的控制點，使其與頁面的大小相同。

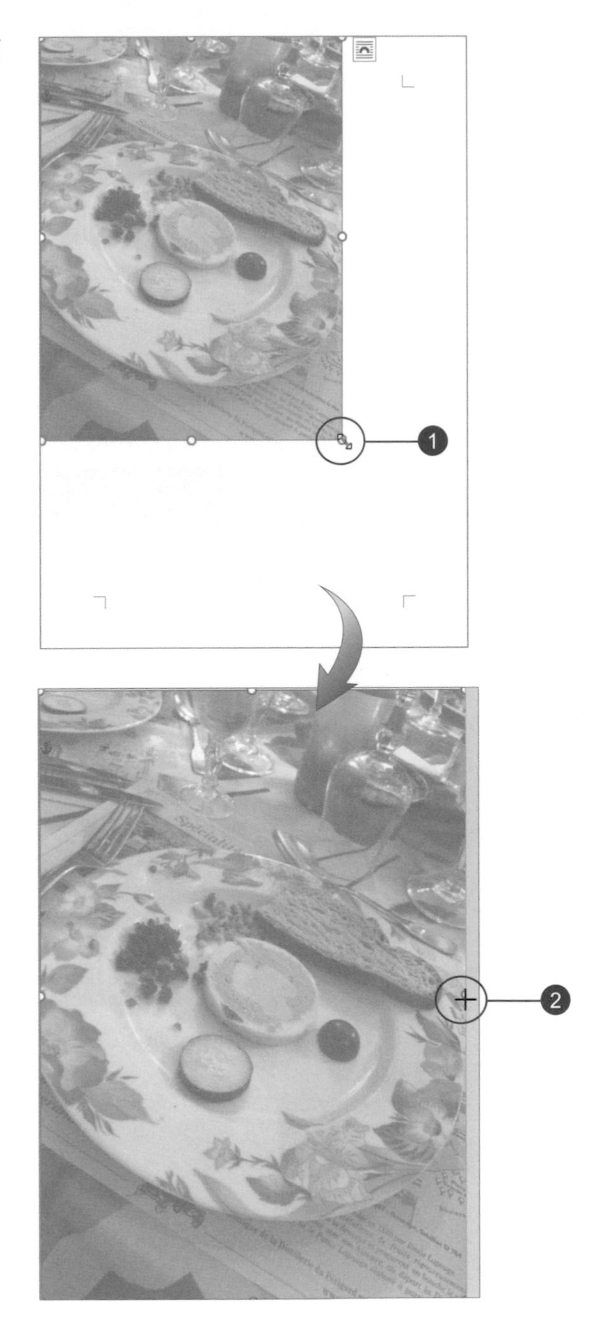

3.2 插入圖案

1 執行「插入 > 圖例 > 圖案」指令，產生任意大小的「矩形」圖案。

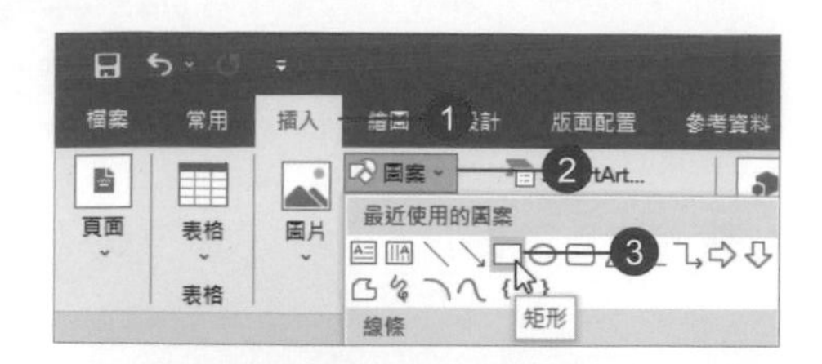

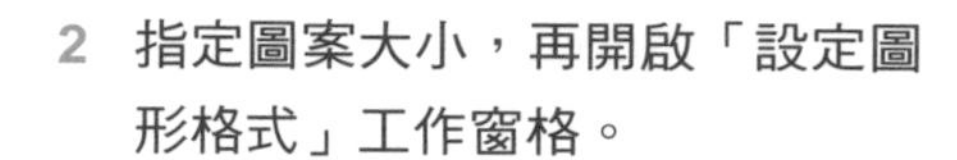

產生「圖案」時，預設的「文繞圖」方式即為「文字在後」，因此圖案會出現在文件內容的上方。

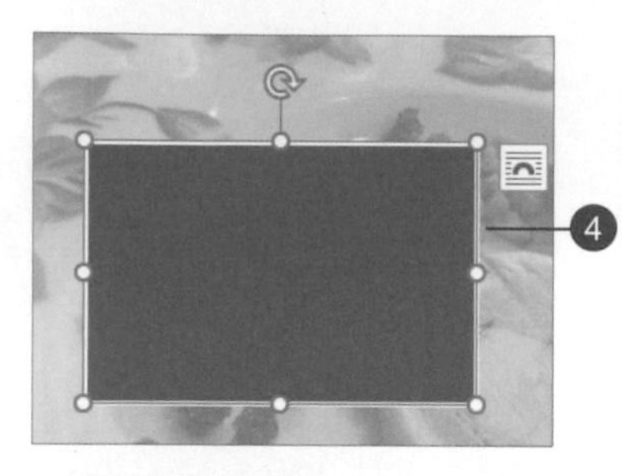

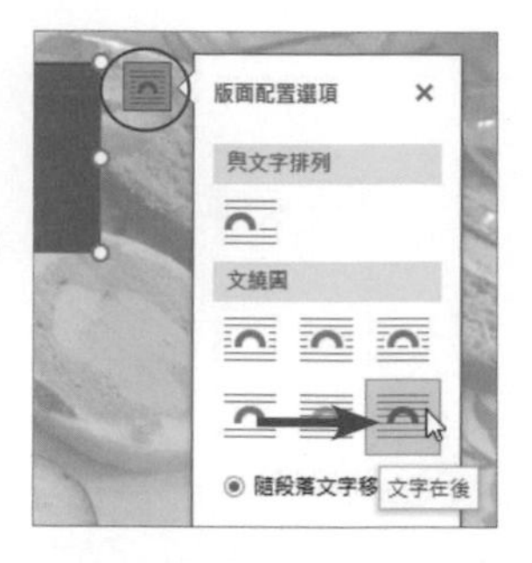

2 指定圖案大小，再開啟「設定圖形格式」工作窗格。

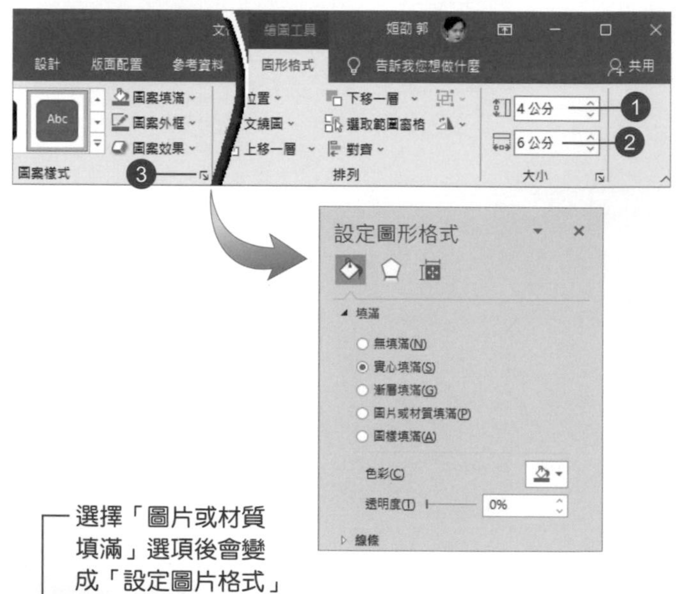

3 指定格式後，按下【插入】鈕。

選擇「圖片或材質填滿」選項後會變成「設定圖片格式」

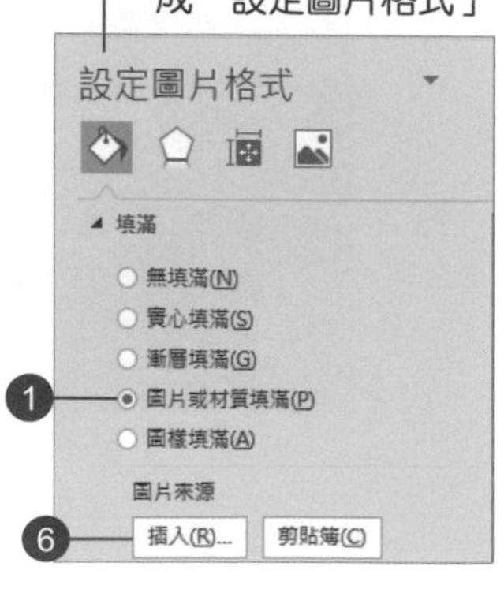

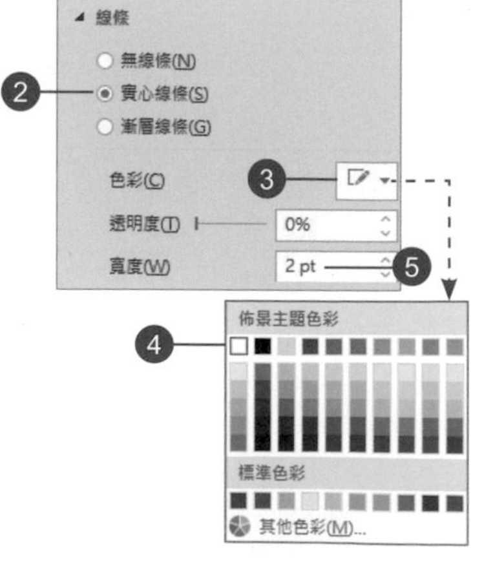

4 選擇「從檔案」，插入範例圖片「**food-1.jpg**」。

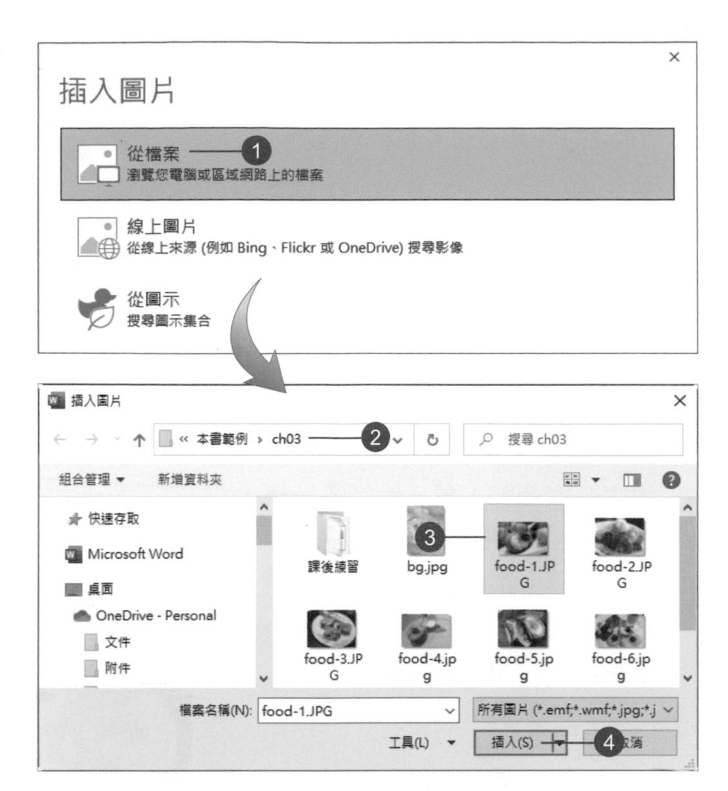

5 將圖片拖曳到頁面的適當位置。

6 按 **Ctrl+C** 鍵「複製」此圖案，再執行 **Ctrl+V** 鍵 **5** 次，將圖案「貼上」，共產生 **6** 個相同圖案。

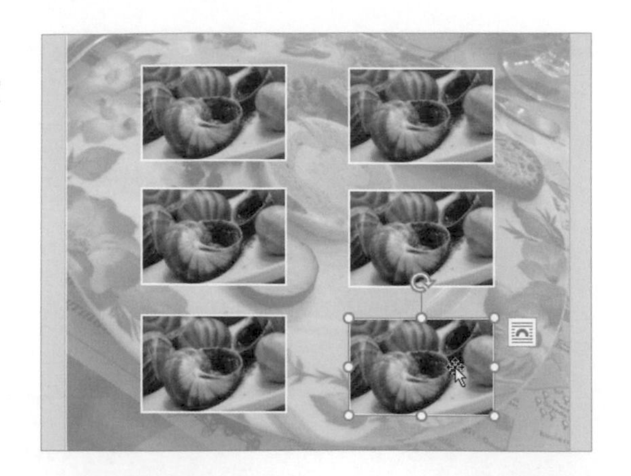

7 依序選取圖案，於「設定圖片格式」工作窗格中按下【插入】鈕，選擇「從檔案」（參考步驟 **3-4**），並插入範例圖片「**food-2.jpg**」～「**food-6.jpg**」。

3.3 圖片的對齊與群組

1 點選上方的第 **1** 張圖片後，按住 **Shift** 鍵再點選右側圖片，執行「圖片工具 **>** 圖片格式 **>** 排列 **>** 對齊 **>** 靠上對齊」指令。

2 再點選最下方的 **2** 張圖片，執行「靠下對齊」指令。

3 接著點選最左方的 **3** 張圖片，先執行「靠左對齊」指令，再執行「垂直均分」指令。

4 選取右側的 **3** 張圖片，重複步驟 **3** 的對齊動作。

5 將 **6** 張圖片選取後，執行「圖片工具 **>** 圖片格式 **>** 排列 **>** 組成群組」指令。

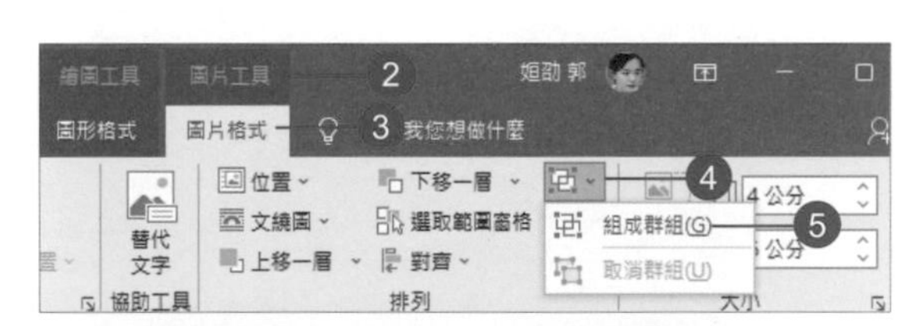

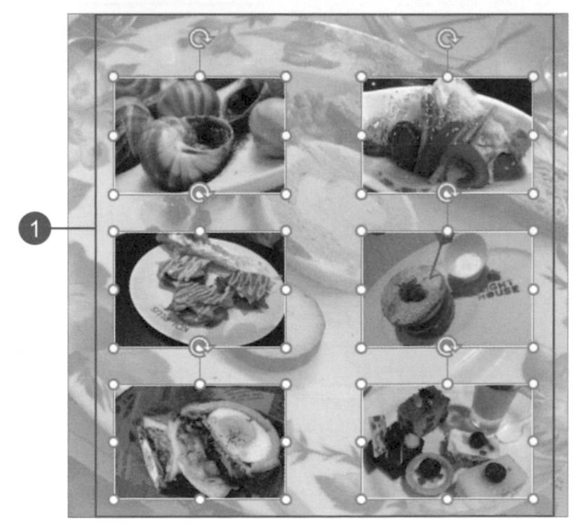

6 將群組後的物件移到到頁面的中央偏下位置。

拖曳物件時會出現綠色的「智慧型參考線」，協助您對齊至頁面位置

3.4 移除圖片背景

1 執行「插入 > 圖例 > 圖片 > 此裝置」指令，將「**logo.jpg**」圖片插入。

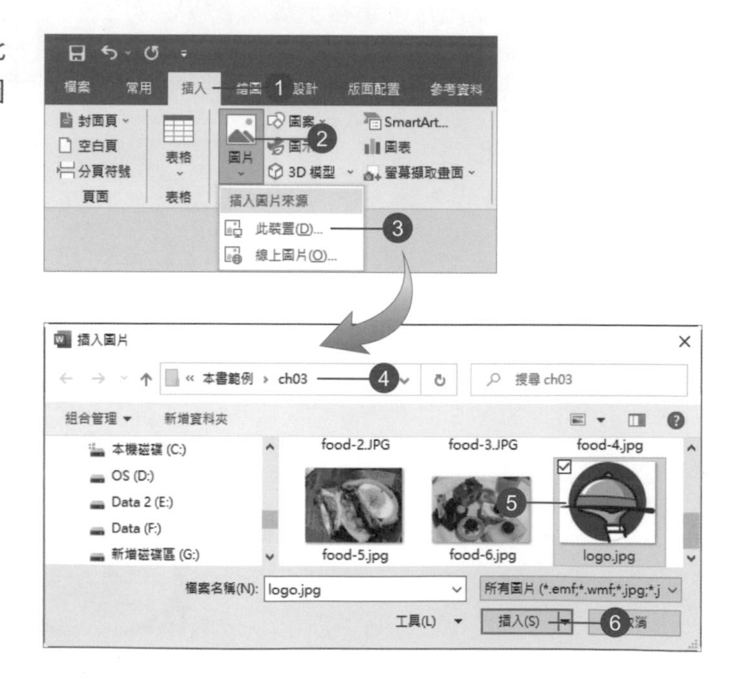

2 設定「文字在後」的「文繞圖」選項。

3 將圖片高度設定為「**3** 公分」。

4 接著執行「圖片工具 **>** 圖片格式 **>** 調整 **>** 移除背景」指令。

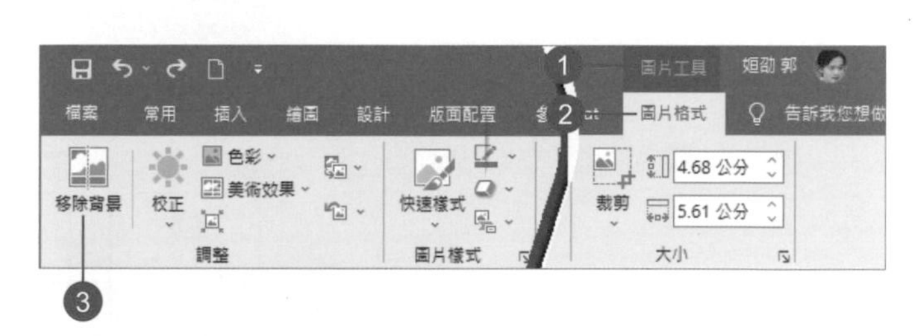

5 點選「細部修改 **>** 標示要保留的區域」指令，在要保留的圖片上點選或塗抹。

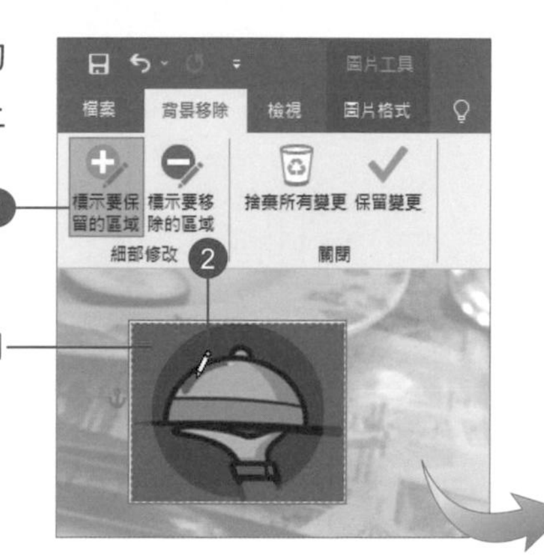

桃紅區域是要去除的範圍

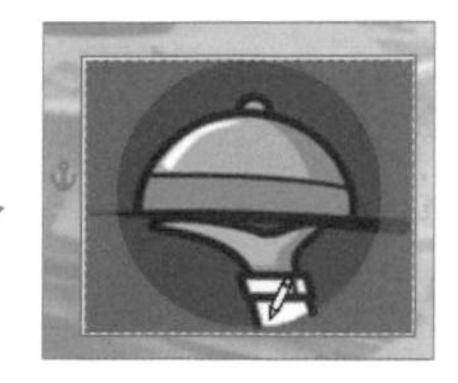

6 調整完畢，執行「背景移除 > 關閉 > 保留變更」指令。

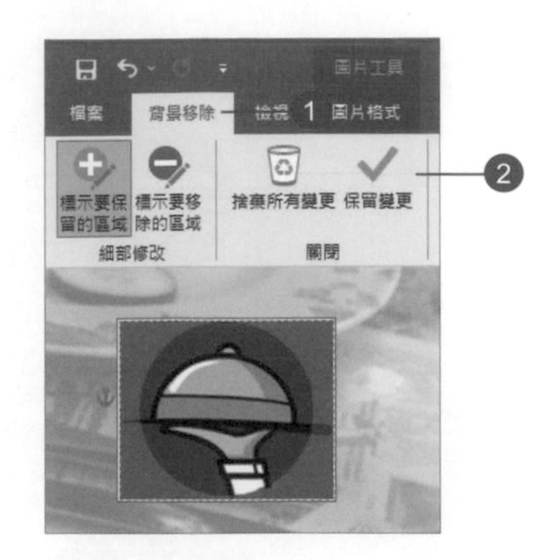

7 將圖片搬移到適當位置。

3.5 插入文字方塊

1 執行「插入 > 文字 > 文字方塊 > 水平文字方塊 > 繪製水平文字方塊」指令。

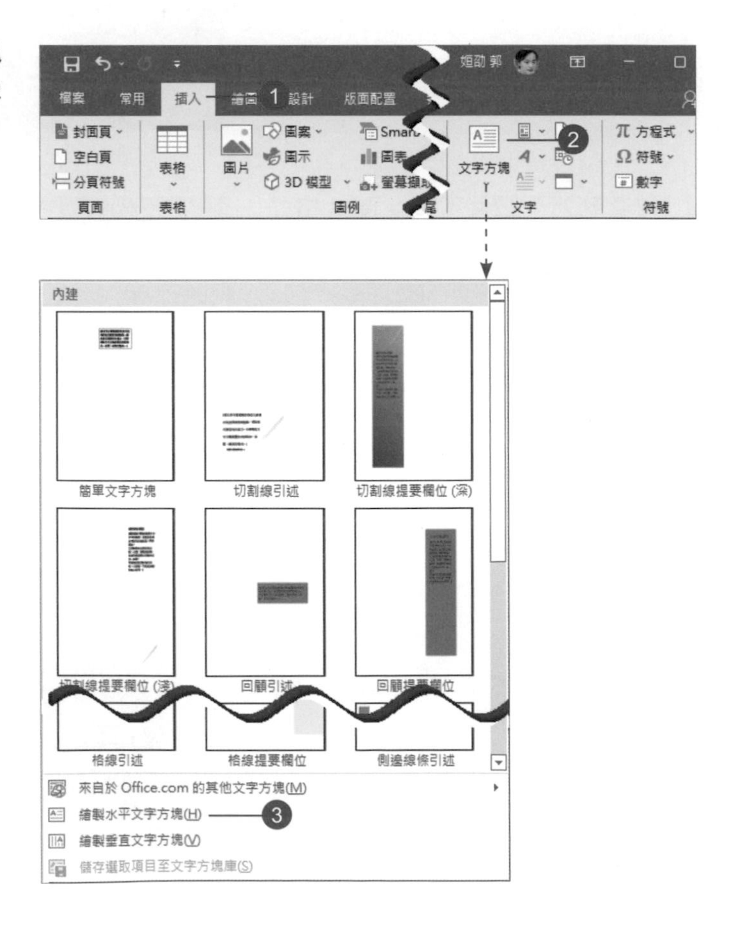

2 在文件下方拖曳產生文字方塊。

3 接著輸入文字內容，並透過「常用」功能區的指令進行文字的格式化。

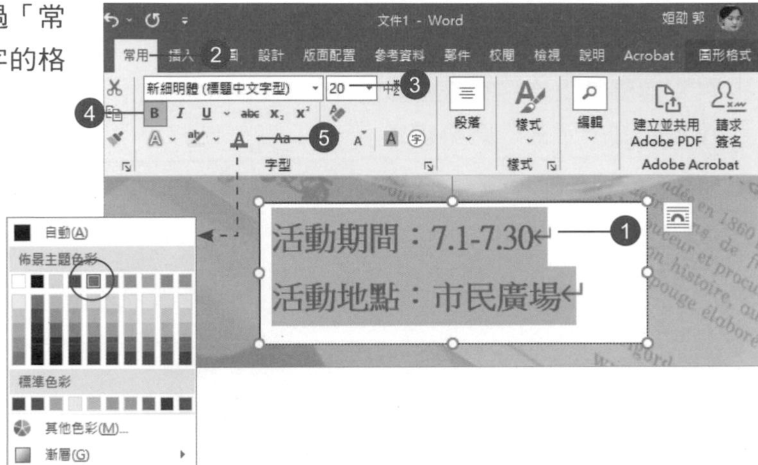

4 點選「繪圖工具 > 圖形格式 > 文字藝術師樣式」的「設定文字效果格式」鈕。

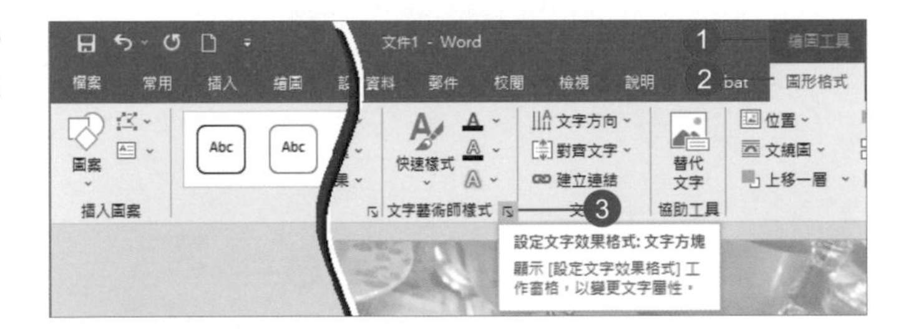

5 開啟「設定圖形格式」工作窗格，設定「無填滿」與「無線條」的格式。

6 將文字方塊對齊在水平置中的位置。

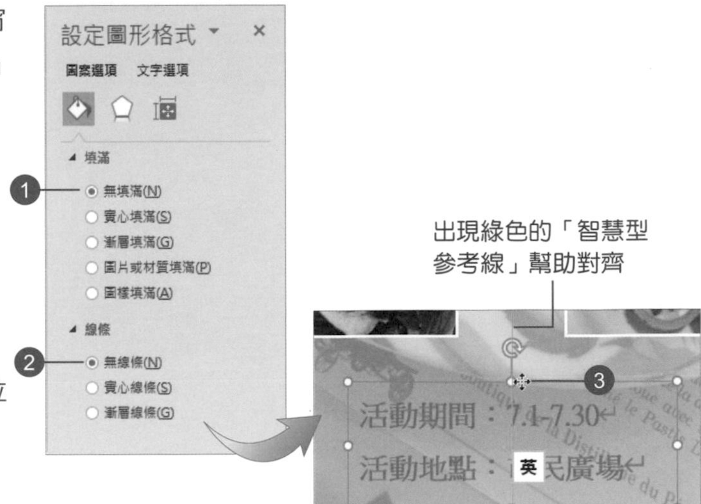

3.6 插入圖案並新增文字

1 執行「插入 > 圖例 > 圖案」指令，點選「星星及綵帶 > 雙波浪」圖案。

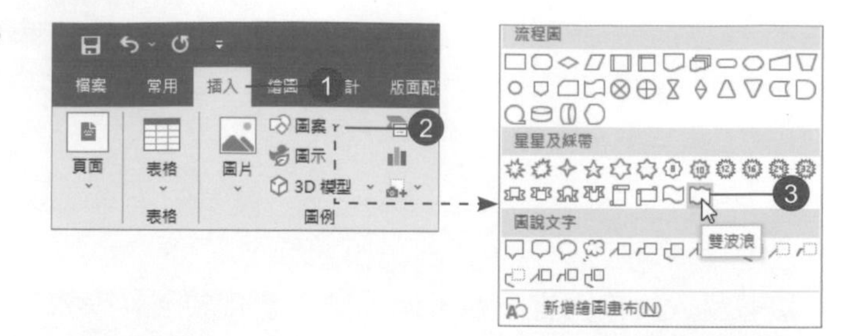

2 在文件圖片上方拖曳產生圖案，設定如圖所示的「圖案樣式」。

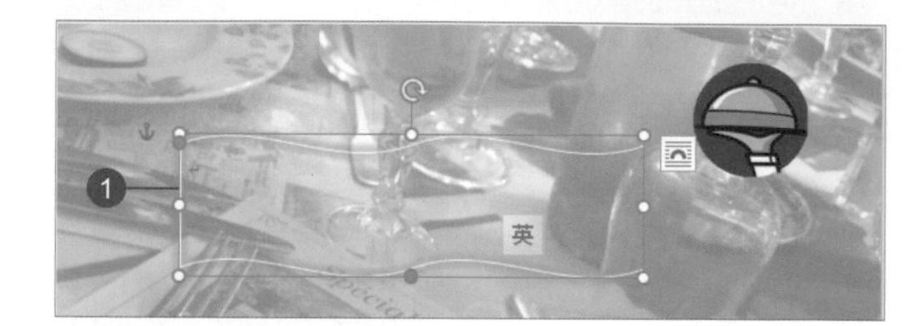

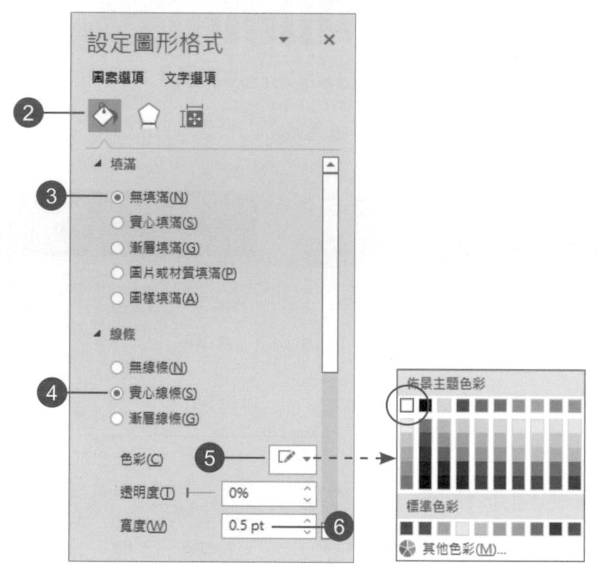

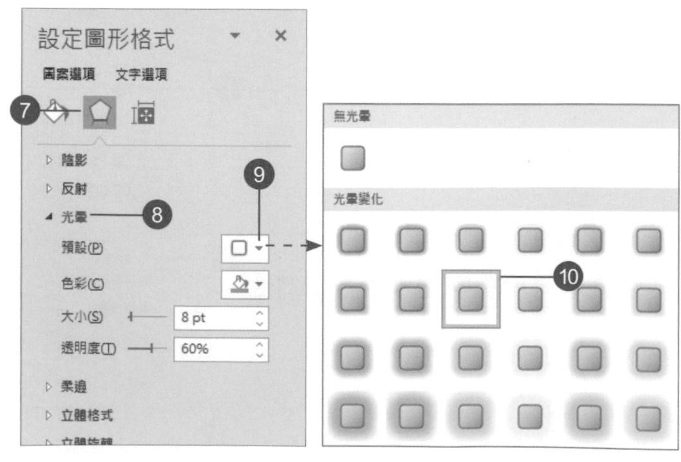

3 在圖案上按右鍵，從快顯功能表中選擇「新增文字」指令。

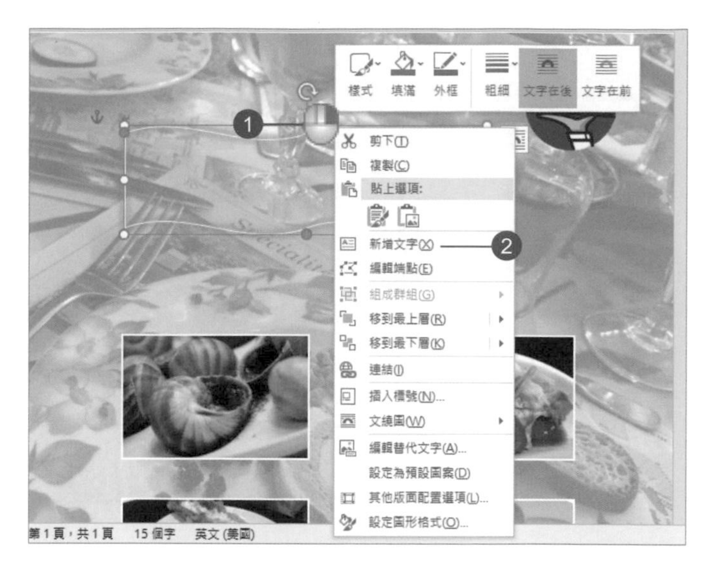

4 輸入文字內容並格式化。

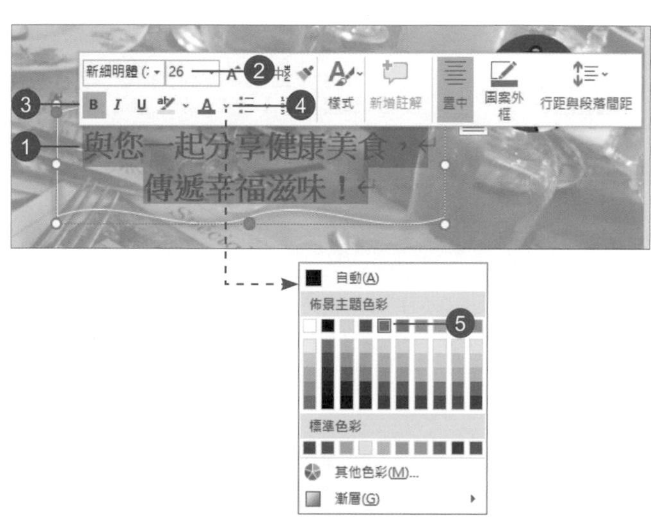

5 執行「插入 > 文字 > 插入文字藝術師物件」指令，產生藝術文字。

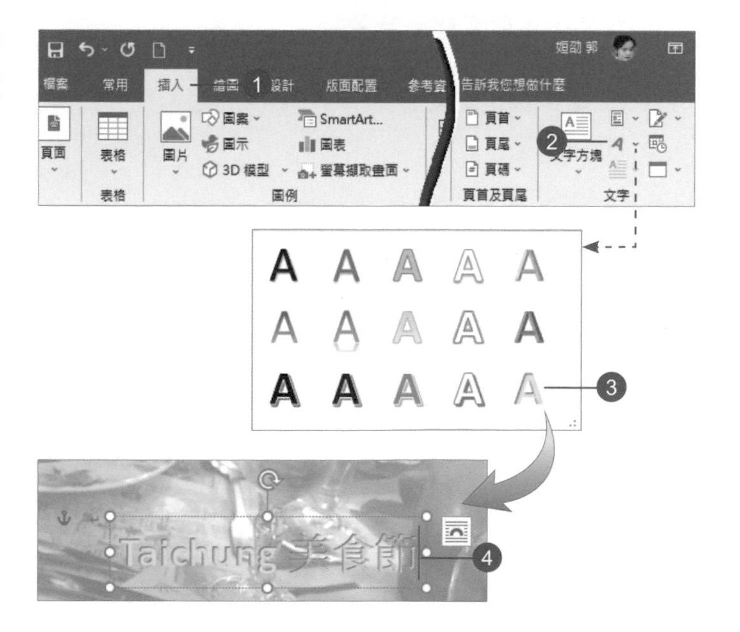

6 將藝術文字進行格式化。

文字藝術師的「字型」請視電腦中已安裝的字型進行設定。

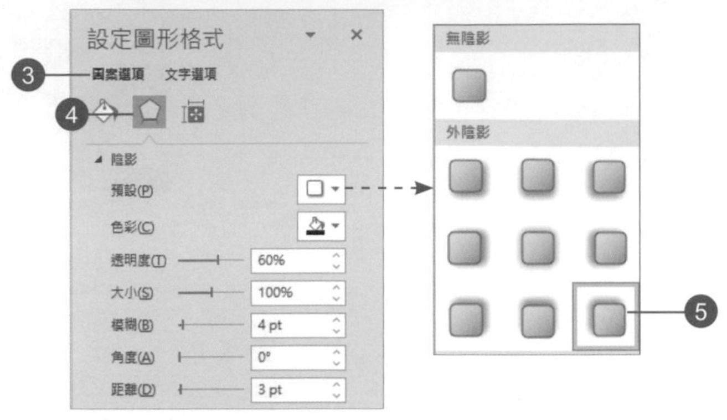

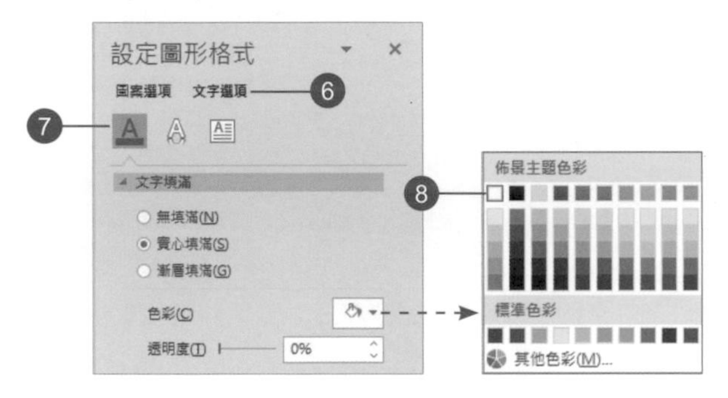

7 拖曳旋轉置於文件上方。

8 完成 **DM** 製作，儲存為「**Word** 文件」格式。

課後練習

一、選擇題

1. (　) 哪一個是做為文件背景圖片的文繞圖方式？（A）文字在後（B）文字在前（C）緊密。
2. (　) 要將圖片去背處理要在哪一個群組區執行？（A）調整（B）圖片樣式（C）排列。
3. (　) 要將多個圖片排列好可以執行？（A）文繞圖（B）群組（C）對齊。
4. (　) 下列哪一項物件不能產生文字？（A）圖案（B）文字方塊（C）圖片。
5. (　) 哪一個是設定圖片格式的功能區？（A）繪圖工具（B）圖片工具（C）表格工具。

二、實作題

1. 使用「插入 > 圖例 > 圖案」，完成標題文字的設計。

2. 利用「課後練習」資料夾中提供的多張圖片，完成如下的 DM 設計。

Word 篇

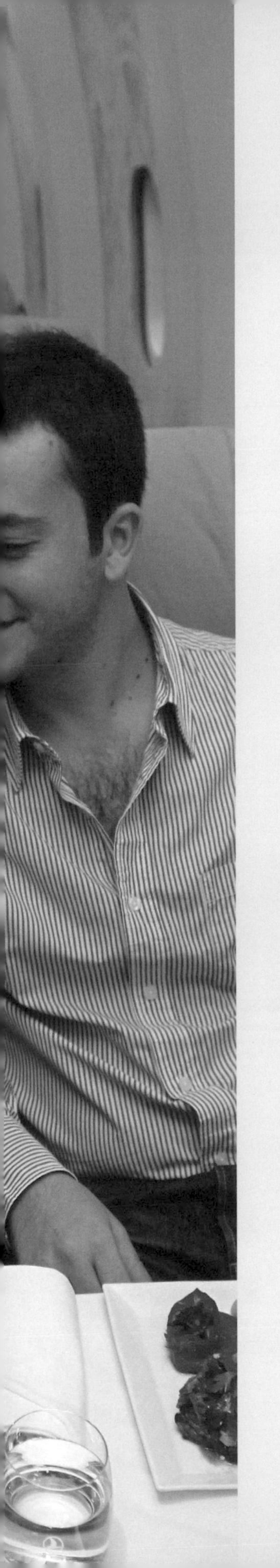

滿意度問卷調查表

「問卷調查表」是各行各業中經常看到的一種表格，可以透過收集顧客的意見，來改善經營的有效方式。

用餐滿意度調查表

我們非常重視每一位貴賓用餐的感受，希望藉由這份問券，了解您本次用餐的滿意度，這將做為我們改進及提供更高品質服務的參考。感謝您提供寶貴的意見，也歡迎您再度光臨！

姓名：＿＿＿＿＿＿　消費日期：＿＿＿＿＿＿
電話：＿＿＿＿＿＿　消費時間：＿＿＿＿＿＿
e-mail：＿＿＿＿＿＿＿＿＿＿＿＿

※ 1 分代表「最不滿意」，5 分為「最滿意」。

項目	評分					意見說明
＊餐飲滿意度	1	2	3	4	5	
口味	□	□	□	□	□	＿＿＿＿
新鮮度	□	□	□	□	□	＿＿＿＿
份量	□	□	□	□	□	＿＿＿＿
價格	□	□	□	□	□	＿＿＿＿
＊服務滿意度	1	2	3	4	5	
人員專業度	□	□	□	□	□	＿＿＿＿
人員親切度	□	□	□	□	□	＿＿＿＿
上菜速度	□	□	□	□	□	＿＿＿＿
＊清潔衛生	1	2	3	4	5	
桌面	□	□	□	□	□	＿＿＿＿
餐具	□	□	□	□	□	＿＿＿＿
洗手間	□	□	□	□	□	＿＿＿＿

Thank you!

學習目標

- 改變紙張大小與邊界
- 插入文字檔案
- 文繞圖設定
- 自動調整表格
- 分割儲存格
- 插入特殊符號
- 設定背景色彩
- 隱藏表格框線
- 插入線上圖片
- 預覽列印

4.1 改變紙張大小與邊界

1 開啟空白文件後，執行「版面配置 > 版面設定 > 大小」指令，選擇「其他紙張大小」。

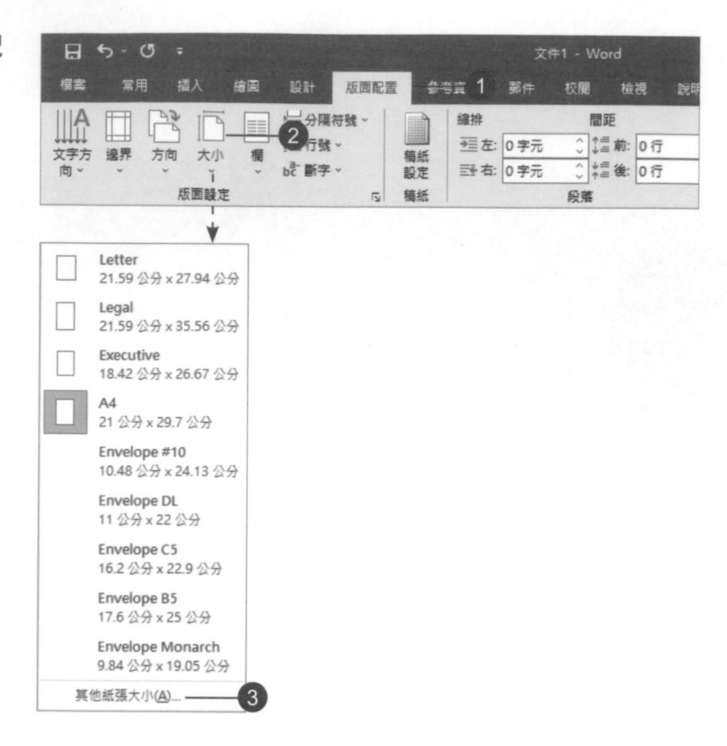

2 開啟「版面設定 > 紙張」對話方塊，在「寬度」輸入「**14.8** 公分」，「高度」輸入「**21** 公分」。

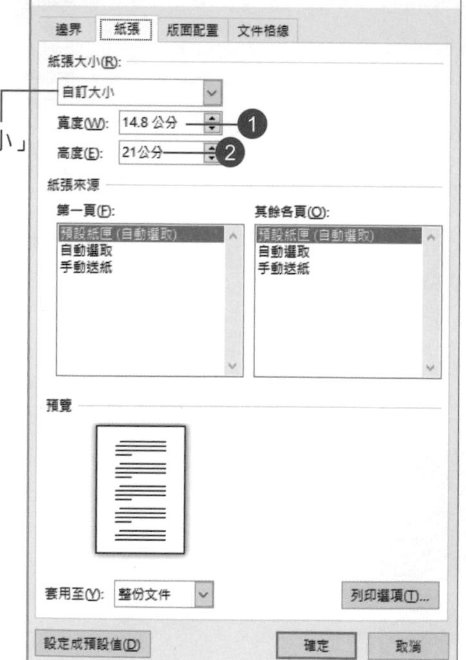

補充說明

這個紙張大小為「A5」尺寸，約是 A4 大小的一半，若您使用的 Word 版本，在步驟 1 的「大小」指令清單中有「A5」選項，可直接選擇套用。

3 切換到「邊界」標籤，將「上」、「下」、「左」、「右」邊界值改為「**1.25** 公分」，按【確定】鈕。

4.2 插入文字檔案

1 執行「插入 > 文字 > 物件 > 文字檔」指令。

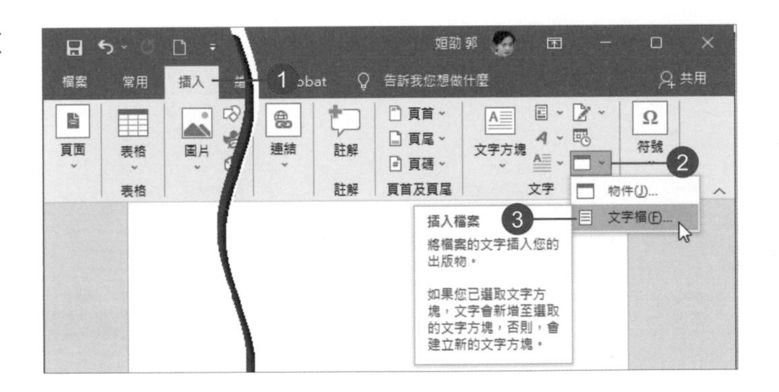

2 選擇範例資料夾中的文字檔「問卷調查 **.docx**」，按【插入】鈕。

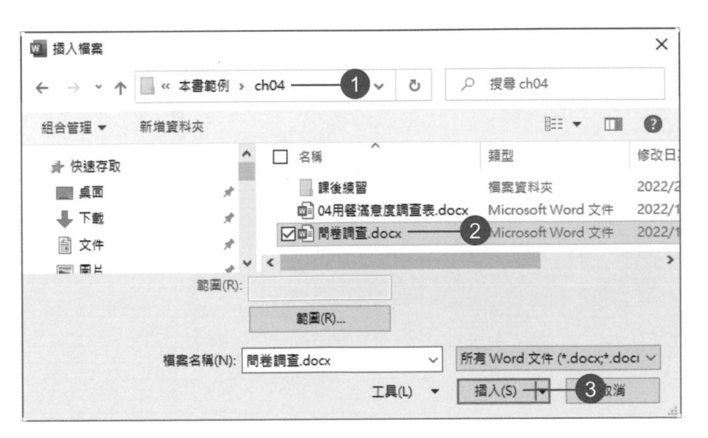

3 文字檔中的所有內容會插入到文件中。

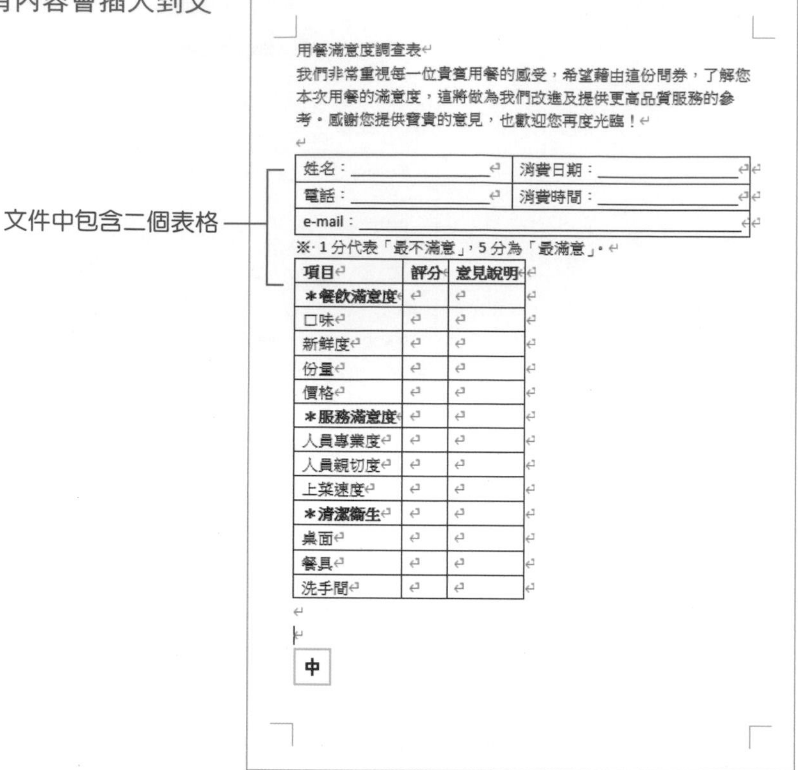

用餐滿意度調查表

我們非常重視每一位貴賓用餐的感受，希望藉由這份問券，了解您本次用餐的滿意度，這將做為我們改進及提供更高品質服務的參考。感謝您提供寶貴的意見，也歡迎您再度光臨！

姓名：__________	消費日期：__________
電話：__________	消費時間：__________
e-mail：__________	

※ 1分代表「最不滿意」，5分為「最滿意」。

項目	評分	意見說明
＊餐飲滿意度		
口味		
新鮮度		
份量		
價格		
＊服務滿意度		
人員專業度		
人員親切度		
上菜速度		
＊清潔衛生		
桌面		
餐具		
洗手間		

4 選取標題段落進行格式設定。

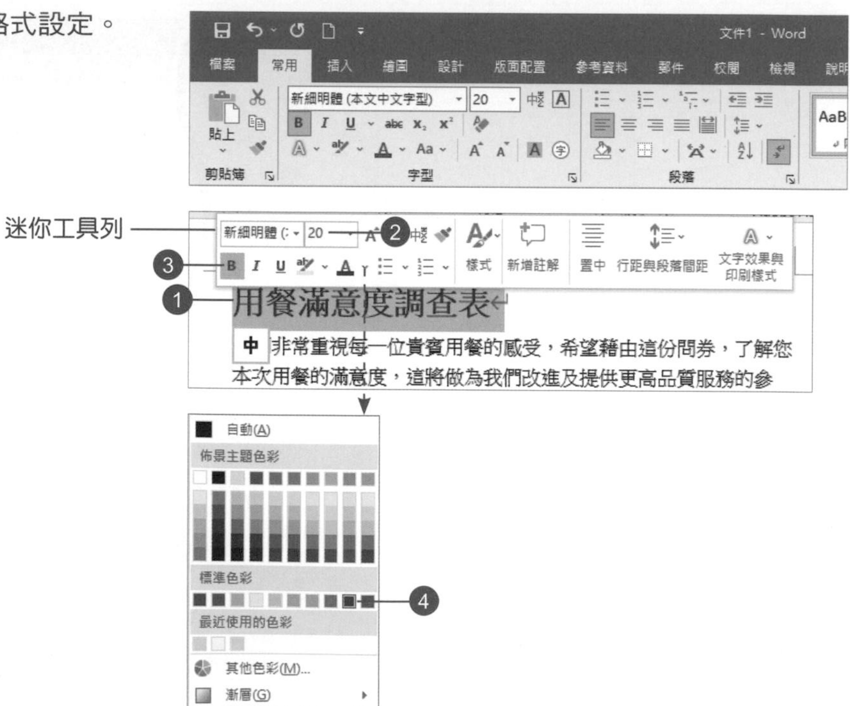

4.3 文繞圖設定

1 插入點移至標題列的起始位置，執行「插入 > 圖例 > 圖片 > 此裝置」指令。

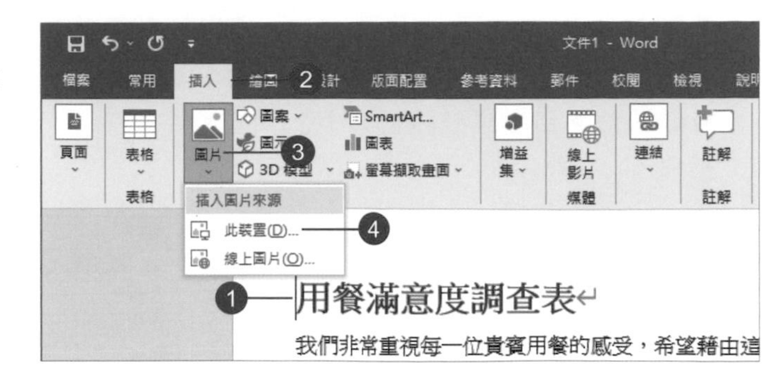

2 插入範例圖片「**logo.png**」。

3 將圖片寬度指定為「**3.5** 公分」，再設定「矩形」的「文繞圖」選項。

4 調整圖片至適當位置。

4.4 自動調整表格

1 選取第 **2** 個表格，執行「表格工具 > 版面配置 > 儲存格大小 > 自動調整 > 自動調整視窗大小」指令。

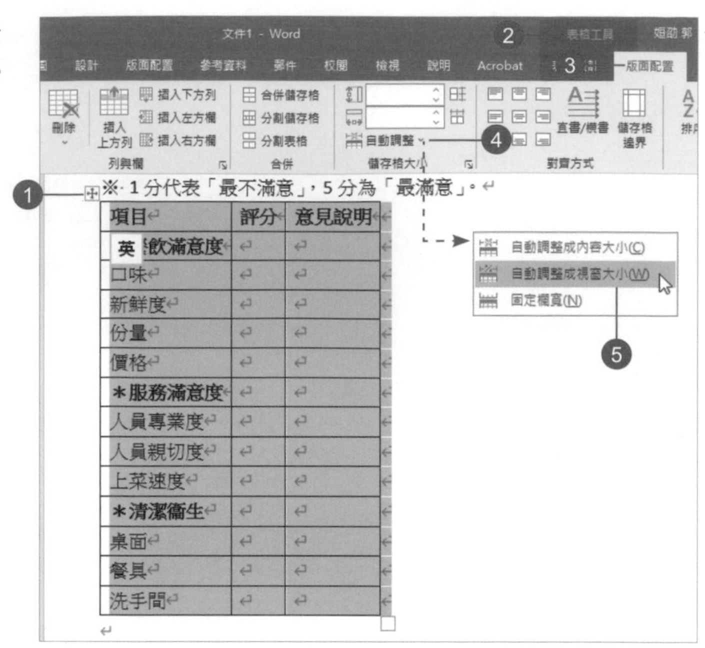

2 表格會依文件版面尺寸自動調整大小。

3 拖曳第 **1** 欄右側的欄框線，調整至適當的欄位寬度。

※·1 分代表「最不滿意」，5 分為「最滿意」。

項目	評分	意見說明
*餐飲滿意度		
口味		
新鮮度		
份量		
價格		
*服務滿意度		
人員專業度		

調整欄框線時，整個表格的寬度不會改變。

4.5 分割儲存格

1 拖曳選取第 **2** 欄的儲存格範圍，執行「表格工具 > 版面配置 > 合併 > 分割儲存格」指令。

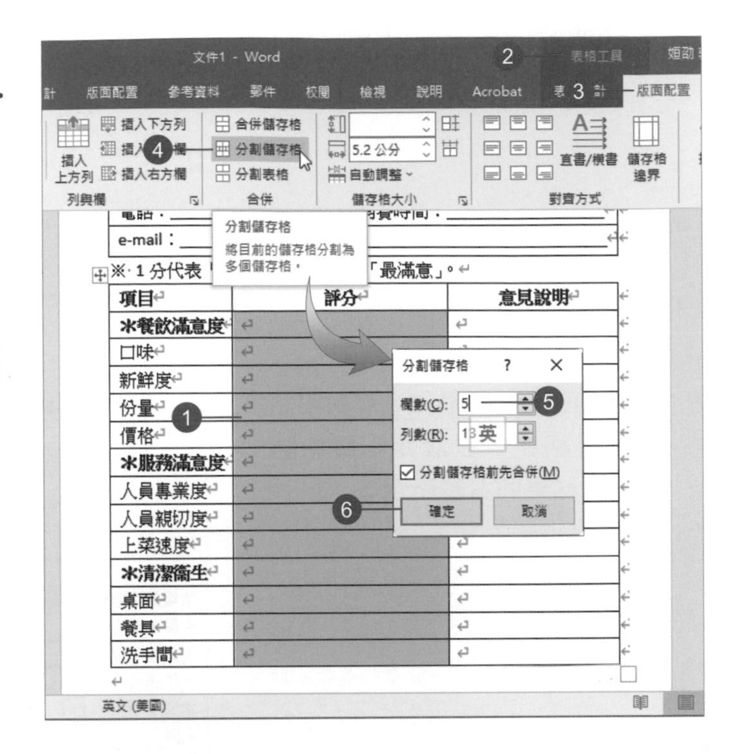

2 「欄數」指定為「**5**」，按【確定】鈕。

3 輸入 **1-5** 的數字，再設定「置中對齊」。

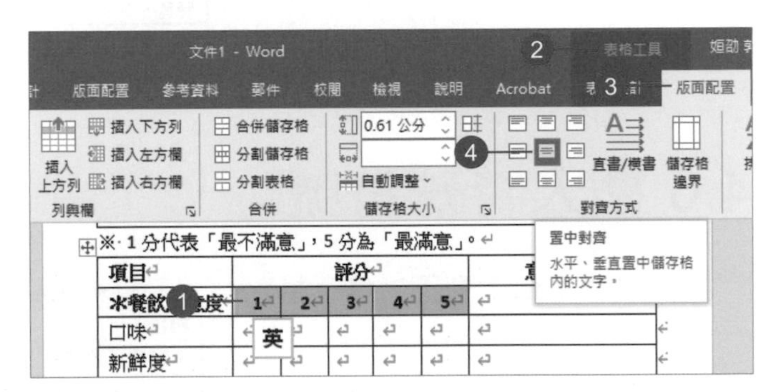

4 將數字列選取後，執行「常用 > 剪貼簿 > 複製」指令。

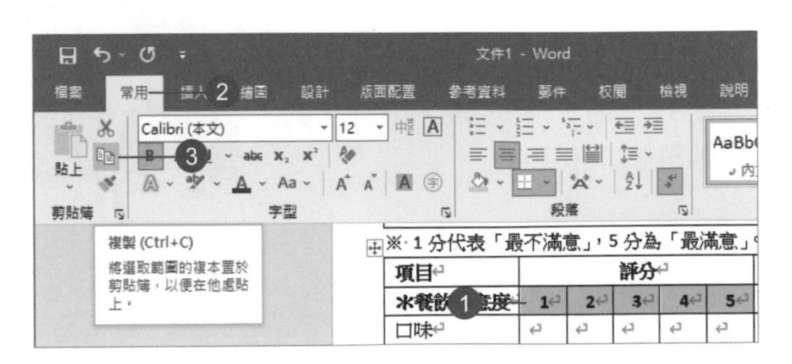

5 再「貼上」到下方儲存格。

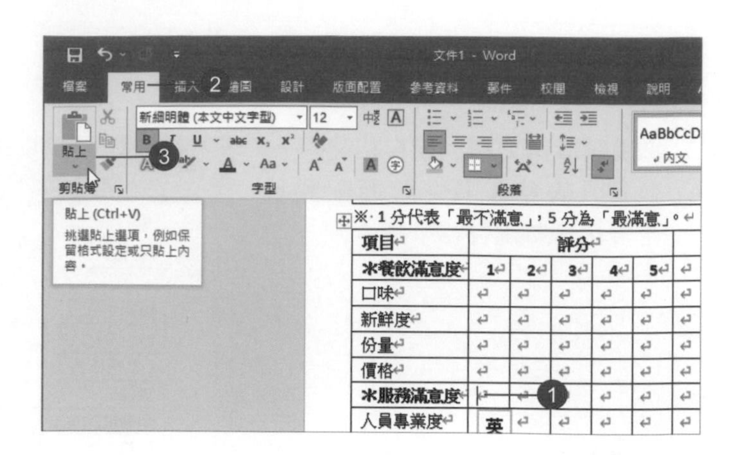

6 重複「貼上」的動作，將數字貼入儲存格中，並設定「置中對齊」，結果如右圖所示。

※ 1 分代表「最不滿意」，5 分為「最滿意」。

項目	評分					意見說明
*餐飲滿意度	1	2	3	4	5	
口味						
新鮮度						
份量						
價格						
*服務滿意度	1	2	3	4	5	
人員專業度						
人員親切度						
上菜速度						
*清潔衛生	1	2	3	4	5	
桌面						
餐具						
洗手間						

4.6 插入特殊符號

1 插入點移至數字列下方儲存格中。

※ 1 分代表「最不滿意」，5 分為「最滿意」。

項目	評分					意見說明
*餐飲滿意度	1	2	3	4	5	
口味						
新鮮度						

2 執行「插入 > 符號 > 符號 > 其他符號」指令。

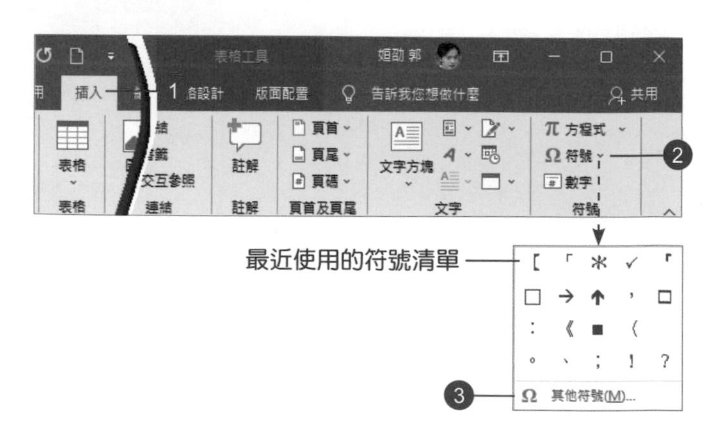

3 在要使用的符號上快按二下，或是點選後按【插入】鈕。

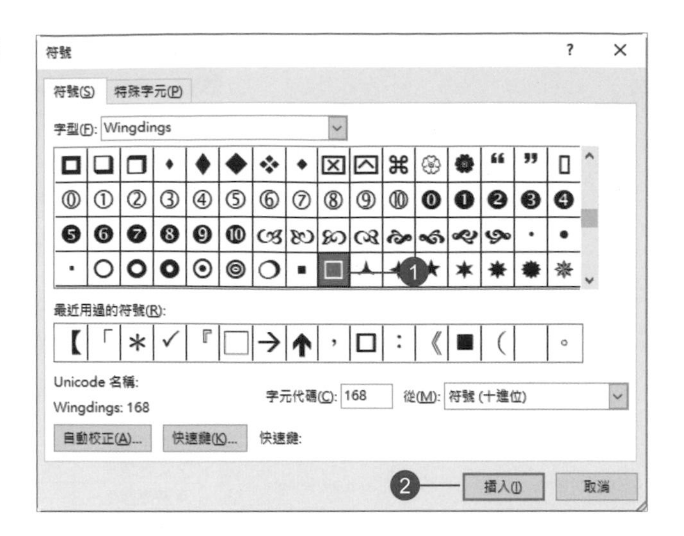

4 先不關閉對話方塊，將插入點移至右側儲存格，此時對話方塊會暫時關閉，只要再點選一次「插入 > 符號 > 符號」指令就會開啟，插入相同符號後，按【關閉】鈕離開。

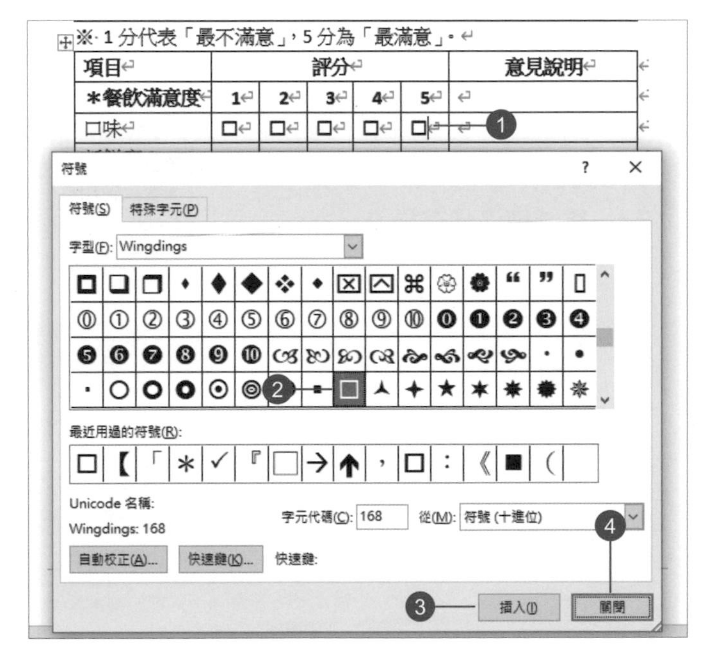

5 將插入符號的儲存格範圍「複製」到下方的儲存格中。

※ 1 分代表「最不滿意」，5 分為「最滿意」。

項目	評分					意見說明
＊餐飲滿意度	1	2	3	4	5	
口味	□	□	□	□	□	
新鮮度	□	□	□	□	□	
份量	□	□	□	□	□	
價格	□	□	□	□	□	
＊服務滿意度	1	2	3	4	5	
人員專業度	□	□	□	□	□	
人員親切度	□	□	□	□	□	
上菜速度	□	□	□	□	□	
＊清潔衛生	1	2	3	4	5	
桌面	□	□	□	□	□	
餐具	□	□	□	□	□	
洗手間	□	□	□	□	□	

6 選取儲存格範圍，設定「置中對齊」。

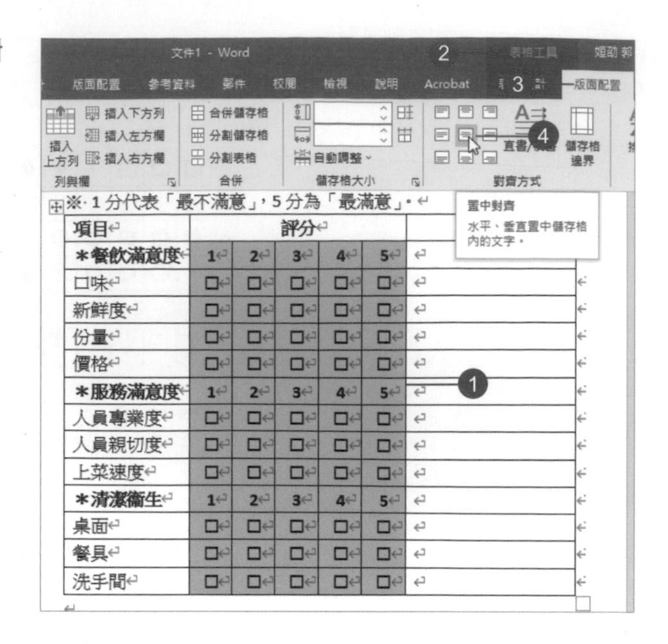

7 插入點移至「意見說明」欄位下方的儲存格中，鍵入多次「底線」符號填滿儲存格。

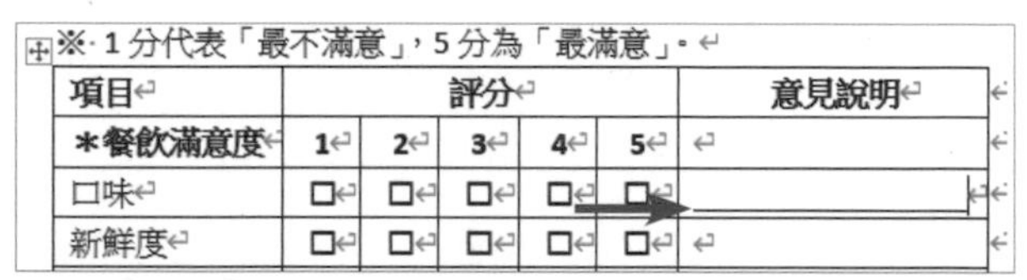

8 將「底線」符號「複製」後，「貼上」到其他儲存格範圍。

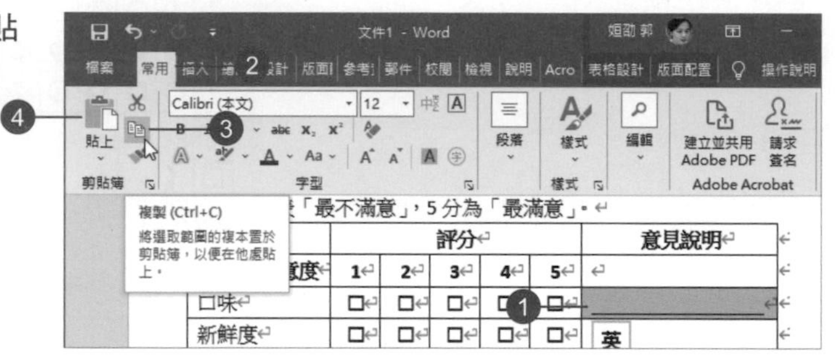

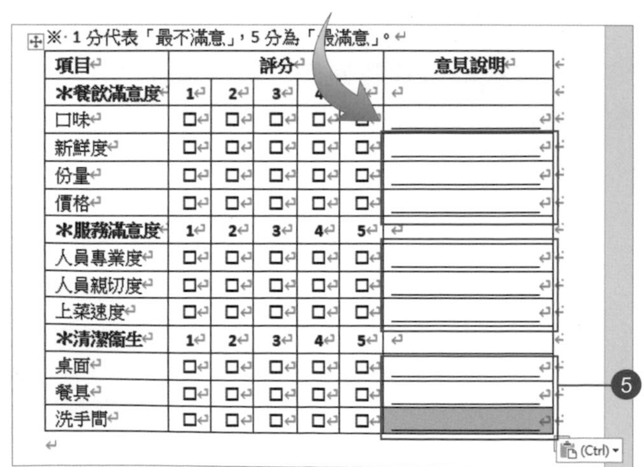

4.7 設定背景色彩

1 執行「設計 > 頁面背景 > 頁面色彩」指令，指定一種色彩。

2 文件會呈現指定的顏色。

4.8 隱藏表格框線

1 選取第 **1** 個表格。

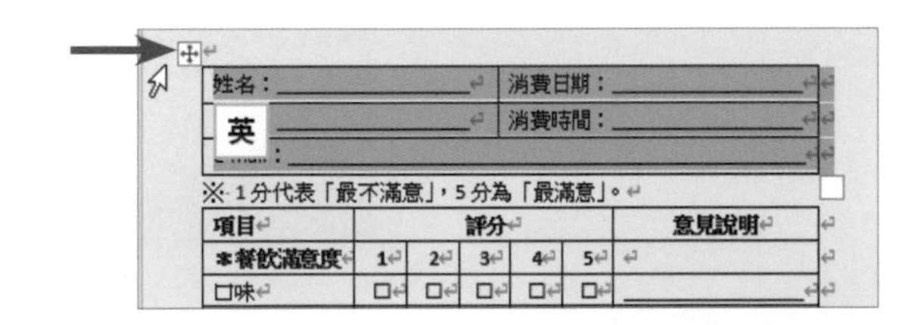

2 執行「表格工具 > 表格設計 > 框線 > 無框線」指令。

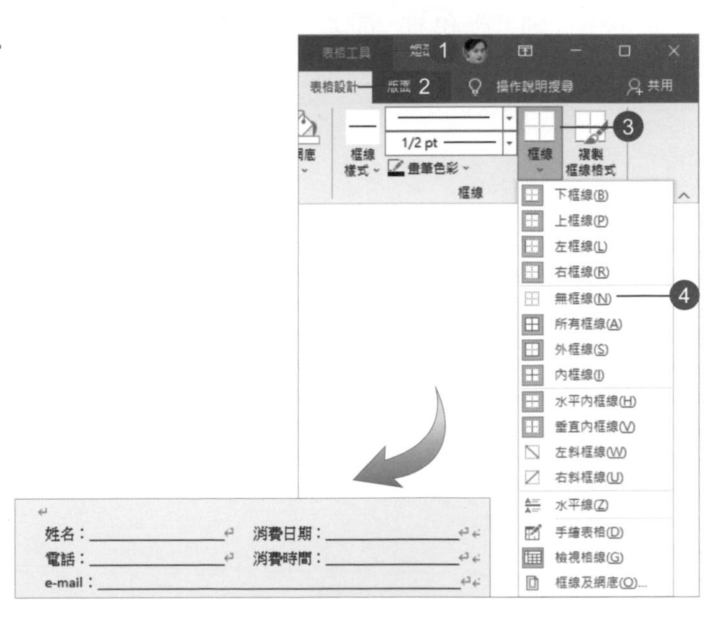

補充說明

取消執行「表格工具 > 版面配置 > 表格 > 檢視格線」指令，即可檢視無框線的表格。

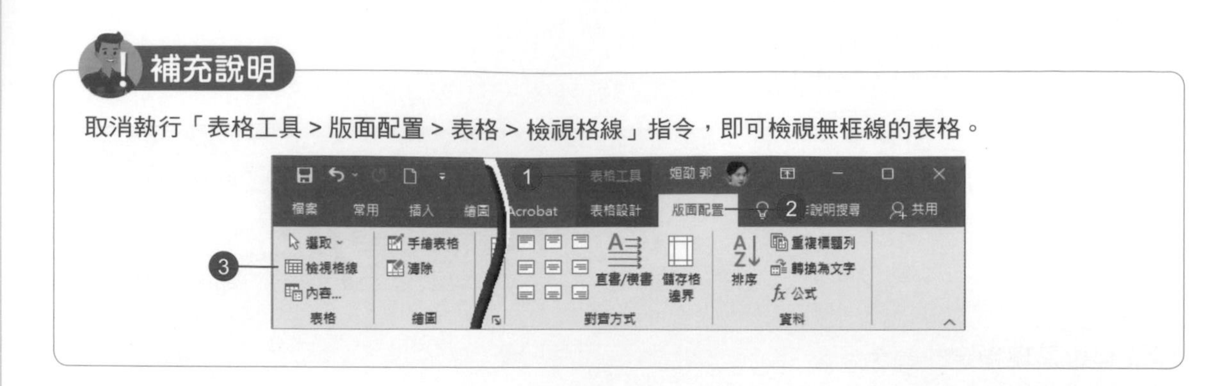

3 再選取第 **2** 個表格，重複「無框線」指令。

4 選取第一列的標題列，加上「網底」。

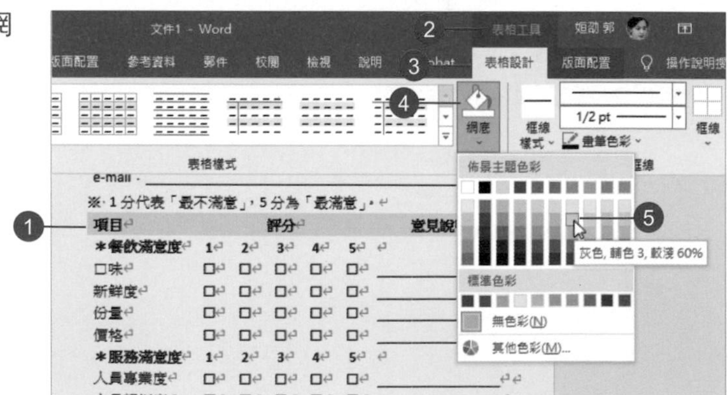

4.9 插入線上圖片

1 按 **Ctrl+End** 鍵，將插入點移至文件最後的段落上。

2 執行「插入 > 圖例 > 圖片 > 線上圖片」指令。

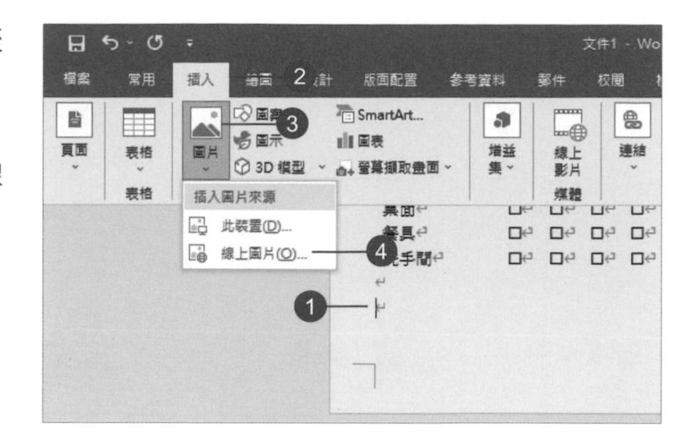

3 開啟「線上圖片」視窗。

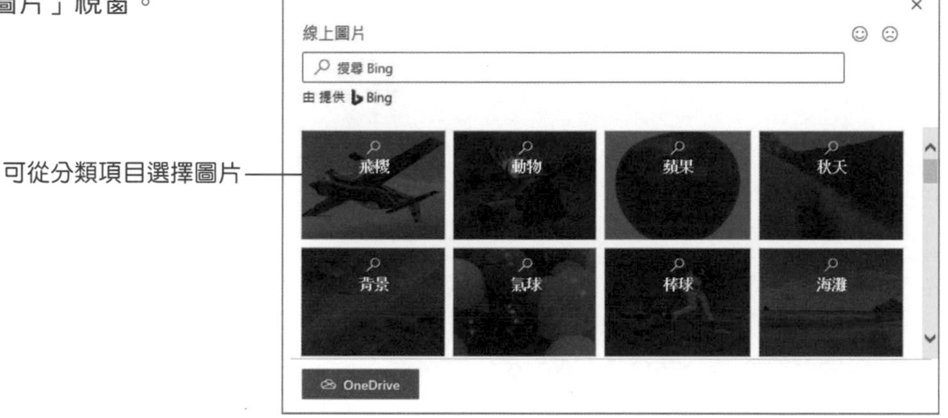

可從分類項目選擇圖片

4 鍵入關鍵字「**thank you**」，按 **Enter** 鍵，找到所需的圖片後選取（可複選），再按【插入】鈕。

5 點選圖片下方的文字方塊，按 **Del** 鍵刪除。

6 改為「文字在後」的「文繞圖」選項。

7 拖曳調整大小，放置在文件下方、水平置中的位置。

8 完成問卷調查表，儲存為「**Word** 文件」格式。

用餐滿意度調查表

我們非常重視每一位貴賓用餐的感受，希望藉由這份問券，了解您本次用餐的滿意度，這將做為我們改進及提供更高品質服務的參考。感謝您提供寶貴的意見，也歡迎您再度光臨！

姓名：__________ 消費日期：__________

電話：__________ 消費時間：__________

e-mail：__________

※ 1分代表「最不滿意」，5分為「最滿意」。

項目	評分					意見說明
＊餐飲滿意度	1	2	3	4	5	
口味	□	□	□	□	□	______
新鮮度	□	□	□	□	□	______
份量	□	□	□	□	□	______
價格	□	□	□	□	□	______
＊服務滿意度	1	2	3	4	5	
人員專業度	□	□	□	□	□	______
人員親切度	□	□	□	□	□	______
上菜速度	□	□	□	□	□	______
＊清潔衛生	1	2	3	4	5	
桌面	□	□	□	□	□	______
餐具	□	□	□	□	□	______
洗手間	□	□	□	□	□	______

Thank you!

4.10 預覽列印

1 執行「檔案 > 列印」指令進行預覽。

補充說明

由於 A5 尺寸剛好是 A4 紙張的二分之一，因此若要列印問卷調查表，可先將文件複製成 2 頁後，在「列印」時選擇「每張 2 頁」的選項，就可在 1 頁 A4 紙張上，列印出 2 頁的問卷調查表了。

2 執行「檔案 > 選項」指令。

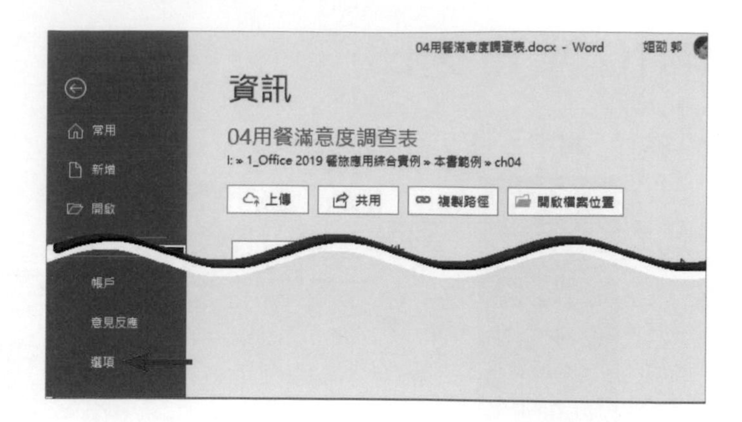

3 切換到「顯示」，在「列印選項」中勾選「列印背景色彩及影像」核取方塊，按【確定】鈕，即可列印背景色彩。

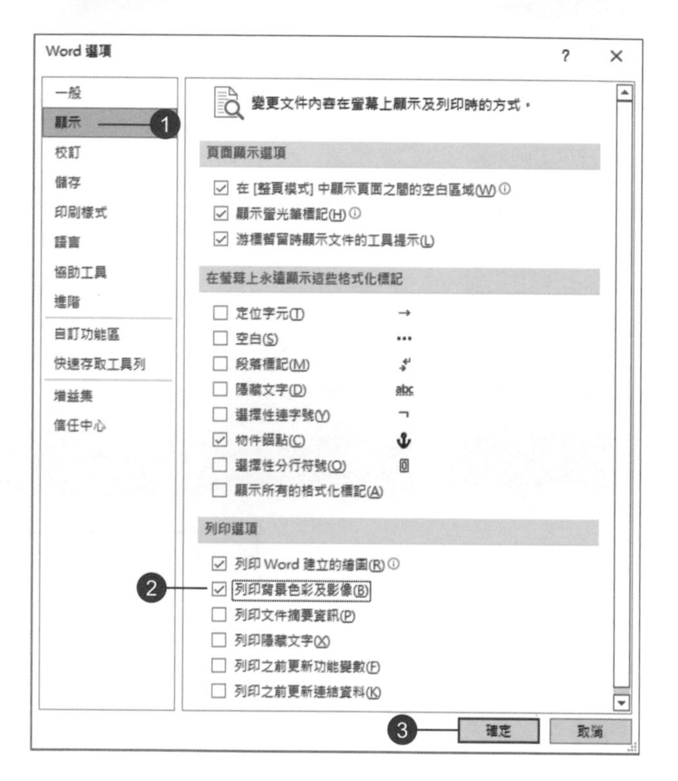

一、選擇題

1.（ ） 哪一個功能區可以指定背景色彩？（A）插入（B）版面配置（C）設計。

2.（ ） 要插入其他文字檔案可以執行「插入 > 文字」的什麼指令？（A）文字方塊（B）物件（C）文字藝術師。

3.（ ） 要自動調整表格可以在哪一個群組執行？（A）儲存格大小（B）列與欄（C）合併。

4.（ ） 要產生特殊符號可以在哪一個功能區執行？（A）常用（B）插入（C）設計。

5.（ ） 執行「檔案」的哪一個指令可以設定列印背景色？（A）選項（B）列印（C）匯出。

二、實作題

1. 開啟「04 實作題 -1.docx」，完成如下圖的文繞圖效果。

用餐滿意度調查表

我們非常重視每一位貴賓用餐的感受，希望藉由這份問券，了解您本次用餐的滿意度，這將做為我們改進及提供更高品質服務的參考。

2. 開啟「04 實作題 -2.docx」，依照下列題意，製作「問卷調查表」：
   - 將文件尺寸改為「A5」，邊界改為「窄」。
   - 設定文件背景色彩。
   - 插入圖片「travel.png」，製造文繞圖的效果。
   - 表格框線設定為「無」。
   - 文件下方插入任意「welcome」的線上圖片。

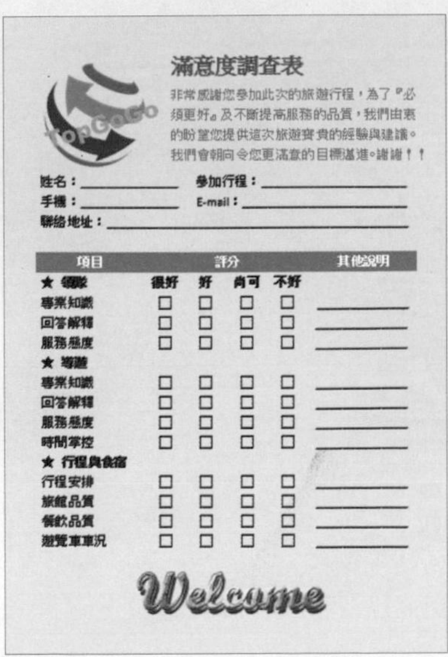

滿意度調查表

非常感謝您參加此次的旅遊行程，為了『必須更好』及不斷提高服務的品質，我們由衷的盼望您提供這次旅遊寶貴的經驗與建議。我們會朝向令您更滿意的目標邁進。謝謝！！

姓名：＿＿＿＿＿＿ 參加行程：＿＿＿＿＿＿

手機：＿＿＿＿＿＿ E-mail：＿＿＿＿＿＿

聯絡地址：＿＿＿＿＿＿

項目	評分				其他說明
★ 領隊	很好	好	尚可	不好	
專業知識	□	□	□	□	＿＿＿＿
回答解釋	□	□	□	□	＿＿＿＿
服務態度	□	□	□	□	＿＿＿＿
★ 導遊					
專業知識	□	□	□	□	＿＿＿＿
回答解釋	□	□	□	□	＿＿＿＿
服務態度	□	□	□	□	＿＿＿＿
時間掌控	□	□	□	□	＿＿＿＿
★ 行程與食宿					
行程安排	□	□	□	□	＿＿＿＿
旅館品質	□	□	□	□	＿＿＿＿
餐飲品質	□	□	□	□	＿＿＿＿
遊覽車車況	□	□	□	□	＿＿＿＿

Welcome

Word 篇

成果發表會手冊

經由前面各章所學習到的文件製作方法，利用樣式製作目錄，加上封面後，即可完成發表會手冊的製作。

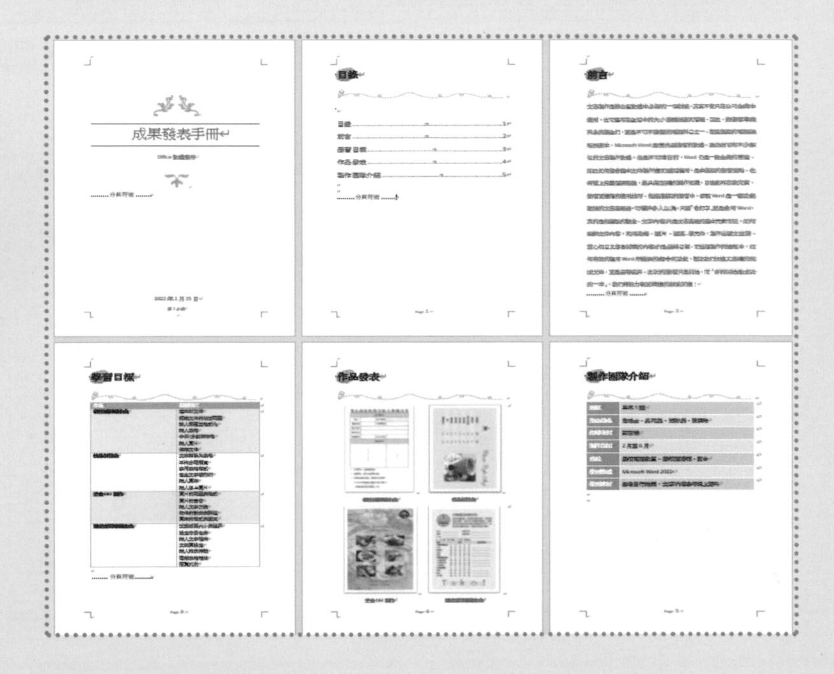

學習目標

- 插入封面頁
- 插入空白頁面
- 插入分頁
- 使用導覽窗格
- 套用標題樣式
- 插入圖案
- 套用表格及圖片樣式
- 插入頁碼
- 產生目錄
- 變更佈景主題

5.1 插入封面頁

1 開啟空白文件，執行「插入 > 文字 > 物件 > 文字檔」指令，將「發表會手冊 .docx」文件插入。

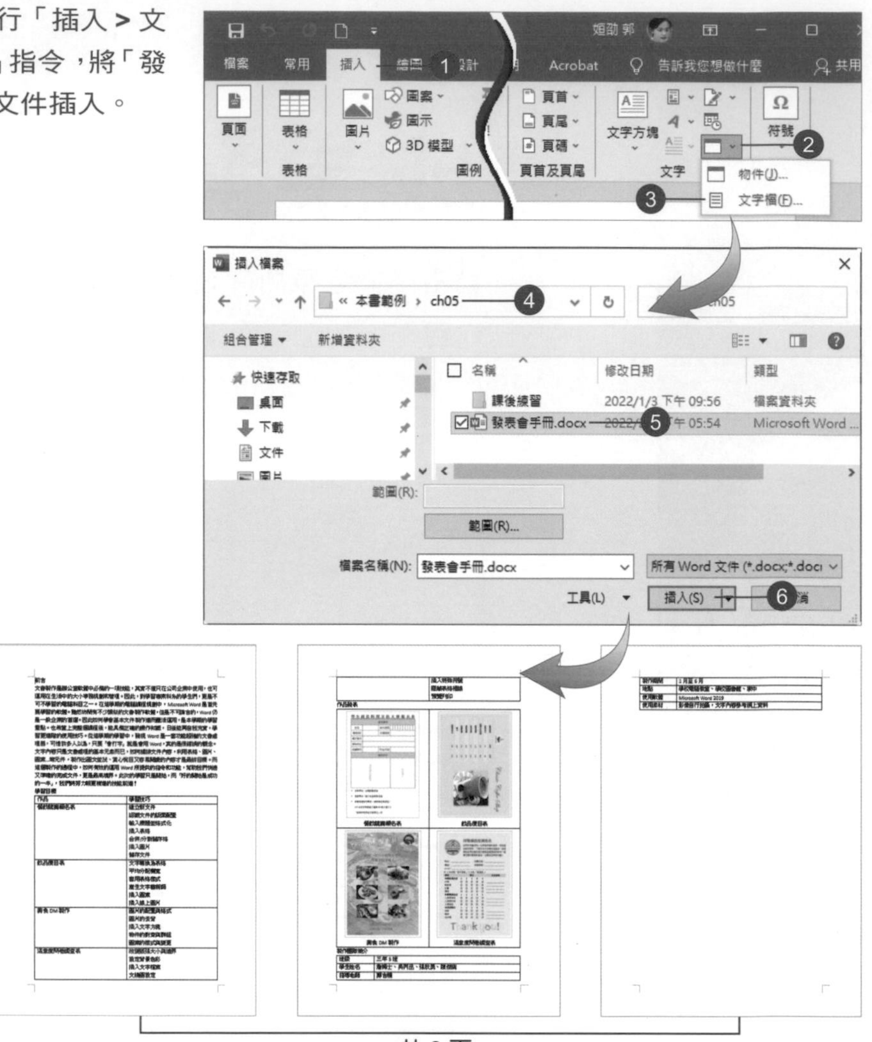

2 接著執行「插入 > 頁面 > 封面頁」指令，選擇一種預設封面。

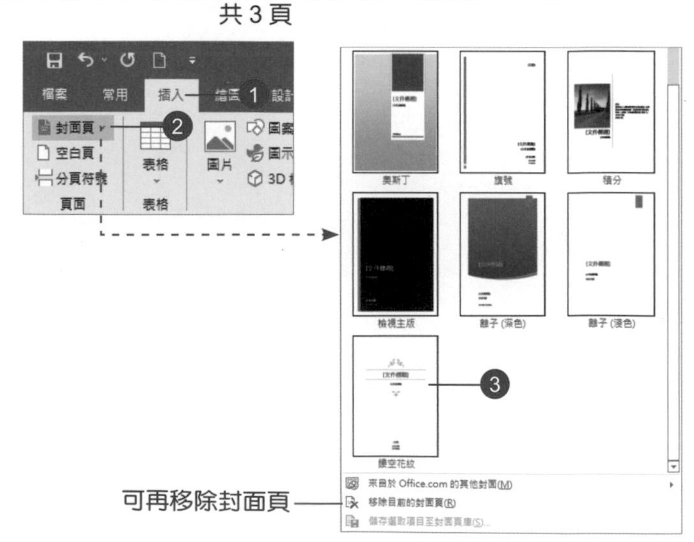

3 封面頁會自動插入成為第 **1** 頁，在封面頁上的預設文字上點選後編輯內容，不需要的項目可以選取後刪除。

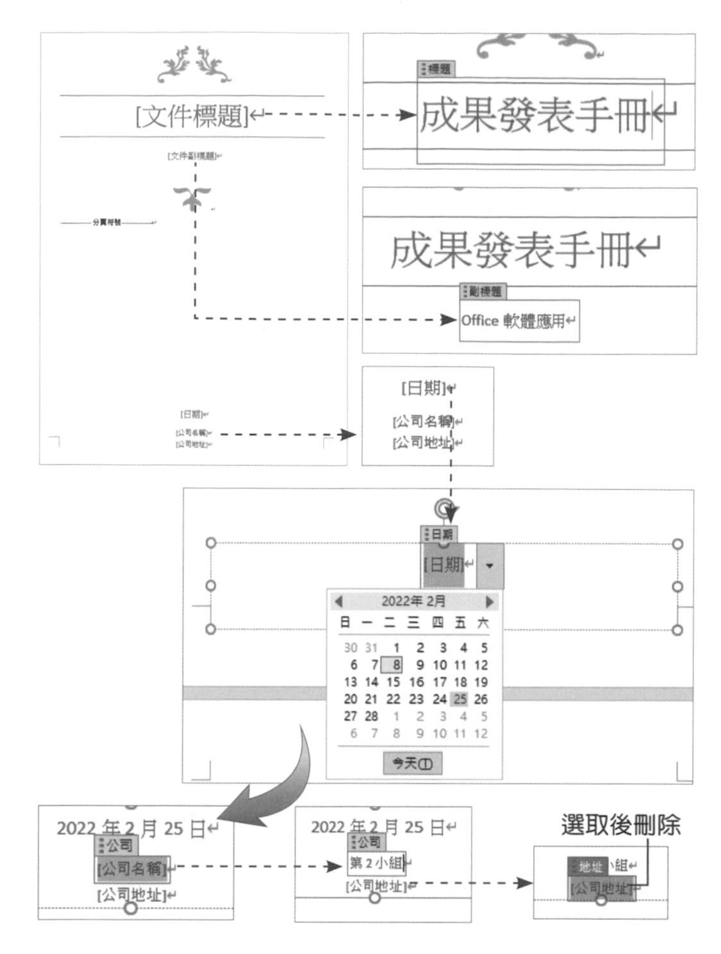

5.2 插入空白頁面與分頁

1 插入點移至下一頁「前言」的前方，執行「插入 > 頁面 > 空白頁」指令。

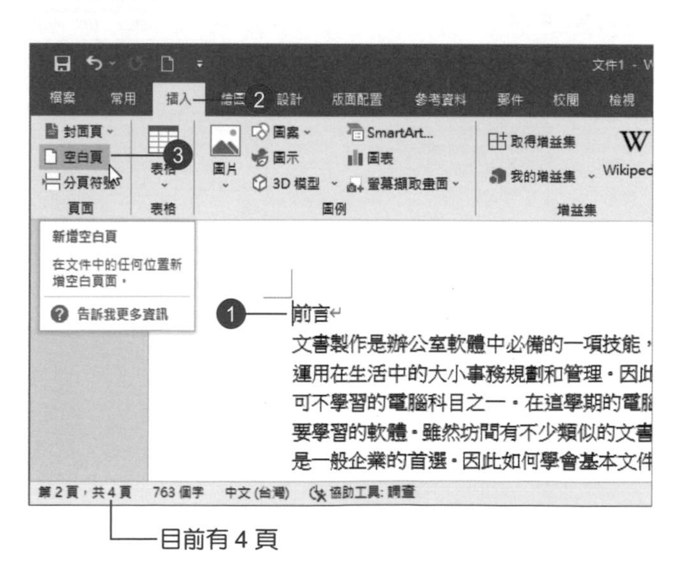

2 插入一空白頁。

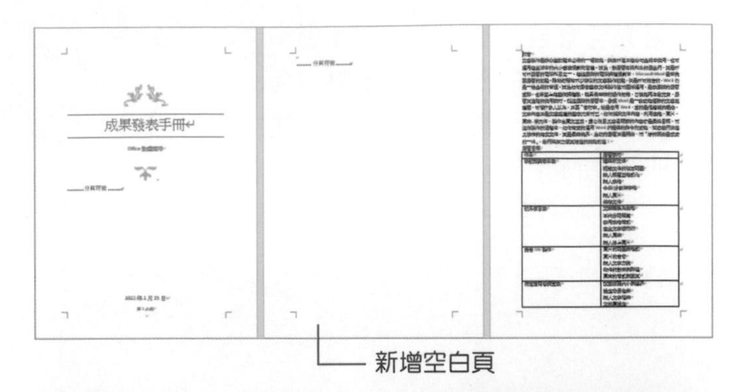

3 插入點移至空白頁上，輸入「目錄」，按 **Enter** 鍵。

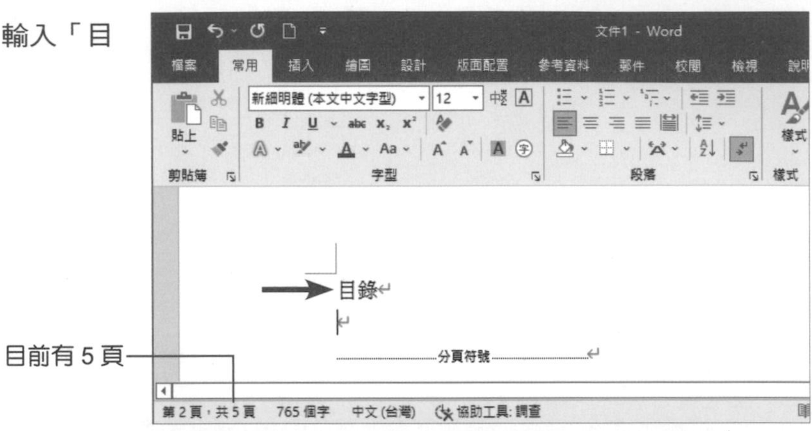

4 向下捲動文件，插入點移至「學習目標」前方，執行「插入 > 頁面 > 分頁符號」指令，「學習目標」會移至新的一頁開始並位在第 **4** 頁。

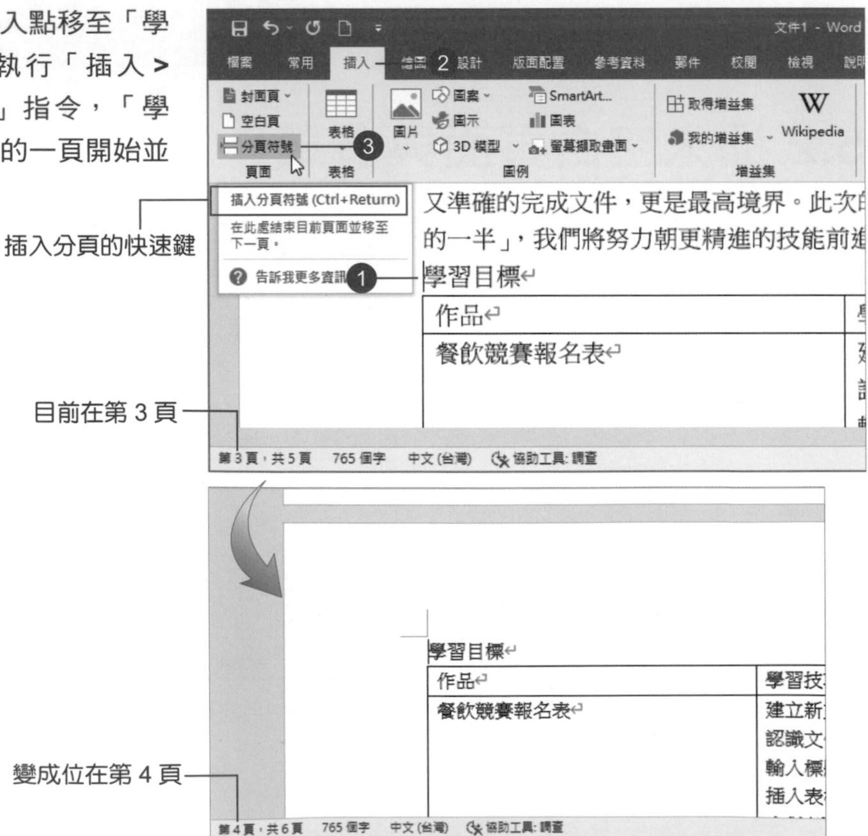

5 重複步驟 **3**，在「作品發表」和「製作團隊簡介」前方也插入「分頁符號」，執行完後文件變成 **6** 頁。

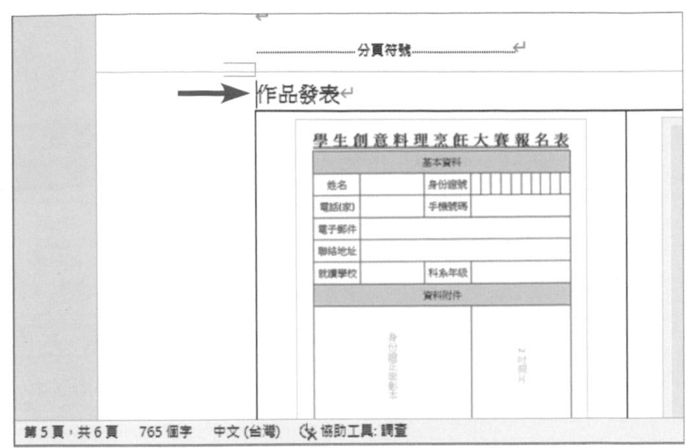

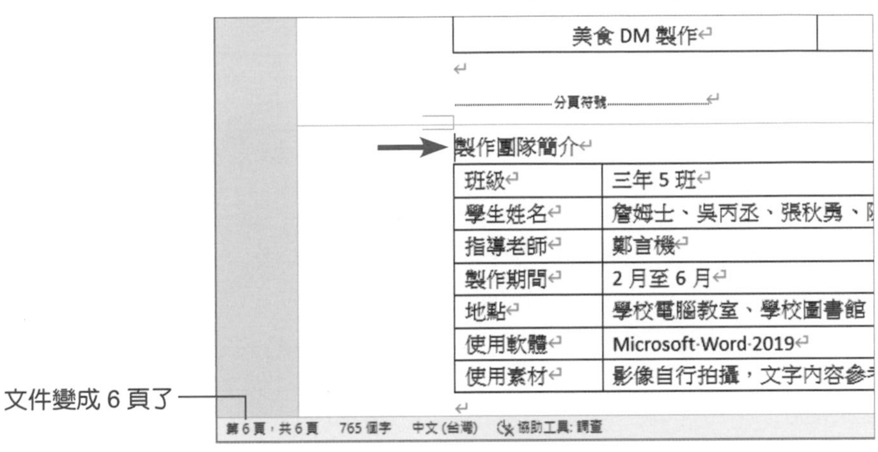

補充說明

在整頁模式下，若不想看到上下邊界區域，可將滑鼠移到頁面的上或下緣，出現「按兩下以隱藏空白區域」時，快按二下即可將其隱藏，然後再以相同的操作顯示空白區域。

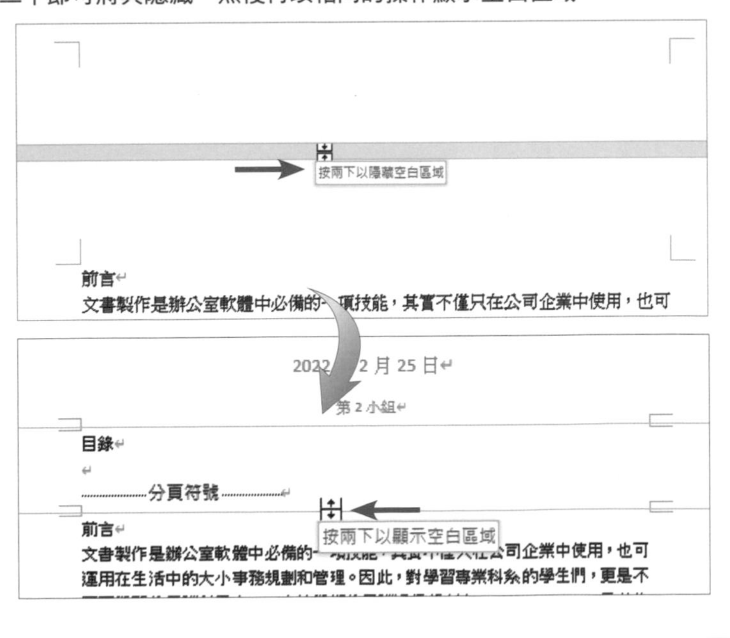

5.3 套用標題樣式

1 勾選「檢視 > 顯示 > 功能窗格」指令，或在狀態列的頁碼上點選。

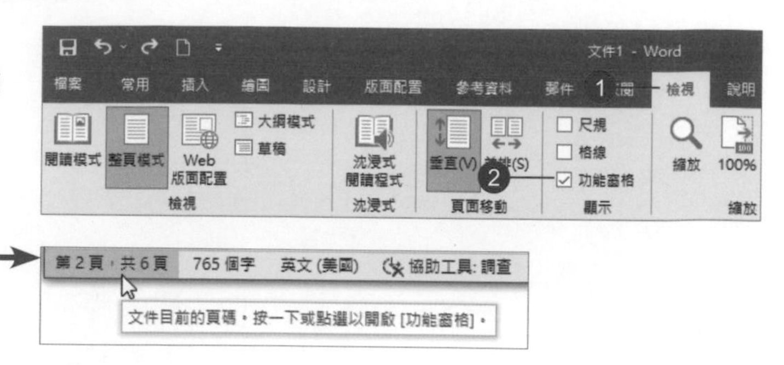

2 開啟「導覽」工作窗格，切換到「頁面」，再點選第 2 個頁面縮圖。

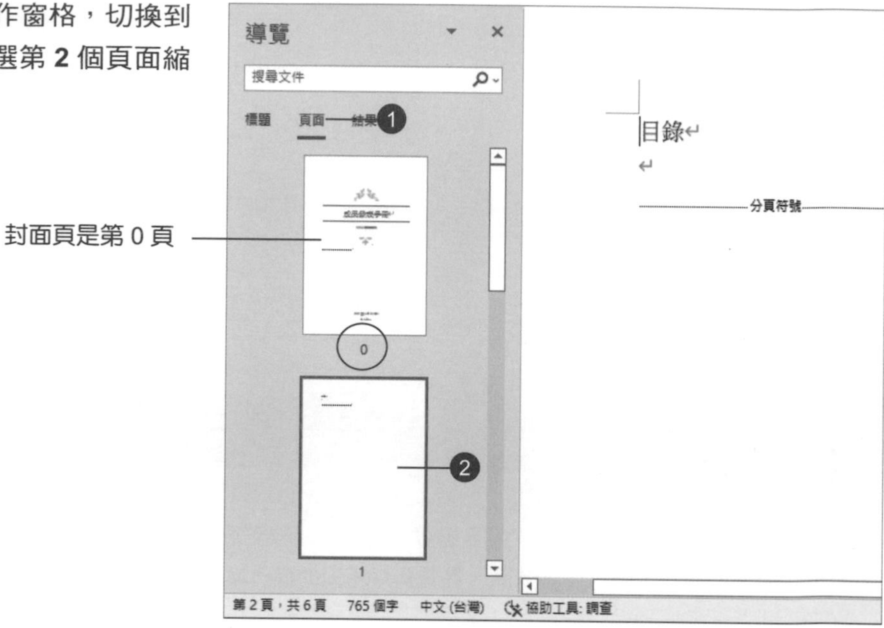

3 插入點位在「目錄」段落任意處，執行「常用 > 樣式 > 標題 1」。

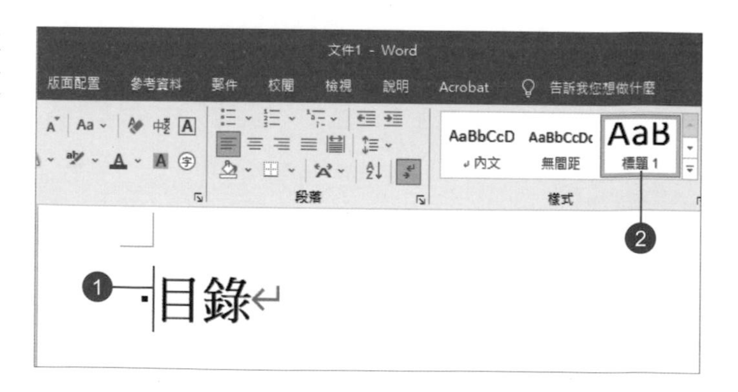

4 執行「插入 > 圖例 > 圖案」，點選一種圖案，在「目錄」文字上方拖曳產生圖案。

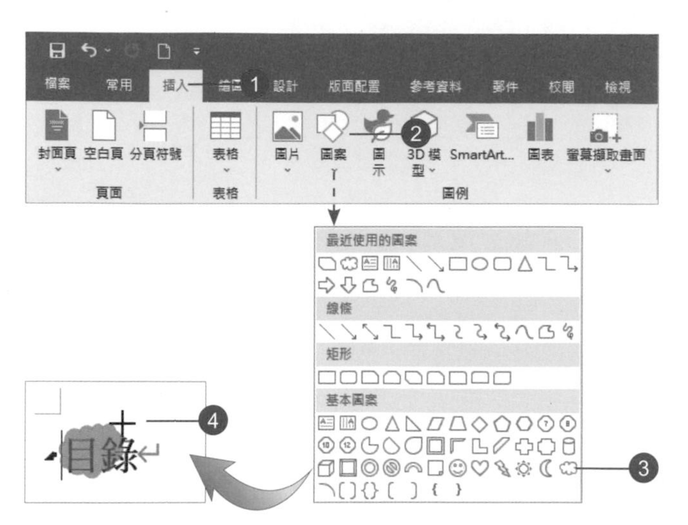

5 再套用一種圖案樣式。

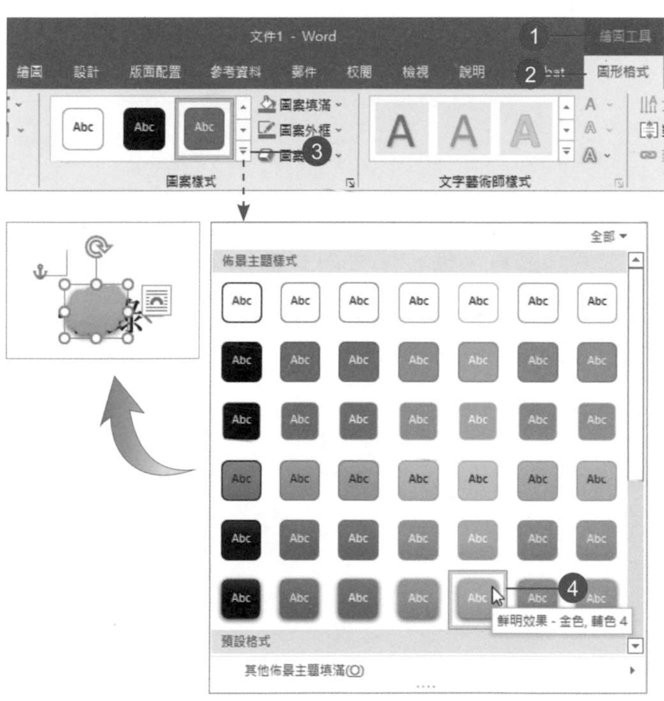

6 設定「文字在前」、「固定於頁面上的位置」之「文繞圖」選項，並調整圖案的大小及位置。

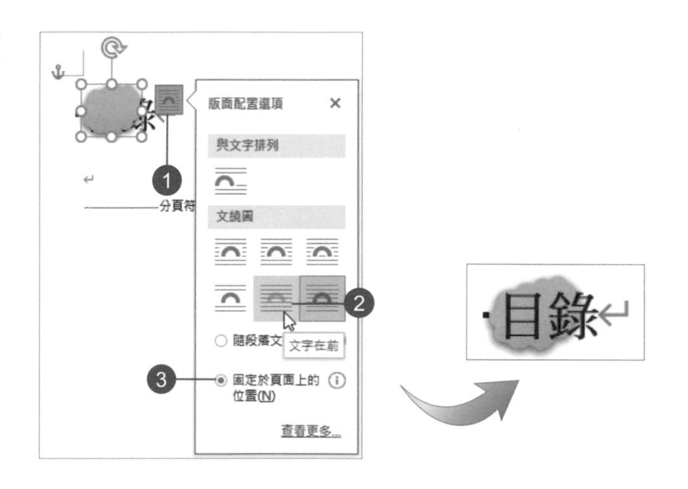

7 插入點移至下方段落，插入「**line.png**」圖片。

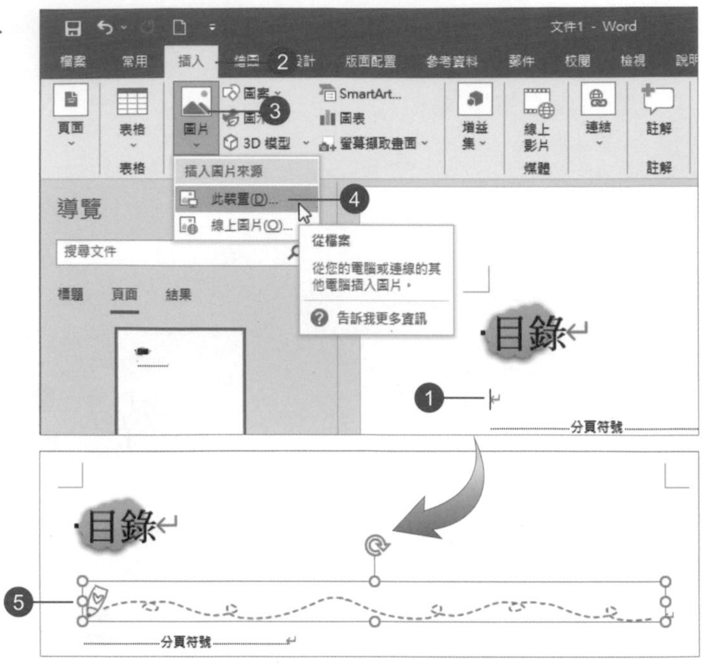

8 拖曳選取「目錄」段落、圖案及下方的圖片，執行「常用 > 剪貼簿 > 複製」指令。

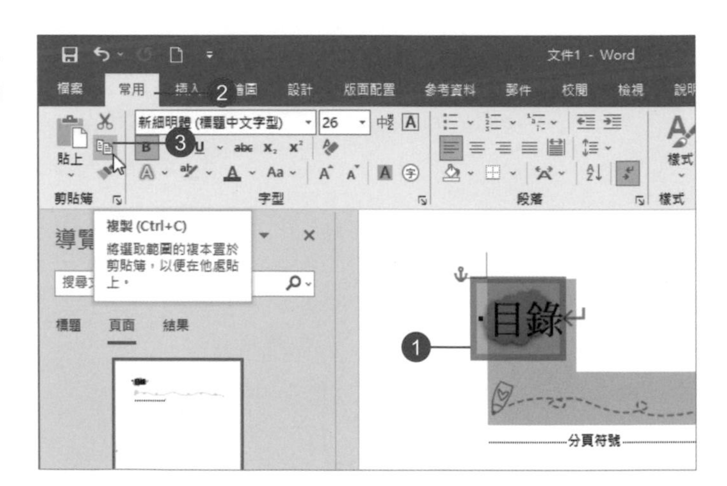

9 移到第 **3** 頁，選取「前言」段落，執行「貼上」指令。

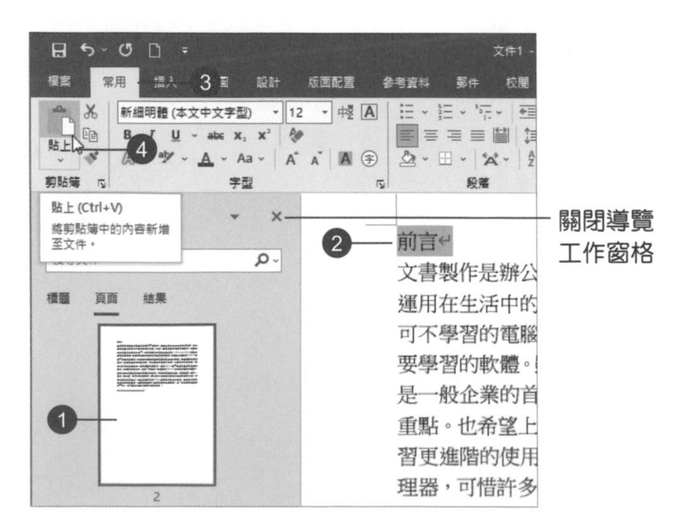

10 將文字修改為「前言」。

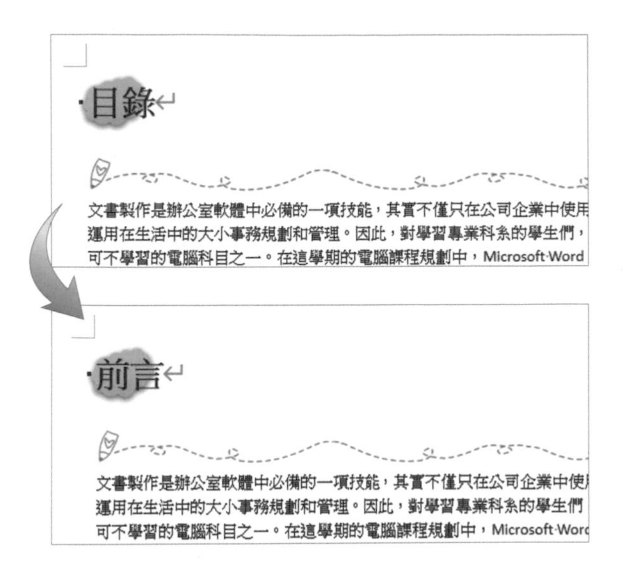

11 重複上述步驟，將第 **4**、**5**、**6** 頁開頭的段落內容執行「貼上」指令，並修改內容。

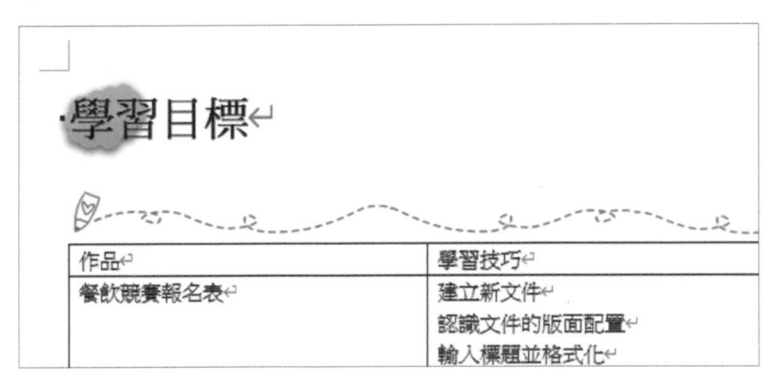

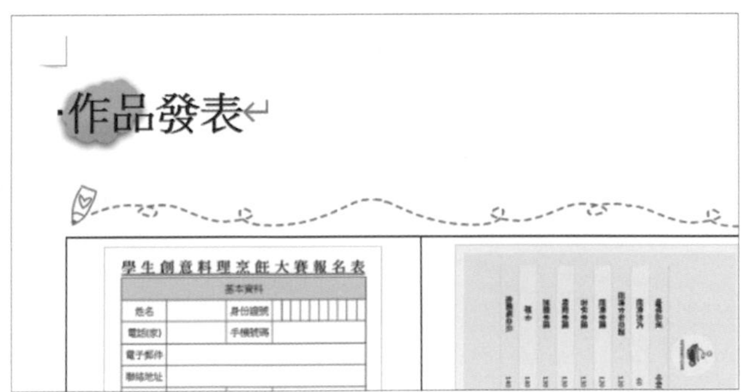

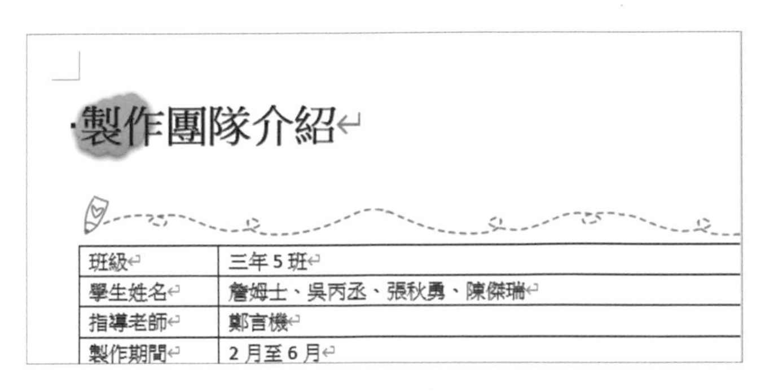

5.4 套用表格及圖片樣式

1 將「前言」下方的段落文字選取後格式化。

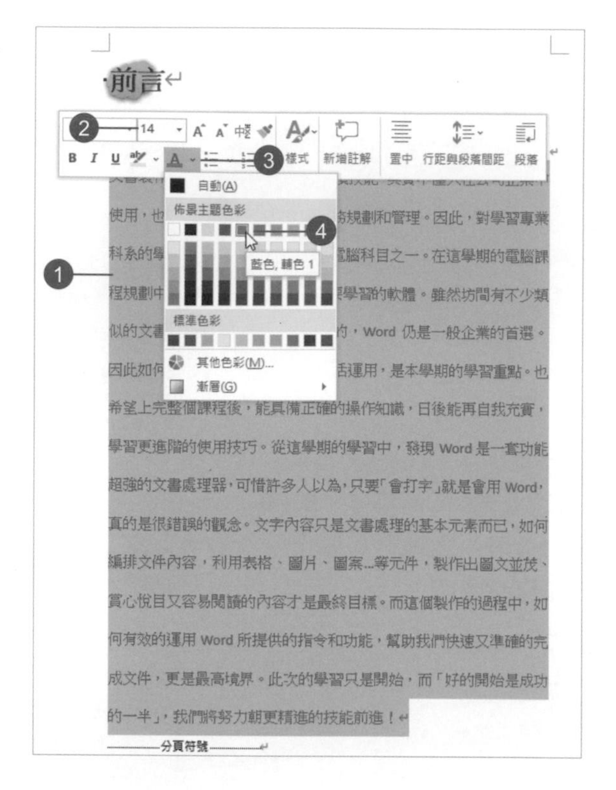

2 選取「學習目標」下方的表格。

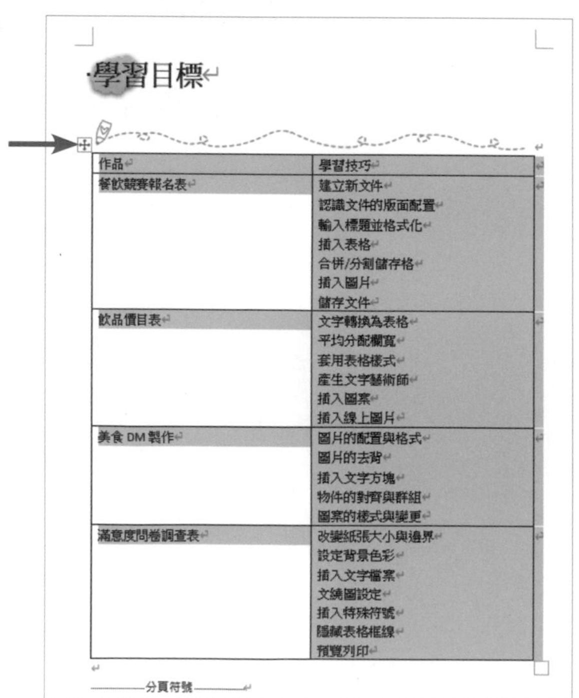

3 套用一種表格樣式。

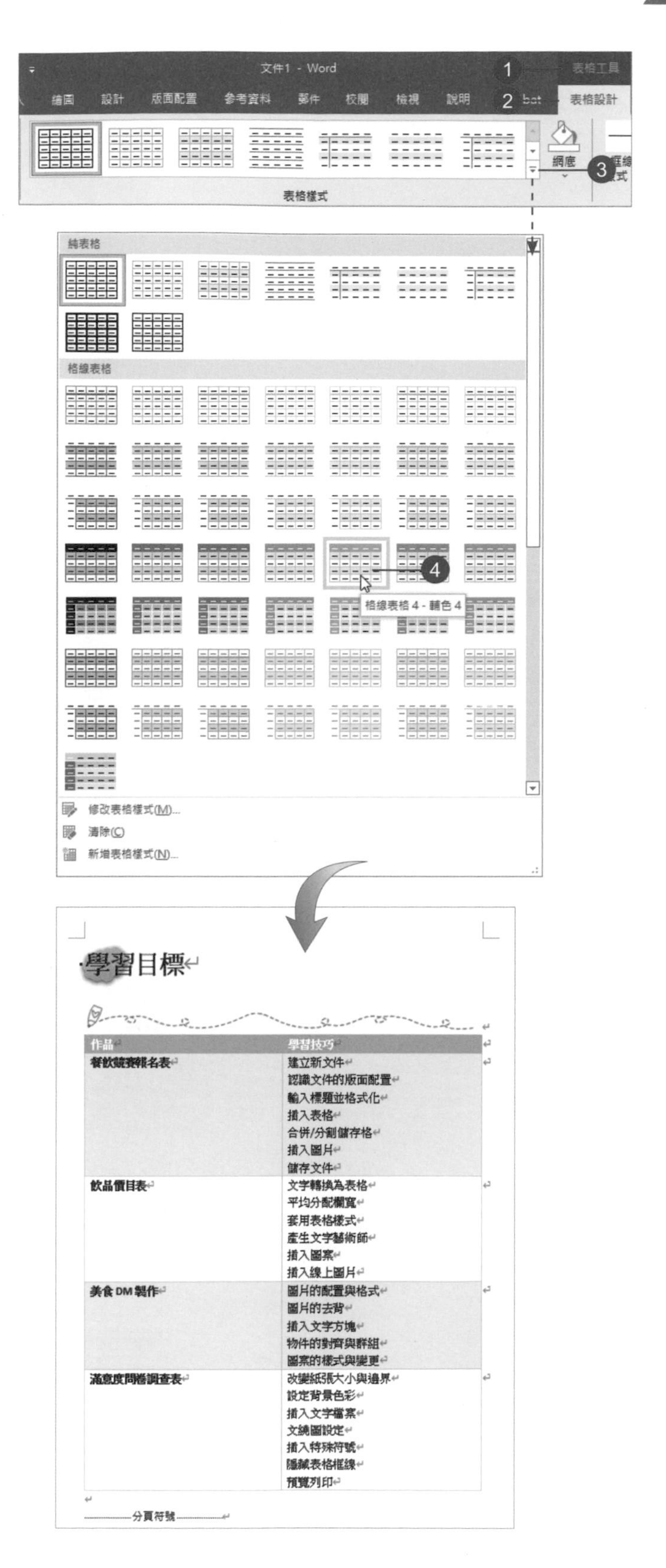
文件1 - Word
表格工具
繪圖
設計
版面配置
參考資料
郵件
校閱
檢視
說明
表格設計
網底
表格樣式
純表格
格線表格
格線表格 4 - 輔色 4
修改表格樣式(M)...
清除(C)
新增表格樣式(N)...
學習目標
作品
學習技巧
餐飲競賽報名表
建立新文件
認識文件的版面配置
輸入標題並格式化
插入表格
合併/分割儲存格
插入圖片
儲存文件
飲品價目表
文字轉換為表格
平均分配欄寬
套用表格樣式
產生文字藝術師
插入圖案
插入線上圖片
美食 DM 製作
圖片的配置與格式
圖片的去背
插入文字方塊
物件的對齊與群組
圖案的樣式與變更
滿意度問卷調查表
改變紙張大小與邊界
設定背景色彩
插入文字檔案
文繞圖設定
插入特殊符號
隱藏表格框線
預覽列印
分頁符號

4 選取「作品發表」下方的表格，設定「無框線」。

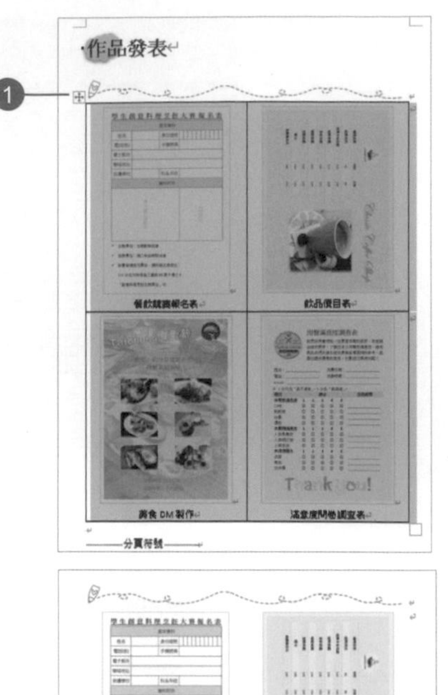

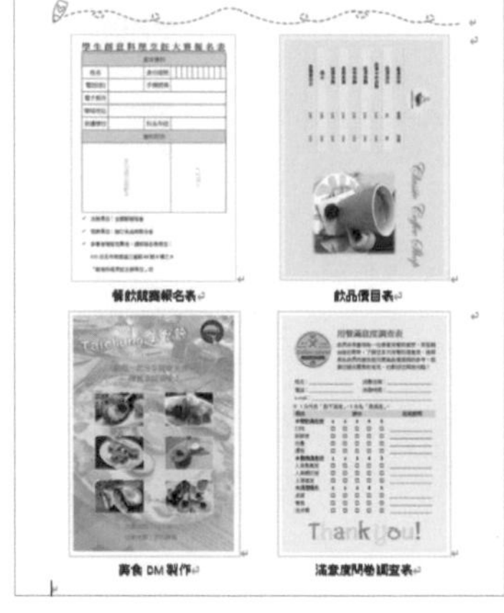

補充說明

如果格式化內文的過程中，有「分頁符號」因此而移至下一頁，這樣會多出一頁空白頁，此時請將移到下頁的「分頁符號」選取後刪除。

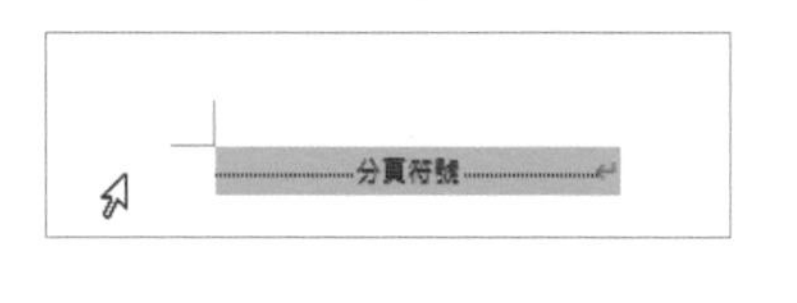

5 分別選取四張圖片，套用相同的圖片樣式，再將下方文字也格式化。

6 選取「製作團隊介紹」下方的表格，將文字放大。

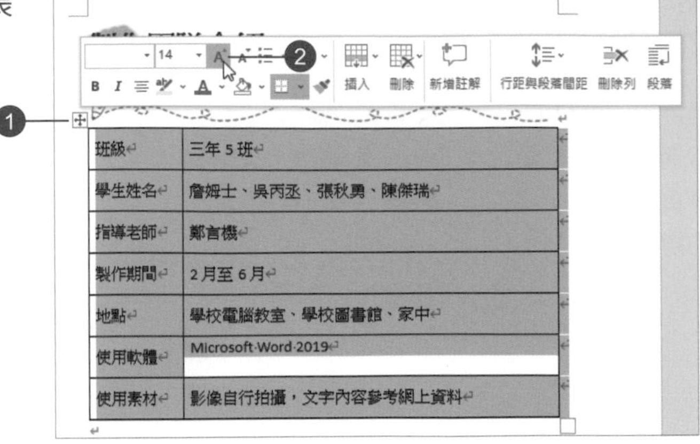

7 接著套用一種表格樣式，然後取消勾選「標題列」選項。

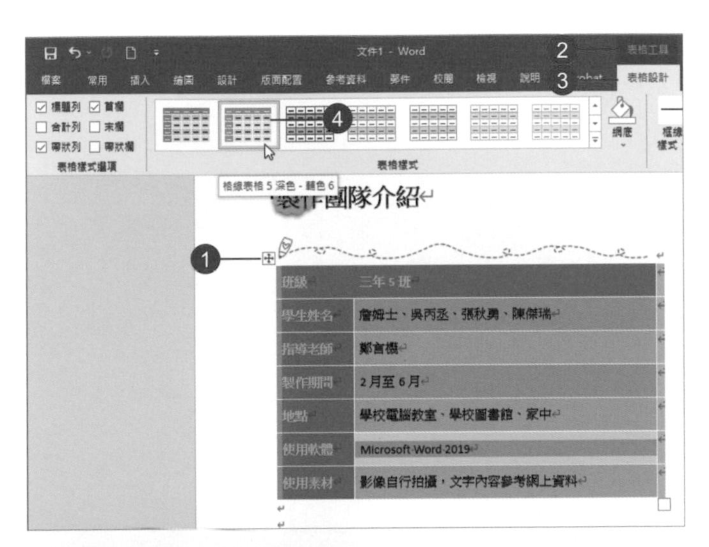

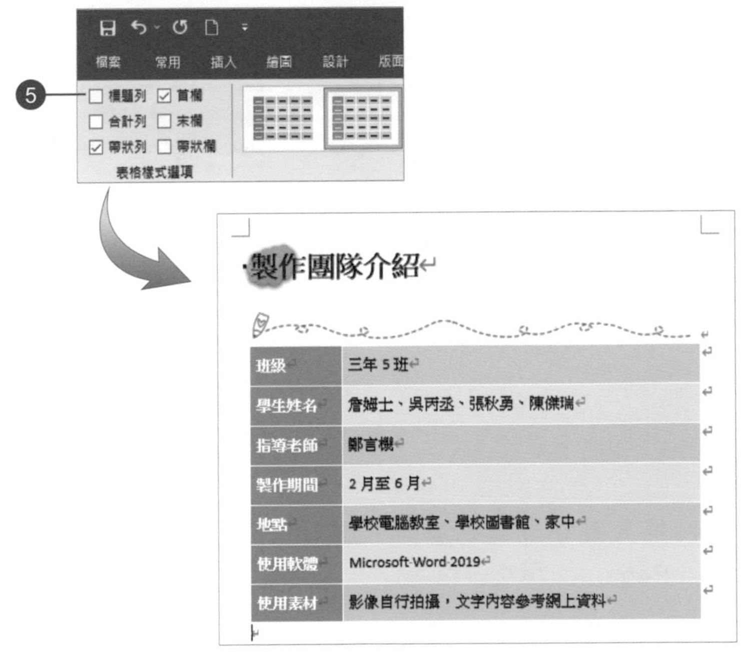

5.5 插入頁碼

1 插入點可以位在任一頁面，執行「插入 > 頁首及頁尾 > 頁碼 > 頁面底端」，選擇「純數字 2」的選項。

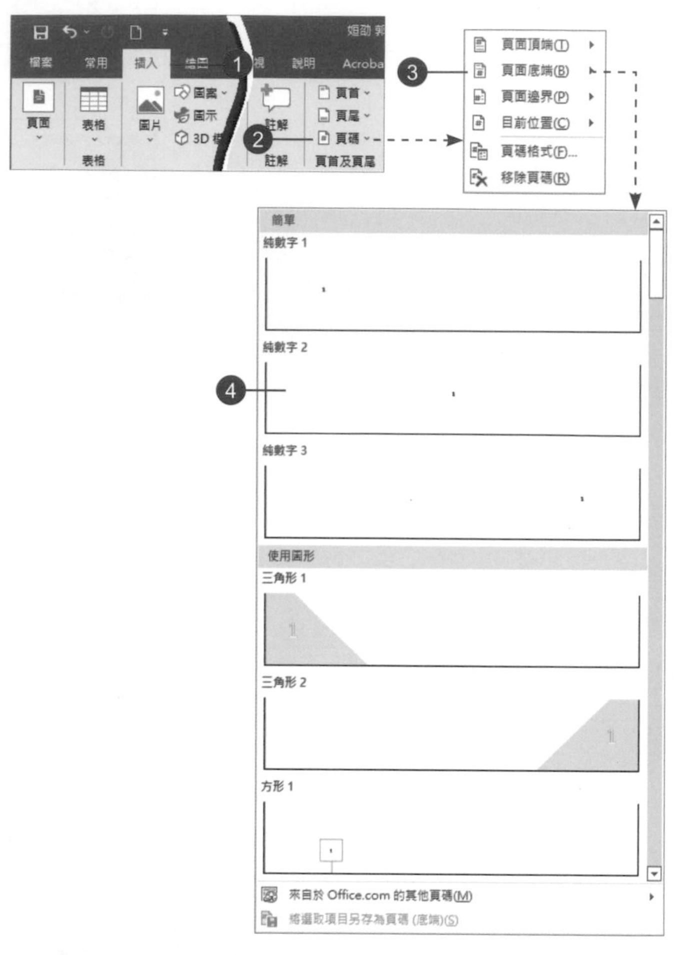

2 自動進入「頁尾」區，選取頁碼將其放大。

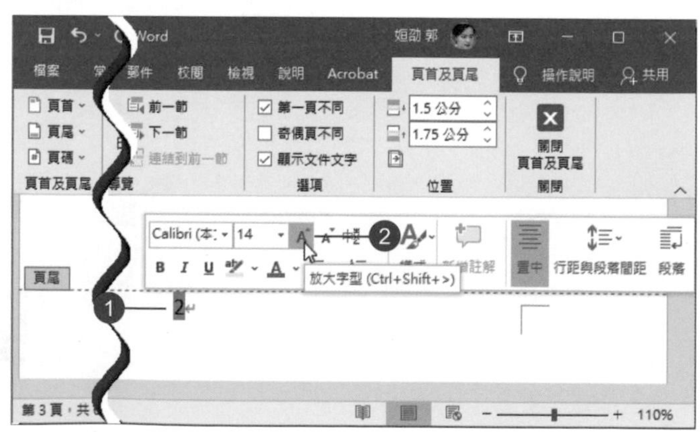

3 將插入點移到頁碼前方，輸入「**Page**」，再空一格。

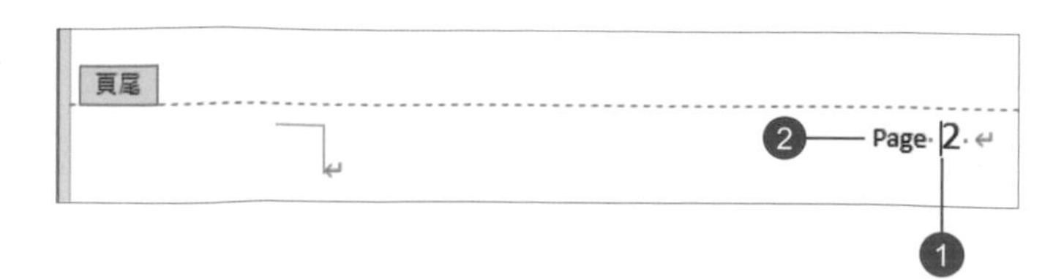

4 執行「頁首及頁尾工具 > 關閉 > 關閉頁首及頁尾」指令。

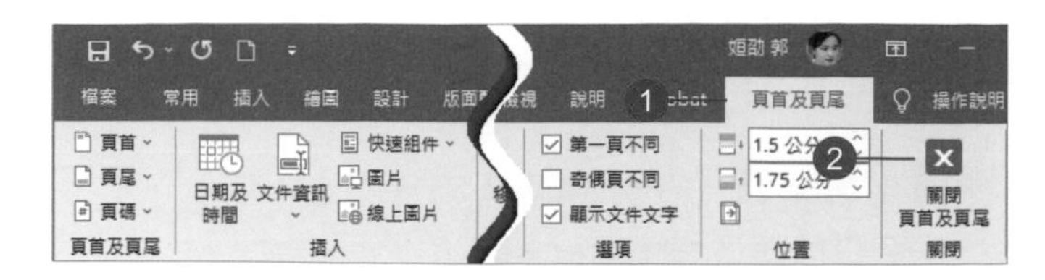

5 除了封面頁外，每一頁面都自動編好頁碼。

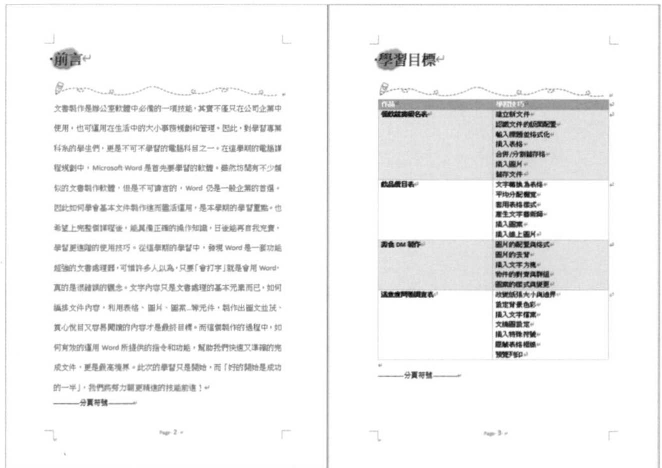

5.6 產生目錄

1 回到第 **2** 頁，在分隔線下方產生空白段落（按 **Enter** 鍵）。

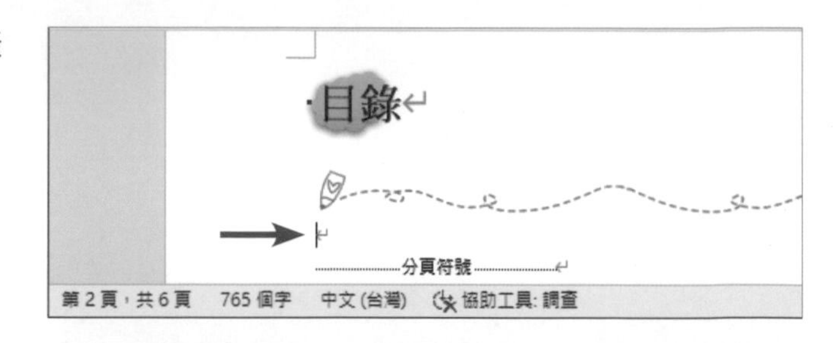

2 執行「參考資料 **>** 目錄 **>** 目錄 **>** 自動目錄 **1**」指令。

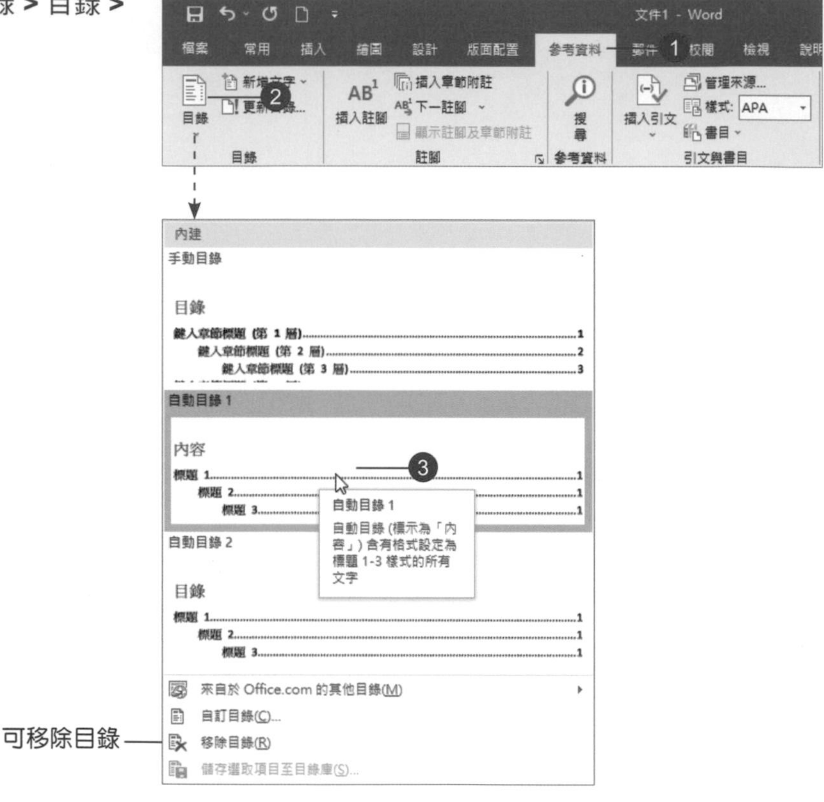

3 將文字「內容」選取後刪除。

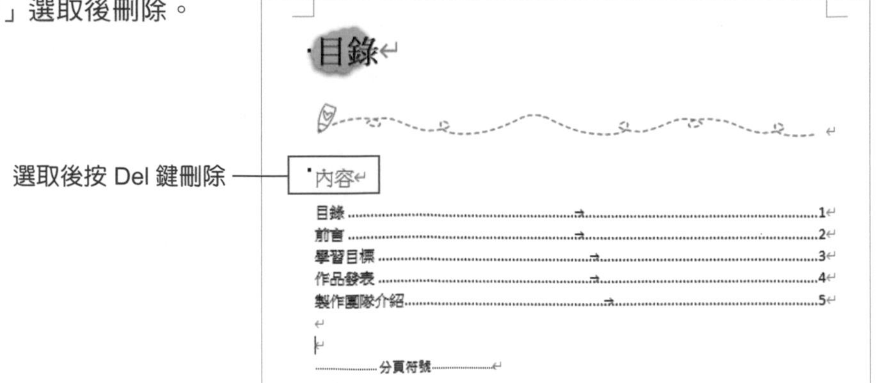

4 將下方的目錄選取後，進行格式化。

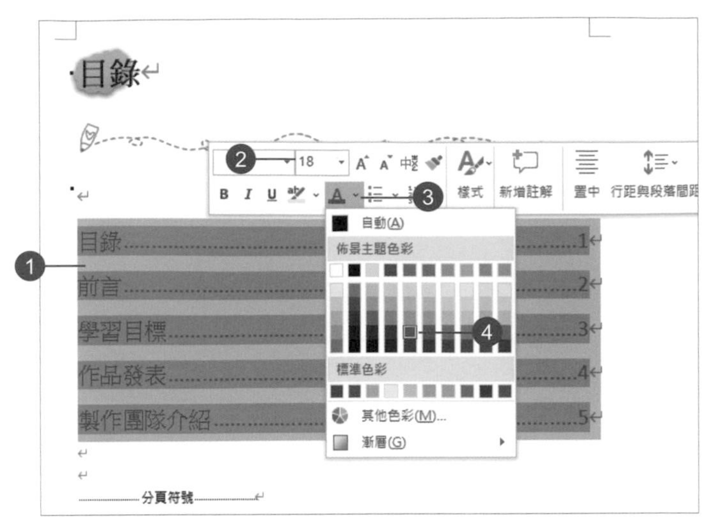

補充說明

文件頁碼若有變動，請在目錄任意處點選，執行「更新目錄」或按 F9 進行更新作業。

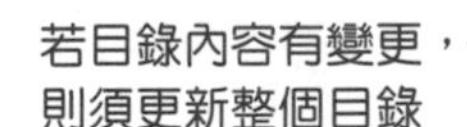

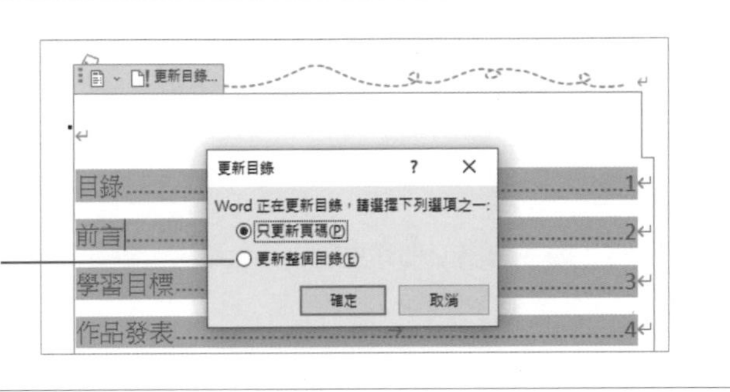

5.7 變更佈景主題

1 執行「設計 > 文件格式設定 > 佈景主題」指令，選擇一種佈景主題將文件格式加以變換。

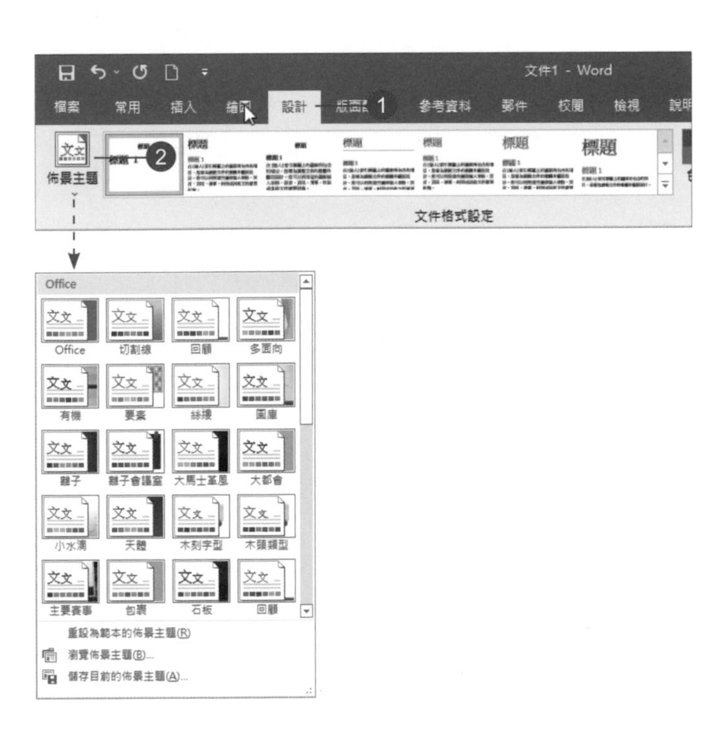

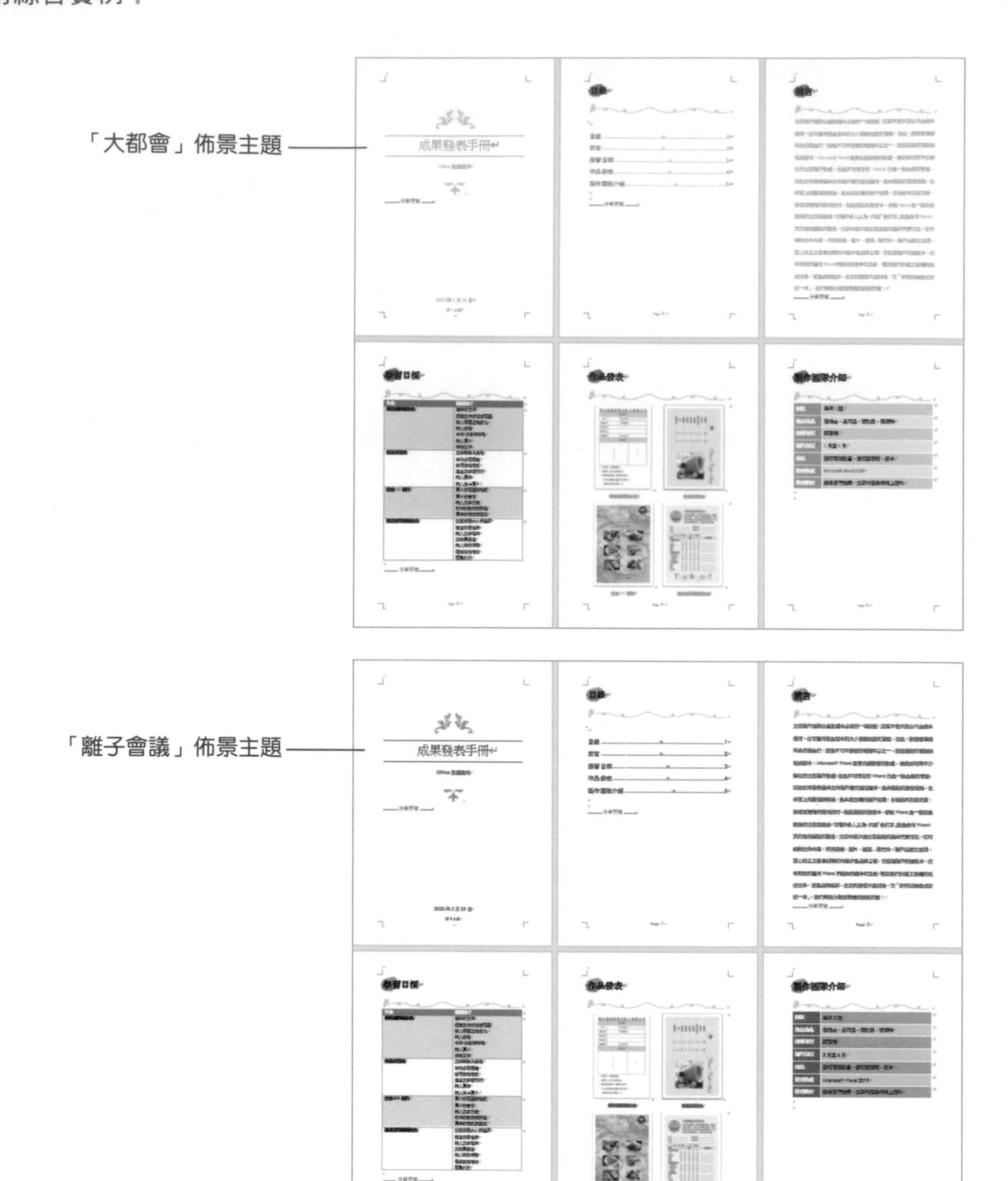

2 完成成果發表會手冊製作，將文件儲存。

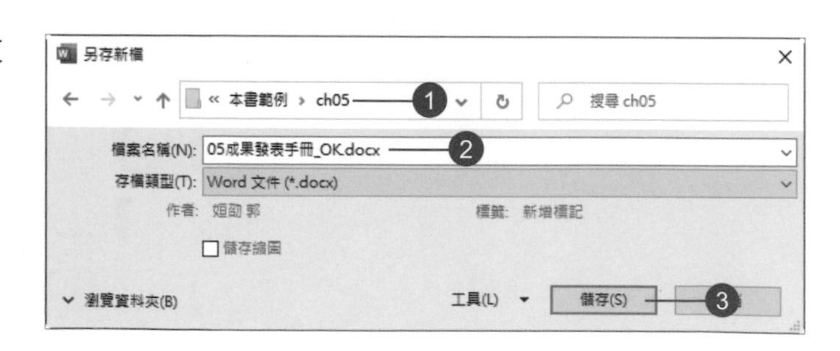

一、選擇題

1.（　）　哪一個功能區可以產生封面？（A）常用（B）插入（C）設計。

2.（　）　哪一個功能區可以產生空白頁？（A）插入（B）設計（C）版面配置。

3.（　）　哪一個功能區可以開啟導覽工作窗格？（A）插入（B）版面配置（C）檢視。

4.（　）　哪一個功能區可以產生頁碼？（A）插入（B）設計（C）版面配置。

5.（　）　哪一個功能區可以產生目錄？（A）插入（B）版面配置（C）參考資料。

二、實作題

1. 於文件中加上首頁內容。

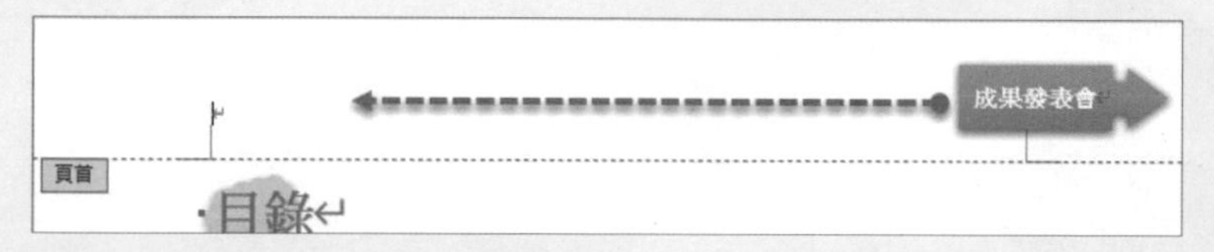

2. 仿照本章的作法，以相同素材，完成不同風格的發表會手冊。

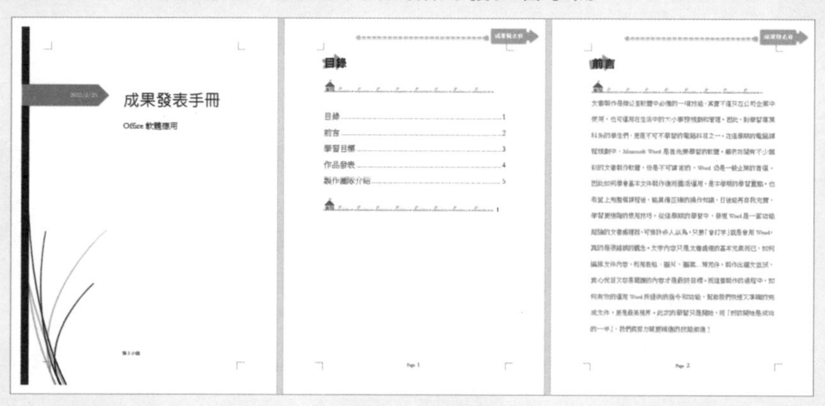

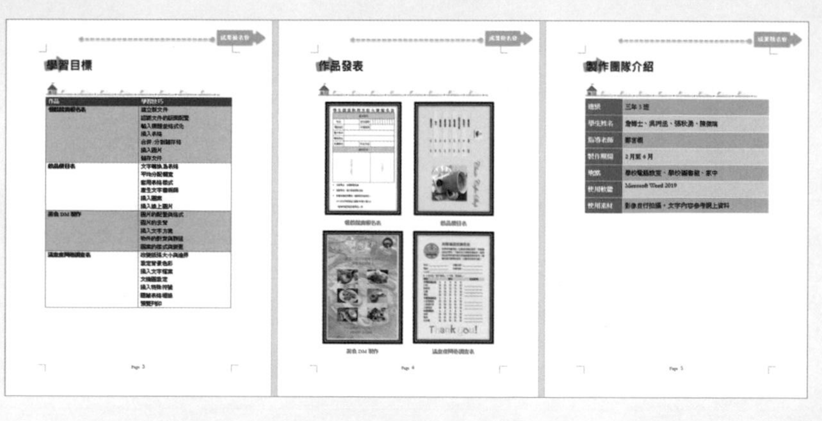

Excel 篇

製作餐點訂單

在儲存格中輸入文字和插入影像，再將儲存格範圍進行合併與美化，即可輕鬆完成餐點訂單的製作。

幸福餅舖訂購單

幸福餅舖

訂購專線：02-2788-2408 訂購傳真：02-2552-5858

訂購人				訂購日期	
手機/電話				取貨日期	
寄送地址					
中秋月餅系列	單位	價格	數量	小計	備註
傳統月餅	6入	300			
	8入	400			
	10入	500			
豆沙月餅	6入	300			
	8入	400			
	10入	500			
素食香菇月餅	6入	300			
	8入	400			
	10入	500			
素食豆沙月餅	6入	300			
	8入	400			
	10入	500			
芋頭酥(奶素)	6入	210			
綠豆沙(奶素)	9入	315			
小月餅(蛋奶素)	12入	420			
蛋黃酥(蛋奶素)	6入	240			
芋黃酥(蛋奶素)	9入	360			
綠豆肉鬆(葷食)	12入	480			
總計					

配送說明：

*節慶期間宅配量大，為避免宅配公司無法預期的配送延宕，故節慶期間到貨日提前1-2天

*取貨前15日內，不受理修改訂單內容，以便出貨作業，感恩您的配合。

*顧客收到商品時，請核對訂購數量，若有任何問題，請於收貨當日與我們聯繫。

*農曆8/1-8/15宅配送達時間需1-2天，不便之處敬請包涵。

學習目標

- 新增活頁簿
- 插入圖片與文字
- 跨欄置中
- 列高調整
- 框線設定
- 填滿色彩
- 列印工作表
- 小計與加總

6.1 新增活頁簿

1 啟動 **Excel** 後，點選「空白活頁簿」縮圖。

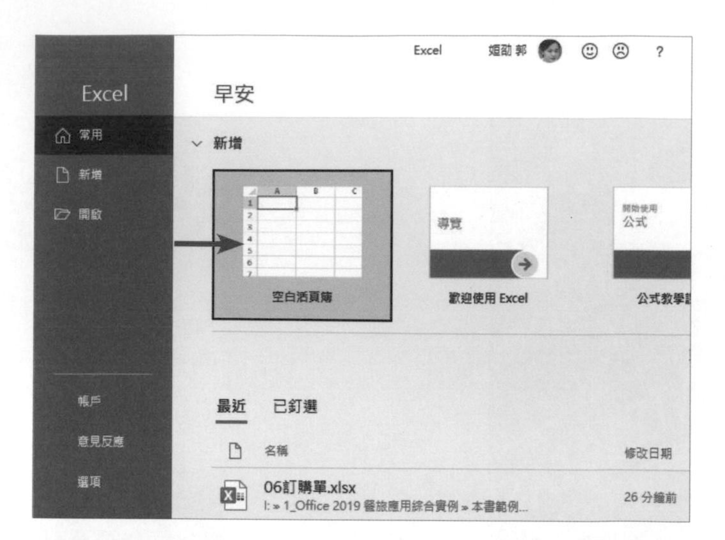

2 視窗中顯示新增的空白活頁簿，並位在新的工作表。

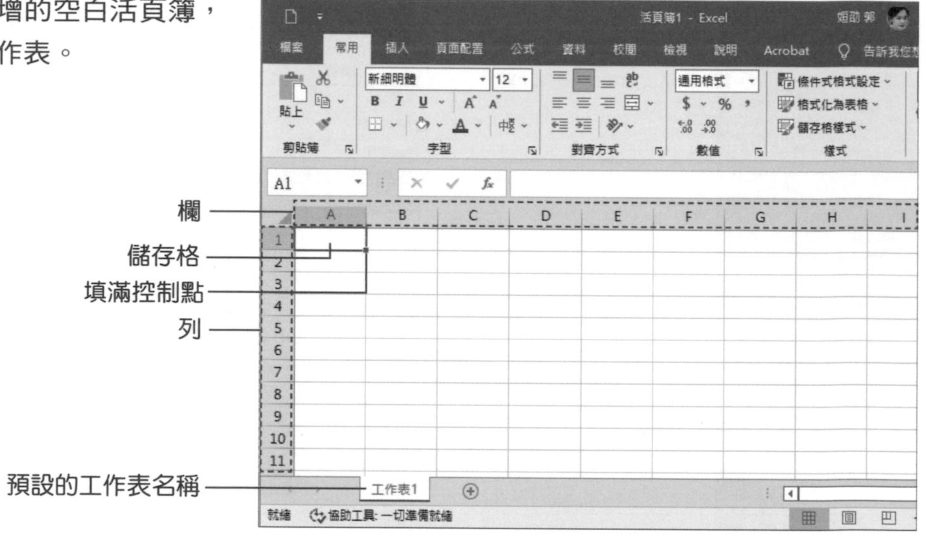

3 執行「頁面配置 > 版面設定 > 大小」指令，選擇「**A4**」。

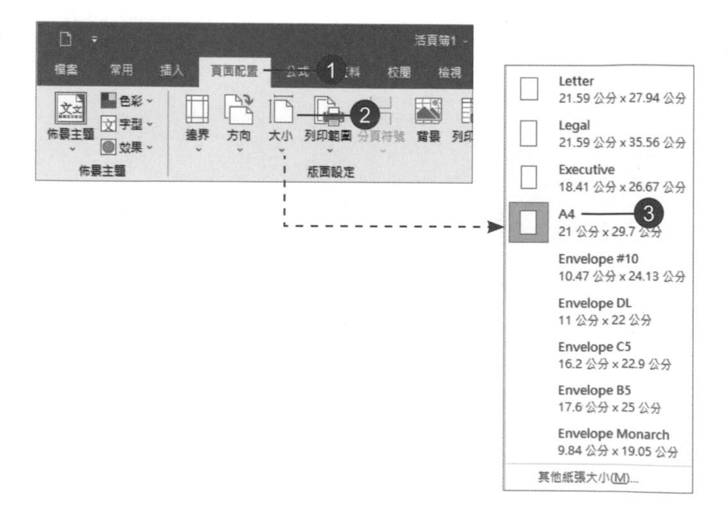

4 頁面會顯示虛線的參考線，代表試算表邊界。

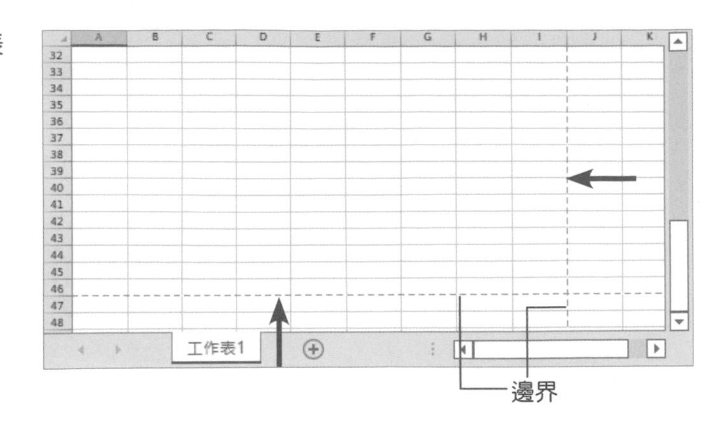

6.2 插入圖片與文字

1 執行「插入 > 圖例 > 圖片 > 此裝置」指令，將本章範例資料夾的「**banner.jpg**」圖片插入。

2 圖片插入工作表中，可拖曳控制點調整圖片大小，以符合文件邊界寬度，並下移至對齊第 **2** 列。

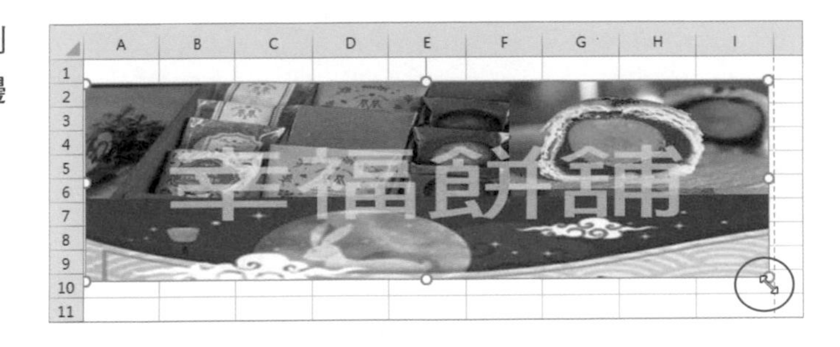

3 選取 **A1** 儲存格，輸入標題文字，按「輸入」鈕。

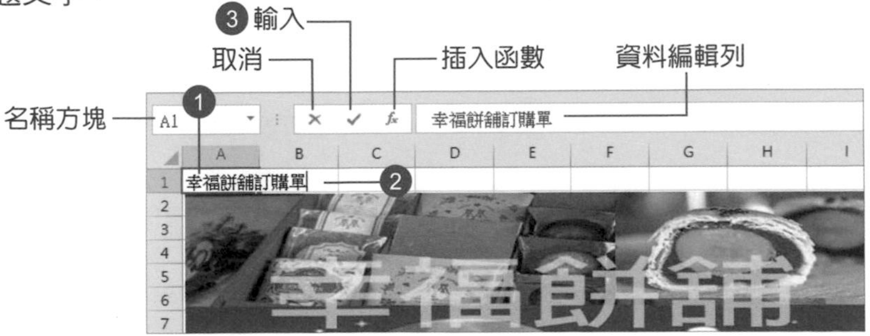

4 以「常用」功能區的指令設定文字格式。

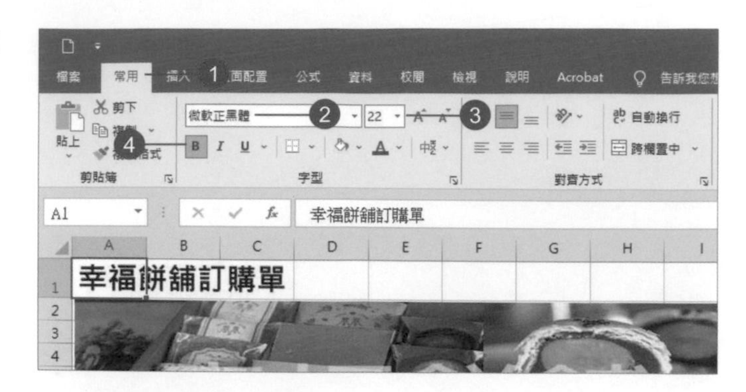

6.3 跨欄置中與合併同列儲存格

1 拖曳選取 **A1** 至 **I1** 儲存格。

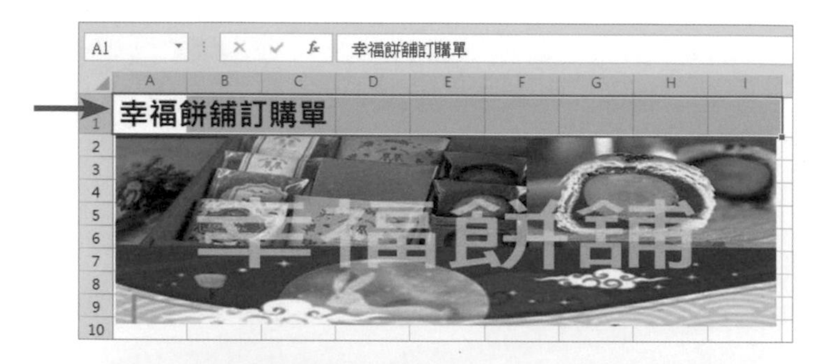

2 執行「常用 > 對齊方式 > 跨欄置中」指令，會將選取的儲存格合併。

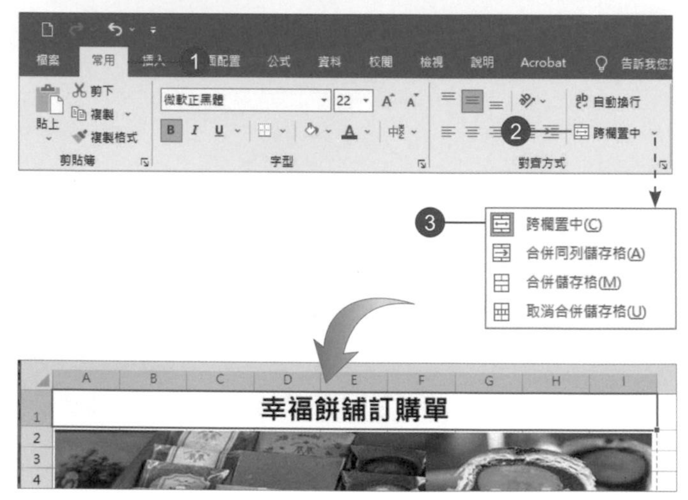

3 往下拖曳第 **1** 列的列框線，增加列高度為「**42**」。

4 在 **A11** 儲存格中輸入文字。

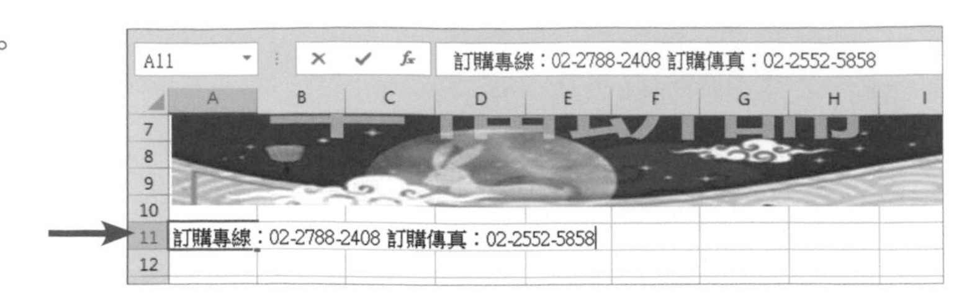

5 選取 **A11** 到 **I11** 儲存格，將文字「跨欄置中」，再設定文字格式並調整列高為「**27**」。

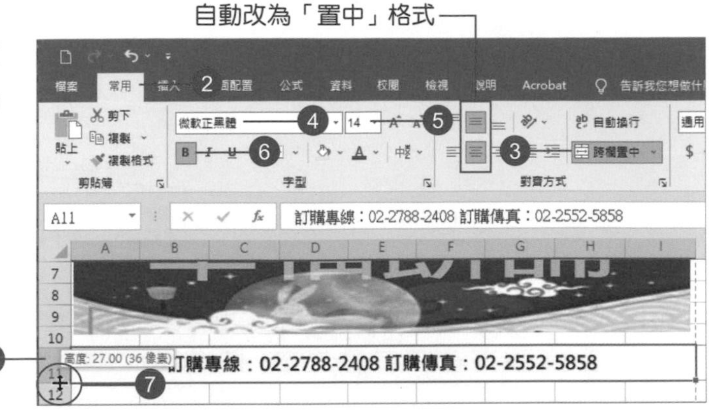

6 繼續在儲存格中輸入其他文字。

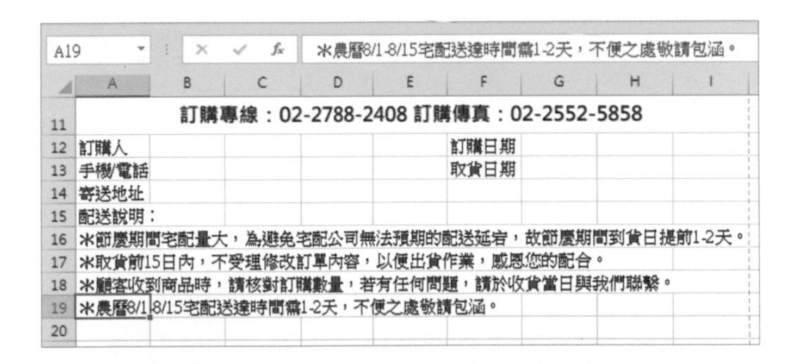

7 拖曳選取 **A12** 到 **B14** 儲存格範圍，執行「常用 **>** 對齊方式 **>** 合併同列儲存格」指令。

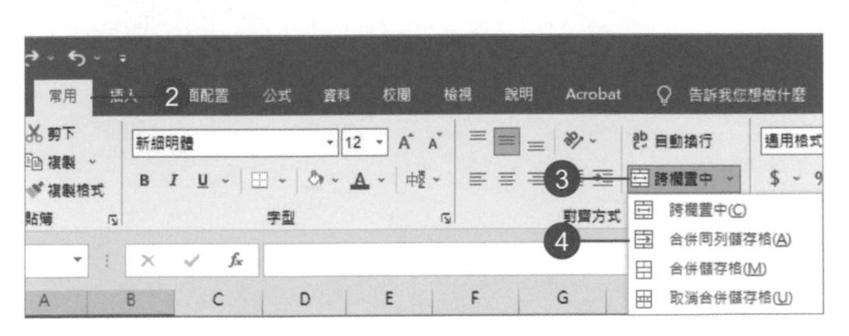

8 重複步驟 **7**，選取相鄰儲存格，執行「合併同列儲存格」指令。

	A	B	C	D	E	F	G	H	I
11	訂購專線：02-2788-2408 訂購傳真：02-2552-5858								
12	訂購人					訂購日期			
13	手機/電話					取貨日期			
14	寄送地址								
15	配送說明：								
16	*節慶期間宅配量大，為避免宅配公司無法預期的配送延宕，故節慶期間到貨日提前1-2天。								
17	*取貨前15日內，不受理修改訂單內容，以便出貨作業，感恩您的配合。								
18	*顧客收到商品時，請核對訂購數量，若有任何問題，請於收貨當日與我們聯繫。								
19	*農曆8/1-8/15宅配送達時間需1-2天，不便之處敬請包涵。								

	A	B	C	D	E	F	G	H	I
11	訂購專線：02-2788-2408 訂購傳真：02-2552-5858								
12	訂購人					訂購日期			
13	手機/電話					取貨日期			
14	寄送地址								
15	配送說明：								
16	*節慶期間宅配量大，為避免宅配公司無法預期的配送延宕，故節慶期間到貨日提前1-2天。								
17	*取貨前15日內，不受理修改訂單內容，以便出貨作業，感恩您的配合。								
18	*顧客收到商品時，請核對訂購數量，若有任何問題，請於收貨當日與我們聯繫。								
19	*農曆8/1-8/15宅配送達時間需1-2天，不便之處敬請包涵。								
20									

9 拖曳選取 **15-34** 列，在選取列上按右鍵，執行「插入」指令。

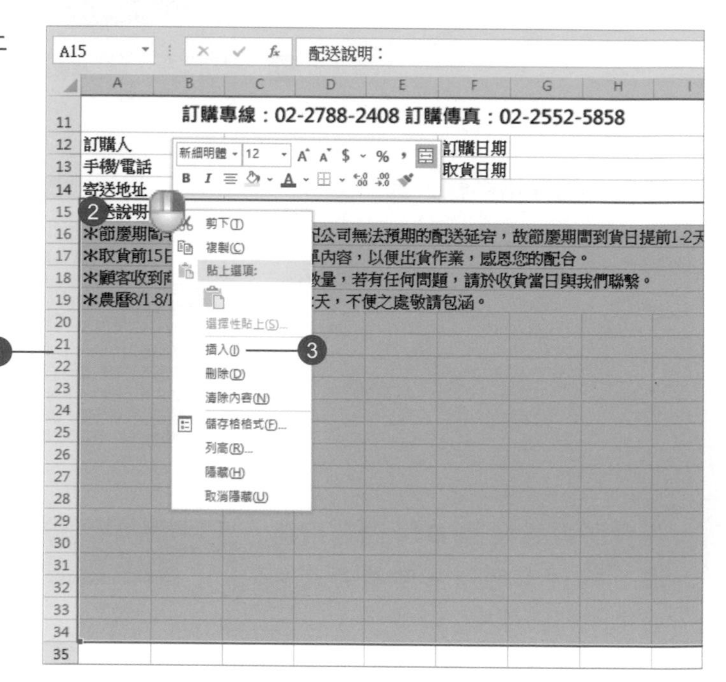

10 重複上述輸入文字的步驟，在其他儲存格輸入相關內容，並執行「跨欄置中」及「合併同列儲存格」的動作。

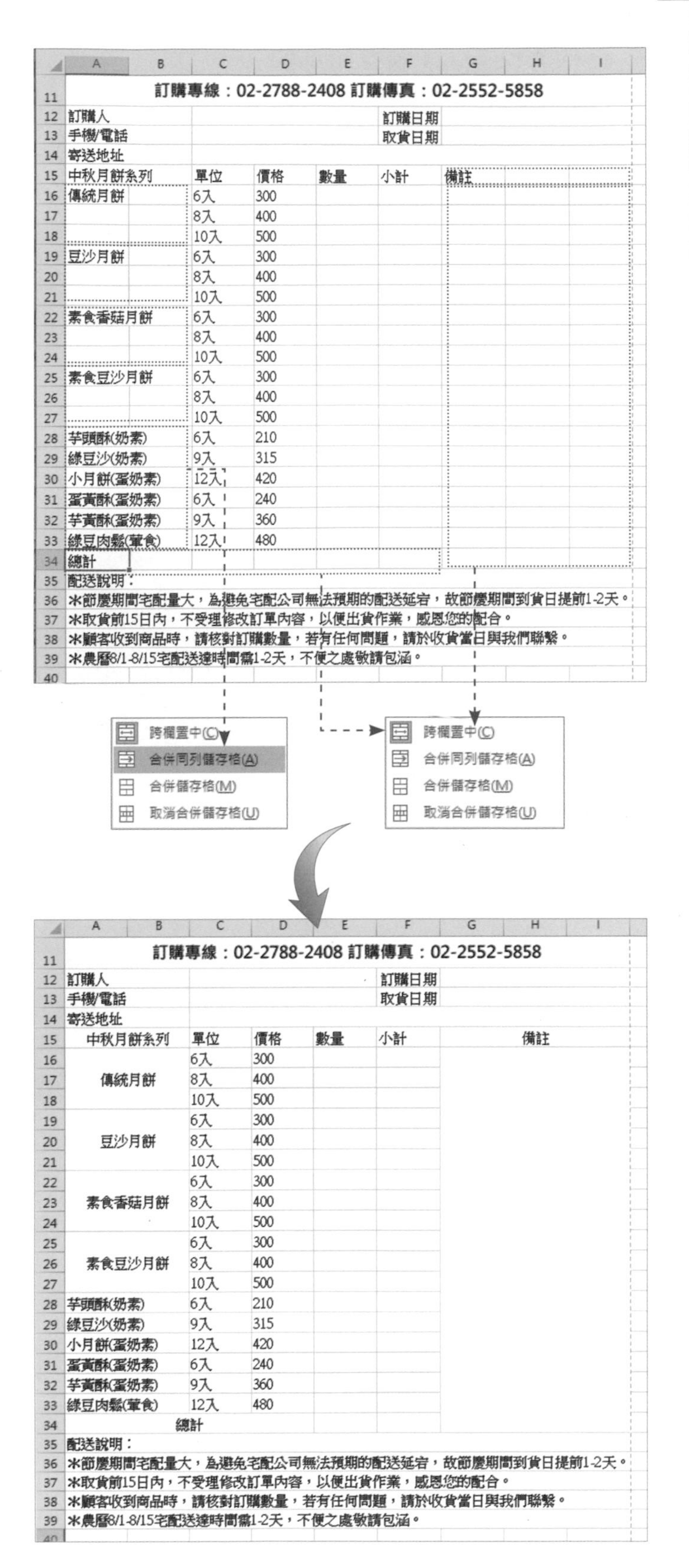

11 選取 **A12** 到 **I34** 儲存格範圍，設定「置中」的對齊方式，再執行「字型 > 所有框線」指令。

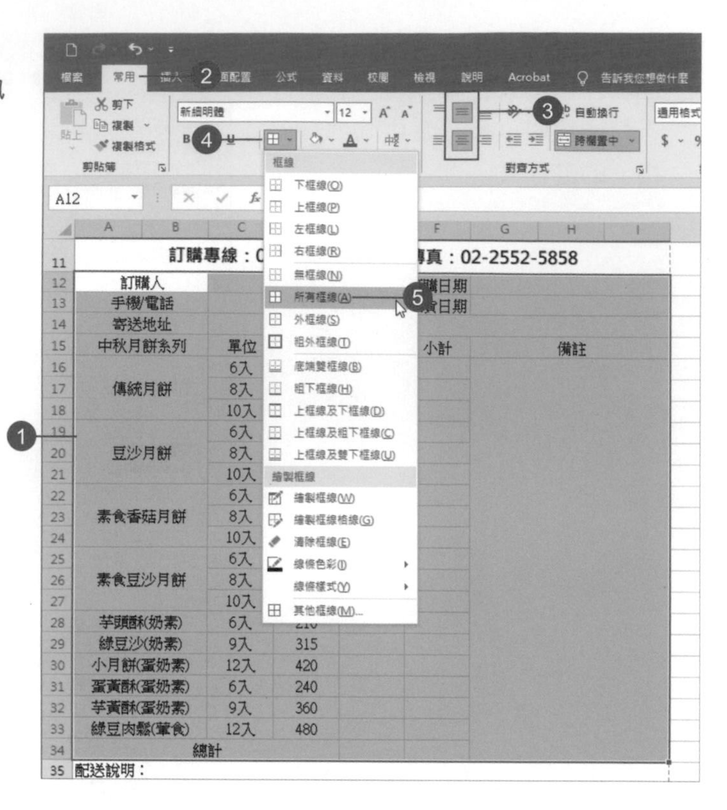

12 選取 **12-14** 列，拖曳調整列高為「**27**」。

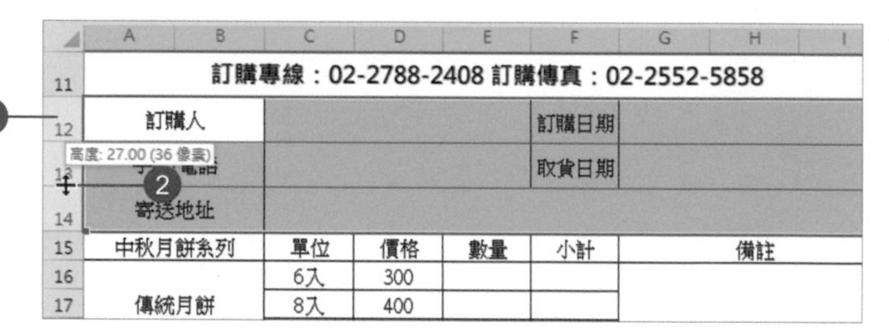

13 再選取 **35-39** 列，拖曳調整列高為「**22.5**」。

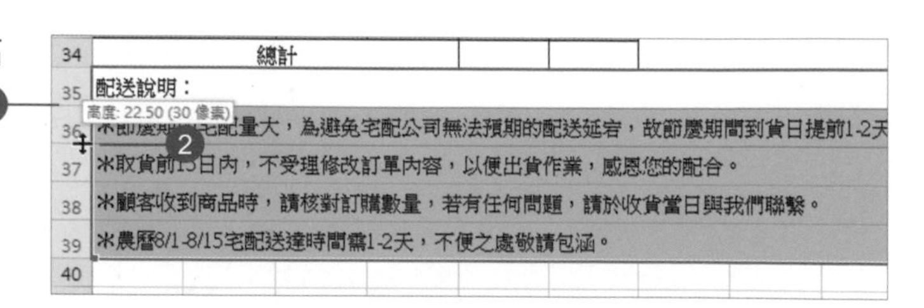

6.4 填滿色彩

1. 點選試算表左上角的三角形圖示，選取全部的儲存格範圍，執行「常用 **>** 字型 **>** 填滿色彩」指令，選擇一種色彩做為文件的背景色彩。

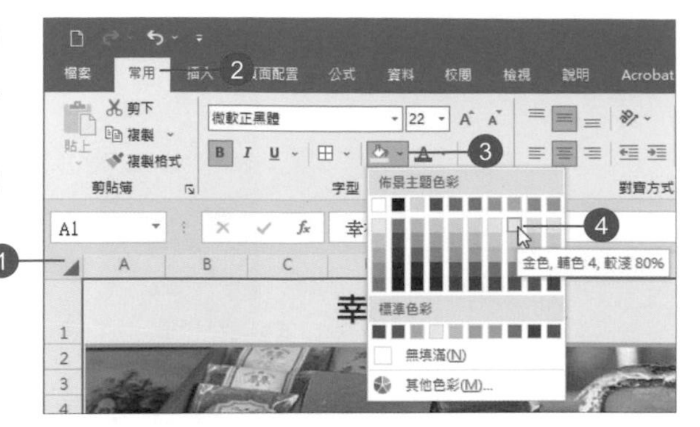

2. 再選取表格的部份儲存格範圍，指定不同的「填滿色彩」。

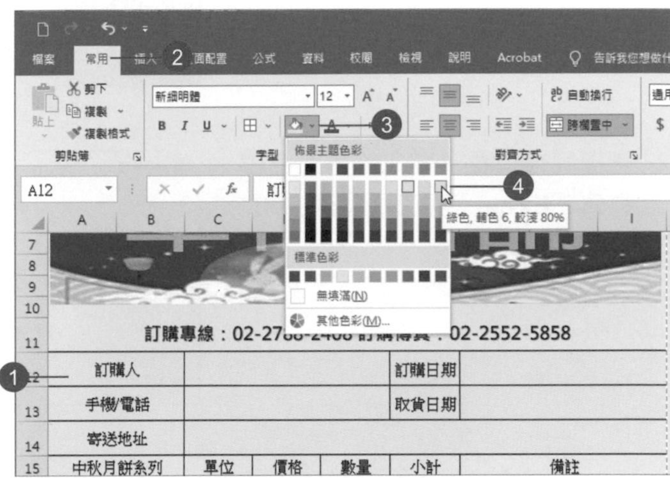

3. 完成訂購單製作。

幸福餅舖訂購單

訂購專線：02-2788-2408 訂購傳真：02-2552-5858

訂購人				訂購日期	
手機/電話				取貨日期	
寄送地址					
中秋月餅系列	單位	價格	數量	小計	備註
傳統月餅	6入	300			
	8入	400			
	10入	500			
豆沙月餅	6入	300			
	8入	400			
	10入	500			
素食香菇月餅	6入	300			
	8入	400			
	10入	500			
素食豆沙月餅	6入	300			
	8入	400			
	10入	500			
芋頭酥(奶素)	6入	210			
綠豆沙(奶素)	9入	315			
小月餅(蛋奶素)	12入	420			
蛋黃酥(蛋奶素)	6入	240			
芋黃酥(蛋奶素)	9入	360			
綠豆肉鬆(葷食)	12入	480			
總計					

配送說明：

＊節慶期間宅配量大，為避免宅配公司無法預期的配送延宕，故節慶期間到貨日提前1-2天

＊取貨前15日內，不受理修改訂單內容，以便出貨作業，感恩您的配合。

＊顧客收到商品時，請核對訂購數量，若有任何問題，請於收貨當日與我們聯繫。

＊農曆8/1-8/15宅配送達時間需1-2天，不便之處敬請包涵。

6.5 儲存工作表

1 執行「檔案 > 儲存檔案」指令，按「瀏覽」。

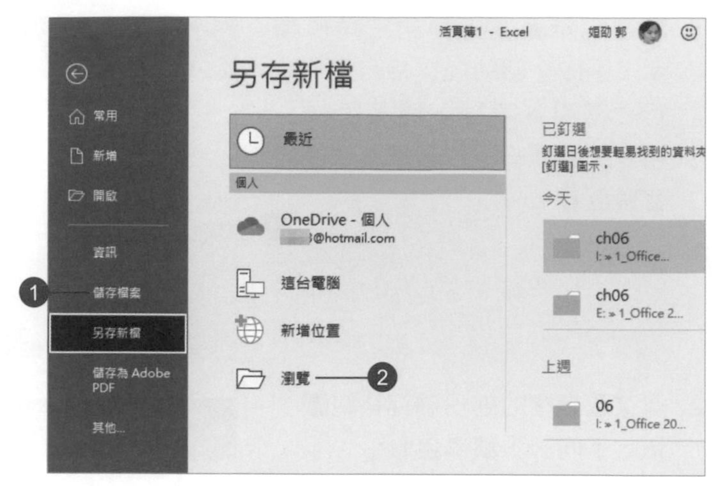

2 選擇儲存位置，將工作表命名儲存為「**Excel** 活頁簿」格式。

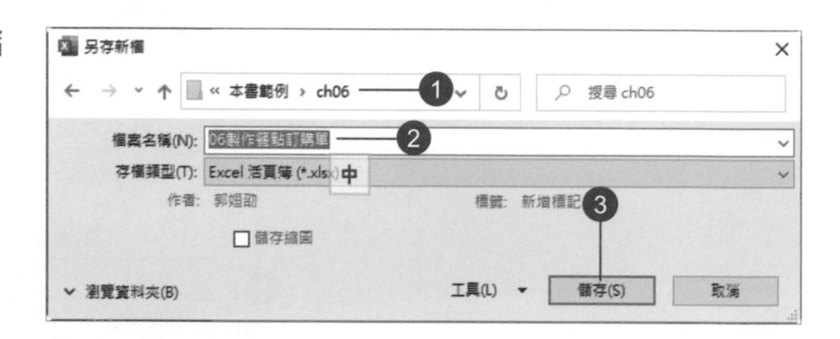

6.6 小計與加總

1 「小計」欄位的值是「價格」乘上「數量」，因此選取 **F16** 儲存格，輸入「**=D16*E16**」，按 **ENTER** 鍵或「資料編輯列」上的「輸入」鈕。

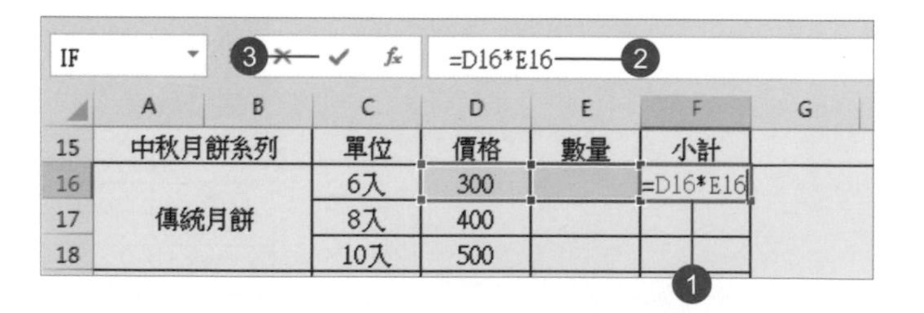

2 向下拖曳 **F16** 儲存格右下角的「填滿控制點」到 **F33** 儲存格，代表要將相同的公式向下複製到其他儲存格中。

	B	C	D	E	F
15	餅系列	單位	價格	數量	小計
16		6入	300		0
17	月餅	8入	400		

填滿控制點

	B	C	D	E	F
15	餅系列	單位	價格	數量	小計
16		6入	300		0
17	月餅	8入	400		

	A B	C	D	E	F	G
15	中秋月餅系列	單位	價格	數量	小計	
16	傳統月餅	6入	300		0	
17		8入	400		0	
18		10入	500		0	
19	豆沙月餅	6入	300		0	
20		8入	400		0	
21		10入	500		0	
22	素食香菇月餅	6入	300		0	
23		8入	400		0	
24		10入	500		0	
25	素食豆沙月餅	6入	300		0	
26		8入	400		0	
27		10入	500		0	
28	芋頭酥(奶素)	6入	210		0	
29	綠豆沙(奶素)	9入	315		0	
30	小月餅(蛋奶素)	12入	420		0	
31	蛋黃酥(蛋奶素)	6入	240		0	
32	芋黃酥(蛋奶素)	9入	360		0	
33	綠豆肉鬆(葷食)	12入	480		0 ❷	
34	總計					

3 「總計」為所有「小計」欄位的加總，因此選取 **F34** 儲存格，執行「常用 > 編輯 > 加總」指令。

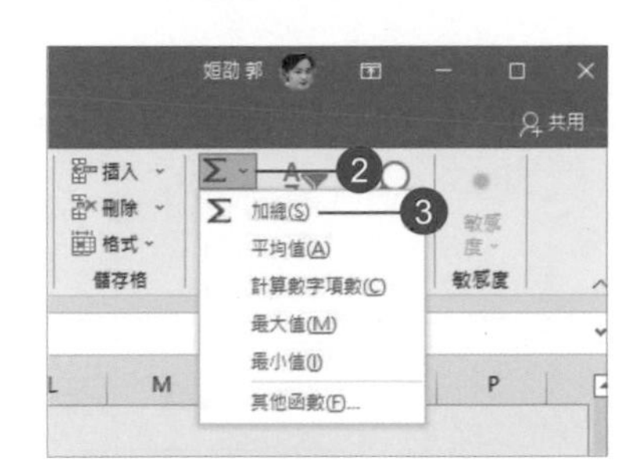

	A B	C	D	E	F
30	小月餅(蛋奶素)	12入	420		0
31	蛋黃酥(蛋奶素)	6入	240		0
32	芋黃酥(蛋奶素)	9入	360		0
33	綠豆肉鬆(葷食)	12入	480		0
34	總計				❶

4 預設會自動框選 **F** 欄位的儲存格，按「輸入」鈕。

IF | × ✓ | =SUM(F16:F33)

	A B	C	D	E	F	G H I
15	中秋月餅系列	單位	價格	數量	小計	備註
16	傳統月餅	6入	300		0	
17		8入	400		0	
18		10入	500		0	
19	豆沙月餅	6入	300		0	
20		8入	400		0	
21		10入	500		0	
22	素食香菇月餅	6入	300		0	
23		8入	400		0	
24		10入	500		0	
25	素食豆沙月餅	6入	300		0	
26		8入	400		0	
27		10入	500		0	
28	芋頭酥(奶素)	6入	210		0	
29	綠豆沙(奶素)	9入	315		0	
30	小月餅(蛋奶素)	12入	420		0	
31	蛋黃酥(蛋奶素)	6入	240		0	
32	芋黃酥(蛋奶素)	9入	360		0	
33	綠豆肉鬆(葷食)	12入	480		0	
34	總計			=SUM(F16:F33)		
35	配送說明：				SUM(number1, [number2], ...)	

5 選取 **E34** 儲存格，重複執行「加總」指令，拖曳 **E16** 到 **E33** 的儲存格範圍後，按「輸入」鈕。

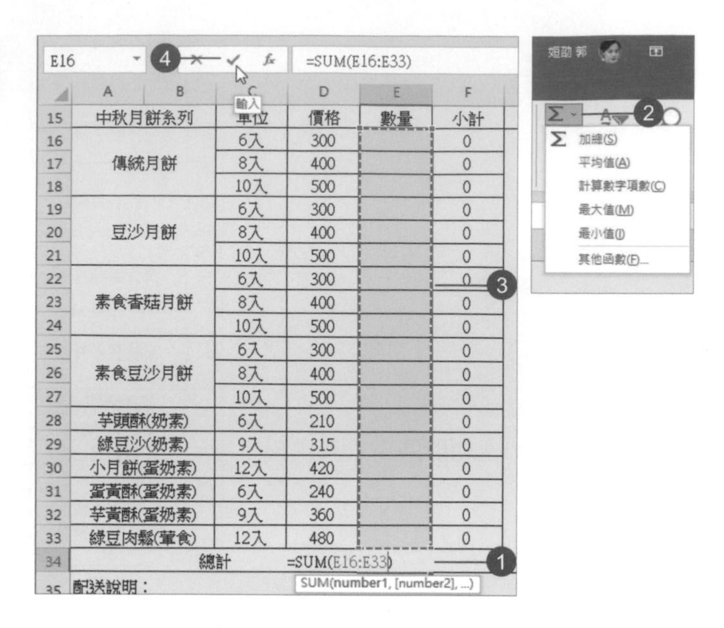

6 試著在訂購單的「數量」欄位中輸入數值，會自動得到「小計」和「總計」值。

中秋月餅系列	單位	價格	數量	小計	備註
傳統月餅	6入	300		0	
	8入	400		0	
	10入	500	5	2500	
豆沙月餅	6入	300	2	600	
	8入	400		0	
	10入	500	2	1000	
素食香菇月餅	6入	300		0	
	8入	400	3	1200	
	10入	500		0	
素食豆沙月餅	6入	300		0	
	8入	400		0	
	10入	500		0	
芋頭酥(奶素)	6入	210	4	840	
綠豆沙(奶素)	9入	315		0	
小月餅(蛋奶素)	12入	420	1	420	
蛋黃酥(蛋奶素)	6入	240	8	1920	
芋黃酥(蛋奶素)	9入	360		0	
綠豆肉鬆(葷食)	12入	480	5	2400	
總計			30	10880	

7 可將完成計算設定的工作表執行「檔案 > 另存新檔」指令，重新命名儲存。

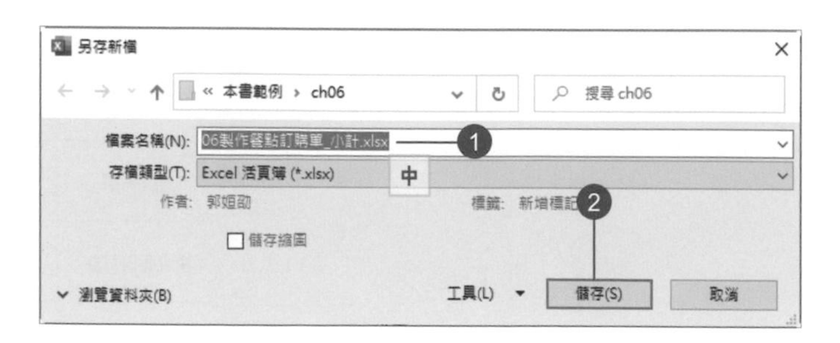

一、選擇題

1. (　) 要將選取的儲存格合併可以執行哪一個指令？(A) 跨欄置中 (B) 對齊 (C) 自動換列。
2. (　) 哪一個功能區可以設定文字格式？(A) 插入 (B) 資料 (C) 常用。
3. (　) Excel 的檔案格式為：(A) 文件 (B) 活頁簿 (C) 簡報。
4. (　) 哪一個功能區可以產生圖片？(A) 常用 (B) 版面配置 (C) 插入。
5. (　) 作用儲存格右下角的「點」稱作：(A) 填滿控制點 (B) 自動校正 (C) 版面配置選項。

二、實作題

開啟「06 實作題.xlsx」，插入圖片「年菜.jpg」，仿照本章的作法，完成如下圖的訂購單設計。

巧味館年菜外帶訂購單

菜名	價格	數量	小計	菜名	價格	數量	小計
東坡肉	580			糖醋排骨	600		
烏魚子米糕	600			糖醋黃魚	750		
生菜蝦鬆	500			人蔘雞	700		
獅子頭	500			八寶雞	700		
蹄筋燒海參	550			核桃芝麻湯圓	250		
椒塩脆皮豬	550			綠豆糕	250		
無錫排骨	450			芝麻糕	100		
清蒸鱸魚	450			八寶飯	300		
蒜泥蒸蝦	560			酸梅汁	150		
菲力牛排	600			蘋果醋	180		
加總				加總			
總計金額							

訂購專線：02-1234-5678 訂購傳真：02-2222-8888

營業時間：星期一~星期六 11：00-22：00

訂購日期		取貨日期	
姓名		電話	
地址			

Excel 篇

員工薪資費用表

不管是差旅費用、薪資預算、員工人事資料、銷貨記錄、庫存管理…等，只要是資料庫型式的內容，都可透過 Excel 輕鬆建立與管理，進行分析以取得所需的資訊。

員工薪資費用表

編號	部門	職務	姓名	基本薪資	工作津貼	加班費	勞保自付額	健保自付額	實領薪資
E001	業務	經理	方達敏	60,000	5,000	2,500	962	678	65,860
E002	業務	副理	劉曉天	50,000	3,000	3,000	802	813	54,385
E003	業務	主任	王文銘	35,000	2,000	3,000	605	405	38,990
E004	業務	專員	朱志勳	30,000	1,000	3,500	579	388	33,533
E005	業務	專員	林敏慧	28,000	1,000	5,000	504	338	33,158
E006	資訊	主任	李佳雯	38,000	2,000	5,000	605	405	43,990
E007	資訊	專員	何忠明	32,000	1,000	5,000	579	388	37,033
E008	資訊	專員	李芳珠	32,000	1,000	5,000	579	388	37,033
E009	行政	副理	周瑞奇	40,000	3,000	3,000	605	813	44,582
E010	行政	主任	楊文音	35,000	2,000	3,500	605	405	39,490
E011	行政	專員	江政平	28,000	1,000	5,000	504	388	33,108
E012	行政	專員	劉文明	26,000	1,000	5,000	504	355	31,141
E013	會計	副理	張杰平	40,000	3,000	3,000	605	813	44,582
E014	會計	主任	吳興國	33,000	2,000	2,000	605	388	36,007
E015	會計	專員	曾志銘	26,000	1,000	3,000	504	321	29,175
	加總			533,000	29,000	56,500	9,147	7,286	602,067

學習目標

- 命名工作表
- 建立資料庫
- 自動調整欄寬
- 自動填滿
- 公式計算
- 自動加總與平均
- 千分位與小數位
- 由快速分析新增欄加總
- 套用儲存格樣式
- 設定列印範圍

7.1 命名工作表

1 啟動 **Excel** 後，按 **Esc** 鍵新增空白的活頁簿。

2 在左下方的「工作表 **1**」標籤上快按二下，使其反白。

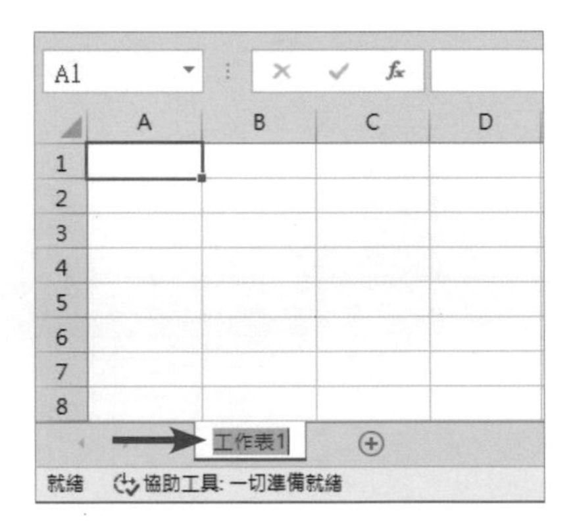

3 重新鍵入工作表名稱後，按 **Enter** 鍵。

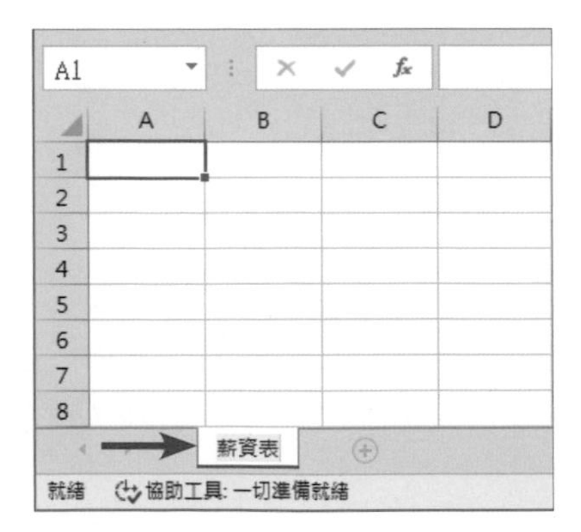

7.2 建立資料庫

1 在 **A1** 儲存格輸入欄位名稱「部門」，按 **Tab** 鍵移到 **B1** 繼續輸入，完成如圖所示的資料欄位名稱。

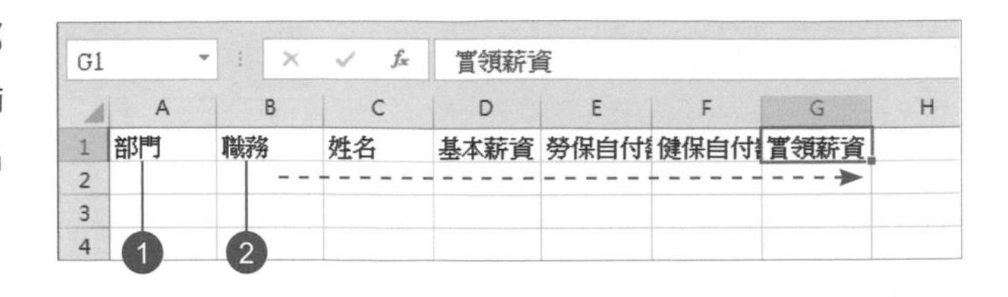

2 在 **E** 與 **F** 的相鄰欄框上快按二下，**E** 欄自動調整為最適欄寬，重複此動作，將 **F** 欄也調整為最適欄寬。

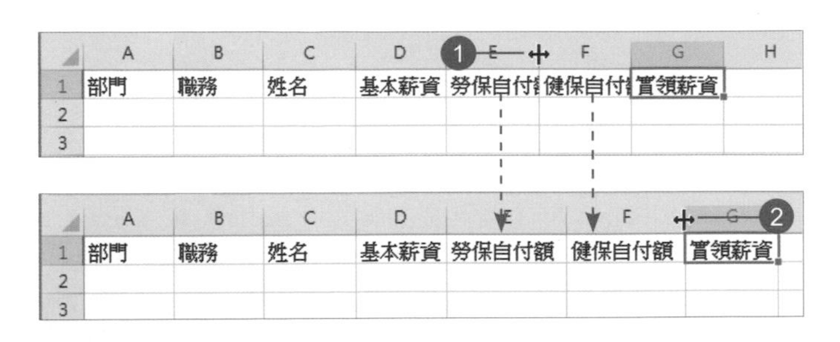

補充說明

當儲存格中出現「###」符號時，代表欄寬不夠，無法顯示完整數值，以最適欄寬方式調整即可正確顯示數值。

	D	E	F	G
	姓名	基本薪	工作津貼	加班費
	方達敏	####	5,000	2,500
	劉曉天	####	3,000	3,000
	王文銘	####	2,000	3,000
	朱志勳	####	1,000	3,500

	D	E	F	G
	姓名	基本薪資	工作津貼	加班費
	方達敏	60,000	5,000	2,500
	劉曉天	50,000	3,000	3,000
	王文銘	35,000	2,000	3,000
	朱志勳	30,000	1,000	3,500

3 從第 **2** 列開始輸入第一筆記錄，依序完成如圖的資料庫內容。

	A	B	C	D	E	F	G
1	部門	職務	姓名	基本薪資	勞保自付額	健保自付額	實領薪資
2	業務	經理	方達敏	60000	962	678	
3	業務	副理	劉曉天	50000	802	813	
4	業務	主任	王文銘	35000	605	405	
5	業務	專員	朱志勳	30000	579	388	
6	業務	專員	林敏慧	28000	504	338	
7	資訊	主任	李佳雯	38000	605	405	
8	資訊	專員	何忠明	32000	579	388	
9	資訊	專員	李芳珠	32000	579	388	
10	行政	副理	周瑞奇	40000	605	813	
11	行政	主任	楊文音	35000	605	405	
12	行政	專員	江政平	28000	504	388	
13	行政	專員	劉文明	26000	504	355	
14	會計	副理	張杰平	40000	605	813	
15	會計	主任	吳興國	33000	605	388	
16	會計	專員	曾志銘	26000	504	321	
17							

薪資表

可開啟「薪資.xlsx」，拖曳選取 A2 到 F16 的範圍，「複製」後「貼上」到工作表中。

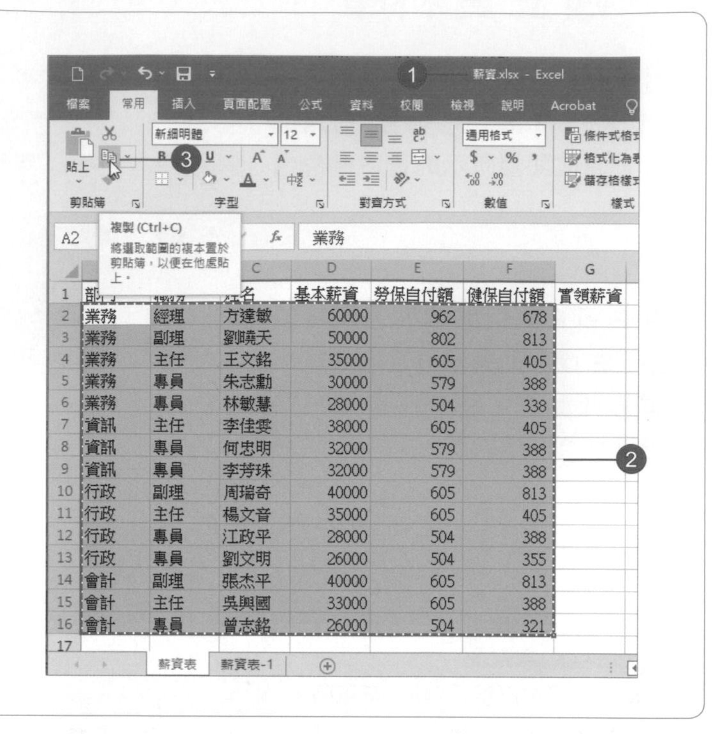

4 選取 **A** 欄位，執行「常用 > 儲存格 > 插入 > 插入儲存格」指令新增一欄。

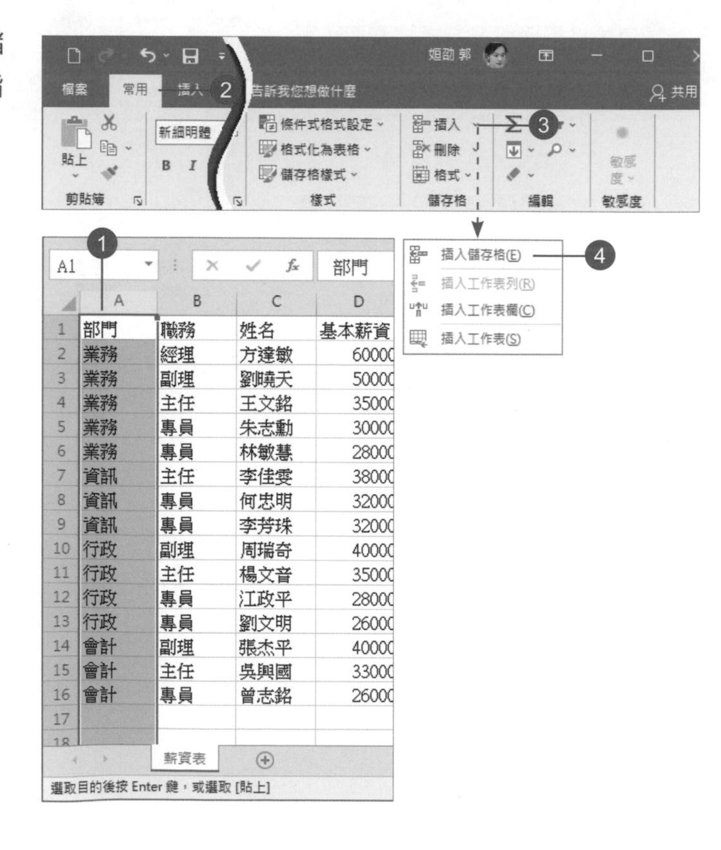

5 在 **A1** 輸入欄名「編號」，於 **A2** 輸入「**E001**」。

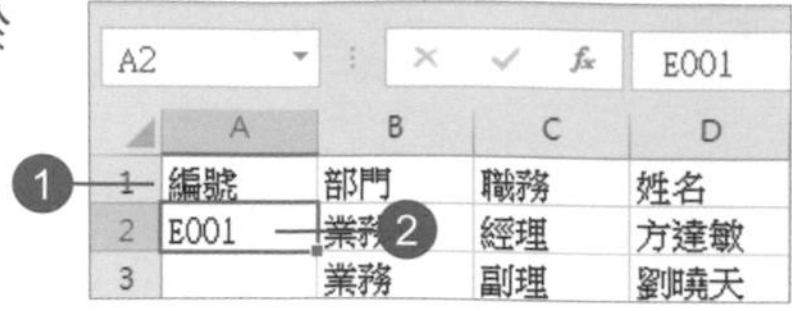

6 在 **A2** 的填滿控點上快按二下，自動向下完成編號。

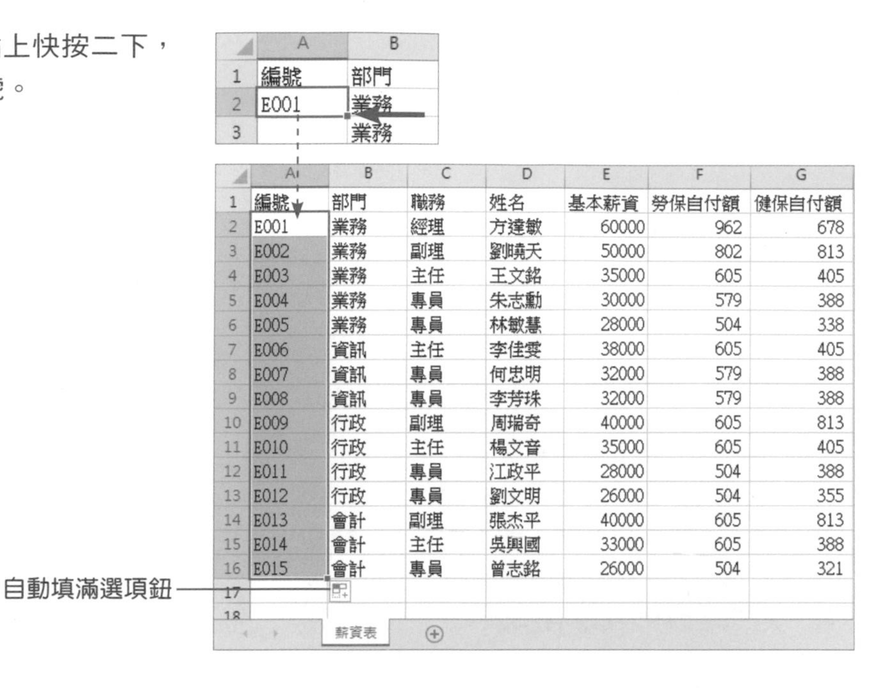

7 再選取 **F**、**G** 欄位，重複步驟 **4**，在 **F** 欄位前新增 **2** 欄。

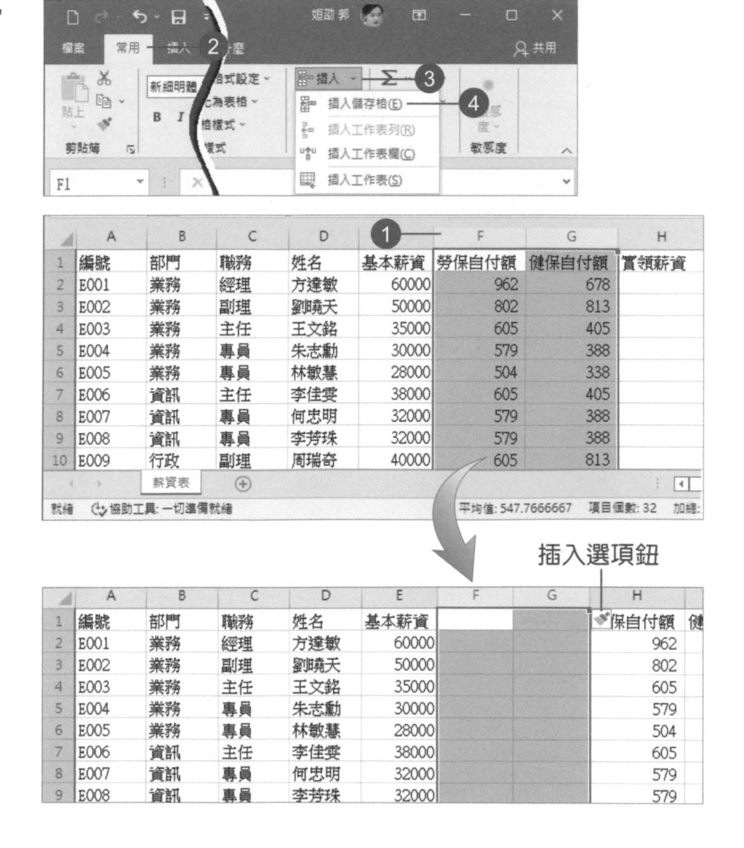

8 鍵入欄位名稱「工作津貼」及「加班費」。

	A	B	C	D	E	F	G	H
1	編號	部門	職務	姓名	基本薪資	工作津貼	加班費	勞保自付額
2	E001	業務	經理	方達敏	60000	5000	2500	962
3	E002	業務	副理	劉曉天	50000	3000	3000	802
4	E003	業務	主任	王文銘	35000	2000	3000	605
5	E004	業務	專員	朱志勳	30000	1000	3500	579
6	E005	業務	專員	林敏慧	28000	1000	5000	504
7	E006	資訊	主任	李佳雯	38000	2000	5000	605
8	E007	資訊	專員	何忠明	32000	1000	5000	579
9	E008	資訊	專員	李芳珠	32000	1000	5000	579
10	E009	行政	副理	周瑞奇	40000	3000	3000	605
11	E010	行政	主任	楊文音	35000	2000	3500	605
12	E011	行政	專員	江政平	28000	1000	5000	504
13	E012	行政	專員	劉文明	26000	1000	5000	504
14	E013	會計	副理	張杰平	40000	3000	3000	605
15	E014	會計	主任	吳興國	33000	2000	2000	605
16	E015	會計	專員	曾志銘	26000	1000	3000	504

薪資表

7.3 公式計算

1 「實領薪資」是「基本薪資」、「工作津貼」和「加班費」的總和，減去「勞保自付額」和「健保自付額」。先選取 **J2** 儲存格，輸入「**=E2+F2+G2-H2-I2**」，按「輸入」鈕或 **Enter** 鍵。

	E	F	G	H	I	J
1	基本薪資	工作津貼	加班費	勞保自付額	健保自付額	實領薪資
2	60000	5000	2500	962	678	=E2+F2+G2-H2-I2
3	50000	3000	3000	802	813	
4	35000	2000	3000	605	405	
5	30000	1000	3500	579	388	
6	28000	1000	5000	504	338	
7	38000	2000	5000	605	405	
8	32000	1000	5000	579	388	

在 Excel 儲存格中鍵入「=」，代表「公式」。

2 向下拖曳 **J2** 的填滿控點至 **J16**，或快按二下 **J2** 的填滿控點，即可將公式向下複製到儲存格中，完成計算。

	D	E	F	G	H	I	J
1	姓名	基本薪資	工作津貼	加班費	勞保自付額	健保自付額	實領薪資
2	方達敏	60000	5000	2500	962	678	65860
3	劉曉天	50000	3000	3000	802	813	54385
4	王文銘	35000	2000	3000	605	405	38990
5	朱志勳	30000	1000	3500	579	388	33533
6	林敏慧	28000	1000	5000	504	338	33158
7	李佳雯	38000	2000	5000	605	405	43990
8	何忠明	32000	1000	5000	579	388	37033
9	李芳珠	32000	1000	5000	579	388	37033
10	周瑞奇	40000	3000	3000	605	813	44582
11	楊文音	35000	2000	3500	605	405	39490
12	江政平	28000	1000	5000	504	388	33108
13	劉文明	26000	1000	5000	504	355	31141
14	張杰平	40000	3000	3000	605	813	44582
15	吳興國	33000	2000	2000	605	388	36007
16	曾志銘	26000	1000	3000	504	321	29175

補充說明

選取範圍中包含數值時，狀態列上預設會顯示數值的「平均值」、「項目個數」和「加總」。在狀態列上按右鍵，可自訂要顯示在狀態列上的內容。

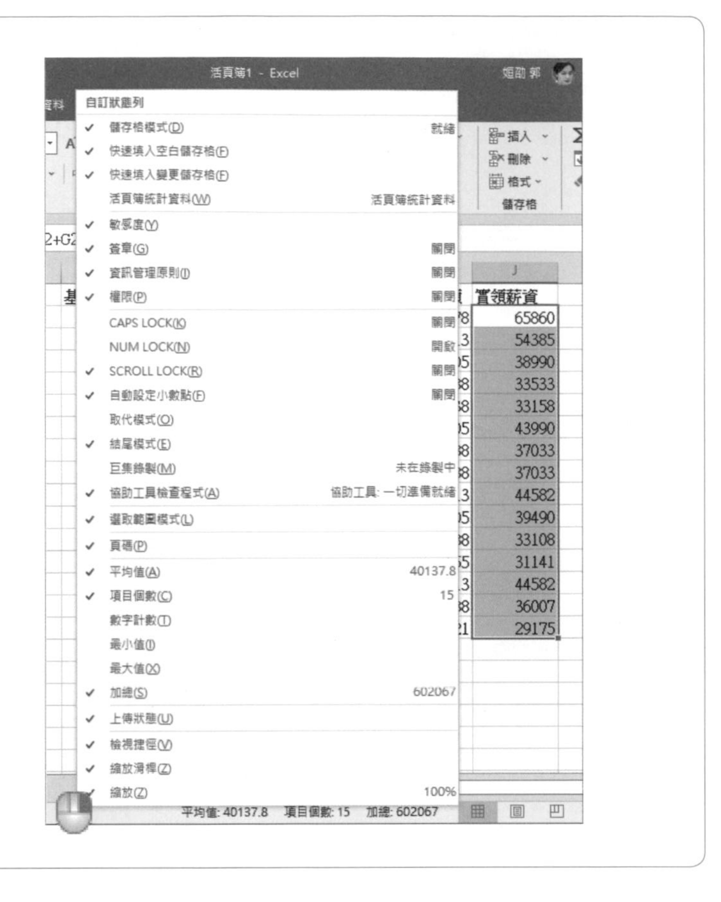

7.4 千分位與小數位

1 拖曳選取 **E2** 到 **J16** 的數值範圍儲存格，執行「常用 > 數值 > 千分位樣式」指令。

2 再執行二次「常用 > 數值 > 減少小數位數」指令。

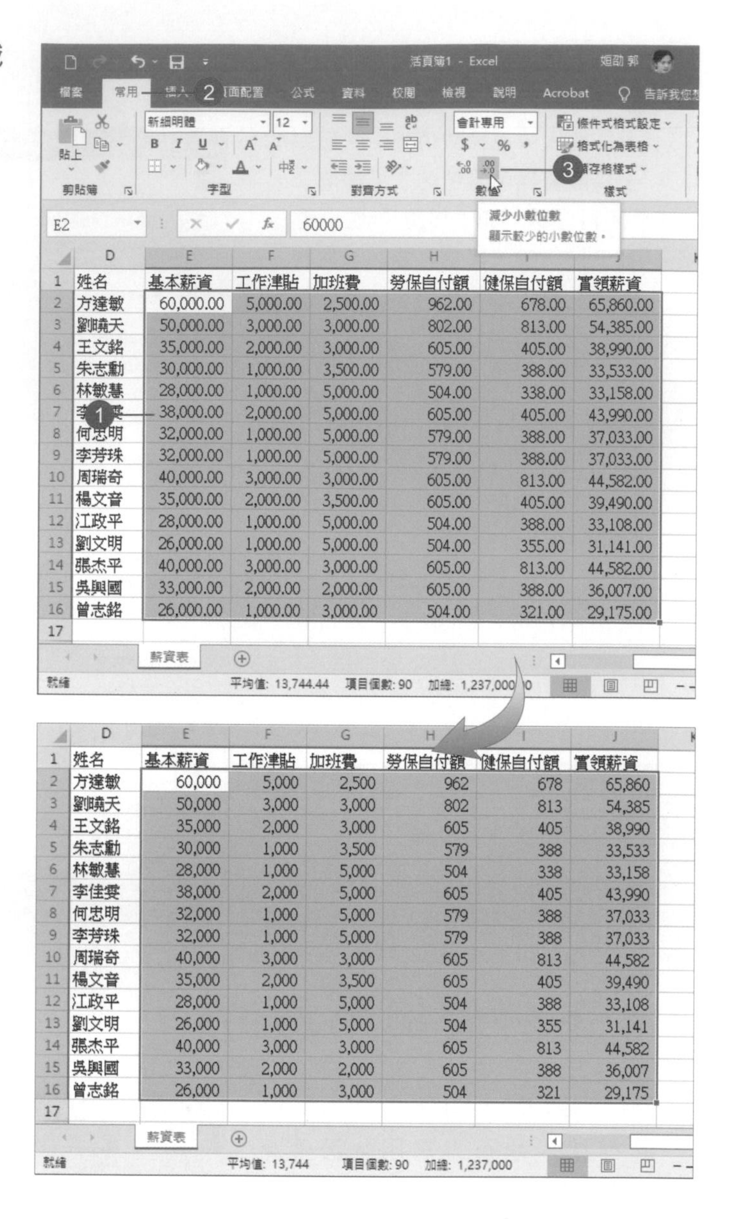

7.5 新增工作表

1 點選「新工作表」鈕，新增空白工作表。

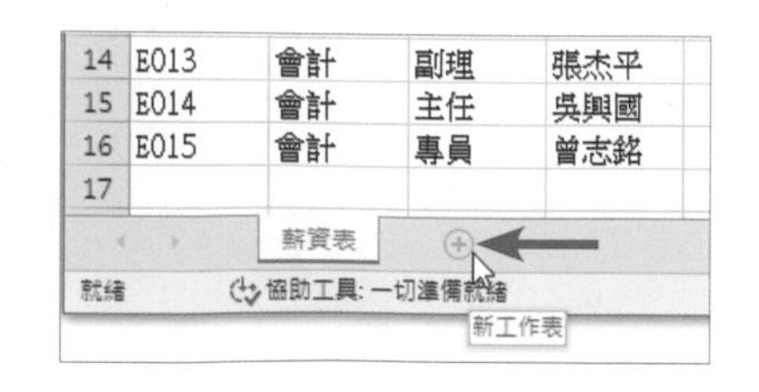

2 重新命名新工作表為「列印薪資表」。

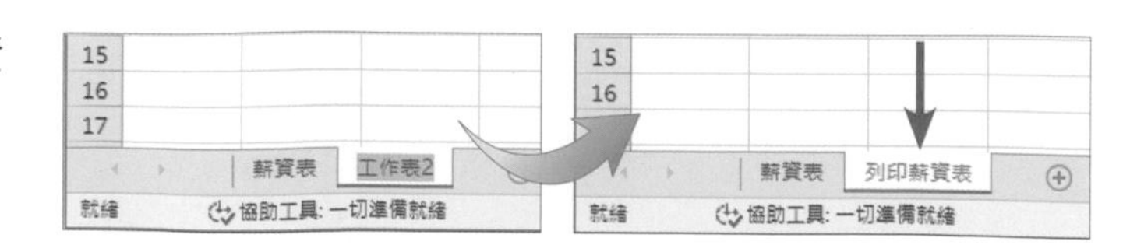

3 於 **A1** 儲存格輸入「員工薪資費用表」。

4 點選「薪資表」標籤，選取 **A1** 至 **J16** 儲存格範圍，執行「常用 > 剪貼簿 > 複製」指令。

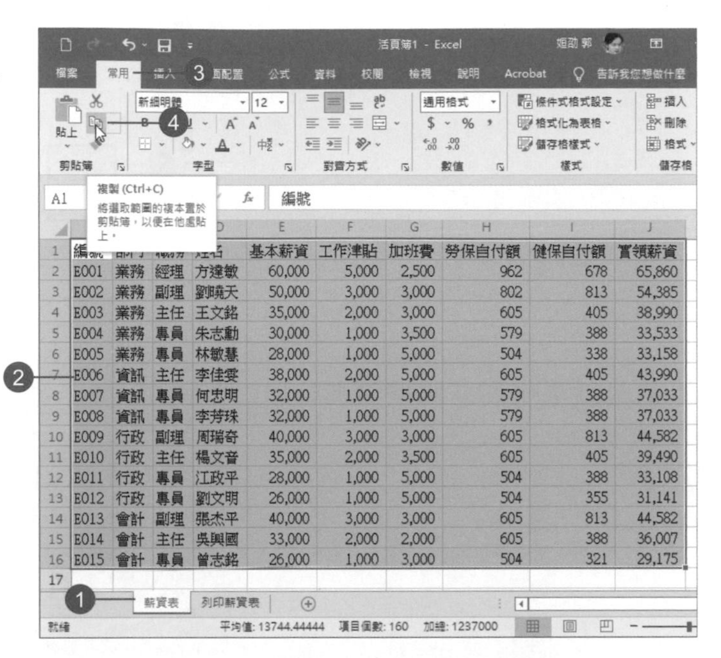

5 切換回「列印薪資表」工作表，點選 **A2** 儲存格，直接按 **Enter** 鍵或執行「常用 > 剪貼簿 > 貼上」指令。

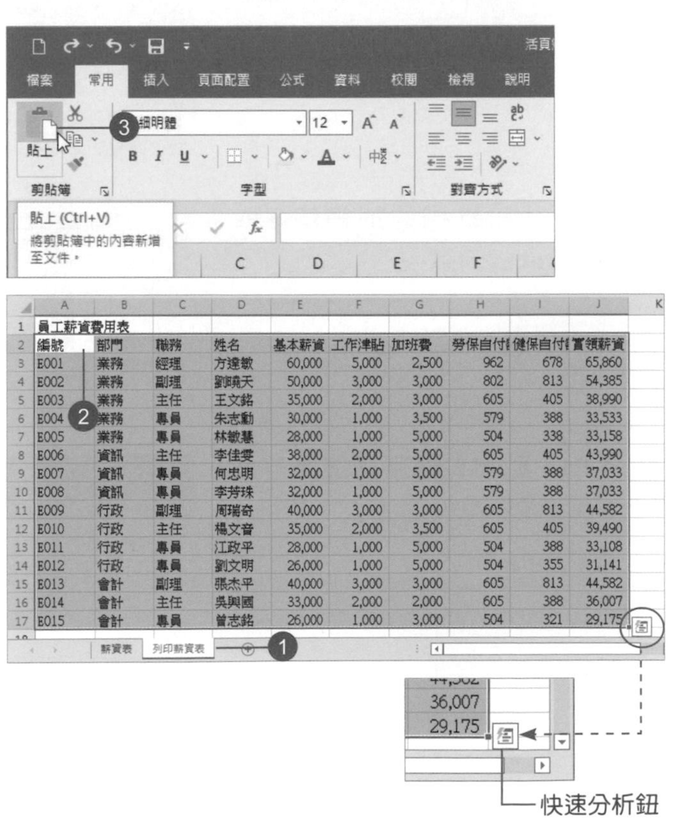

7.6 由快速分析新增欄加總

1 點選右下角的「快速分析」鈕展開選項，切換到「總計」，點選「欄加總」選項。

2 自動新增一列並將欄位進行加總。

	A	B	C	D	E	F	G	H	I	J
1	員工薪資費用表									
2	編號	部門	職務	姓名	基本薪資	工作津貼	加班費	勞保自付額	健保自付額	實領薪資
3	E001	業務	經理	方達敏	60,000	5,000	2,500	962	678	65,860
4	E002	業務	副理	劉曉天	50,000	3,000	3,000	802	813	54,385
5	E003	業務	主任	王文銘	35,000	2,000	3,000	605	405	38,990
6	E004	業務	專員	朱志勳	30,000	1,000	3,500	579	388	33,533
7	E005	業務	專員	林敏慧	28,000	1,000	5,000	504	338	33,158
8	E006	資訊	主任	李佳雯	38,000	2,000	5,000	605	405	43,990
9	E007	資訊	專員	何忠明	32,000	1,000	5,000	579	388	37,033
10	E008	資訊	專員	李芳珠	32,000	1,000	5,000	579	388	37,033
11	E009	行政	副理	周瑞奇	40,000	3,000	3,000	605	813	44,582
12	E010	行政	主任	楊文音	35,000	2,000	3,500	605	405	39,490
13	E011	行政	專員	江政平	28,000	1,000	5,000	504	388	33,108
14	E012	行政	專員	劉文明	26,000	1,000	5,000	504	355	31,141
15	E013	會計	副理	張杰平	40,000	3,000	3,000	605	813	44,582
16	E014	會計	主任	吳興國	33,000	2,000	2,000	605	388	36,007
17	E015	會計	專員	曾志銘	26,000	1,000	3,000	504	321	29,175
18	加總	0	0	0	533000	29000	56500	9147	7286	602067
19										

3 將 **B**、**C** 和 **D** 欄的加總值選取後按 **Del** 鍵清除。

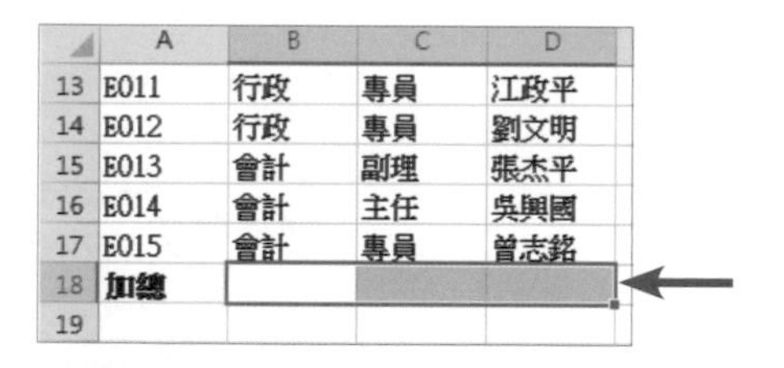

	A	B	C	D
13	E011	行政	專員	江政平
14	E012	行政	專員	劉文明
15	E013	會計	副理	張杰平
16	E014	會計	主任	吳興國
17	E015	會計	專員	曾志銘
18	加總			
19				

4 將 **E18** 至 **J18** 儲存格加上千分位號並減少小數位數（二次）。

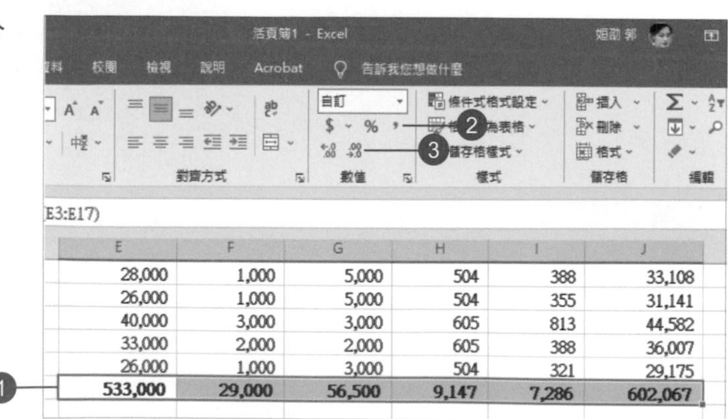

E	F	G	H	I	J
28,000	1,000	5,000	504	388	33,108
26,000	1,000	5,000	504	355	31,141
40,000	3,000	3,000	605	813	44,582
33,000	2,000	2,000	605	388	36,007
26,000	1,000	3,000	504	321	29,175
533,000	29,000	56,500	9,147	7,286	602,067

5 選取 **A18** 至 **D18** 儲存格，設定「跨欄置中」。

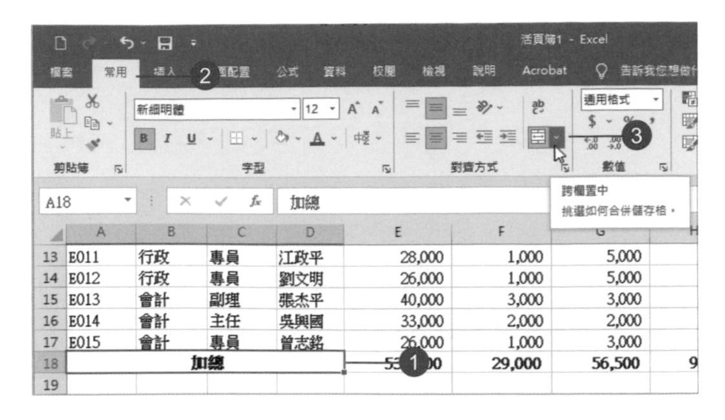

6 再選取 **A1** 至 **J1** 儲存格，也設定「跨欄置中」。

7.7 套用儲存格樣式

1 選取 **A1** 至 **J2** 儲存格範圍，再按住 **Ctrl** 鍵不放，繼續選取 **A18** 至 **J18** 儲存格。

2 執行「常用 > 樣式 > 儲存格樣式」指令，選擇一種預設樣式套用。

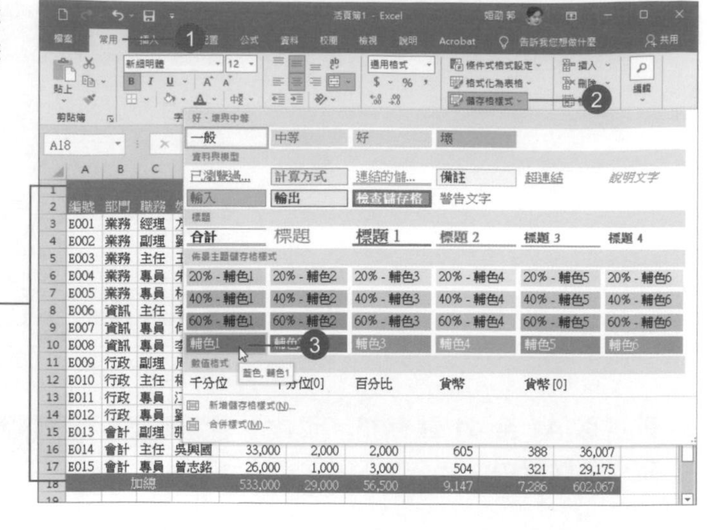

3 再選取 **A3** 至 **J17** 儲存格範圍，套用「資料與模型 > 備註」的儲存格樣式。

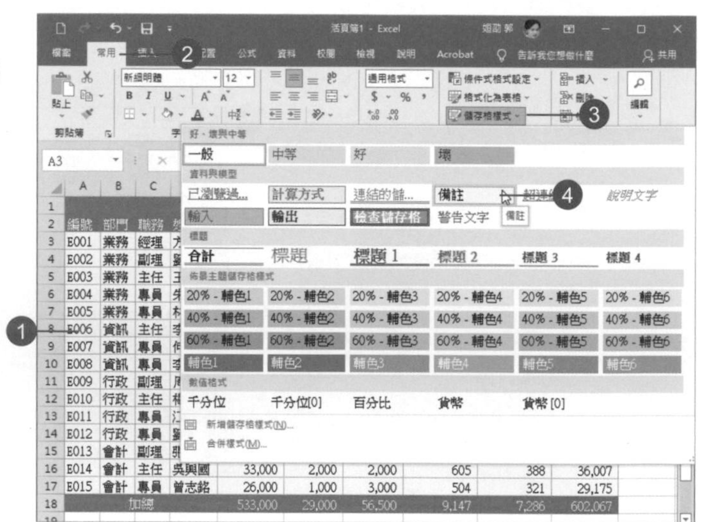

4 選取部份儲存格範圍，放大字型及加上粗體…等格式。

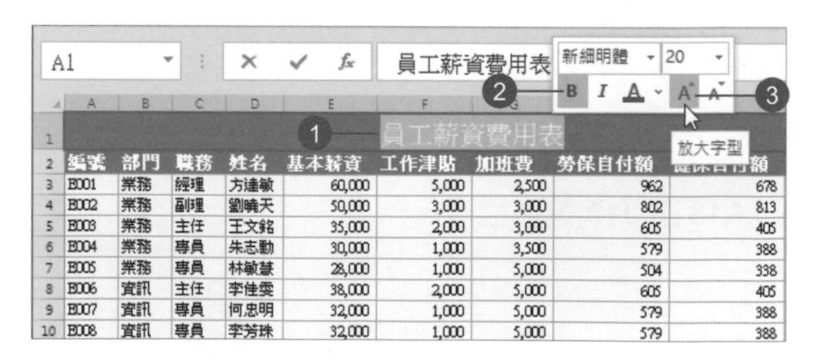

5 執行「儲存檔案」指令，儲存為「**Excel** 活頁簿」格式。

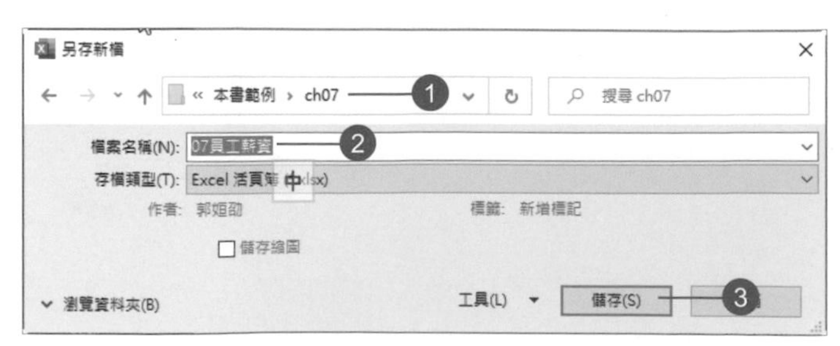

7.8 設定列印範圍

1 選取列印範圍 **A1** 至 **J18**，執行「頁面配置 > 版面設定 > 列印範圍 > 設定列印範圍」指令。

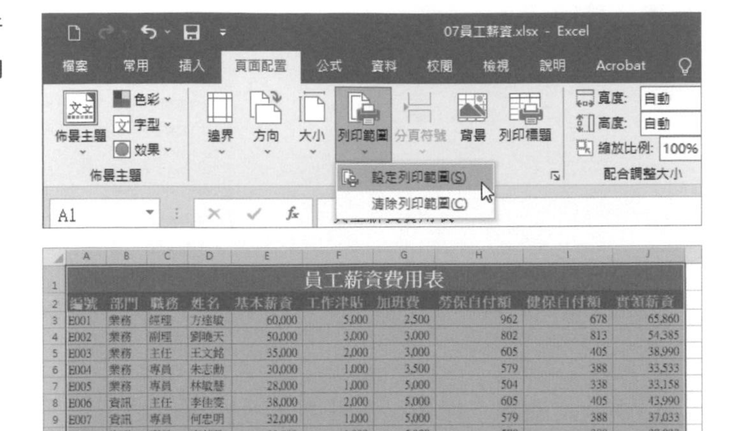

員工薪資費用表									
編號	部門	職務	姓名	基本薪資	工作津貼	加班費	勞保自付額	健保自付額	實領薪資
E001	業務	經理	方達敏	60,000	5,000	2,500	962	678	65,860
E002	業務	副理	劉曉天	50,000	3,000	3,000	802	813	54,385
E003	業務	主任	王文銘	35,000	2,000	3,000	605	405	38,990
E004	業務	專員	朱志勳	30,000	1,000	3,500	579	388	33,533
E005	業務	專員	林敏慧	28,000	1,000	5,000	504	338	33,158
E006	資訊	主任	李佳雯	38,000	2,000	5,000	605	405	43,990
E007	資訊	專員	何忠明	32,000	1,000	5,000	579	388	37,033
E008	資訊	專員	李芳珠	32,000	1,000	5,000	579	388	37,033
E009	行政	副理	周瑞奇	40,000	3,000	3,000	605	813	44,582
E010	行政	主任	楊文蒼	35,000	2,000	3,500	605	405	39,490
E011	行政	專員	江政平	28,000	1,000	5,000	504	388	33,108
E012	行政	專員	劉文明	26,000	1,000	5,000	504	355	31,141
E013	會計	副理	張杰平	40,000	3,000	3,000	605	813	44,582
E014	會計	主任	吳興國	33,000	2,000	2,000	605	388	36,007
E015	會計	專員	曾志銘	26,000	1,000	3,000	504	321	29,175
加總				533,000	29,000	56,500	9,147	7,286	602,067

2 執行「檔案 > 列印」指令。

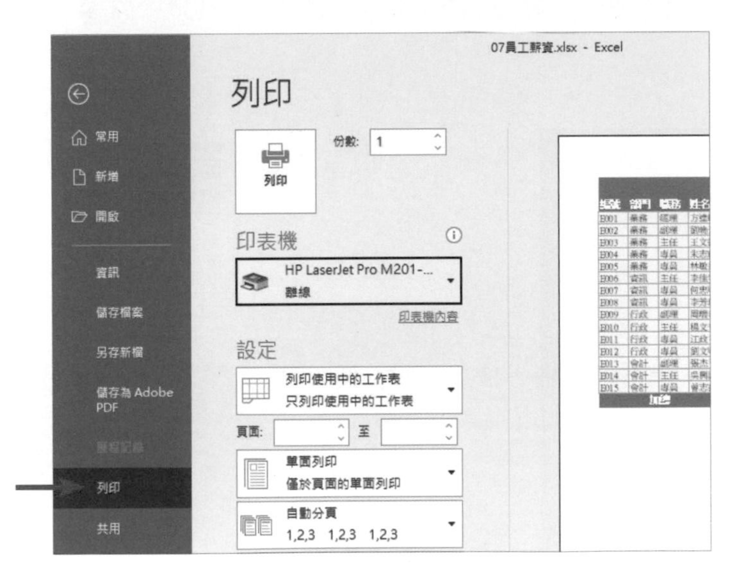

3 「預覽列印」中顯示有 **2** 頁，點選「版面設定」超連結。

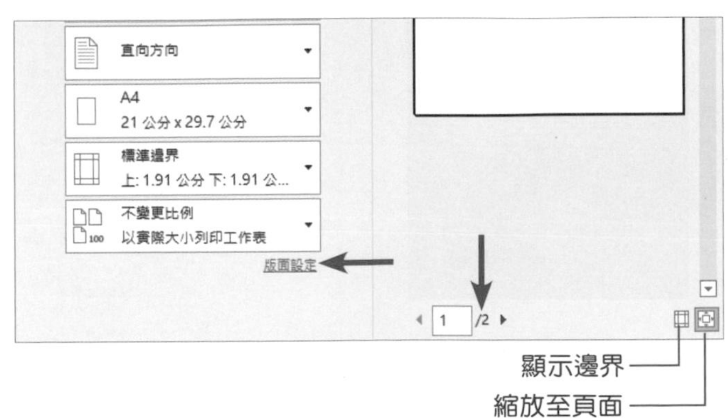

4 開啟「版面設定」對話方塊，位在「頁面」標籤，將「方向」改為「橫向」。

5 切換到「邊界」標籤，「置中方式」選擇「水平置中」及「垂直置中」，按【確定】鈕。

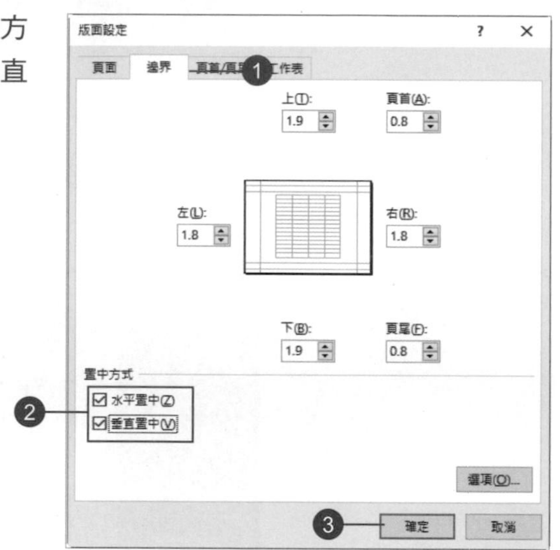

6 開啟印表機，按「列印」鈕即可將薪資表印出。

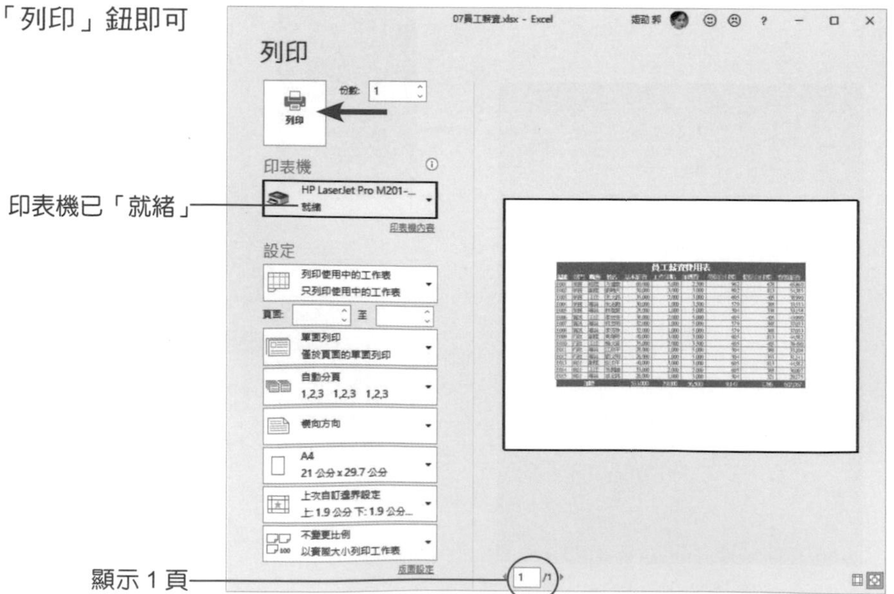

課後練習

一、選擇題

1. (　) 啟動 Excel 後，按哪一個按鍵可以新增空白活頁簿？（A）Enter（B）Tab（C）Esc。

2. (　) 儲存格的欄寬不夠時，輸入數值會顯示哪一個符號？（A）#（B）?（C）*。

3. (　) Excel 中的「公式」是以哪一個符號開始？（A）=（B）+（C）/。

4. (　) 數值「12,000」有執行哪一個指令？（A）小數位（B）千分位（C）貨幣。

5. (　) 哪一個功能區可以設定列印範圍？（A）常用（B）插入（C）頁面配置。

二、實作題

開啟「07 實作題 .xlsx」，依下列題意執行：

- 將「薪資總計」欄位計算後填入。
- 將數值部份加上千分位號，不要小數位數。
- 新增一列印用工作表，命名為「列印表單」，內容複製自「薪水」工作表。
- 於「列印表單」工作表最下方新增一列「欄加總」，工作表上方加上標題列並美化。
- 設定列印範圍，橫向、水平垂直皆置中。

員工薪資表明細

職務	姓名	底薪	工作津貼	加班費	勞保自費	健保自費	薪資總計
經理	林蔚珍	45,000	6,000	2,500	962	678	51,860
副理	劉文邦	35,000	4,000	3,000	802	813	40,385
主任	周瑞奇	28,000	3,000	3,000	605	405	32,990
專員	曾曉東	25,000	2,000	3,500	579	388	29,533
專員	林芳君	24,000	2,000	5,000	504	338	30,158
專員	張明錄	24,000	2,000	5,000	479	321	30,200
專員	吳天俊	24,000	2,000	5,000	479	321	30,200
專員	曾佩妍	23,000	2,000	5,000	479	321	29,200
副理	方晧維	35,000	4,000	3,000	802	813	40,385
主任	周瑞奇	28,000	3,000	3,500	605	405	33,490
專員	曾曉東	25,000	2,000	5,000	579	388	31,033
專員	林芳君	24,000	2,000	5,000	529	355	30,116
副理	張明錄	35,000	4,000	3,000	802	813	40,385
主任	吳天俊	30,000	3,000	2,000	605	405	33,990
專員	曾佩妍	23,000	2,000	3,000	479	321	27,200
加總		428,000	43,000	56,500	9,290	7,085	511,125

Excel 篇

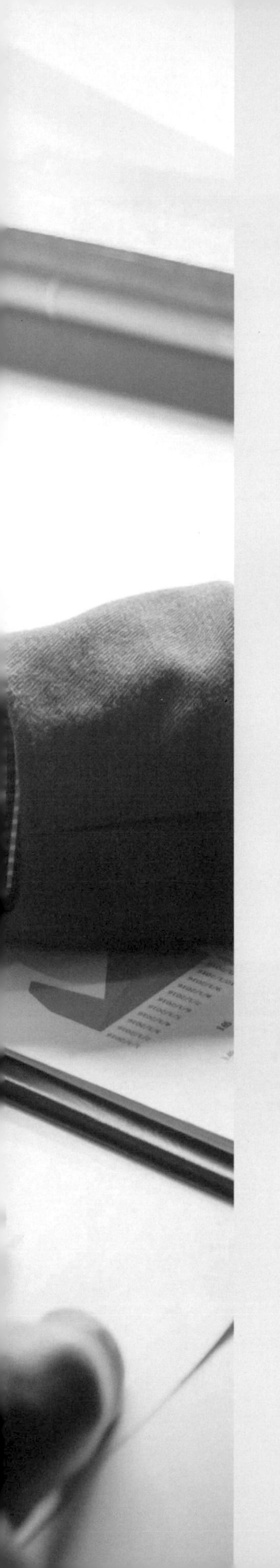

08 客戶滿意度分析圖表

收集顧客的問卷調查結果後，在EXCEL進行數據統計，再繪製成易於檢視與分析的圖表，可以做為餐飲口味調整或服務品質改善的有力依據。

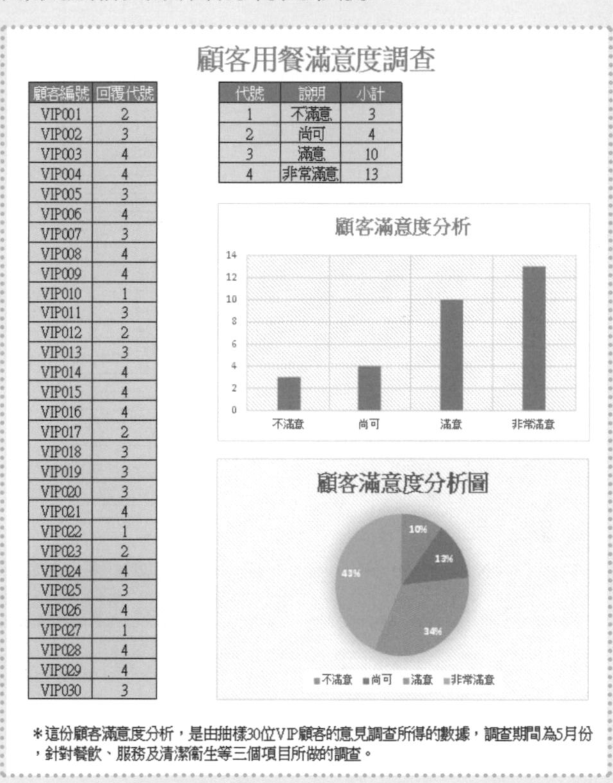

顧客用餐滿意度調查

顧客編號	回覆代號
VIP001	2
VIP002	3
VIP003	4
VIP004	4
VIP005	3
VIP006	4
VIP007	3
VIP008	4
VIP009	4
VIP010	1
VIP011	3
VIP012	2
VIP013	3
VIP014	4
VIP015	4
VIP016	4
VIP017	2
VIP018	3
VIP019	3
VIP020	3
VIP021	4
VIP022	1
VIP023	2
VIP024	4
VIP025	3
VIP026	4
VIP027	1
VIP028	4
VIP029	4
VIP030	3

代號	說明	小計
1	不滿意	3
2	尚可	4
3	滿意	10
4	非常滿意	13

*這份顧客滿意度分析，是由抽樣30位VIP顧客的意見調查所得的數據，調查期間為5月份，針對餐飲、服務及清潔衛生等三個項目所做的調查。

學習目標

- 資料篩選與統計
- 產生直條圖表
- 調整圖表大小與位置
- 變更圖表樣式和色彩
- 新增圓形圖
- 自動換列
- 移動圖表
- 移動工作表

8.1 資料篩選與統計

1 開啟範例「**08** 顧客滿意度分析圖 **.xlsx**」，試算表中包含 **2** 個資料表，一個是統計表，下方則是收集了 **30** 位顧客的意見調查回覆內容。

顧客用餐滿意度調查

代號	說明	小計
1	不滿意	
2	尚可	
3	滿意	
4	非常滿意	

顧客編號	回覆代號
VIP001	2
VIP002	3
VIP003	4
VIP004	4
VIP005	3
VIP006	4
VIP007	3
VIP008	4
VIP009	4
VIP010	1
VIP011	3
VIP012	2
VIP013	3
VIP014	4
VIP015	4
VIP016	4
VIP017	2
VIP018	3
VIP019	3
VIP020	3
VIP021	4
VIP022	1
VIP023	2
VIP024	4
VIP025	3
VIP026	4
VIP027	1
VIP028	4
VIP029	4
VIP030	3

2 點選 **B8** 儲存格，執行「資料 **>** 排序與篩選 **>** 篩選」指令。

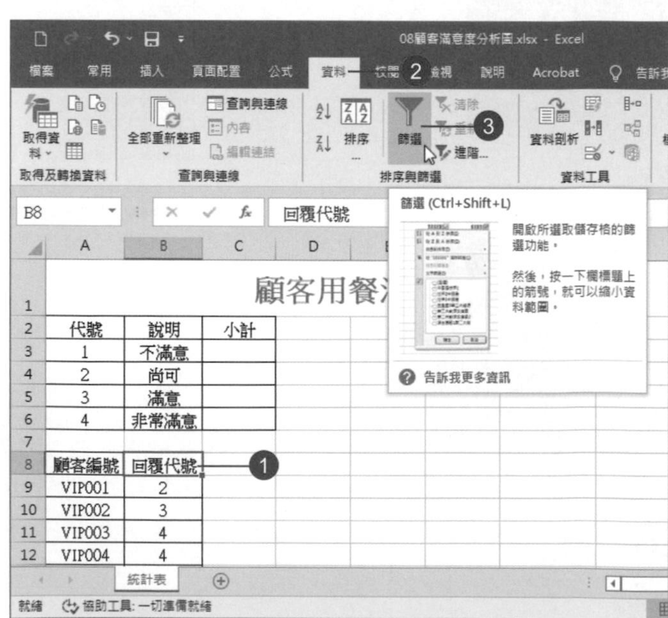

3 **B8** 儲存格中出現「篩選」▼ 符號，點選此符號展開清單，取消勾選「全選」，再勾選「**1**」，按【確定】鈕。

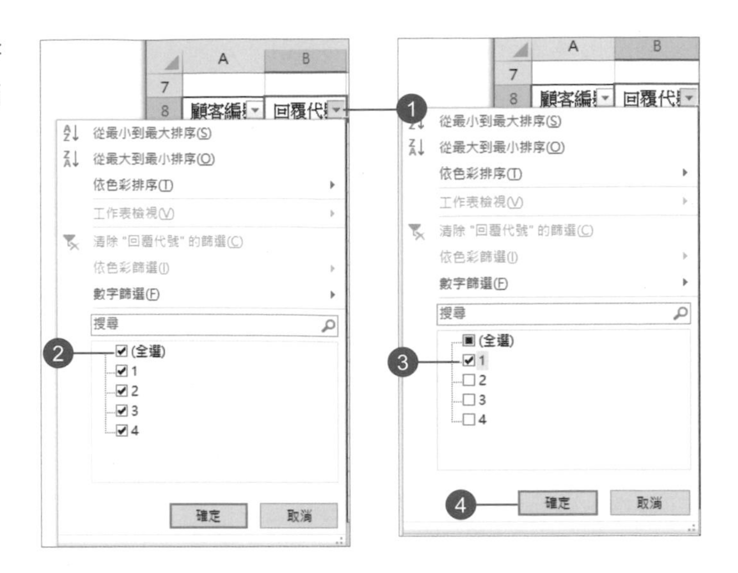

4 資料表出現經過篩選的記錄，狀態列上顯示找出 **3** 筆記錄，請於上方統計表代號「**1**」的小計儲存格（**C3**）中鍵入 **3**。

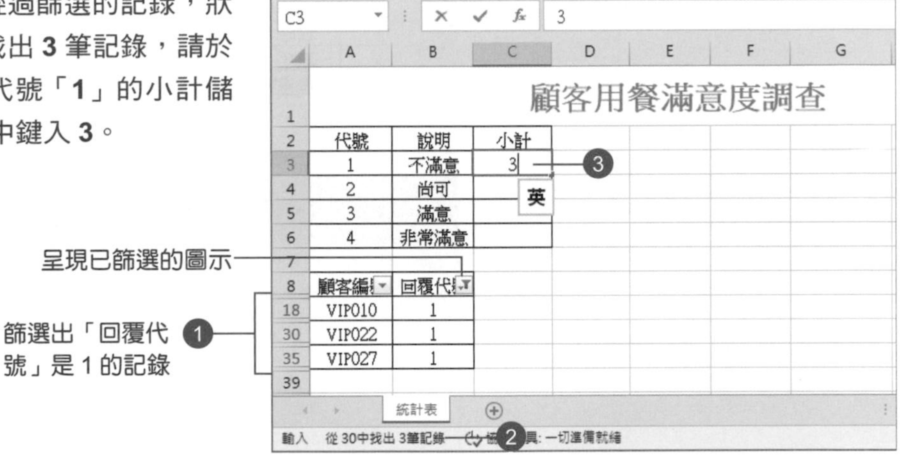

5 再次點選 **B8** 儲存格中的「篩選」▼ 符號，這次只勾選「**2**」，按【確定】鈕。

6 篩選出 **4** 筆記錄，請於上方統計表代號「**2**」的小計儲存格中鍵入「**4**」。

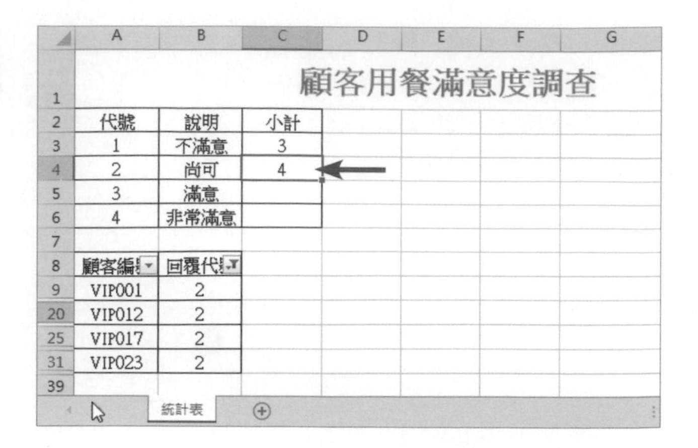

7 重複上述步驟，完成統計表欄位的輸入作業。

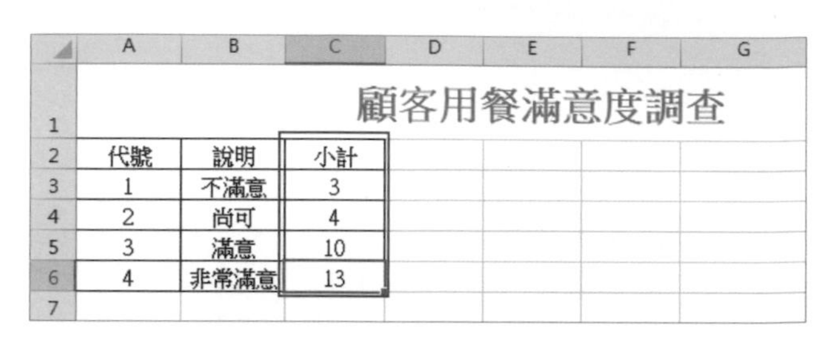

8 再一次執行「資料 > 排序與篩選 > 篩選」指令，取消「篩選」指令。

8.2 移動統計表

1. 選取 **A2** 至 **C6** 的儲存格範圍，滑鼠移到選取範圍的邊框上，往右下方拖曳到 **D8:F12** 的位置後放開。

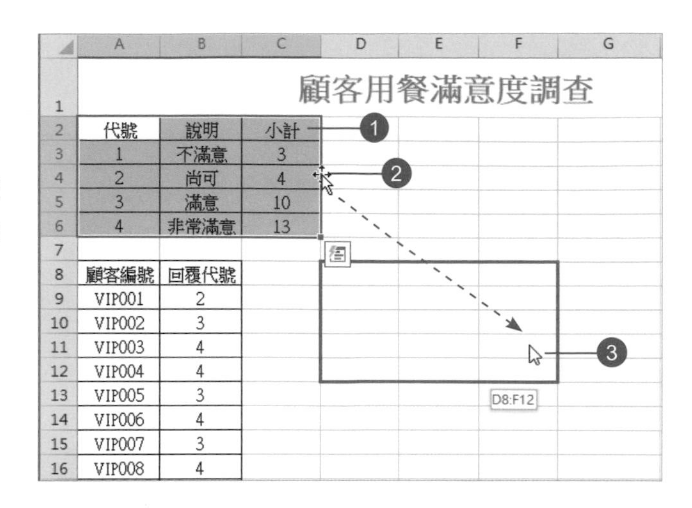

2. 拖曳選取 **2** 至 **7** 列，執行「常用 > 儲存格 > 刪除儲存格」指令。

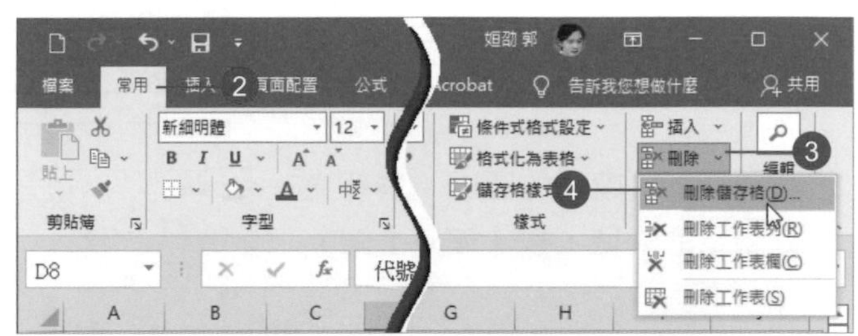

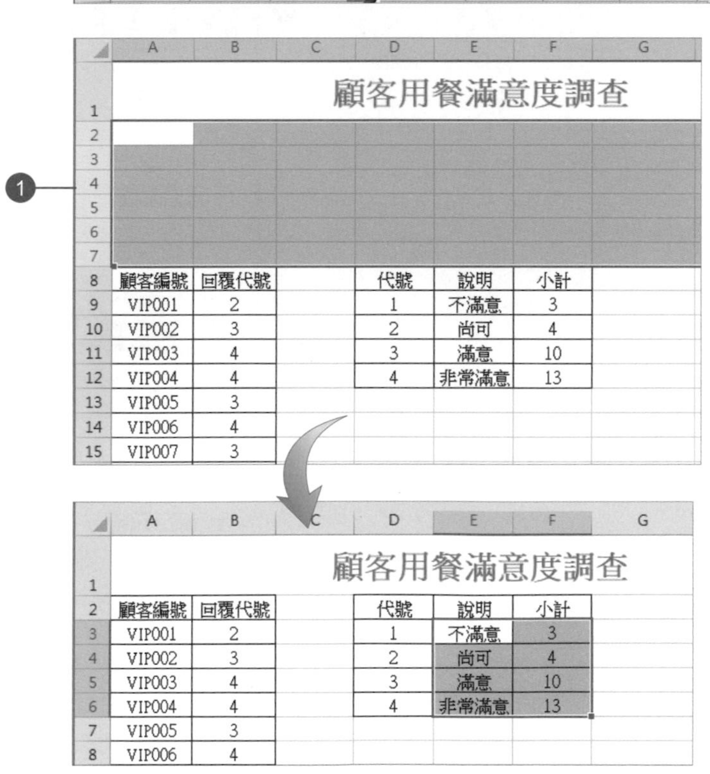

8.3 產生圖表

1 拖曳選取 **E3** 至 **F6** 的儲存格範圍，執行「插入 > 圖表 > 建議圖表」指令。

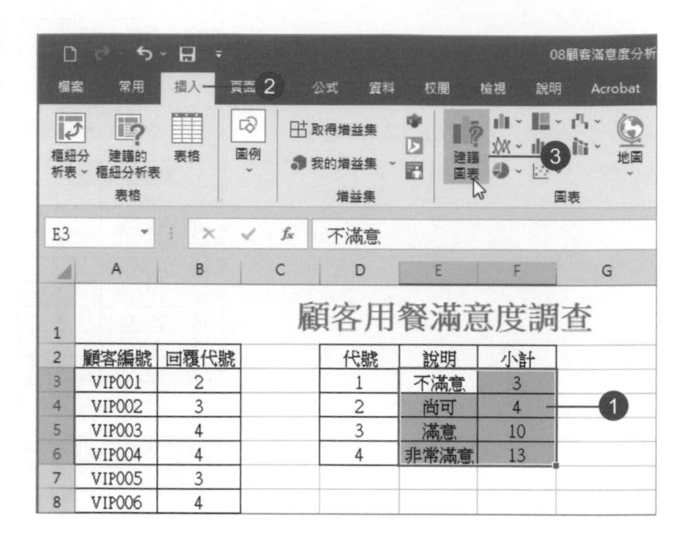

2 採預設的「建議的圖表 > 群組直條圖」的類型，按【確定】鈕。

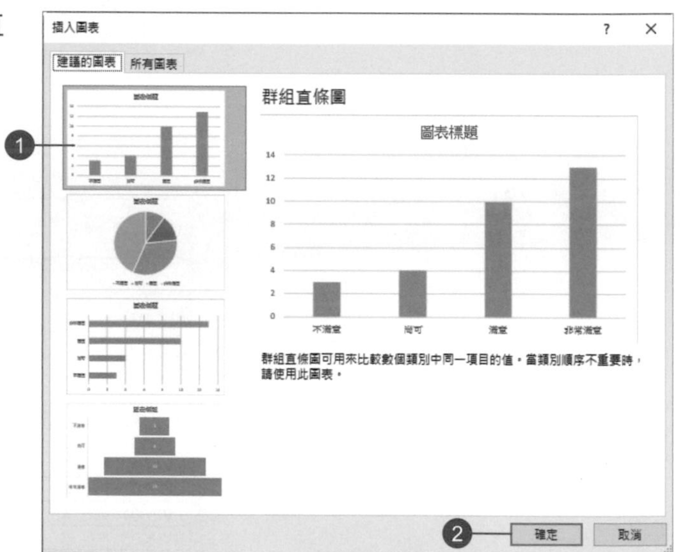

3 視窗中顯示插入的圖表。

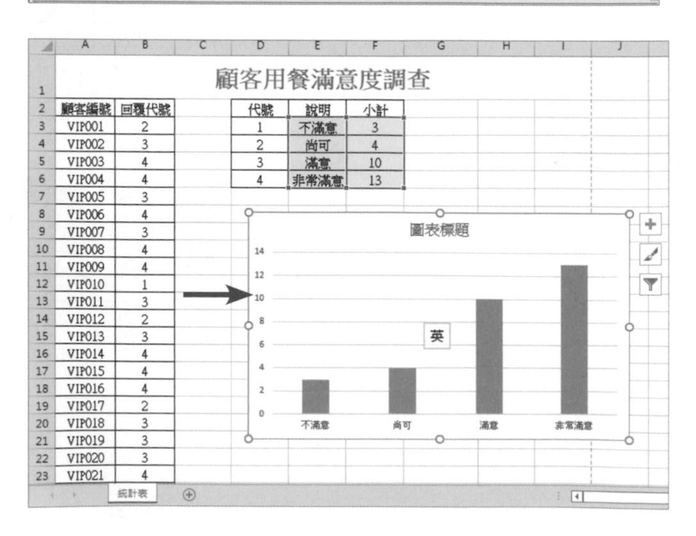

8.4 調整圖表位置與大小

1 拖曳圖表到適當的位置。

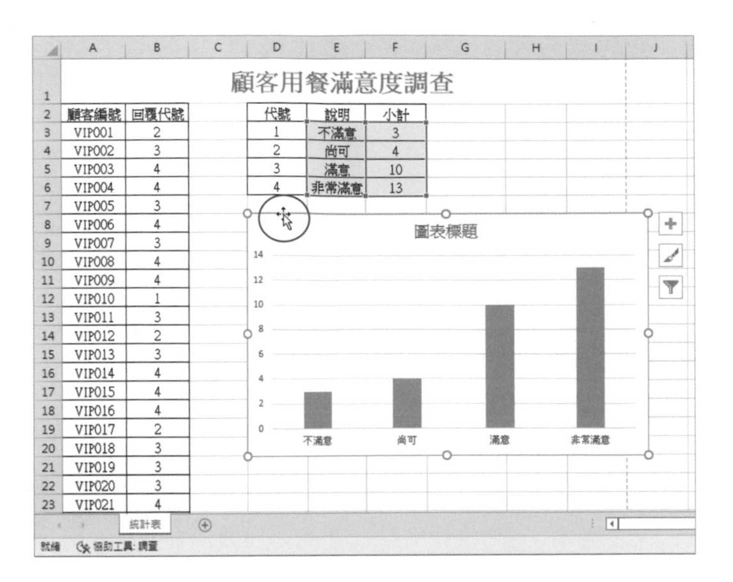

2 拖曳角落的控制點，調整圖表大小。

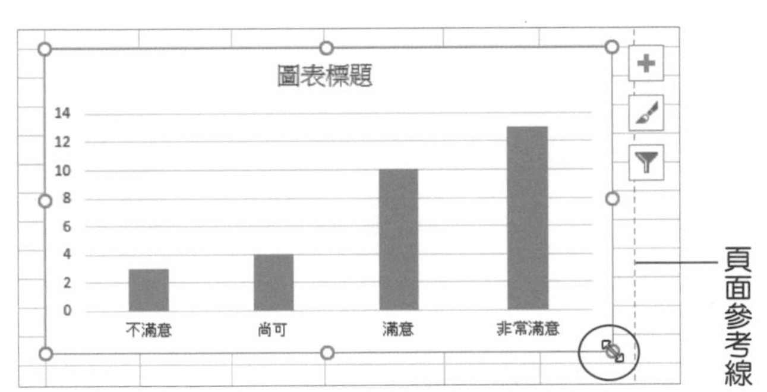

3 選取「圖表標題」，反白內容，重新鍵入所需標題文字，並加以美化。

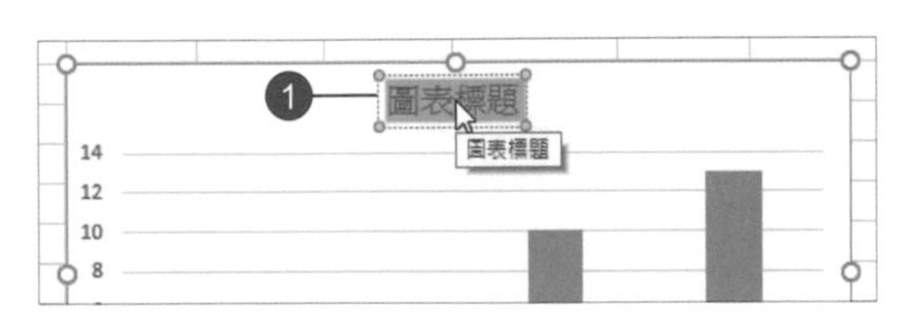

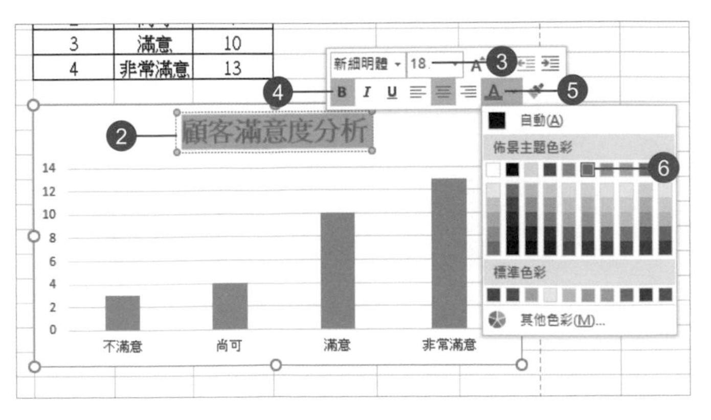

8.5 變更圖表樣式和色彩

1 選取圖表後，按一下「圖表樣式」鈕。

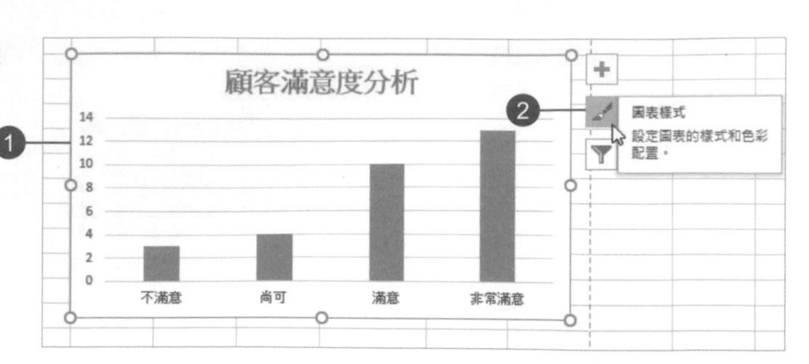

2 展開選單選取所需的樣式，即可更新圖表樣式。

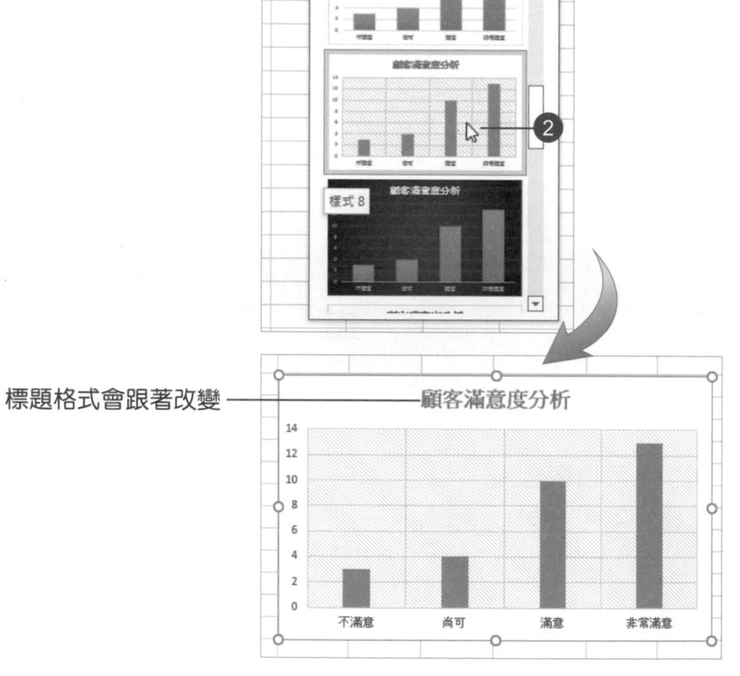

3 再次點選「圖表樣式」鈕，切換到「色彩」，選擇一種色彩更換。

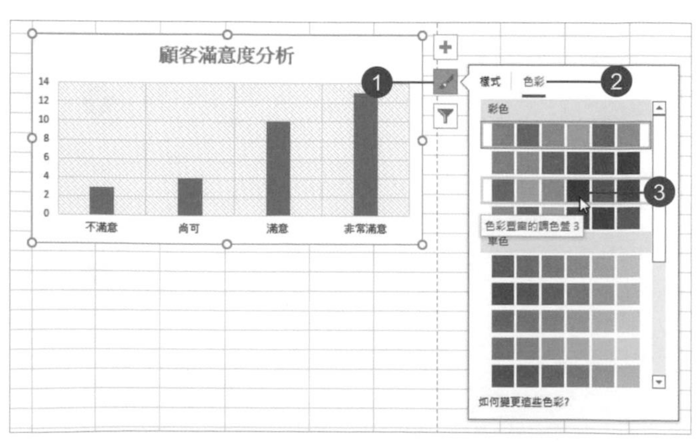

8.6 新增圓形圖

1 參考 **8.3** 節的步驟，插入新圖表「圓形圖」。

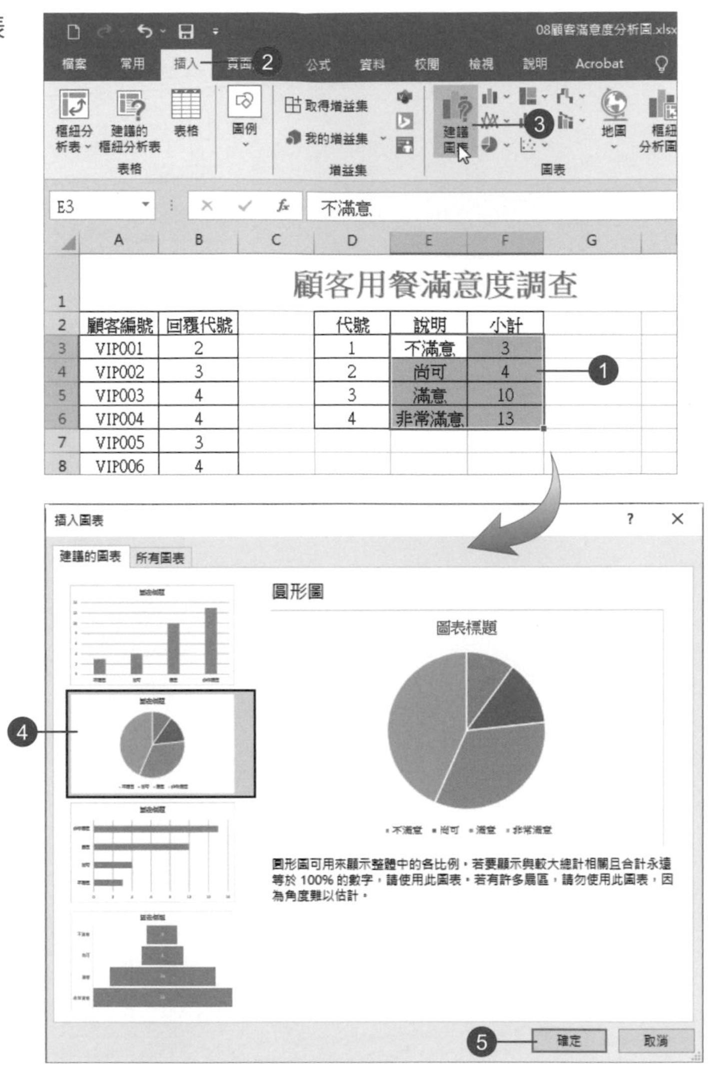

2 拖曳控制點調整圖表區大小。

3 修改圖表標題、更換樣式或色彩。

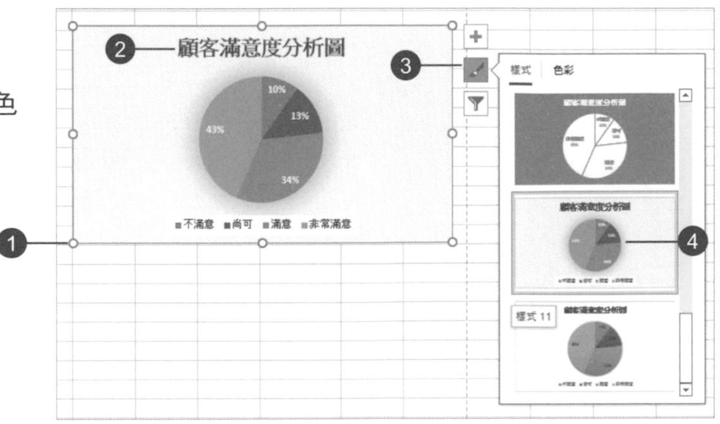

4 將文件中的 **2** 個資料表，套用「儲存格樣式」加以美化。

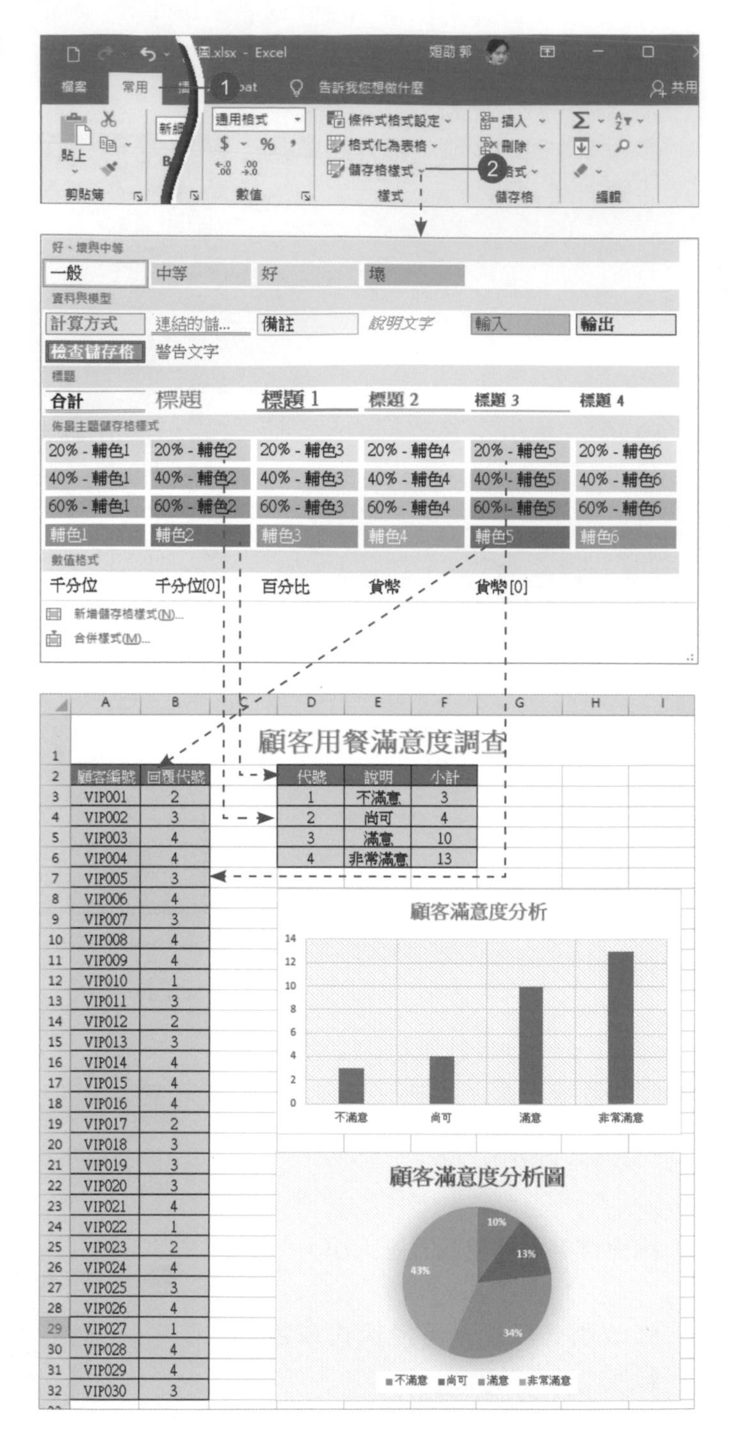

8.7 自動換列

1 將 **A34** 到 **I34** 儲存格執行「常用 > 對齊方式 > 跨欄置中」或「合併同列儲存格」指令。

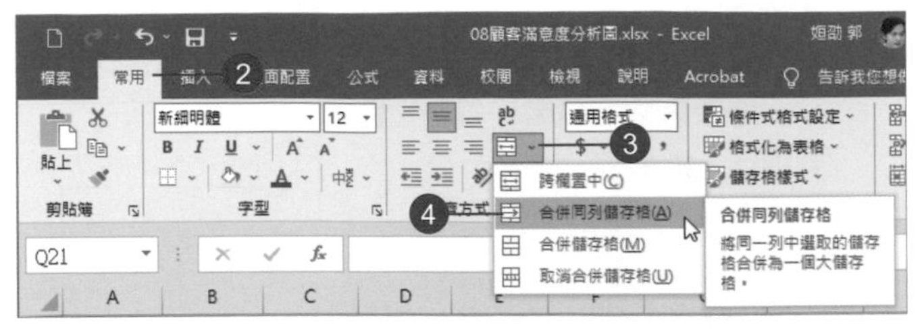

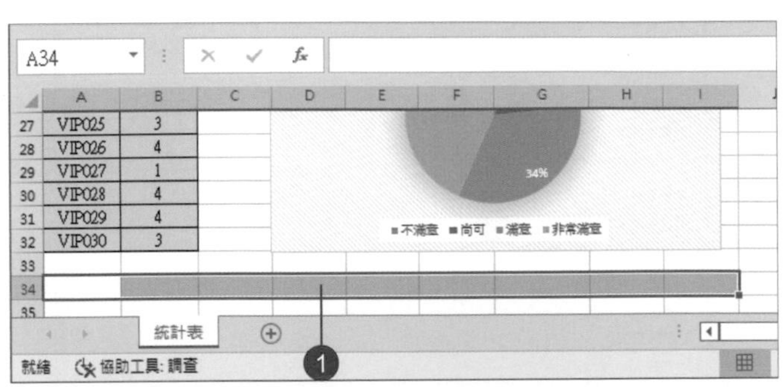

執行完「跨欄置中」或「合併同列儲存格」指令後，儲存格的預設對齊方式是「置中」。

2 在 **A34** 儲存格中輸入文字內容後，執行「常用 > 對齊方式 > 靠左對齊」，再執行「常用 > 對齊方式 > 自動換行」指令。

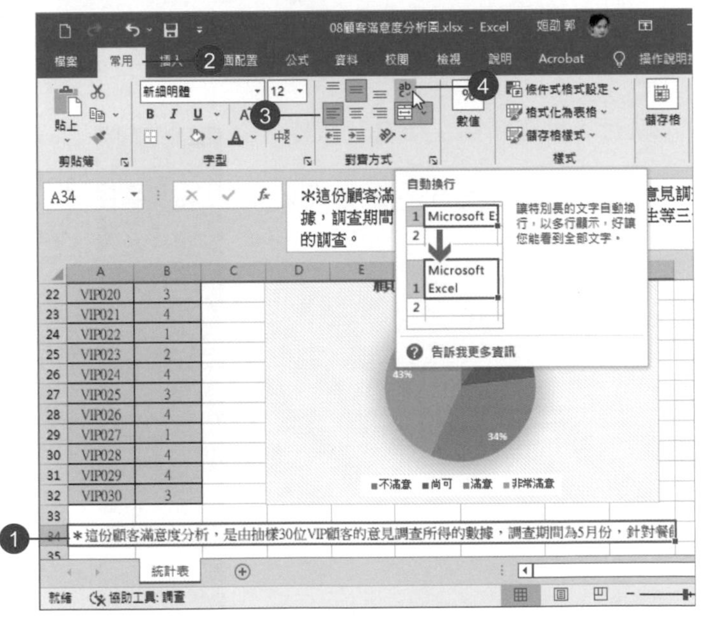

3 拖曳調整列高，即可顯示完整內容。

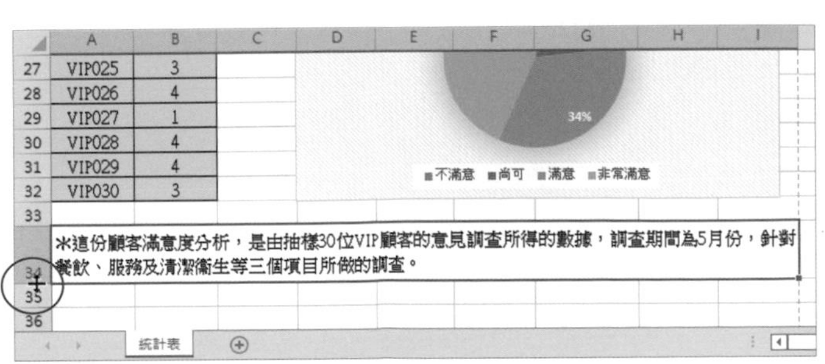

補充說明

文字控制的設定也可以點選「常用 > 對齊方式」的「對齊設定」鈕，開啟對話方塊後，勾選「自動換行」指令。

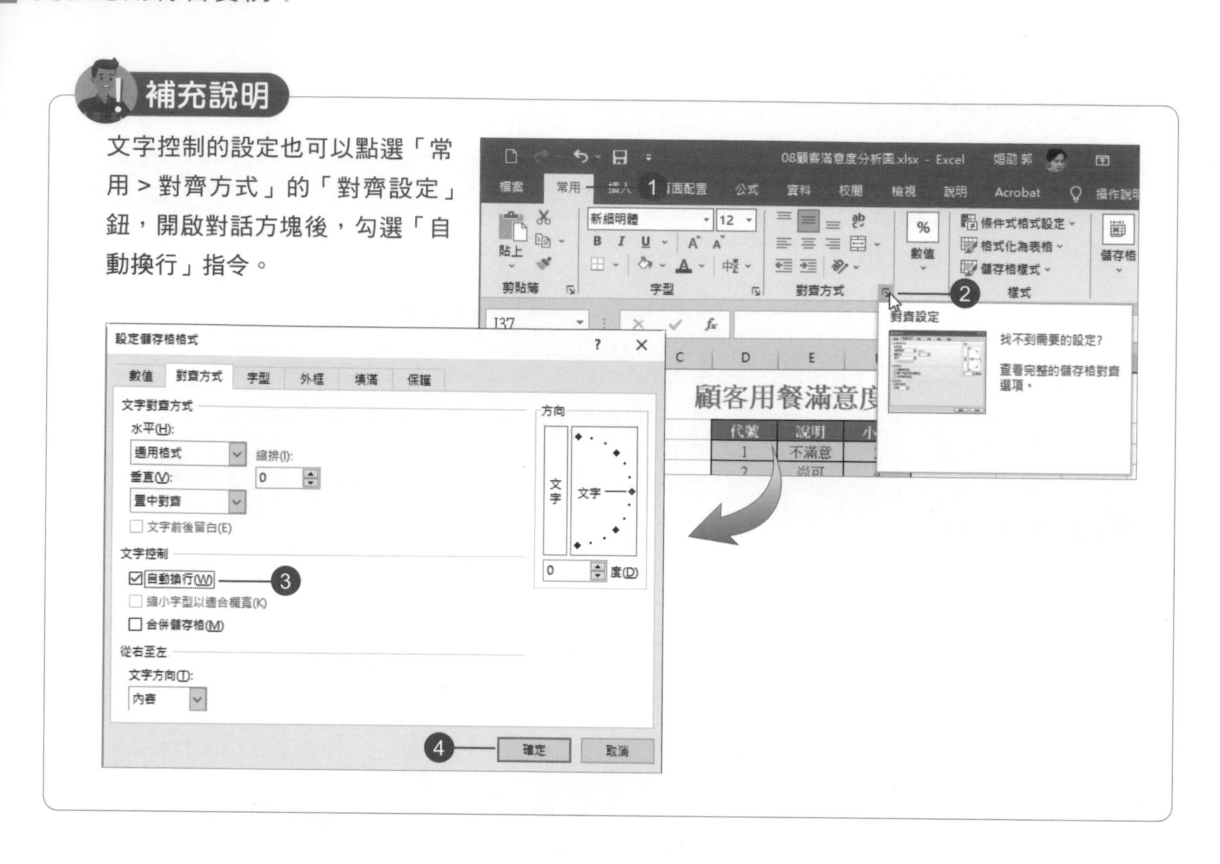

4 執行「另存新檔」後進行預覽。

另存為「08 顧客滿意度分析圖 _OK」

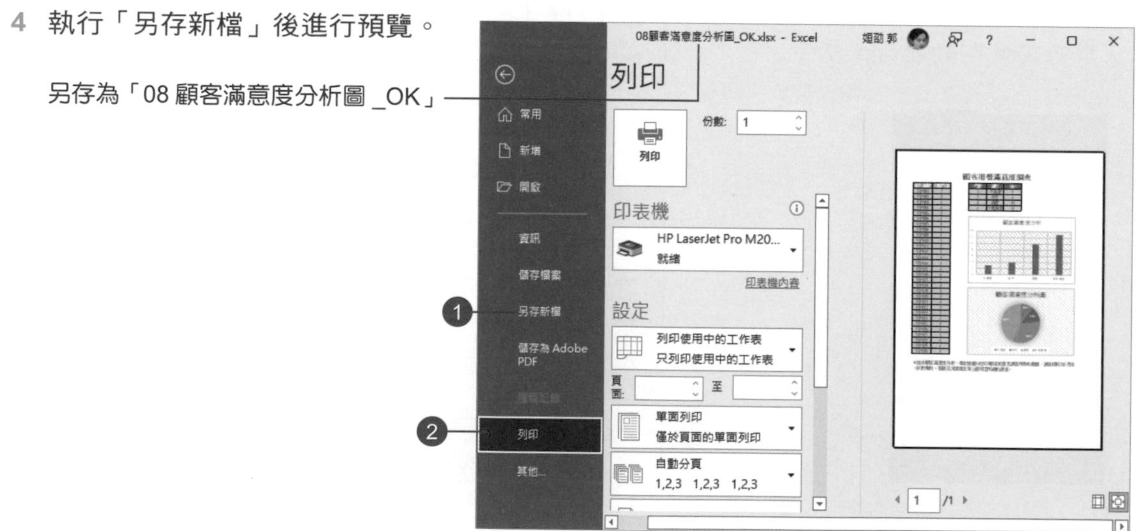

8.8 移動圖表

1 要將產生的圖表放置到新的工作表時，請先選取圖表，執行「圖表工具 > 圖表設計 > 位置 > 移動圖表」指令。

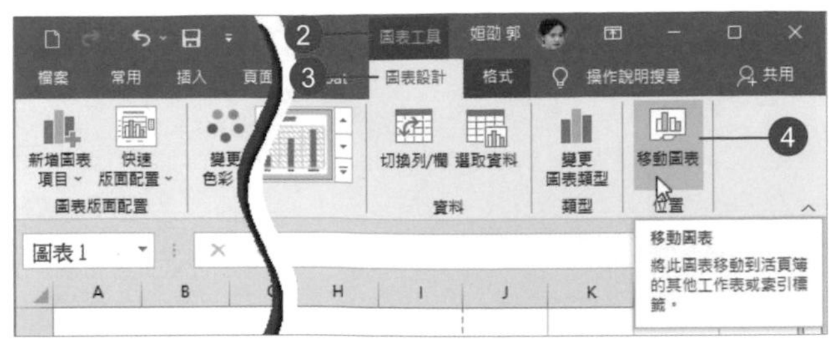

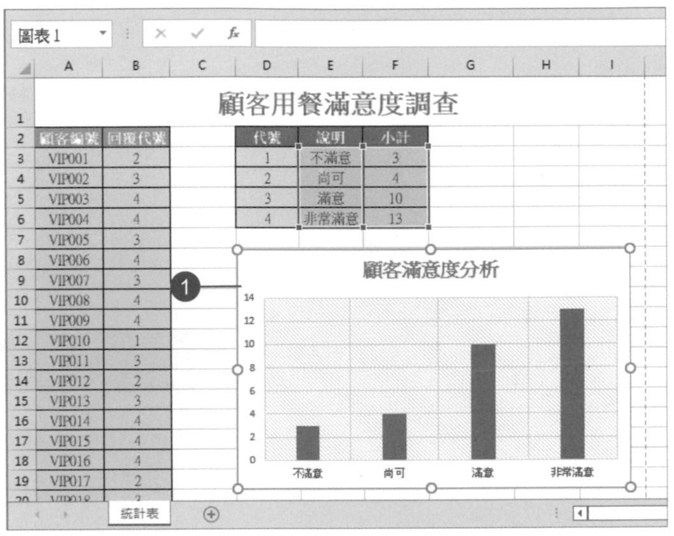

2 選取「新工作表」選項，預設的名稱為「**Chart1**」，請輸入新名稱，按【確定】鈕。

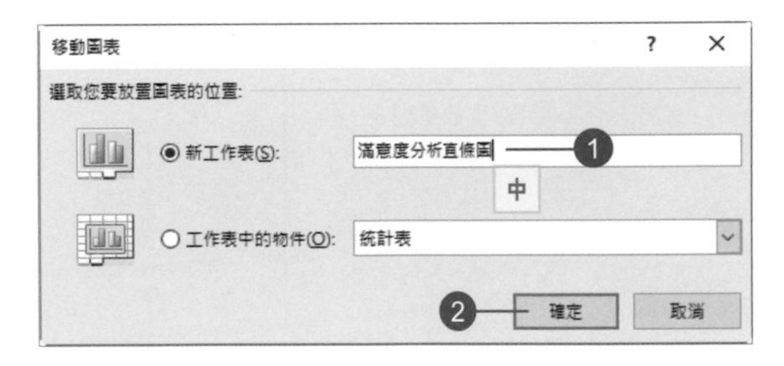

3 圖表會移至新的工作表。

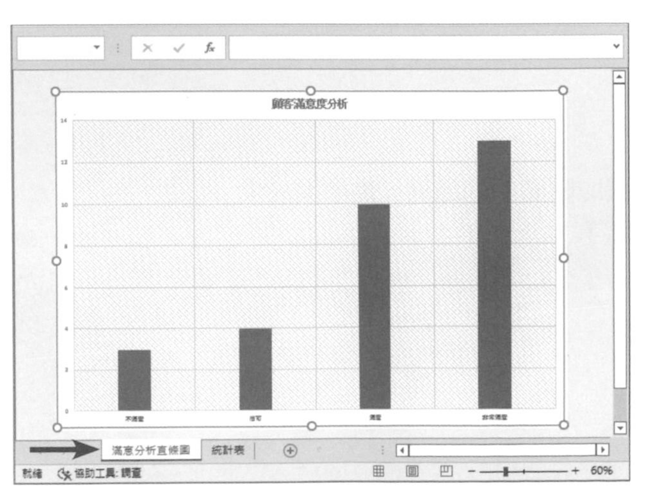

4 重複上述步驟，將圓形圖也移動到新工作表中。

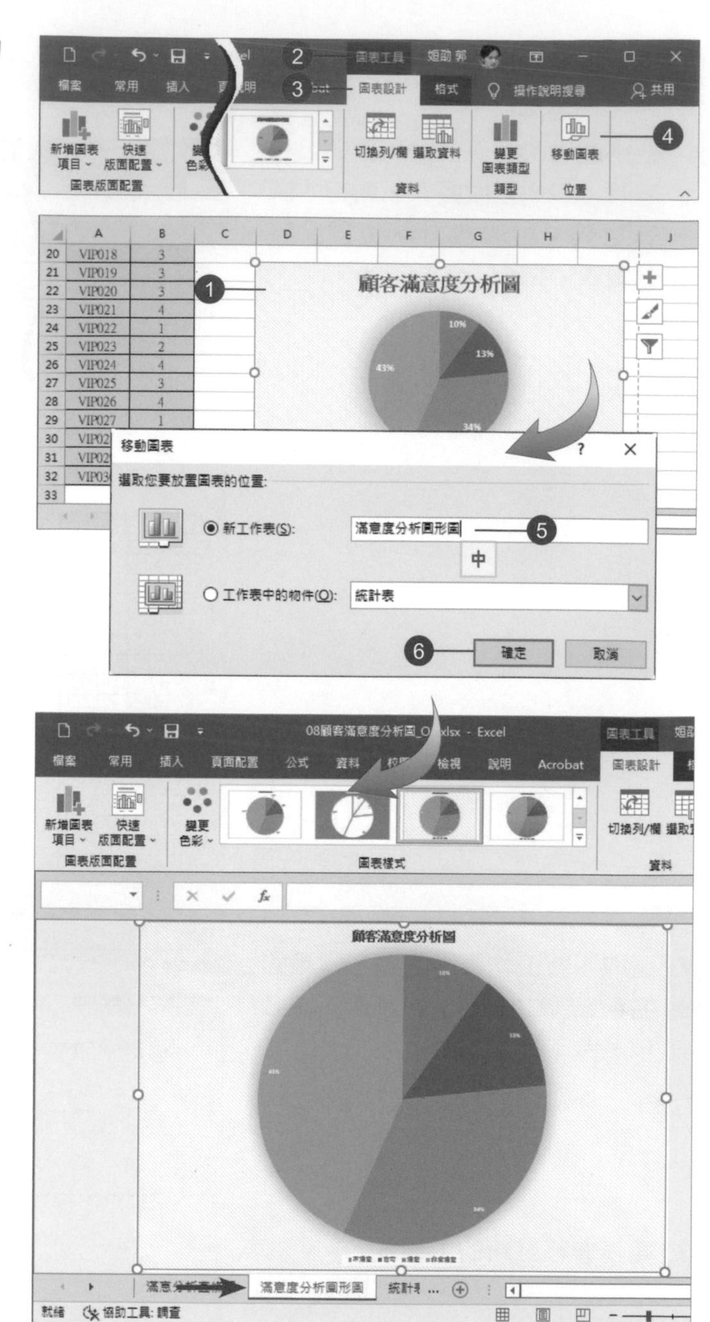

5 選取圖表中的標籤，將字型放大顯示。

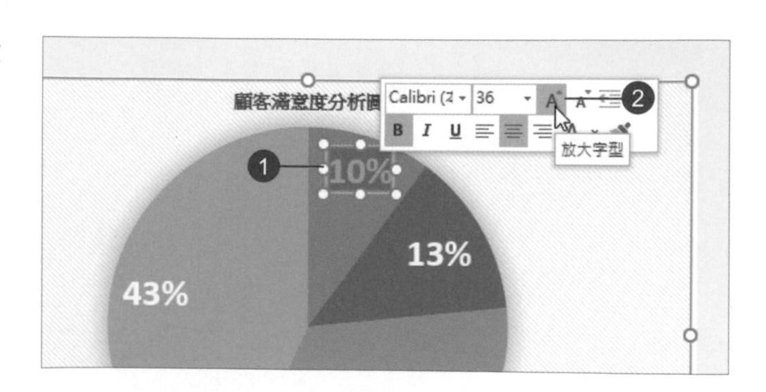

補充說明

點選任一資料標籤時，會同時選取所有資料標籤，此時進行格式化，可將所有資料標籤同時變更。

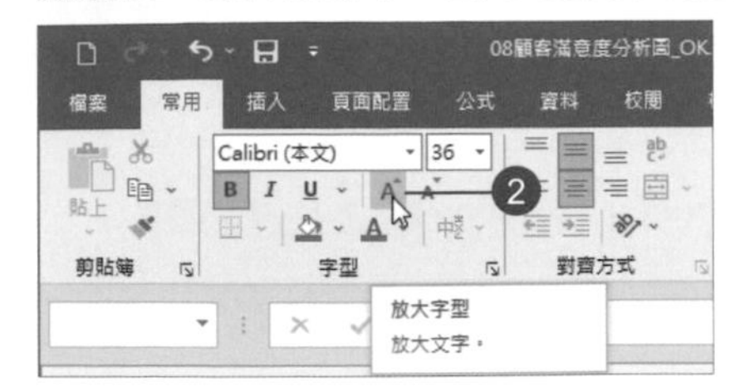

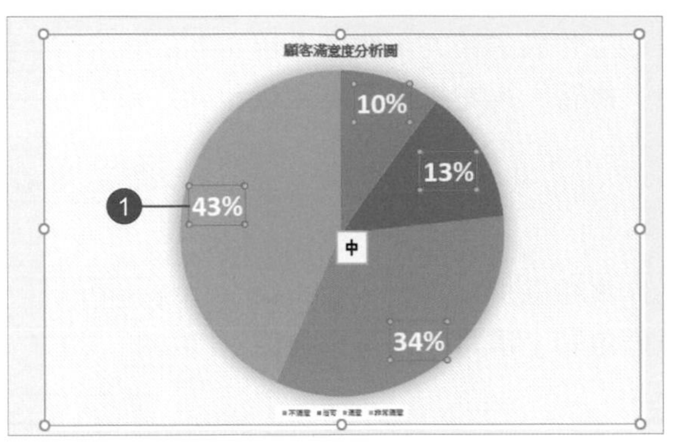

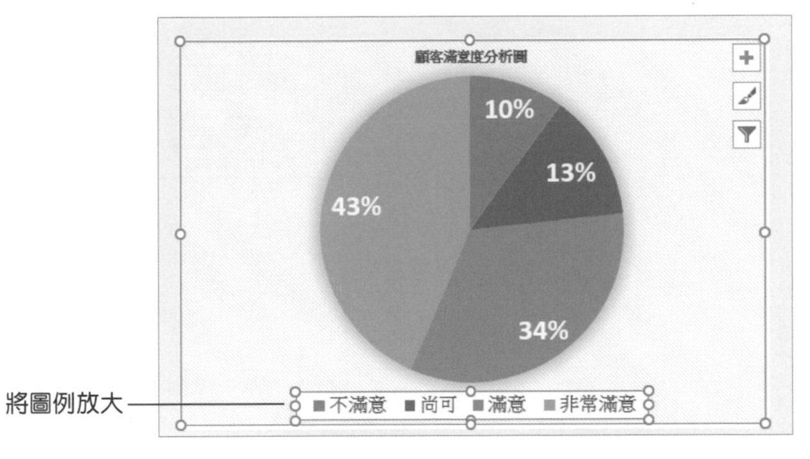

補充說明

圖表中的項目包括：標題、座標軸、圖例、資料標籤或數列…等，皆可各自選取後進行格式化。

垂直軸　圖表標題　圖例

各地區年度銷售數量比較

■目標 ■實際

圖表區

繪圖區

資料標籤

數列

主要格線

垂直軸標題

銷售金額

800 700 600 500 400 300 200 100 0

650　616.2　200　180.7　450　460.9　650　677.5　500　463.2

水平軸

運算列表

	日本	韓國	中國	東南亞	歐洲
■目標	650	200	450	650	500
■實際	616.2	180.7	460.9	677.5	463.2

國家

水平軸標題

8.9 移動工作表

1 新增的圖表工作表會位在原「統計表」工作表的前方，點選「統計表」標籤，向左拖曳移動到首位。

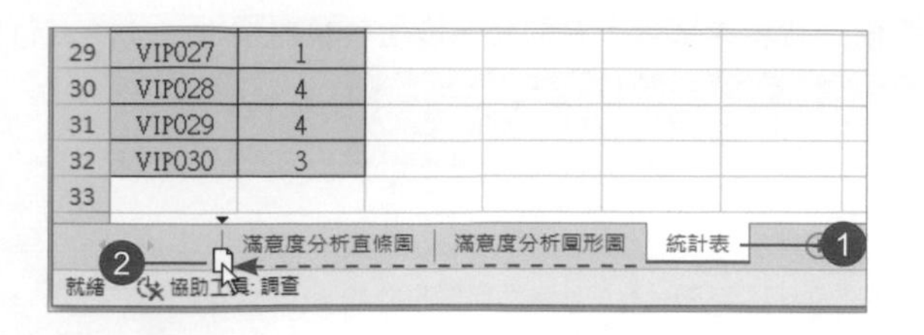

2 在工作表標籤上按右鍵，從「索引標籤色彩」清單中選擇一種色彩。

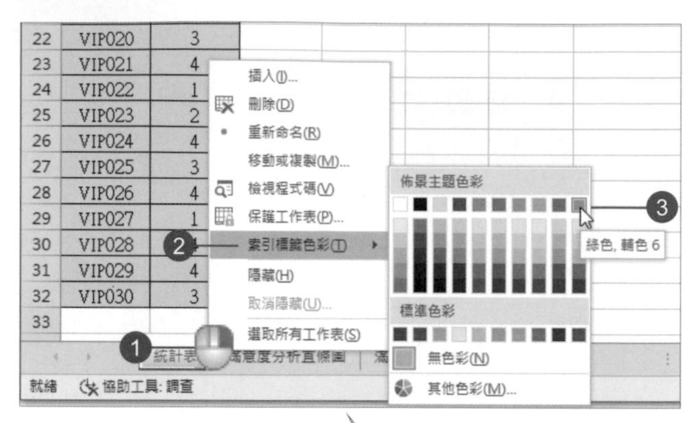

從快顯功能表中，可執行工作表的「插入」、「刪除」、「重新命名」、「移動或複製」…等作業。

一、選擇題

1.（　）　哪一個功能區可以進行篩選功能？（A）常用（B）插入（C）資料。

2.（　）　哪一個功能區可以產生圖表？（A）常用（B）插入（C）資料。

3.（　）　儲存格上出現符號代表執行了哪一個指令？（A）排序（B）篩選（C）重組。

4.（　）　哪一個不屬於圖表項目？（A）公式（B）圖例（C）數列。

5.（　）　哪一個按鈕可以變更圖表色彩？（A）貼上選項（B）版面配置選項（C）圖表樣式。

二、實作題

1. 開啟實作範例，依照本章作法，填入統計表的數據，並套用儲存格樣式。

顧客產品使用滿意度調查

代號	說明	小計
1	不滿意	
2	尚可	
3	滿意	
4	非常滿意	

2. 利用統計數據製作二種統計圖表。

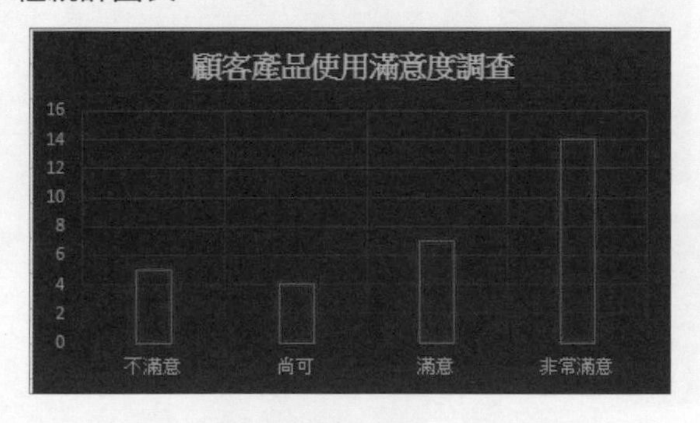

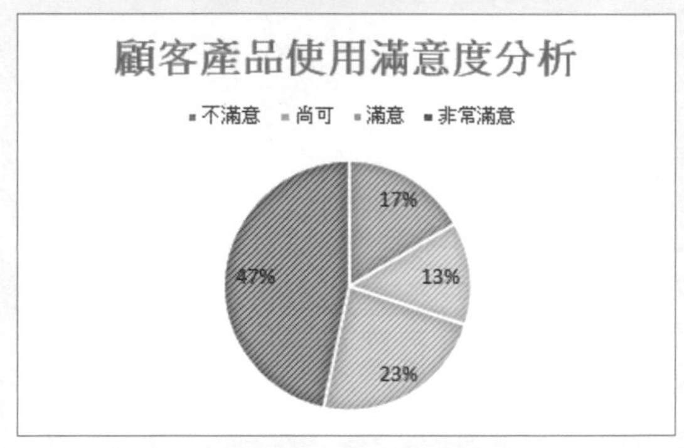

Excel 篇

產品銷售排行榜

針對營業的商品，定期做銷售數據統計，可以做為物料來源訂購與庫存控管，和改進產品的參考。

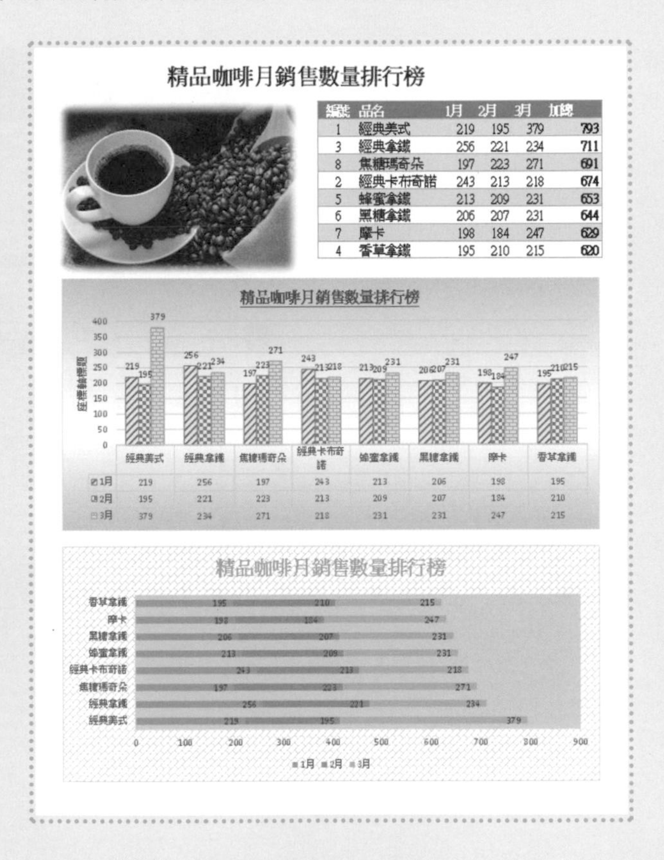

編號	品名	1月	2月	3月	加總
1	經典美式	219	195	379	793
3	經典拿鐵	256	221	234	711
8	焦糖瑪奇朵	197	223	271	691
2	經典卡布奇諾	243	213	218	674
5	蜂蜜拿鐵	213	209	231	653
6	黑糖拿鐵	206	207	231	644
7	摩卡	198	184	247	629
4	香草拿鐵	195	210	215	620

學習目標

- 設定列高
- 套用圖片樣式
- 自動調整欄寬
- 儲存格轉換為表格
- 資料排序
- 以快速分析計算加總
- 以快速分析產生統計圖表
- 快速版面配置
- 新增圖表項目
- 變更數列填滿樣式

9.1 設定列高

1 啟動 **EXCEL** 後，按 **Esc** 新增一空白活頁簿。

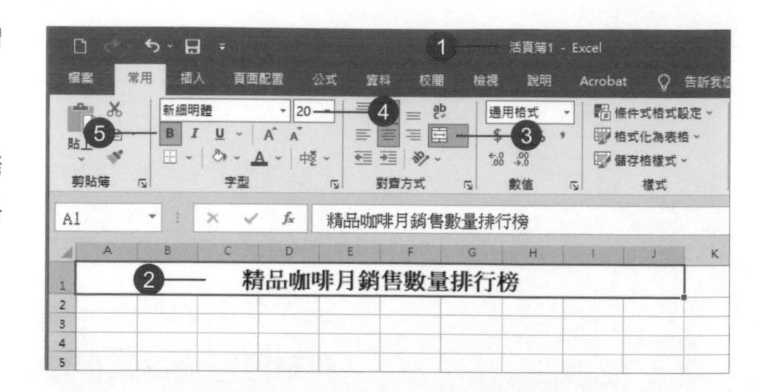

2 在 **A1** 至 **J1** 儲存格，輸入「跨欄置中」的標題文字，並進行格式化。

3 選取 **A1** 儲存格，執行「常用 > 儲存格 > 格式 > 列高」指令。

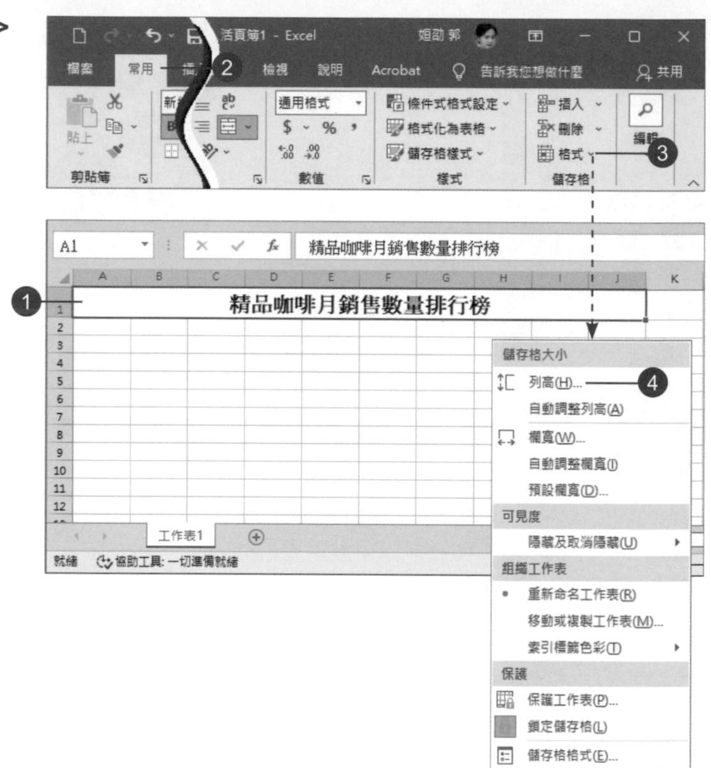

4 輸入 **50**，按【確定】鈕。

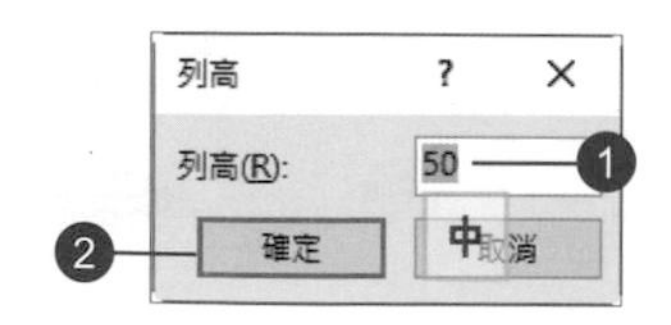

9.2 套用圖片樣式

1 執行「插入 > 圖例 > 圖片 > 此裝置」指令，插入「**coffee.jpg**」圖片。

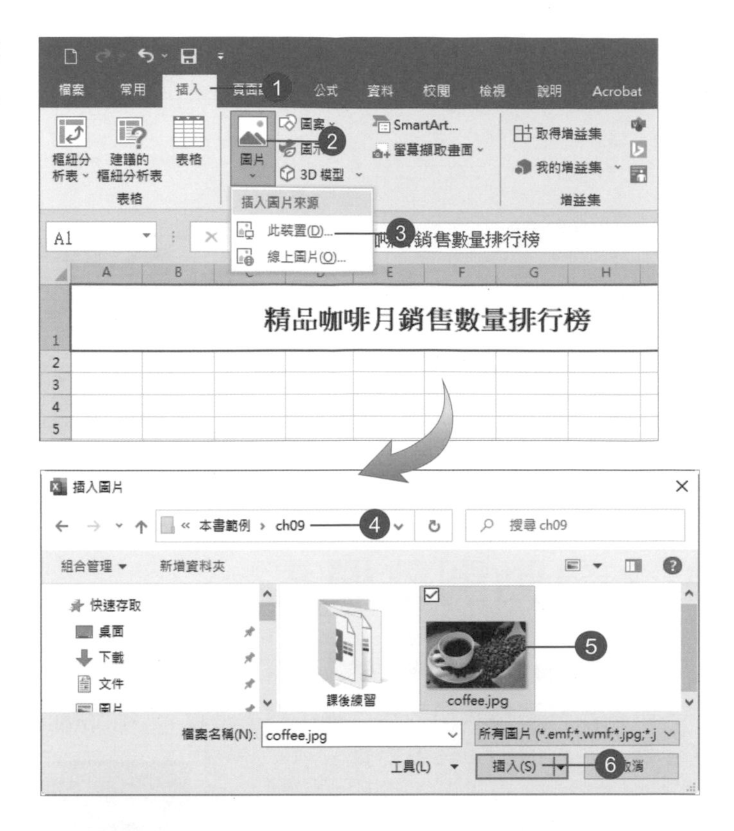

2 調整圖片大小和位置如畫面所示。

3 在「圖片工具 > 圖片格式 > 圖片樣式」清單中選擇一種樣式套用。

9.3 自動調整欄寬

1 在 **F2** 到 **J10** 儲存格中輸入資料內容，文字格式預設會「靠左對齊」，數值則「靠右對齊」。

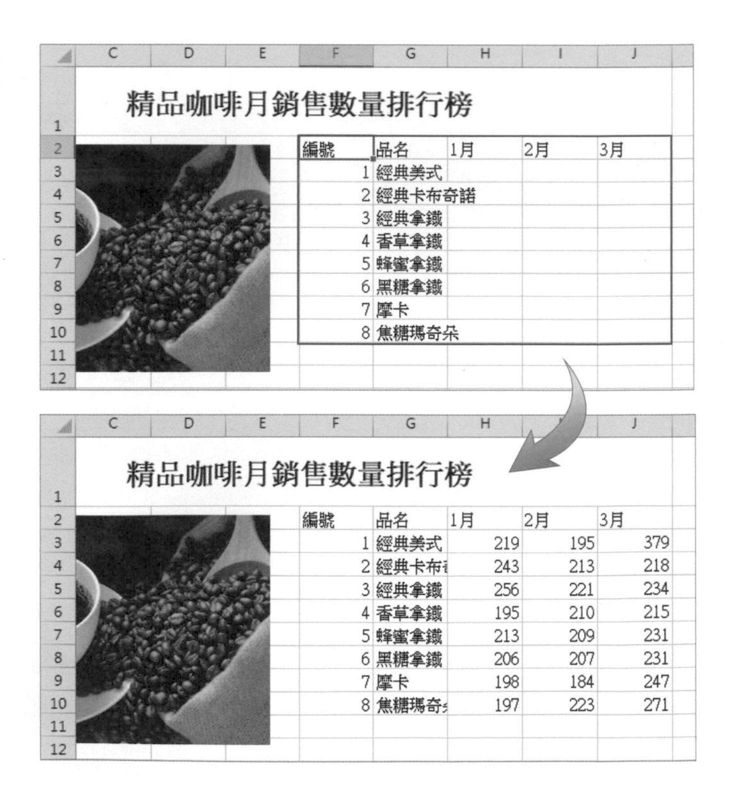

編號	品名	1月	2月	3月
1	經典美式	219	195	379
2	經典卡布奇	243	213	218
3	經典拿鐵	256	221	234
4	香草拿鐵	195	210	215
5	蜂蜜拿鐵	213	209	231
6	黑糖拿鐵	206	207	231
7	摩卡	198	184	247
8	焦糖瑪奇朵	197	223	271

2 選取 **F2** 到 **J10** 儲存格範圍，執行「常用 > 儲存格 > 格式 > 自動調整欄寬」指令。

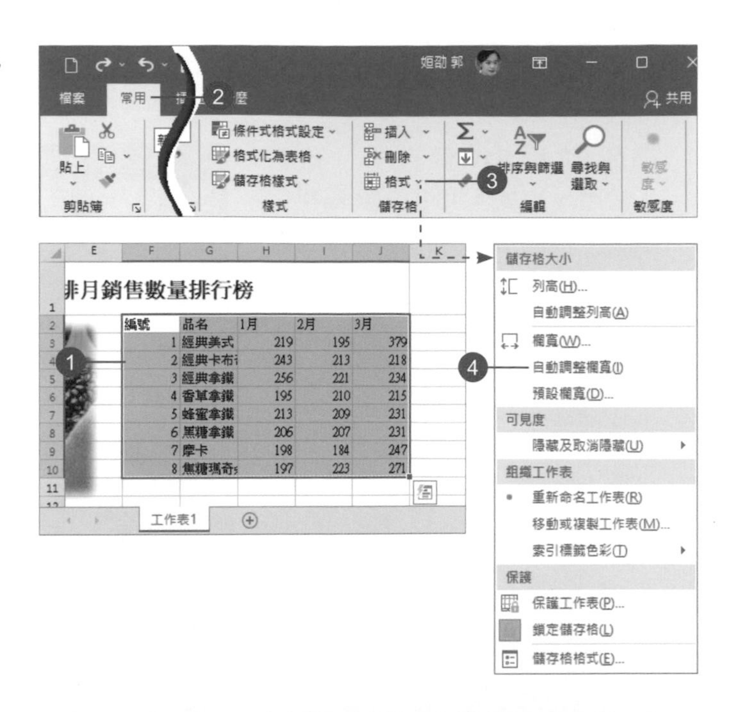

3 將「編號」及 **1** 至 **3** 月欄位「置中」對齊。

補充說明

先拖曳選取 F2：F10 的範圍後，按住 Ctrl 鍵不放，再拖曳 H2：J10 的範圍，即可做不連續範圍的選取。

9.4 儲存格轉換為表格

1 選取 **F2** 到 **J10** 儲存格，執行「常用 > 樣式 > 格式化為表格」指令，從清單中選擇一種樣式套用。

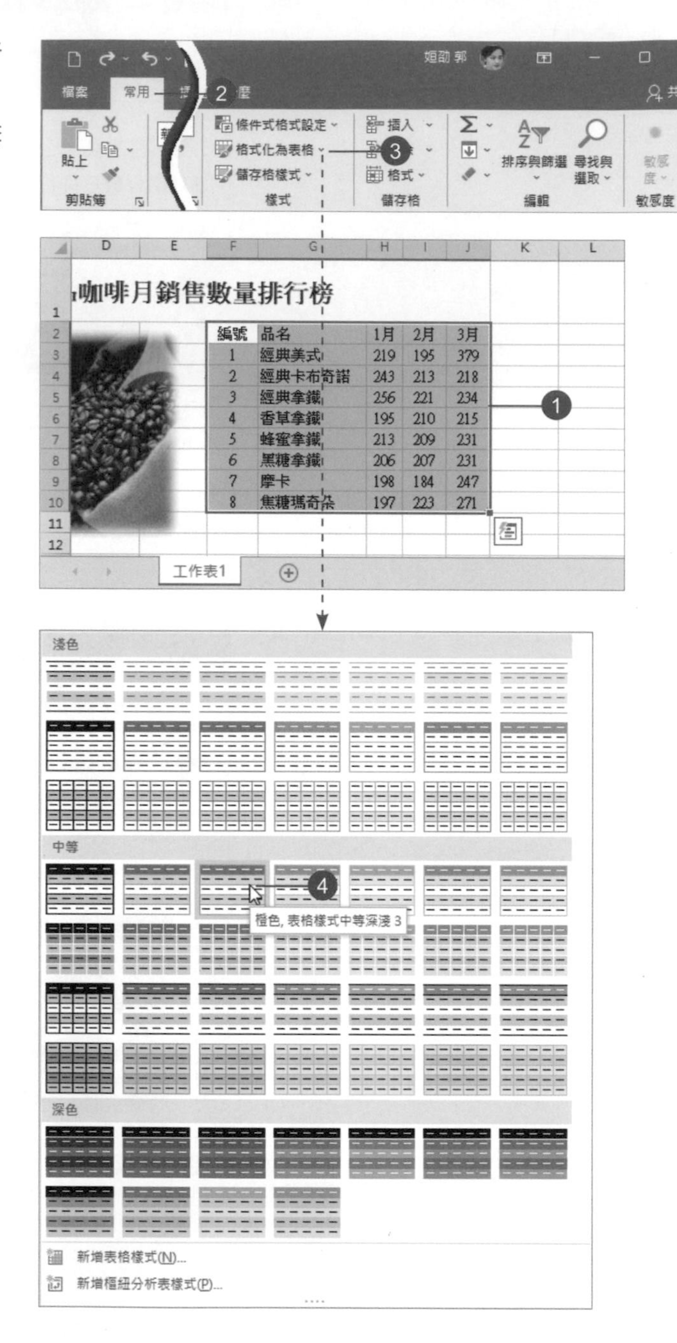

2 出現話方塊，勾選「我的表格有標題」，按【確定】鈕。

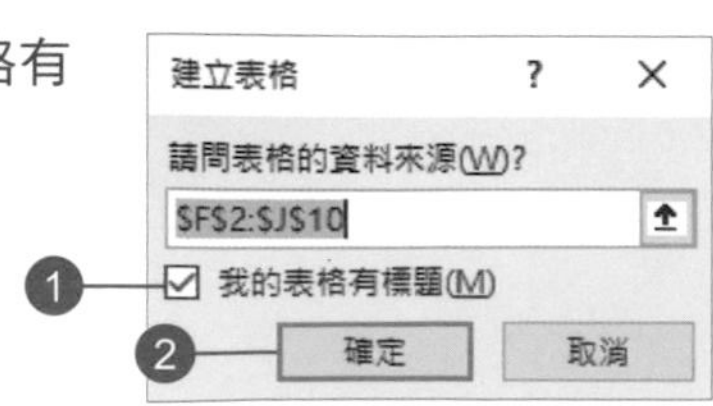

3 表格中每個標題欄位右側出現「篩選」▼ 按鈕。

4 點選「1 月」的「篩選」▼ 按鈕，選擇「從最大到最小排序」。

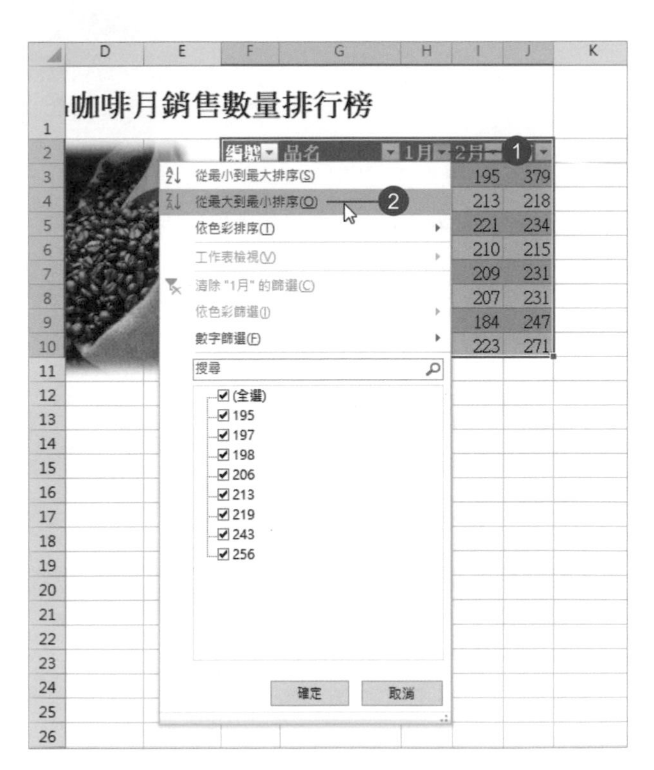

5 1 月的銷售數量會重新由大至小排列，因此知道「經典拿鐵」咖啡在 1 月是銷售排行第一名。

編號	品名	1月	2月	3月
3	經典拿鐵	256	221	234
2	經典卡布奇諾	243	213	218
1	經典美式	219	195	379
5	蜂蜜拿鐵	213	209	231
6	黑糖拿鐵	206	207	231
7	摩卡	198	184	247
8	焦糖瑪奇朵	197	223	271
4	香草拿鐵	195	210	215

6 點選「3 月」的「篩選」▼ 按鈕，同樣選擇「從最大到最小排序」，可得知「經典美式」咖啡在 3 月是銷售排行第一名。

編號	品名	1月	2月	3月
1	經典美式	219	195	379
8	焦糖瑪奇朵	197	223	271
7	摩卡	198	184	247
3	經典拿鐵	256	221	234
5	蜂蜜拿鐵	213	209	231
6	黑糖拿鐵	206	207	231
2	經典卡布奇諾	243	213	218
4	香草拿鐵	195	210	215

7 點選「編號」的「篩選」▼ 按鈕，選擇「從最小到最大排序」，即可還原為原始表格。

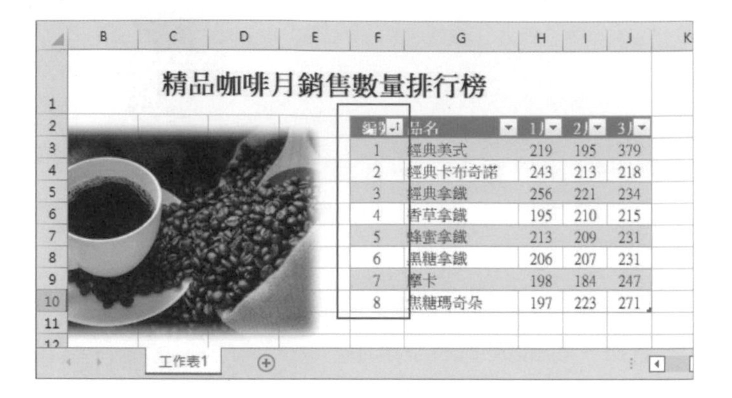

補充說明

● 執行「格式化為表格」指令後的表格，即使經過排序，依然會套用所選的表格樣式。

編號	品名	1月	2月	3月
1	經典美式	219	195	379
2	經典卡布奇諾	243	213	218
3	經典拿鐵	256	221	234
4	香草拿鐵	195	210	215
5	蜂蜜拿鐵	213	209	231
6	黑糖拿鐵	206	207	231
7	摩卡	198	184	247
8	焦糖瑪奇朵	197	223	271

手動格式化的表格

編號	品名	1月	2月	3月
1	經典美式	219	195	379
8	焦糖瑪奇朵	197	223	271
7	摩卡	198	184	247
3	經典拿鐵	256	221	234
5	蜂蜜拿鐵	213	209	231
6	黑糖拿鐵	206	207	231
2	經典卡布奇諾	243	213	218
4	香草拿鐵	195	210	215

經排序後的格式則呈現不規則

● 儲存格經過格式化為表格後，會自動進入「篩選」狀態，只要執行「資料 > 排序與篩選 > 篩選」指令，即可取消「篩選」狀態。

9.5 以快速分析計算加總

1 選取 **G2** 至 **J10** 儲存格，選取範圍的右下角出現「快速分析」鈕。

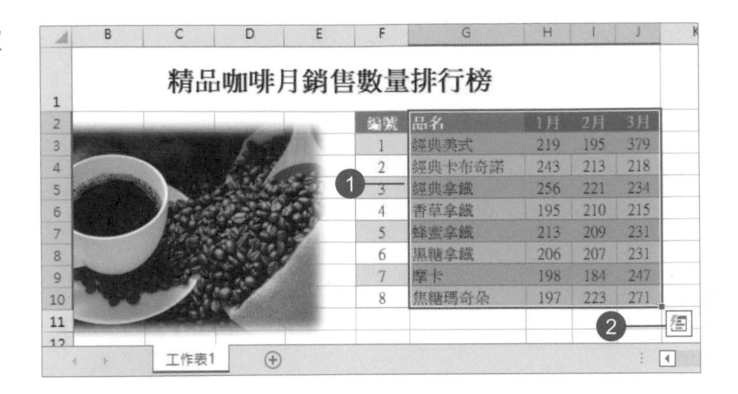

2 點選展開選單，切換到「總計」，點選「列加總」。

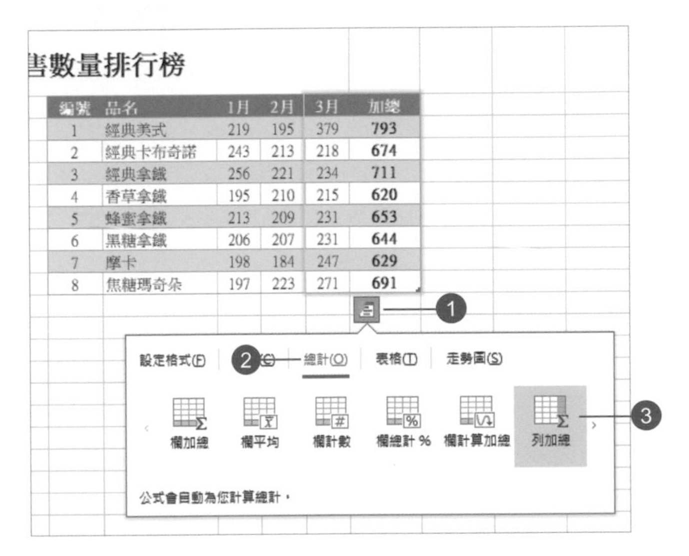

3 表格會新增一「加總」欄，並自動計算每列的加總值。

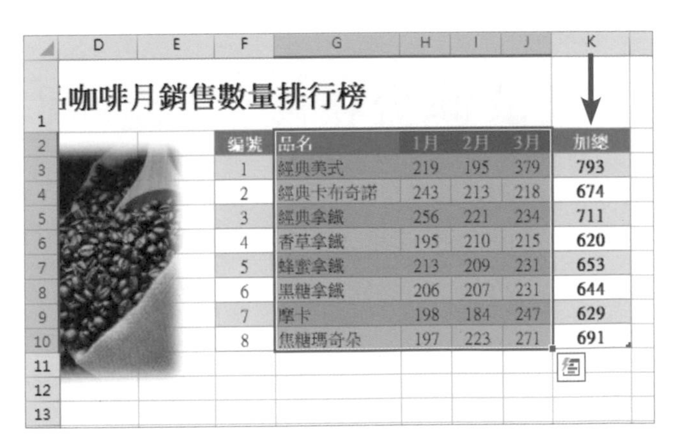

4 點選任一表格儲存格，執行「資料 > 排序與篩選 > 篩選」指令，進入「篩選」狀態，將「加總」欄位由最大到最小排序。

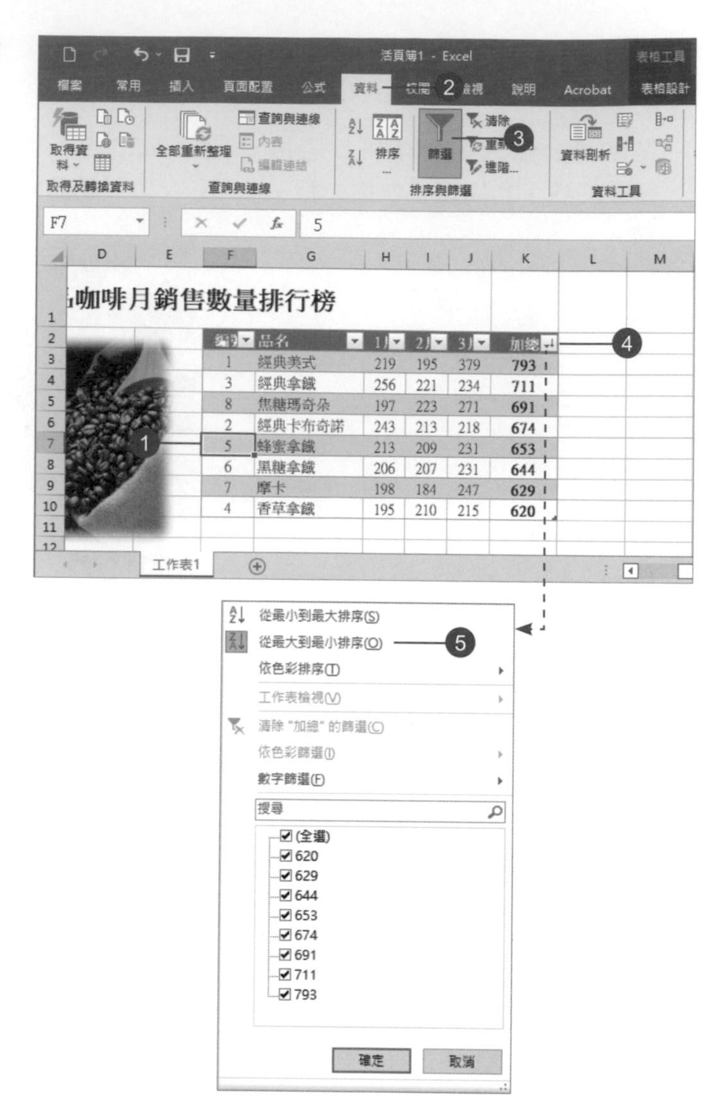

9.6 以快速分析產生統計圖表

1 選取 **G2** 至 **J10** 儲存格，出現「快速分析」鈕後展開選單。

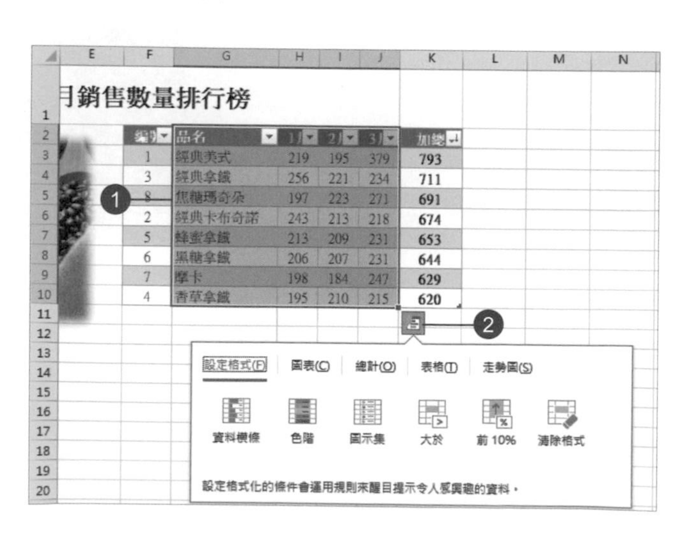

2 切換到「圖表」標籤，選擇「群組直條圖」類型並點選。

出現圖表預覽

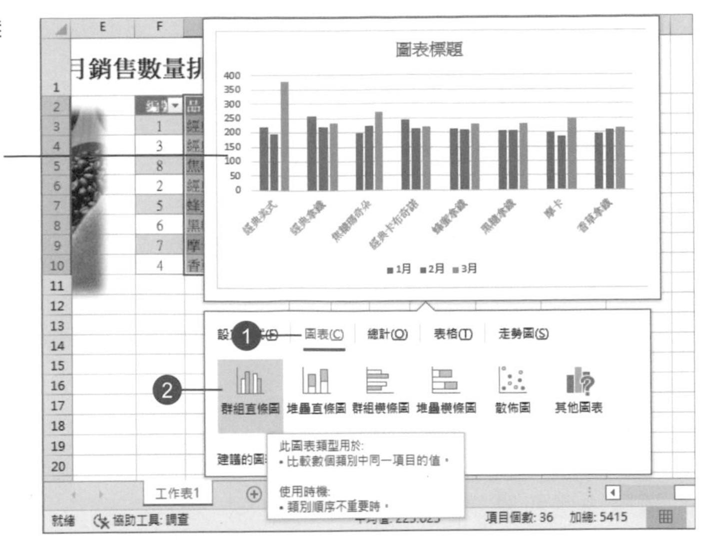

3 視窗中出現圖表，輸入圖表標題，再拖曳移動位置並調整大小。

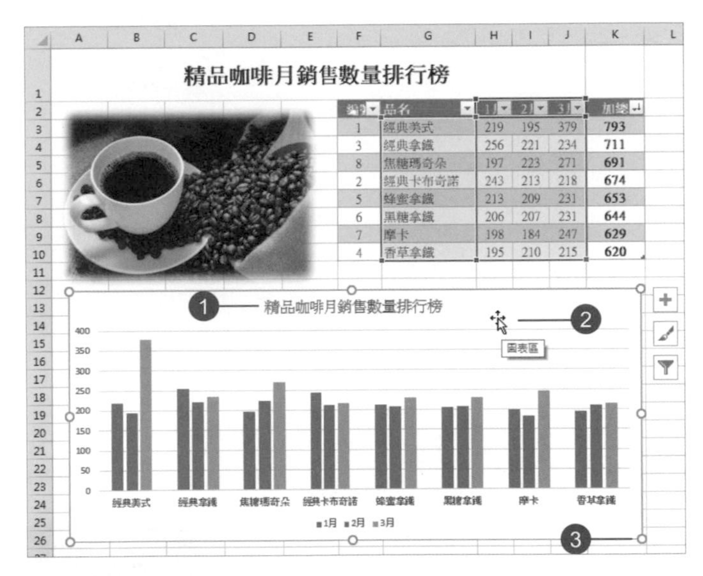

4 執行「圖表工具 > 圖表設計 > 圖表版面配置 > 快速版面配置」指令，從展開的清單中選擇一種配置。

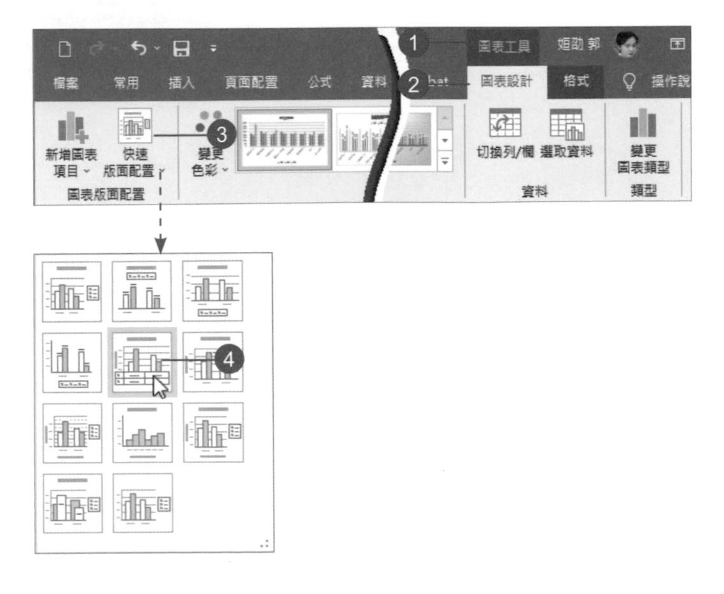

5 圖表立即反映變更。

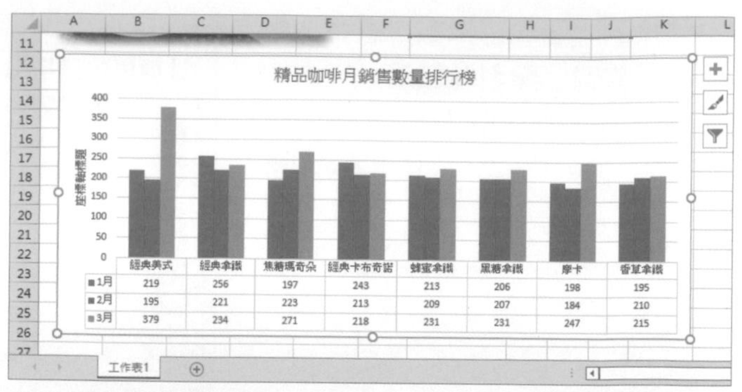

6 從「圖表工具 > 圖表設計 > 圖表版面配置 > 新增圖表項目」清單中選取要在圖表中增加的項目。

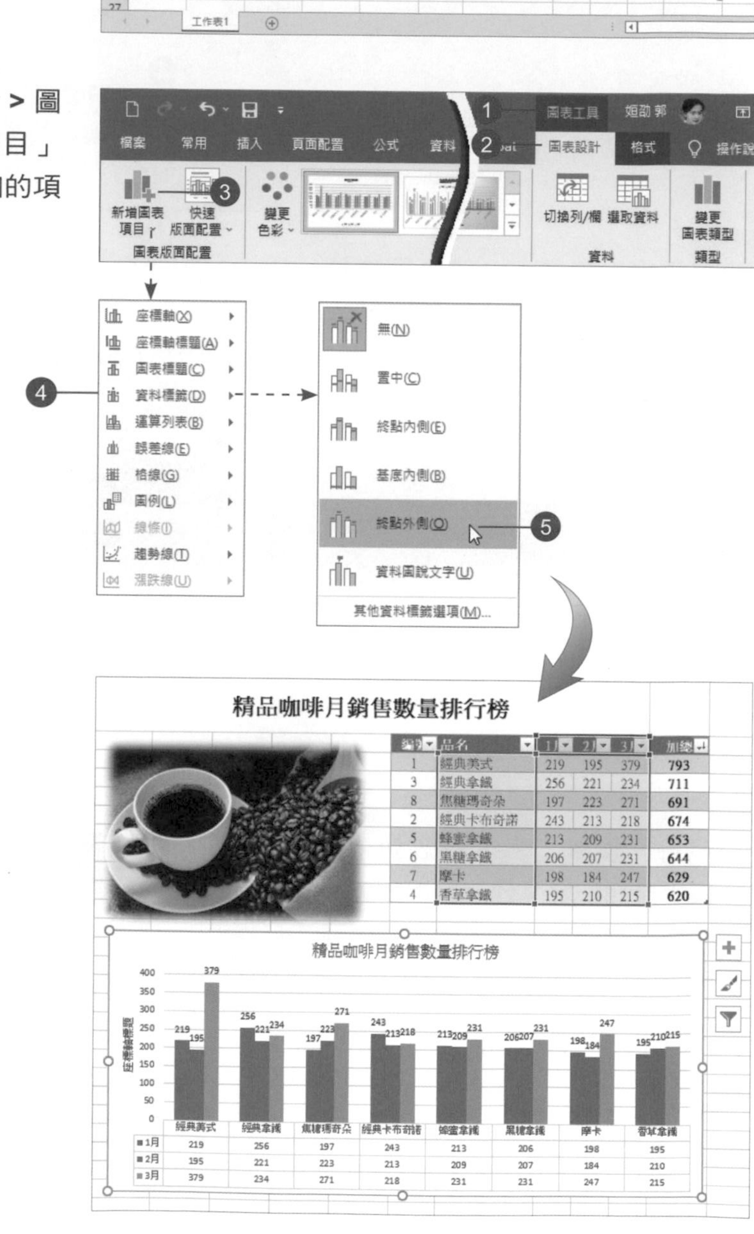

7 重複步驟 1，產生「堆疊橫條圖」。

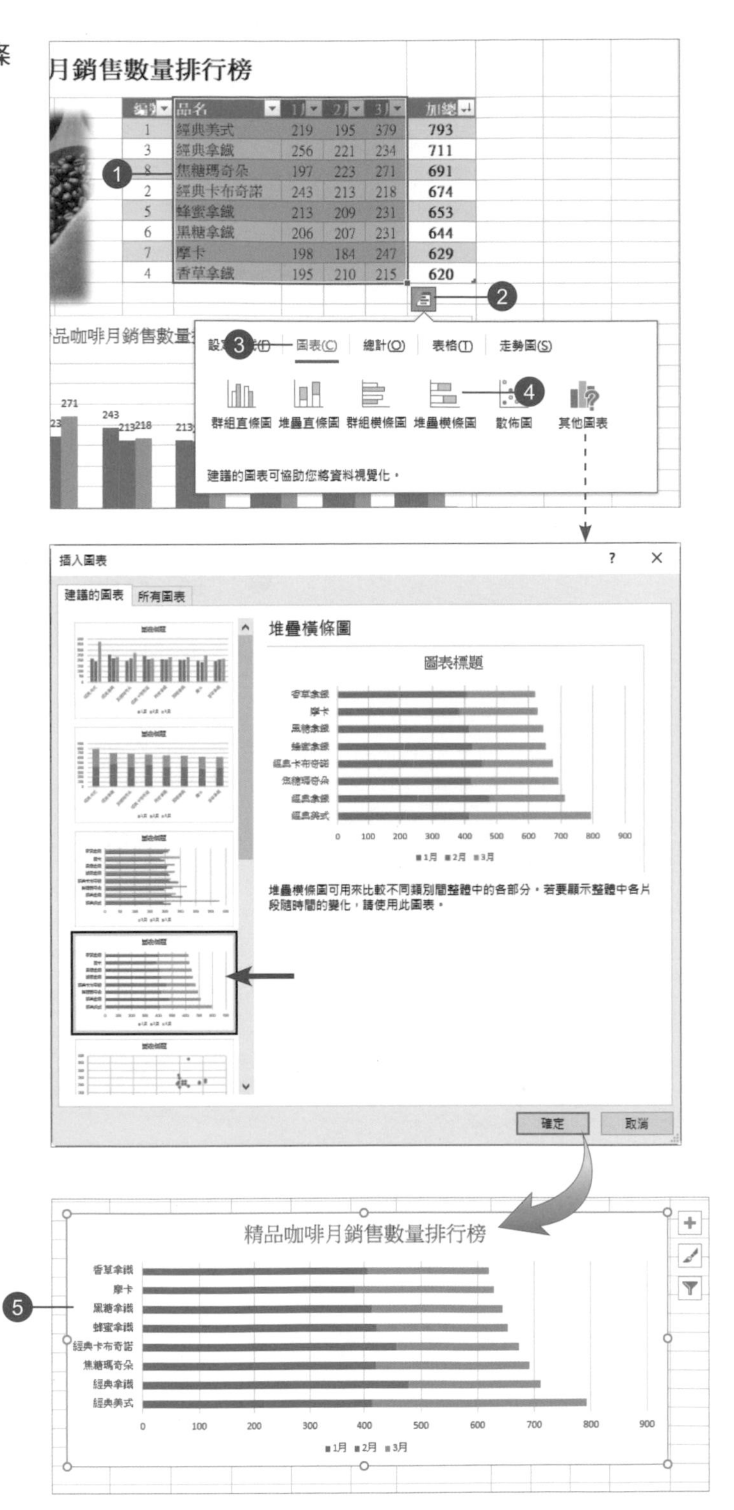

8 變更圖表色彩。

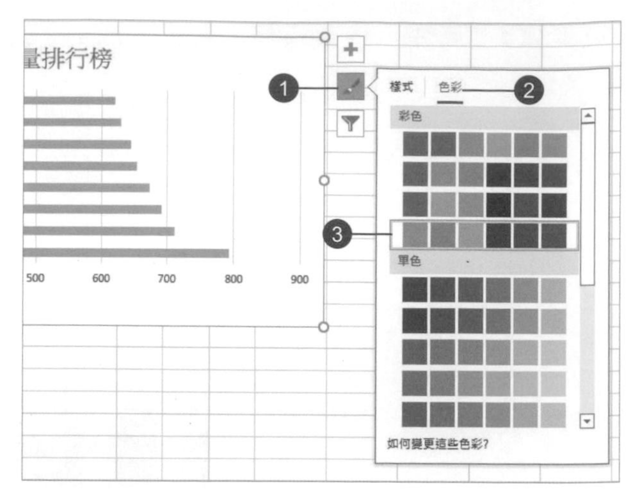

9 再新增資料標籤。

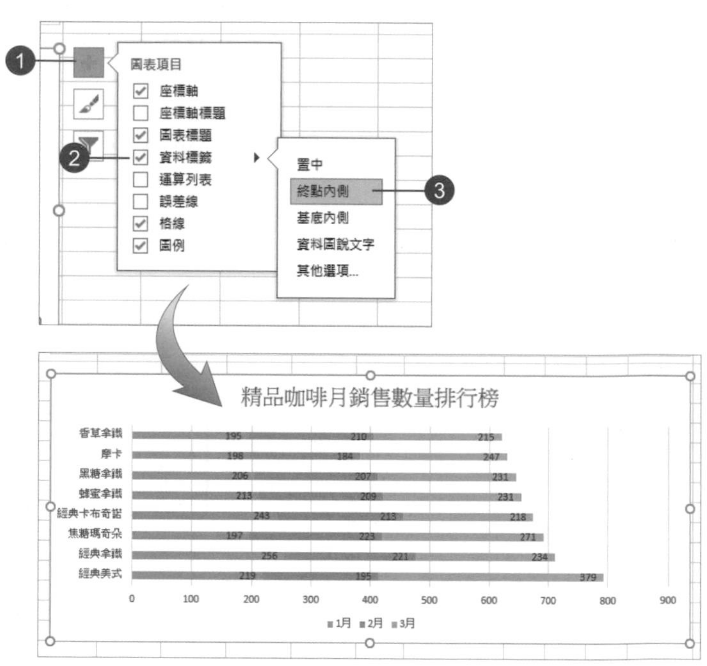

9.7 變更數列填滿樣式

1 快按二下群組直條圖中呈藍色的「**1** 月」直條圖，開啟「資料數列格式」工作窗格。

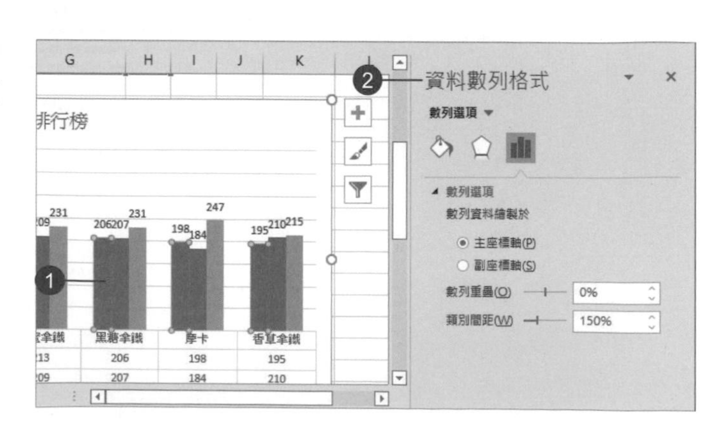

2 切換到「填滿與線條」標籤，展開「填滿」項目，點選「圖樣填滿」選項，指定「圖樣」及「背景」色彩。

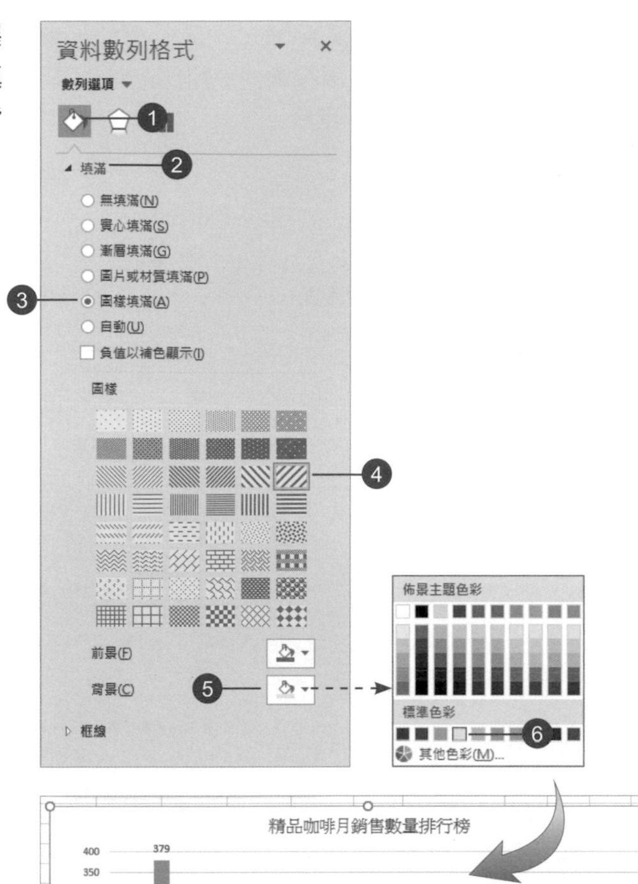

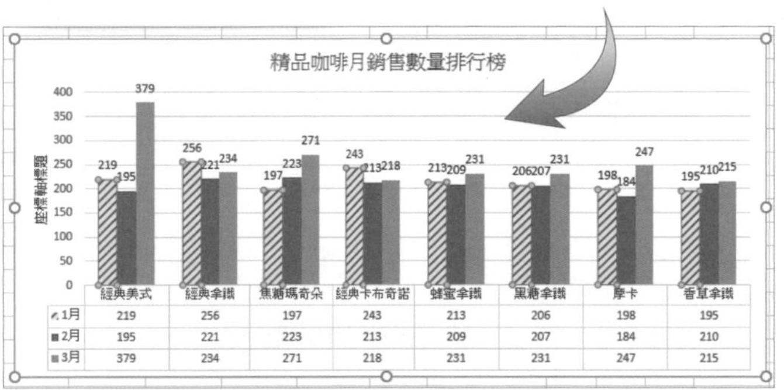

3 重複上述步驟，將 **2** 月及 **3** 月的直條圖案也做變更。

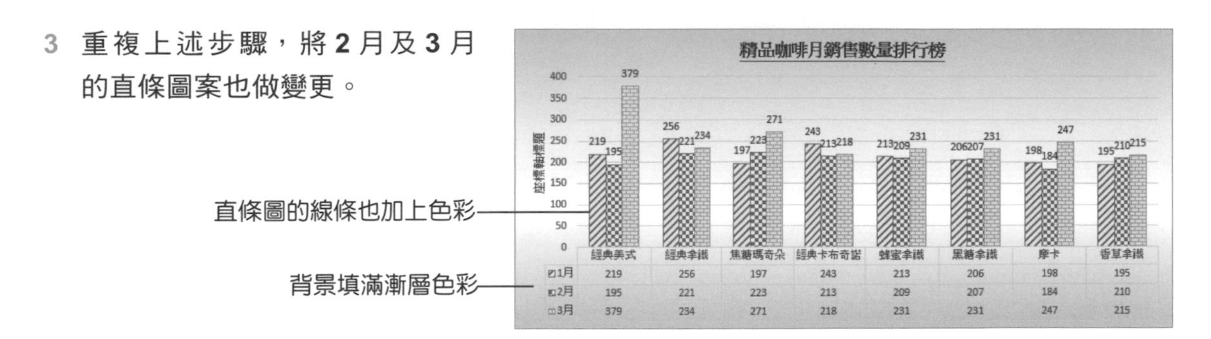

4 完成圖表的美化後，將檔案儲存。若只想列印圖表，可選取圖表後，執行「檔案 > 列印」指令。

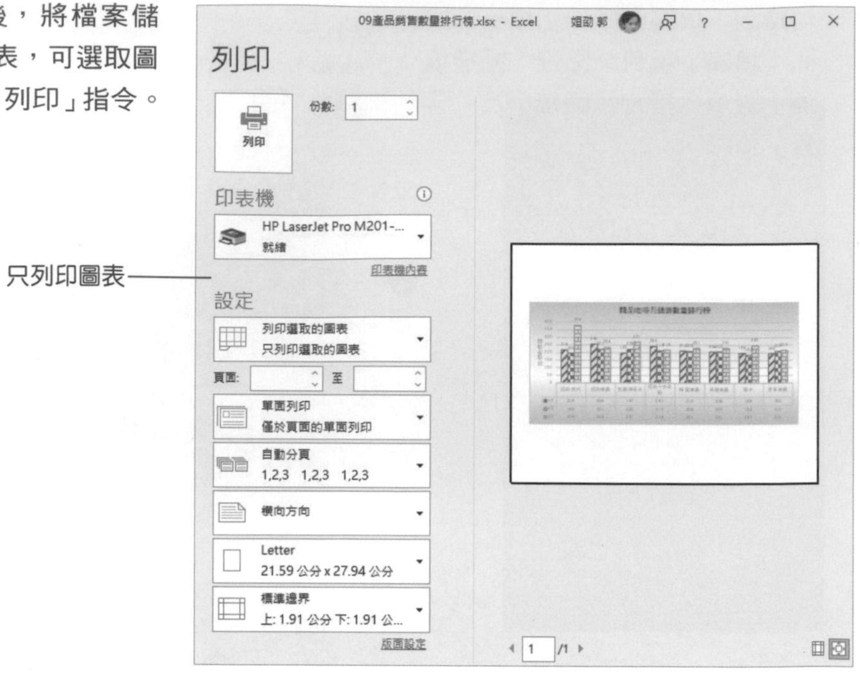

只列印圖表

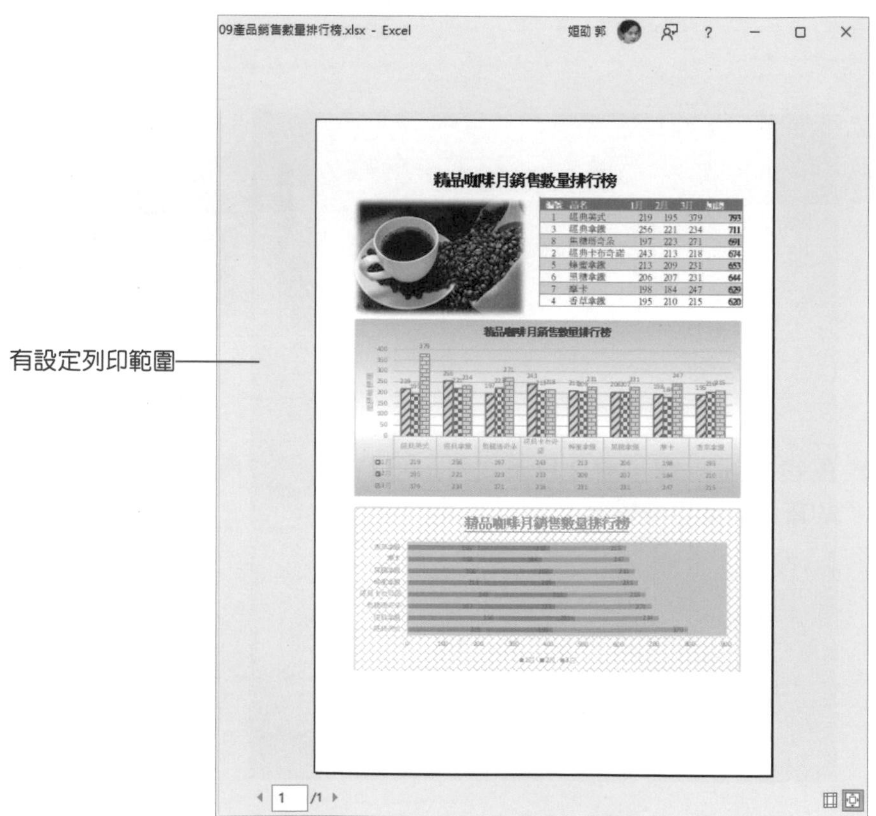

有設定列印範圍

課後練習

一、選擇題

1. (　) 哪一個功能區可以執行「自動調整欄寬」？（A）常用（B）資料（C）插入。

2. (　) 哪一個指令可以將儲存格轉成表格？（A）框線（B）格式化為表格（C）儲存格樣式。

3. (　) 儲存格選取範圍的右下角會出現哪一種按鈕？（A）貼上選項（B）快速分析（C）自動校正。

4. (　) 哪一種不屬於 Excel 中的預設圖表？（A）直條圖（B）圓形圖（C）智慧圖表。

5. (　) 哪一個功能區可以變更圖表版面配置？（A）圖表工具（B）常用（C）插入。

二、實作題

開啟實作題範例，依照本章作法，將儲存格轉為表格後，「加總」欄由小到大排序，並產生直條圖和堆疊圖。

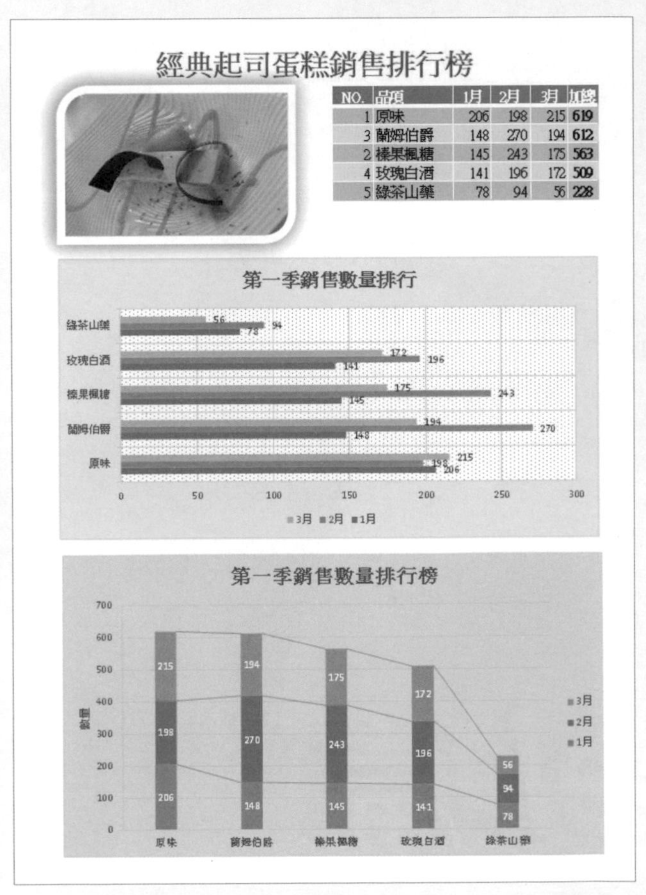

經典起司蛋糕銷售排行榜

NO.	品項	1月	2月	3月	加總
1	原味	206	198	215	619
3	蘭姆伯爵	148	270	194	612
2	榛果楓糖	145	243	175	563
4	玫瑰白酒	141	196	172	509
5	綠茶山藥	78	94	56	228

Excel 篇

分店銷售比較與分析

連鎖業者定期將各分店的收入資料建立後，透過分析圖表可清楚了解各店家和各項產品的營收狀態，幫助經營者管理和決策，做為是否擴展據點或搬遷的參考。

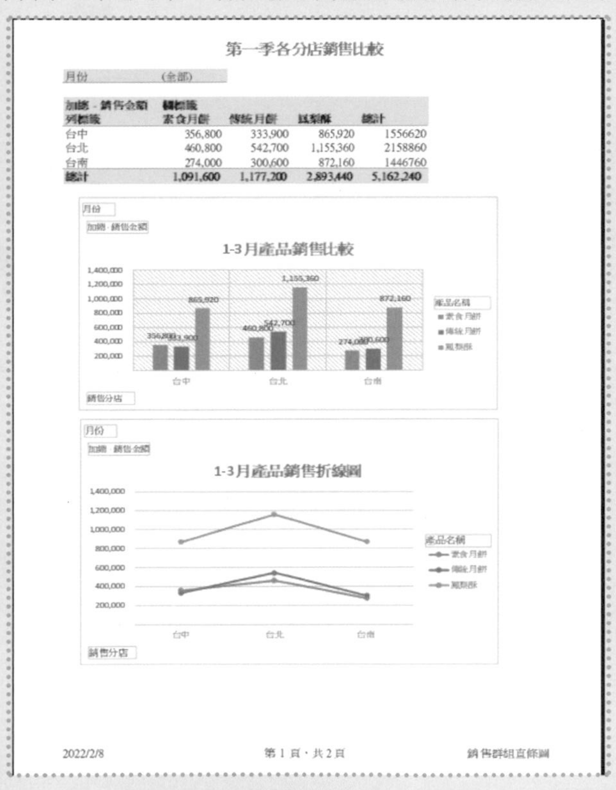

第一季各分店銷售比較

月份 (全部)

加總 - 銷售金額	欄標籤			
列標籤	素食月餅	傳統月餅	鳳梨酥	總計
台中	356,800	333,900	865,920	1556620
台北	460,800	542,700	1,155,360	2158860
台南	274,000	300,600	872,160	1446760
總計	1,091,600	1,177,200	2,893,440	5,162,240

學習目標

- 自動調整欄寬
- 建立樞紐分析表
- 編修樞紐分析表
- 貨幣專用格式設定
- 產生樞紐分析圖
- 欄列座標互換
- 以快速分析鈕產生樞紐分析表
- 設定頁首/頁尾

10.1 彙整各分店資料

1 開啟範例「**10** 營收表 **.xlsx**」，其中包含北中南三家分店，**1** 到 **3** 月的營業數據。

月份	產品名稱	銷售分店	產品單價	銷售數量	銷售金額
1	傳統月餅	台北	450	430	193,500
1	素食月餅	台北	400	380	152,000
1	蛋黃酥	台北	550	460	253,000
1	鳳梨酥	台北	480	745	357,600
2	傳統月餅	台北	450	342	153,900
2	素食月餅	台北	400	425	170,000
2	蛋黃酥	台北	550	513	282,150
2	鳳梨酥	台北	480	850	408,000
3	傳統月餅	台北	450	434	195,300
3	素食月餅	台北	400	347	138,800
3	蛋黃酥	台北	550	526	289,300
3	鳳梨酥	台北	480	812	389,760

2 點選「新工作表」鈕，新增一工作表，置於最左側，命名為「銷售總明細」，再指定一種標籤色彩。

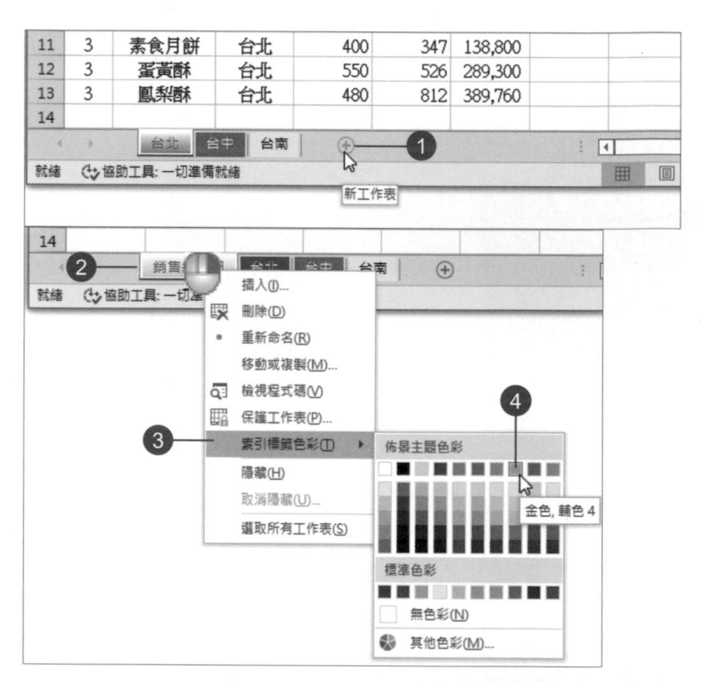

3 在 **A1** 至 **F1** 儲存格輸入「跨欄置中」的標題文字。

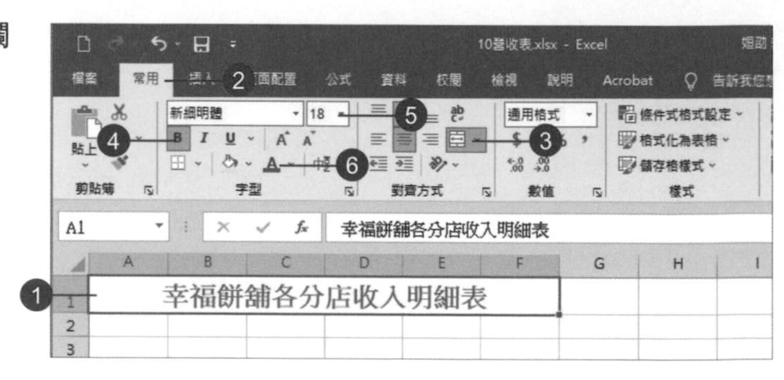

4 點選「台北」工作表標籤，將 **A1** 至 **F13** 的儲存格範圍「複製」。

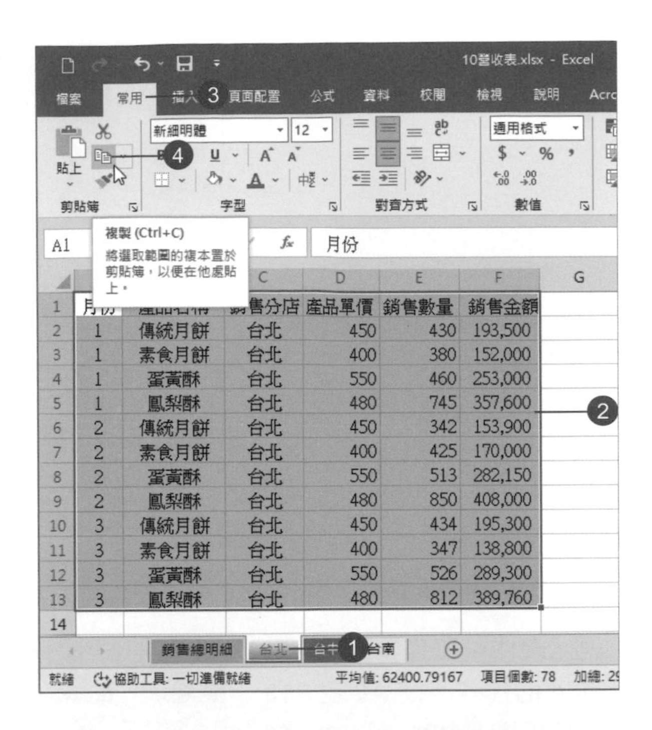

月份	產品名稱	銷售分店	產品單價	銷售數量	銷售金額
1	傳統月餅	台北	450	430	193,500
1	素食月餅	台北	400	380	152,000
1	蛋黃酥	台北	550	460	253,000
1	鳳梨酥	台北	480	745	357,600
2	傳統月餅	台北	450	342	153,900
2	素食月餅	台北	400	425	170,000
2	蛋黃酥	台北	550	513	282,150
2	鳳梨酥	台北	480	850	408,000
3	傳統月餅	台北	450	434	195,300
3	素食月餅	台北	400	347	138,800
3	蛋黃酥	台北	550	526	289,300
3	鳳梨酥	台北	480	812	389,760

5 回到「銷售總明細」工作表，點選 **A2** 儲存格，執行「貼上」指令。

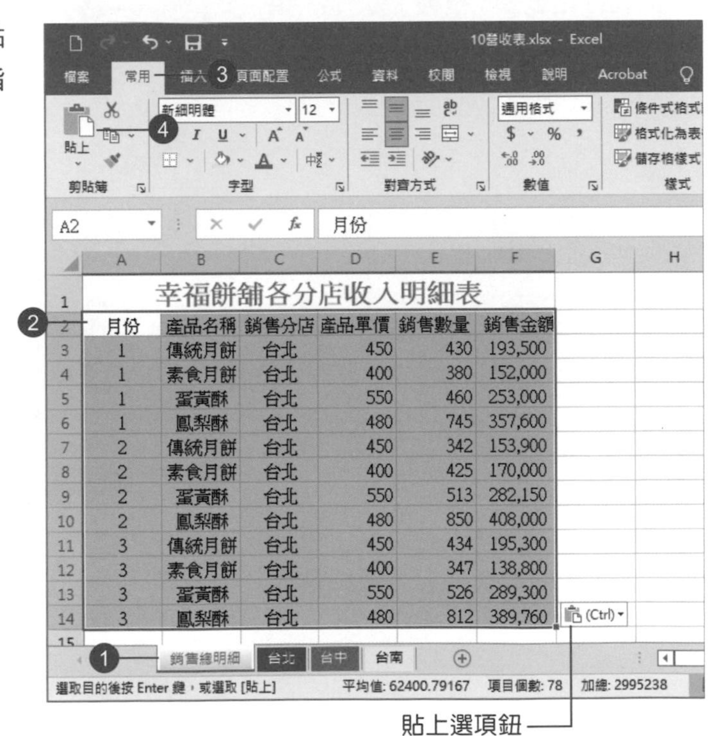

月份	產品名稱	銷售分店	產品單價	銷售數量	銷售金額
1	傳統月餅	台北	450	430	193,500
1	素食月餅	台北	400	380	152,000
1	蛋黃酥	台北	550	460	253,000
1	鳳梨酥	台北	480	745	357,600
2	傳統月餅	台北	450	342	153,900
2	素食月餅	台北	400	425	170,000
2	蛋黃酥	台北	550	513	282,150
2	鳳梨酥	台北	480	850	408,000
3	傳統月餅	台北	450	434	195,300
3	素食月餅	台北	400	347	138,800
3	蛋黃酥	台北	550	526	289,300
3	鳳梨酥	台北	480	812	389,760

6 執行「常用 > 儲存格 > 格式 > 自動調整欄寬」指令。

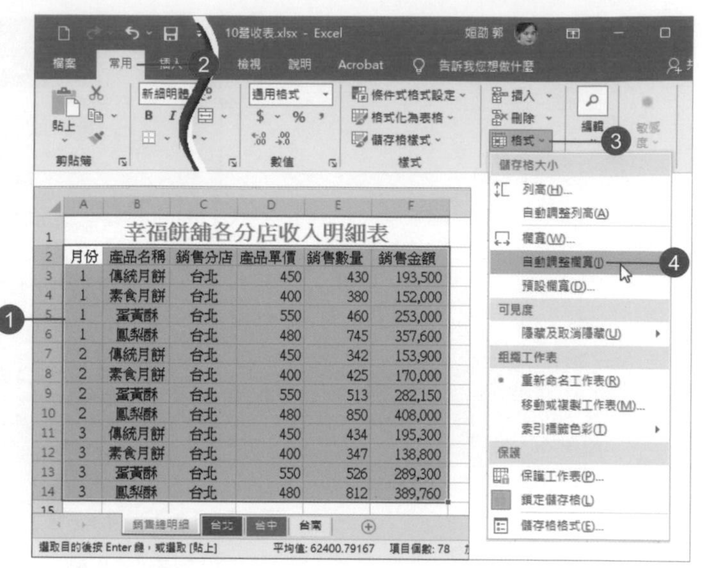

7 再點選「台中」工作表標籤，重複步驟 **4** 的操作，將 **A2** 至 **F13** 的儲存格範圍「複製」後，於「銷售總明細」工作表的 **A15** 儲存格中「貼上」。

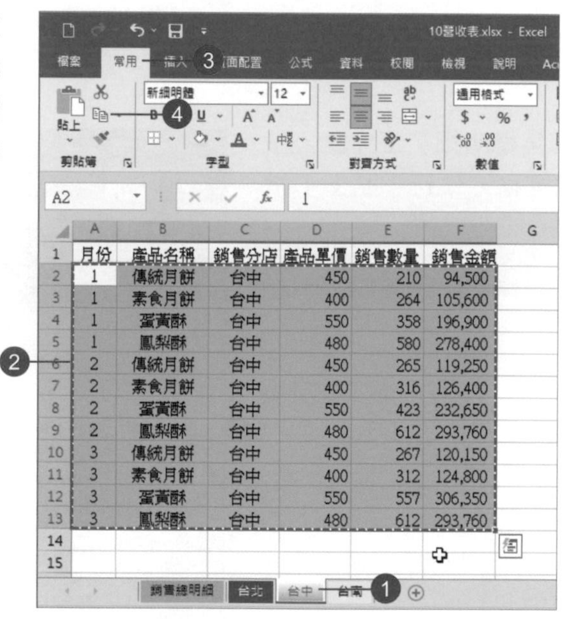

8 重複步驟 **7**，將「台南」工作表中的數據也貼入「銷售總明細」工作表。

將「台南」工作表中的數據貼入

10.2 建立樞紐分析表

1 選取資料表中標題以外的任意儲存格，執行「插入 > 表格 > 建議的樞紐分析表」指令。

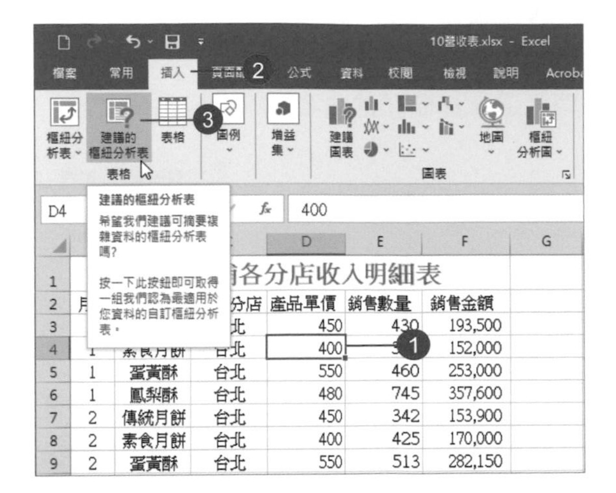

2 自動框選資料庫範圍（綠色虛框線），並出現對話方塊，先採預設的選項，按【確定】鈕。

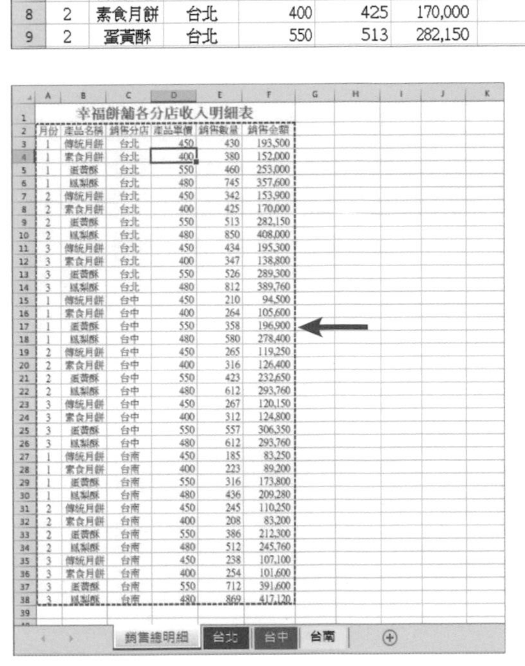

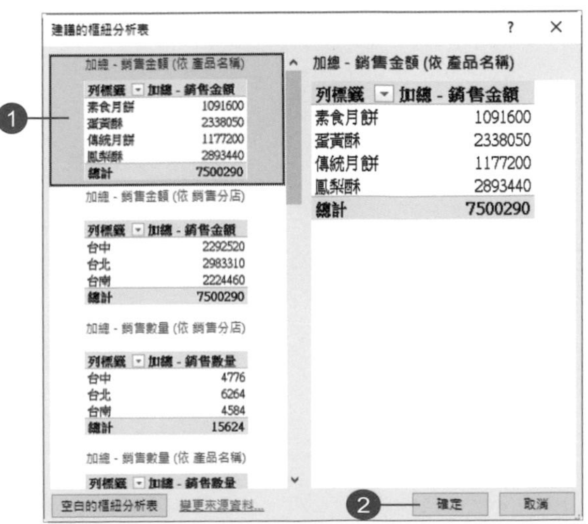

3 產生新的工作表，並自動開啟「樞紐分析表欄位」工作窗格，其中的「產品名稱」和「銷售金額」欄位呈勾選狀態，因此工作表中會顯示這 **2** 種欄位的內容。

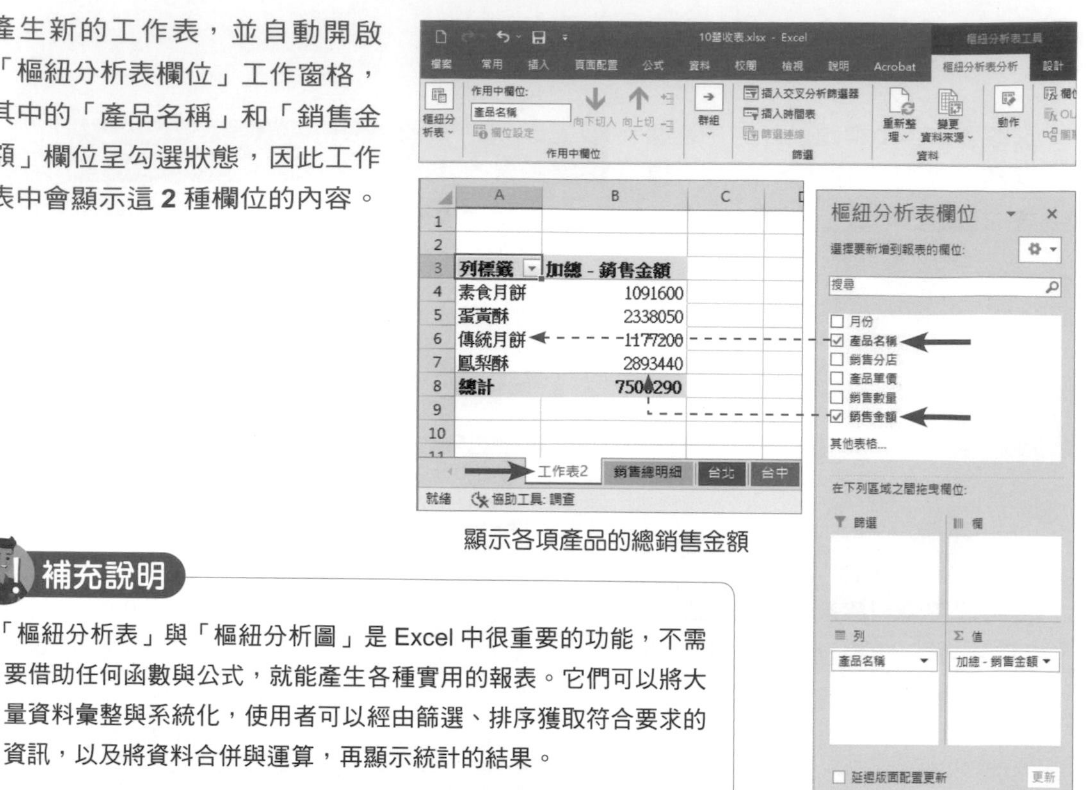

	A	B
3	列標籤	加總 - 銷售金額
4	素食月餅	1091600
5	蛋黃酥	2338050
6	傳統月餅	1177200
7	鳳梨酥	2893440
8	總計	7500290

顯示各項產品的總銷售金額

補充說明

「樞紐分析表」與「樞紐分析圖」是 Excel 中很重要的功能，不需要借助任何函數與公式，就能產生各種實用的報表。它們可以將大量資料彙整與系統化，使用者可以經由篩選、排序獲取符合要求的資訊，以及將資料合併與運算，再顯示統計的結果。

10.3 編修樞紐分析表

1 若想知道各分店的銷售總金額：可將「銷售分店」欄位拖曳到下方的「欄」區域中。

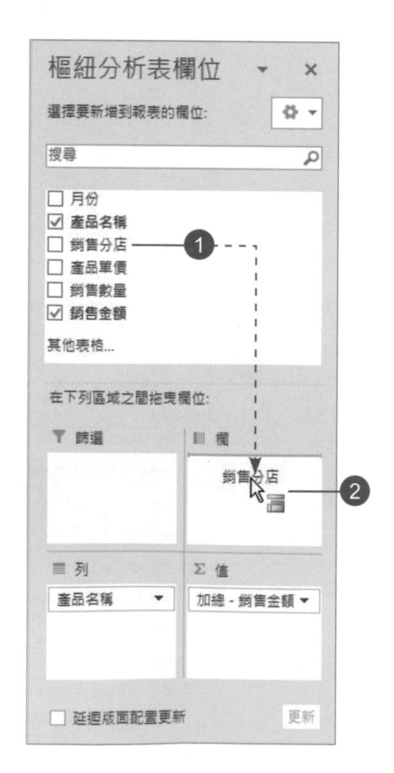

2 工作表中出現各分店的欄位，並顯示加總值。

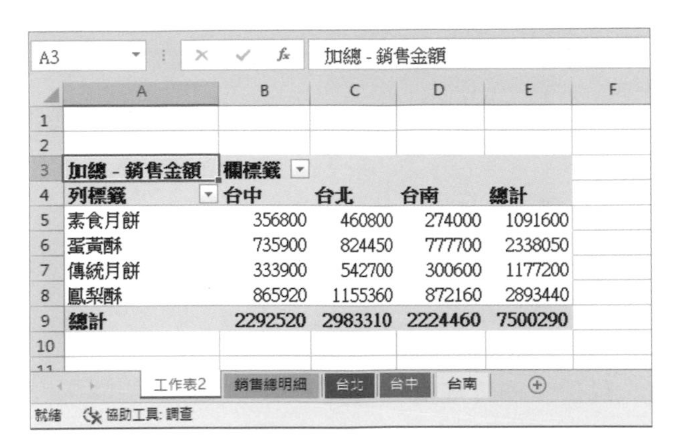

3 想知道每月、每個分店、各項產品的銷售金額：將「月份」欄位拖曳到「篩選」區域中。

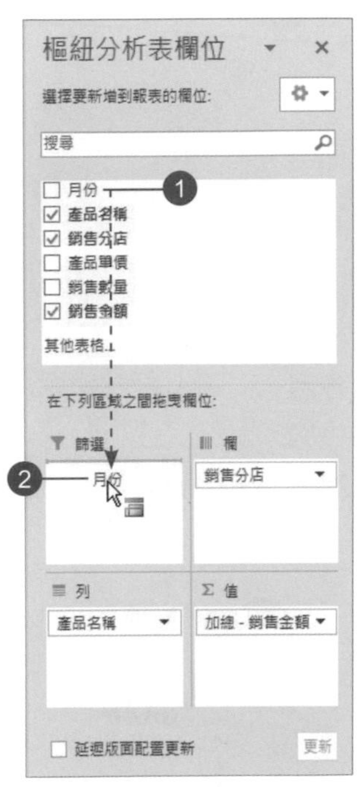

4 工作表上方出現「月份」的篩選鈕，點選並從清單中勾選月份，按【確定】鈕。

5 工作表中只顯示 **2** 月份的銷售金額。

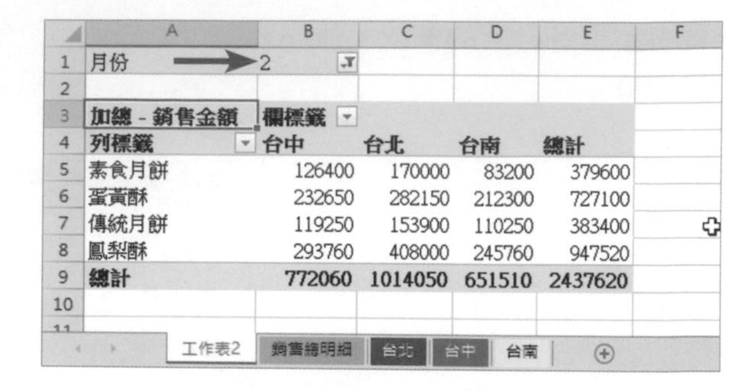

	A	B	C	D	E	F
1	月份	2				
2						
3	加總 - 銷售金額	欄標籤				
4	列標籤	台中	台北	台南	總計	
5	素食月餅	126400	170000	83200	379600	
6	蛋黃酥	232650	282150	212300	727100	
7	傳統月餅	119250	153900	110250	383400	
8	鳳梨酥	293760	408000	245760	947520	
9	總計	772060	1014050	651510	2437620	
10						

6 將「月份」欄位拖曳到「列」區域中。

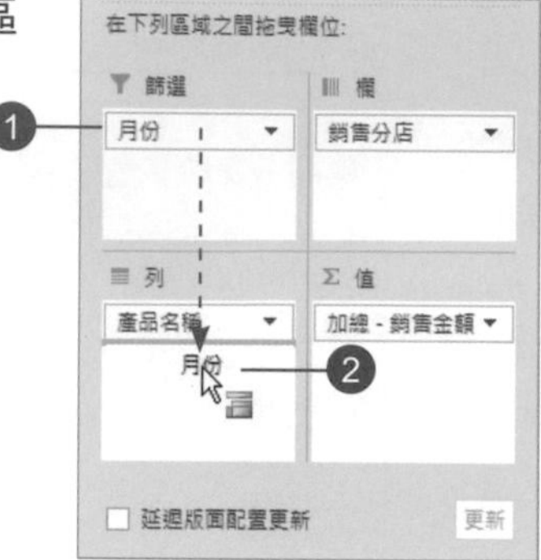

7 工作表的「列」標籤中顯示各月份的資訊，可視需要將月份「收合」（按 ⊟ 號），只顯示加總值。

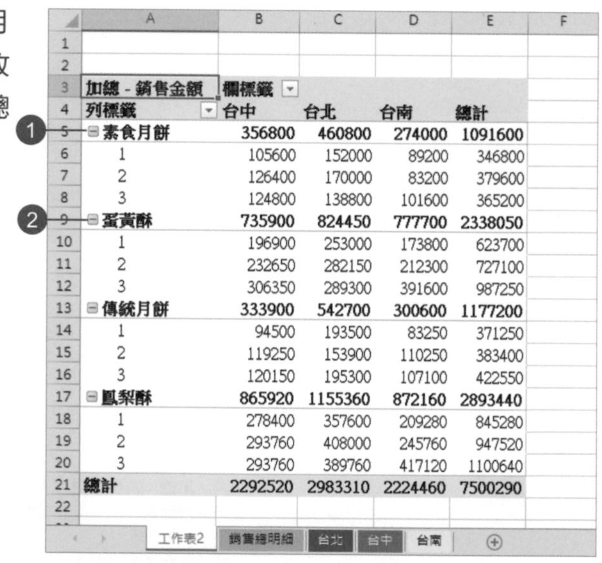

	A	B	C	D	E	F
1						
2						
3	加總 - 銷售金額	欄標籤				
4	列標籤	台中	台北	台南	總計	
5	⊟素食月餅	356800	460800	274000	1091600	
6	1	105600	152000	89200	346800	
7	2	126400	170000	83200	379600	
8	3	124800	138800	101600	365200	
9	⊟蛋黃酥	735900	824450	777700	2338050	
10	1	196900	253000	173800	623700	
11	2	232650	282150	212300	727100	
12	3	306350	289300	391600	987250	
13	⊟傳統月餅	333900	542700	300600	1177200	
14	1	94500	193500	83250	371250	
15	2	119250	153900	110250	383400	
16	3	120150	195300	107100	422550	
17	⊟鳳梨酥	865920	1155360	872160	2893440	
18	1	278400	357600	209280	845280	
19	2	293760	408000	245760	947520	
20	3	293760	389760	417120	1100640	
21	總計	2292520	2983310	2224460	7500290	
22						

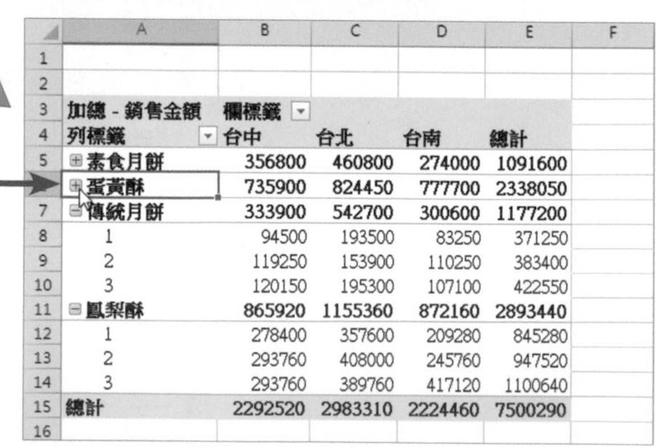

	A	B	C	D	E	F
1						
2						
3	加總 - 銷售金額	欄標籤				
4	列標籤	台中	台北	台南	總計	
5	⊞素食月餅	356800	460800	274000	1091600	
6	⊞蛋黃酥	735900	824450	777700	2338050	
7	⊟傳統月餅	333900	542700	300600	1177200	
8	1	94500	193500	83250	371250	
9	2	119250	153900	110250	383400	
10	3	120150	195300	107100	422550	
11	⊟鳳梨酥	865920	1155360	872160	2893440	
12	1	278400	357600	209280	845280	
13	2	293760	408000	245760	947520	
14	3	293760	389760	417120	1100640	
15	總計	2292520	2983310	2224460	7500290	
16						

10.4 貨幣專用格式設定

1 想透過圖表了解各項產品、每月的銷售金額:可點選「銷售分店」欄位右側的箭頭，選擇「移除欄位」指令，或直接將欄位拖曳離開區域範圍。

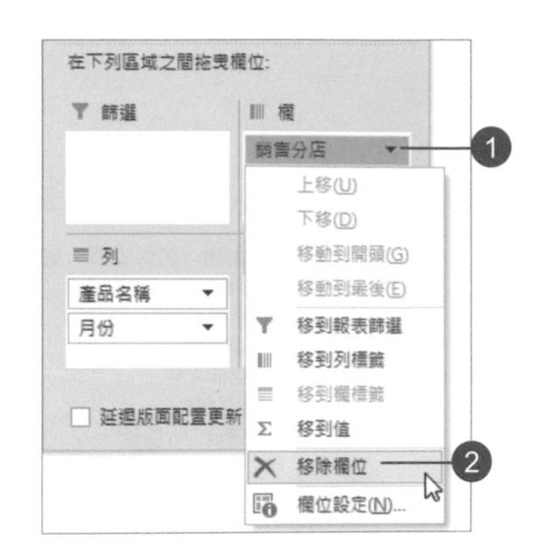

2 再將「月份」欄位移到「欄標籤」區域中。

3 選取 **B5** 到 **E8** 的儲存格範圍，設定「千分位樣式」並點選 **2** 次「減少小數位數」指令。

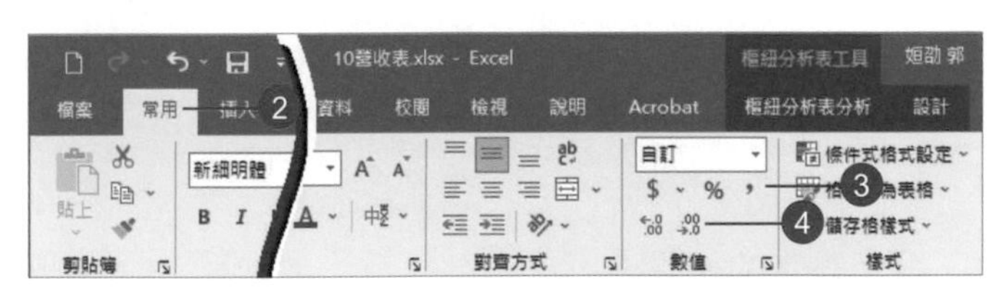

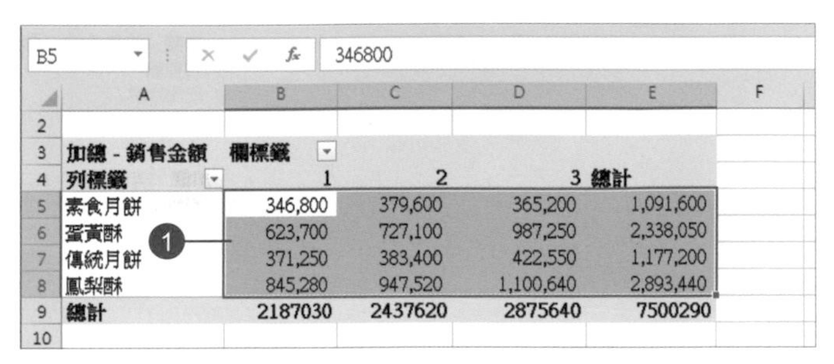

4 選取 **B9** 到 **E9** 儲存格，點選「數值」的「數字格式」鈕。

5 選擇「貨幣」類別，不設定「小數位數」，「符號」選擇台幣類型，按【確定】鈕。

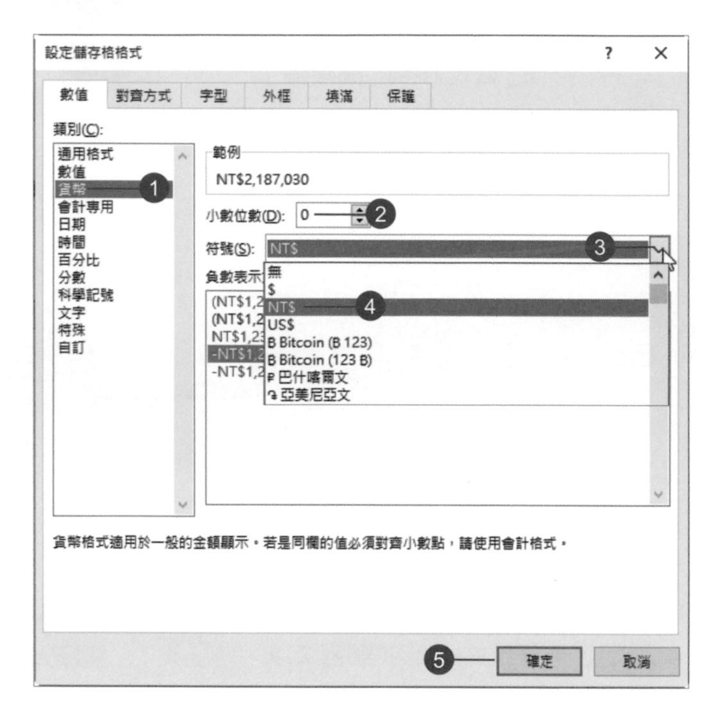

6 顯示設定的結果。

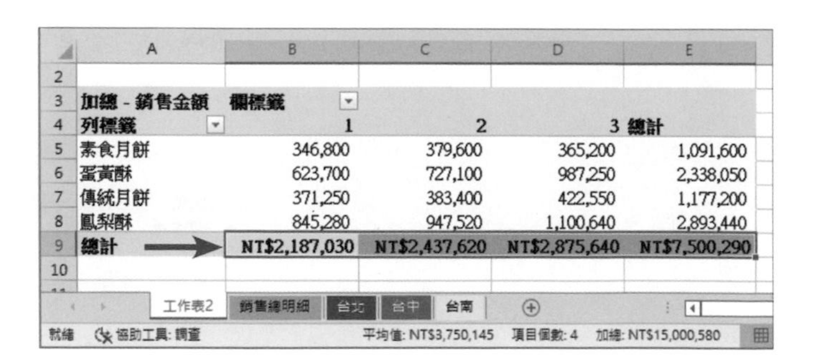

10.5 產生樞紐分析圖

1 點選工作表中的任意儲存格，執行「樞紐分析表工具 > 樞紐分析表分析 > 工具 > 樞紐分析圖」指令。

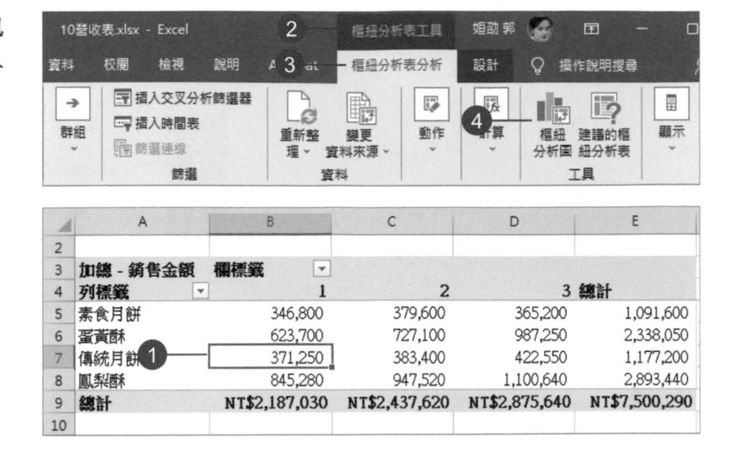

	A	B	C	D	E
2					
3	加總 - 銷售金額	欄標籤			
4	列標籤	1	2	3	總計
5	素食月餅	346,800	379,600	365,200	1,091,600
6	蛋黃酥	623,700	727,100	987,250	2,338,050
7	傳統月餅	371,250	383,400	422,550	1,177,200
8	鳳梨酥	845,280	947,520	1,100,640	2,893,440
9	總計	NT$2,187,030	NT$2,437,620	NT$2,875,640	NT$7,500,290
10					

2 採預設的「群組直條圖」，按【確定】鈕。

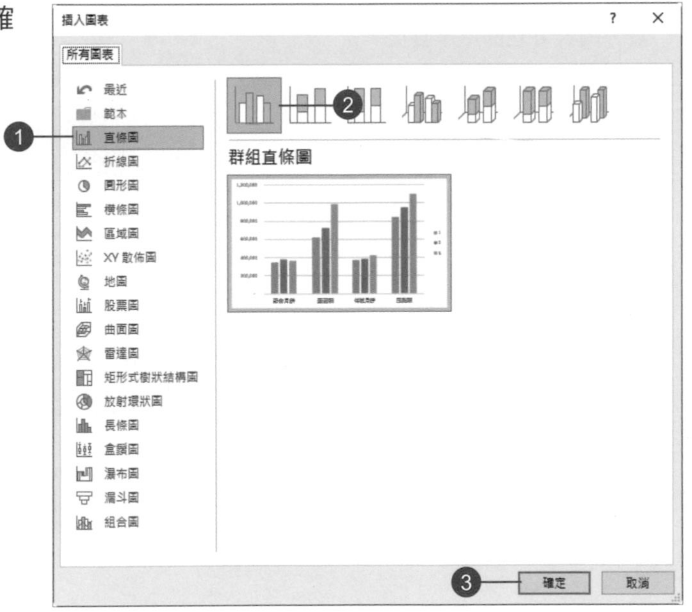

3 產生圖表。

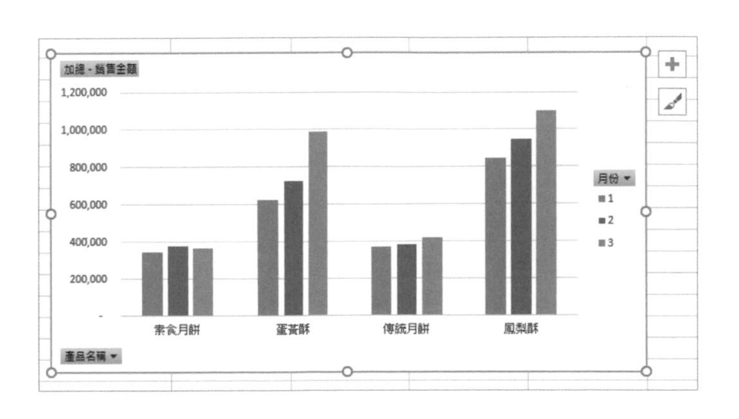

4 調整位置和大小，再視需要變更樣式、色彩或新增圖表項目。

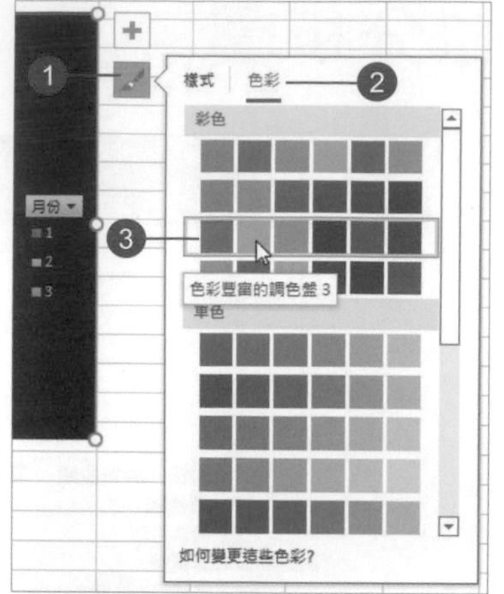

補充說明

若重新調整樞紐分析表的欄位位置，圖表會立即反應變更。

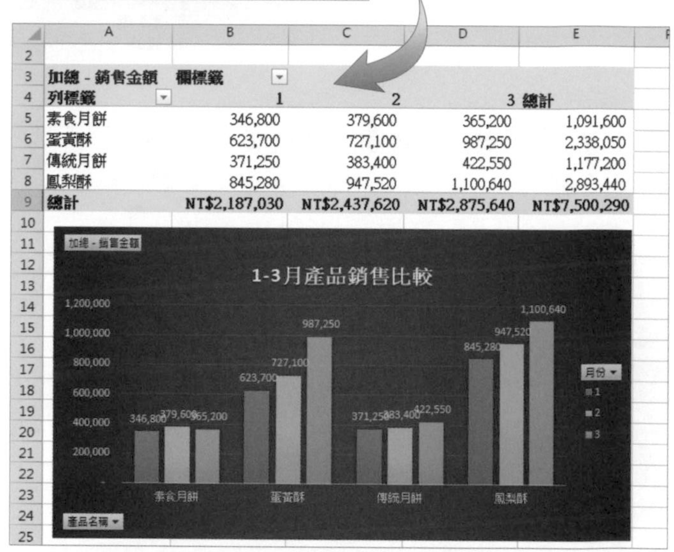

加總 - 銷售金額	欄標籤			
列標籤	1	2	3	總計
素食月餅	346,800	379,600	365,200	1,091,600
蛋黃酥	623,700	727,100	987,250	2,338,050
傳統月餅	371,250	383,400	422,550	1,177,200
鳳梨酥	845,280	947,520	1,100,640	2,893,440
總計	NT$2,187,030	NT$2,437,620	NT$2,875,640	NT$7,500,290

5 將工作表重新命名為「銷售群組直條圖」，再將檔案重新命名後儲存。

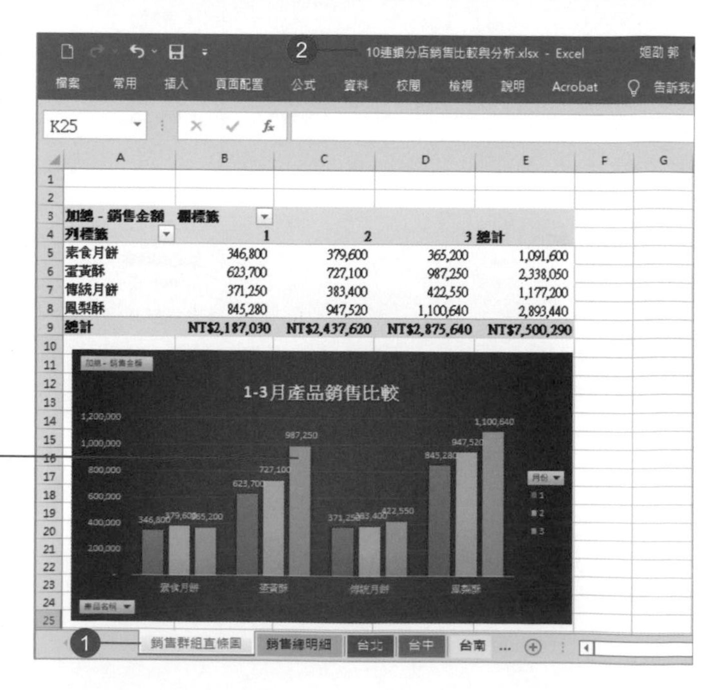

從圖表中可看出3月的業績最好

6 點選圖表再執行「樞紐分析圖工具 > 設計 > 資料 > 切換列 / 欄」指令，得到欄 / 列座標互換後的圖表。

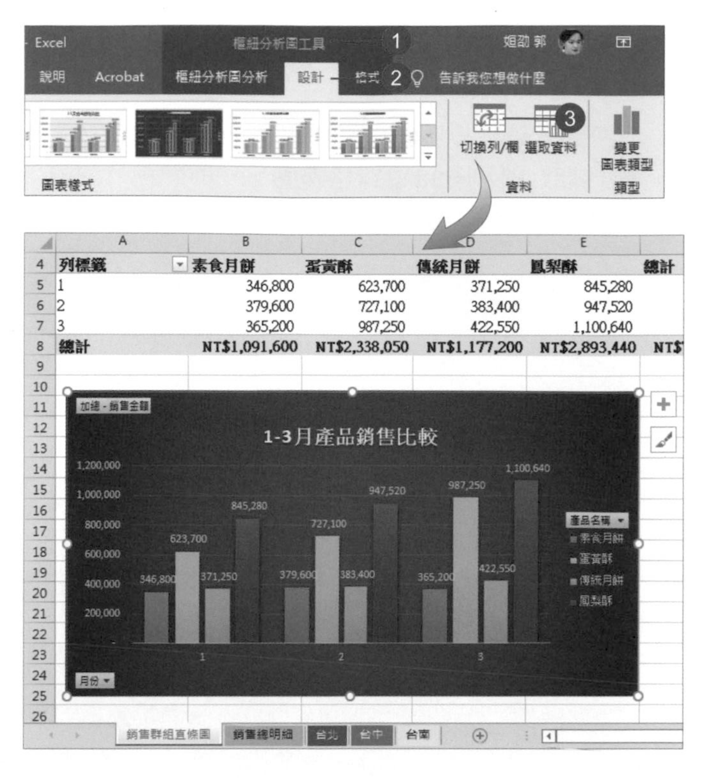

7 根據各種需求，可以產生不同的樞紐分析圖表。從右圖可以知道，每個分店、哪種產品銷路最好，哪種產品銷路不佳。

10.6 以快速分析鈕產生樞紐分析表

1 切換到「銷售總明細」工作表標籤，選取**A2**到**F38**儲存格範圍，點選右下角的「快速分析」鈕。

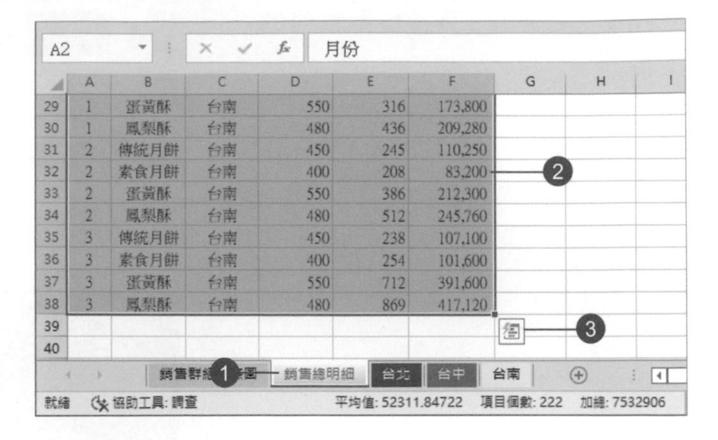

2 展開清單，切換到「表格」標籤，選擇一種「樞紐分析表」。

3 會在新工作表中產生樞紐分析表。

若在步驟 2 執行「插入 > 表格 > 樞紐分析表」指令，會開啟對話方塊，預設會在新工作表中放置樞紐分析表，可再從「樞紐分析表欄位」清單中選擇欄位，來建立報表。

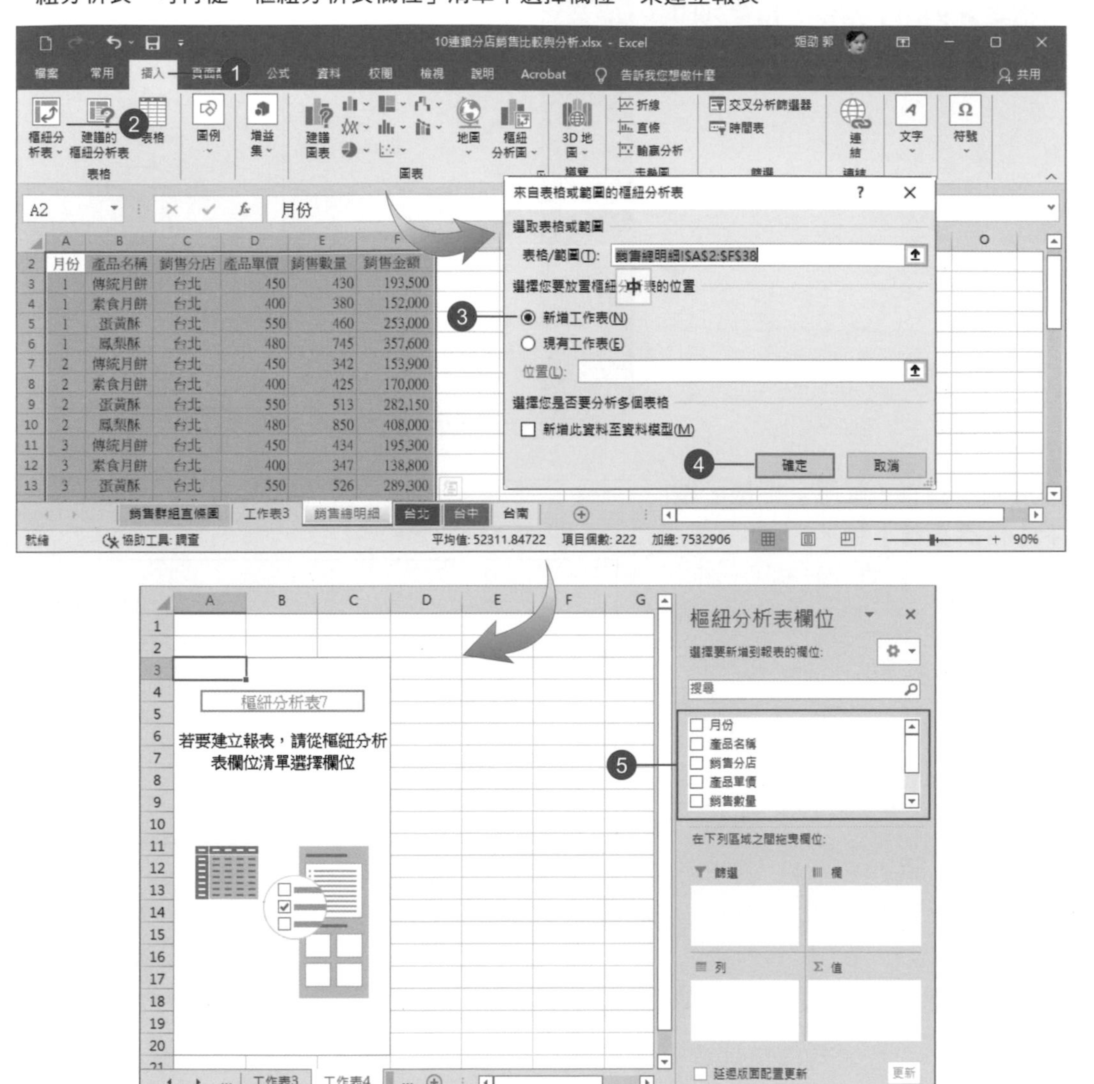

10.7 設定頁首 / 頁尾

1 調整好要列印的內容後，執行「檔案 > 列印」指令，預覽列印結果，點選「版面設定」超連結。

2 切換到「頁首 / 頁尾」標籤，按下【自訂頁首】鈕。

3 於「中」區域輸入內容，利用上方的工具鈕格式化文字內容。

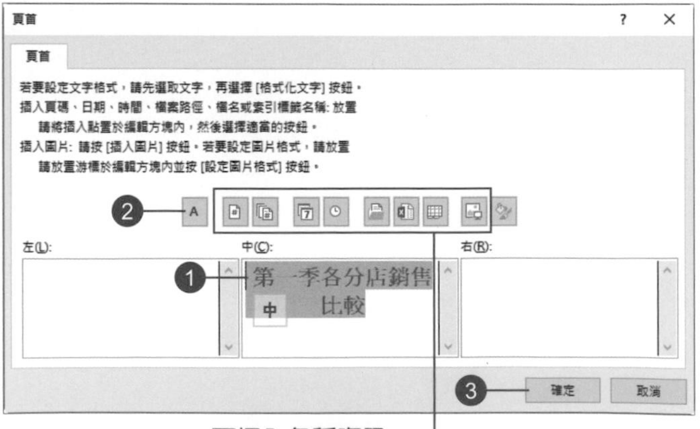

補充說明

點選【自訂頁首】鈕或【自訂頁尾】鈕，可進一步指定左、中和右側要顯示的資訊。

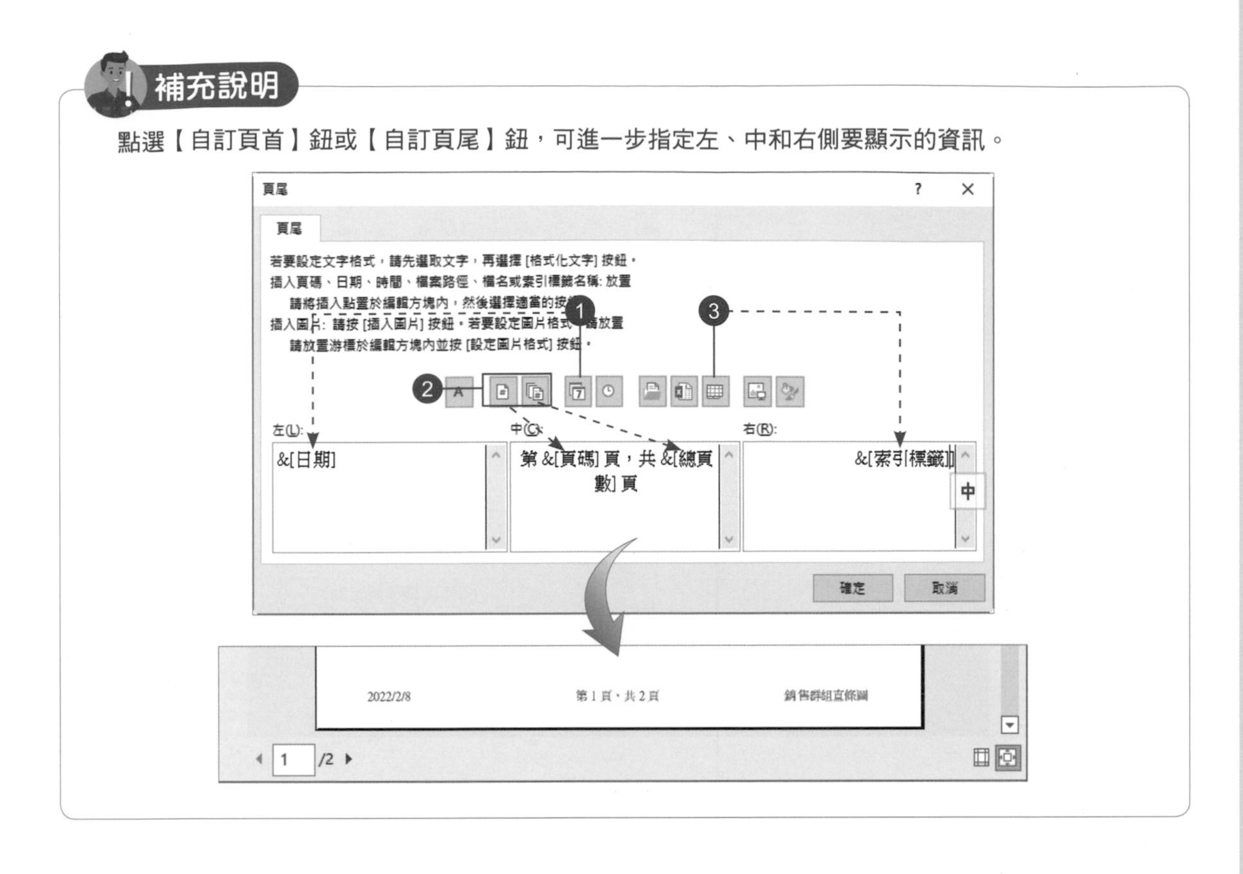

4 從「頁尾」下拉式清單中，可以快速選擇要顯示的資訊，設定完畢按【確定】鈕，離開「版面設定」對話方塊。

5 回到「列印」頁面，預覽設定後的結果。

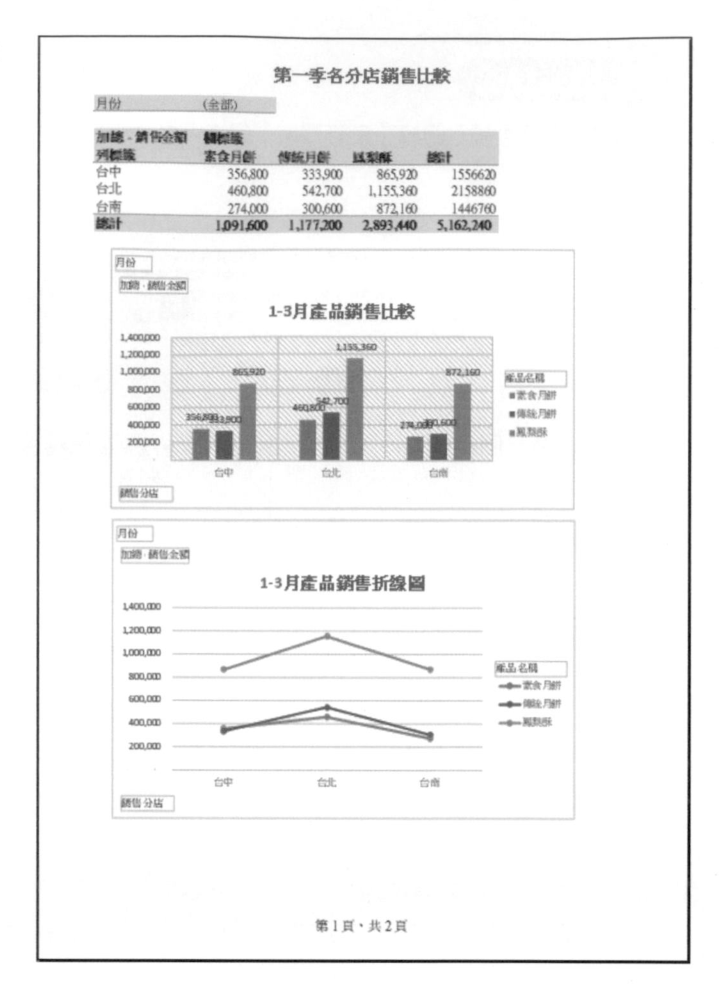

第一季各分店銷售比較

月份	(全部)

加總 - 銷售金額	欄標籤			
列標籤	素食月餅	傳統月餅	鳳梨酥	總計
台中	356,800	333,900	865,920	1556620
台北	460,800	542,700	1,155,360	2158860
台南	274,000	300,600	872,160	1446760
總計	1,091,600	1,177,200	2,893,440	5,162,240

一、選擇題

1. ( ) 哪一個功能區可以產生樞紐分析表？（A）常用（B）插入（C）資料。

2. ( ) 產生樞紐分析表時，哪一個工作窗格會自動開啟？（A）樞紐分析表欄位（B）樞紐分析圖欄位（C）資料數列格式。

3. ( ) 哪一個項目不屬於樞紐分析表區域？（A）篩選（B）資料（C）值。

4. ( ) 哪一個按鈕可以產生樞紐分析表？（A）貼上選項（B）快速分析（C）版面配置。

5. ( ) 哪一個對話方塊中可以設定頁首和頁尾？（A）版面設定（B）儲存格格式（C）插入圖表。

二、實作題

1. 開啟本章範例「營收表 .xls」，產生如下的樞紐分析表。

	A	B	C	D	E	F
1	月份	(全部)				
2						
3	**加總 - 銷售金額**	**欄標籤**				
4	**列標籤**	**素食月餅**	**蛋黃酥**	**傳統月餅**	**鳳梨酥**	**總計**
5	台中	356,800	735,900	333,900	865,920	2,292,520
6	台北	460,800	824,450	542,700	1,155,360	2,983,310
7	台南	274,000	777,700	300,600	872,160	2,224,460
8	**總計**	**NT$1,091,600**	**NT$2,338,050**	**NT$1,177,200**	**NT$2,893,440**	**NT$7,500,290**
9						

2. 製作 2 月份各分店的收入圖表。

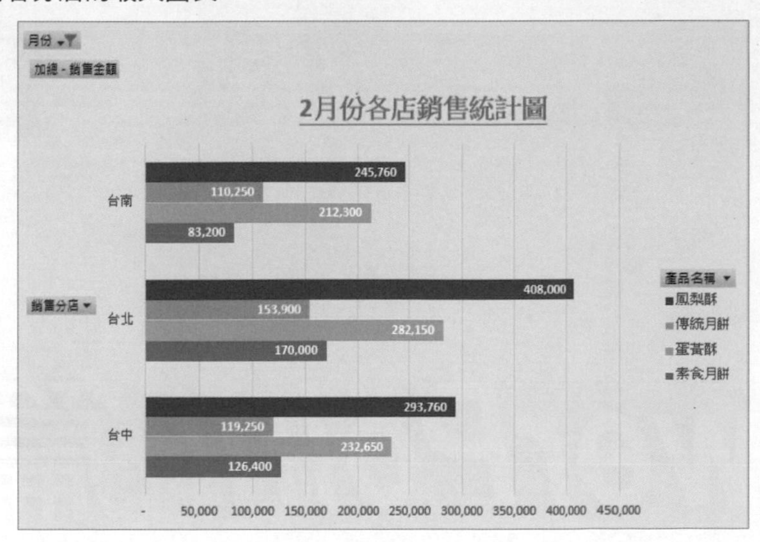

PowerPoint 篇

餐飲美食介紹

Microsoft PowerPoint 中提供豐富、專業又多元化的素材，很適合用來介紹美食餐飲，吸引消費者的目光。

學習目標

- 套用簡報設計範本
- 投影片的檢視模式
- 增刪投影片
- 輸入內容與變更圖片
- 套用圖片樣式
- 變更版面配置
- 新增投影片
- 調整投影片順序
- 放映投影片
- 儲存簡報

11.1 套用簡報設計範本

1 啟動 **PowerPoint** 後，在「新增」頁面的「搜尋」欄位輸入「美食」，按「開始搜尋」鈕。

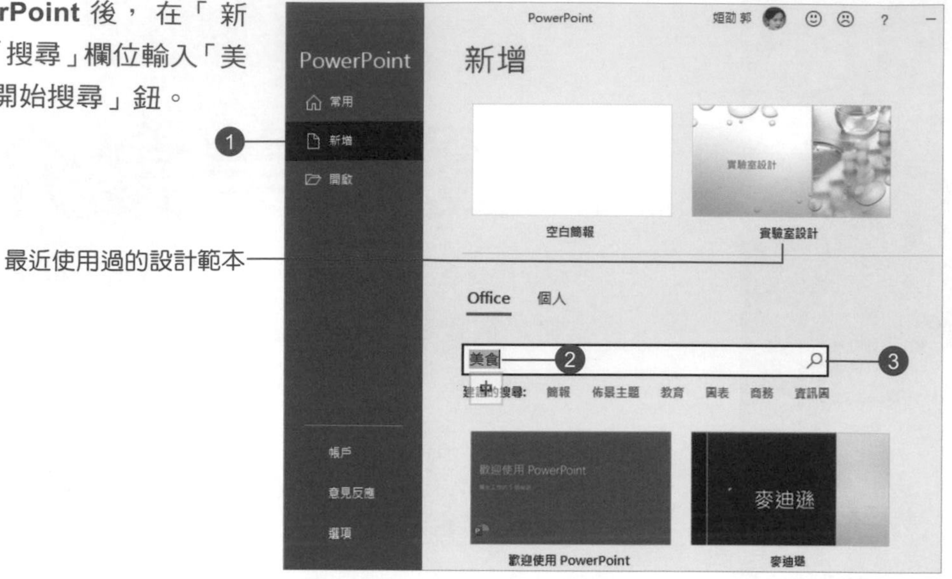

2 選擇一種想套用的設計範本，按「建立」鈕。

3 自動產生多張投影片，並位在第一張的標題投影片

補充說明

套用簡報設計範本時，通常會有預設的投影片內容，方便您直接修改內容即可快速完成簡報。新增有些「佈景主題」的簡報時，只會產生一張投影片的新簡報（參考第 13 章）。

11.2 投影片的檢視模式

1 切換到「檢視」標籤，預設為「標準」檢視模式，執行「簡報檢視 > 投影片瀏覽」指令，調整「顯示比例」以檢視所有投影片縮圖。

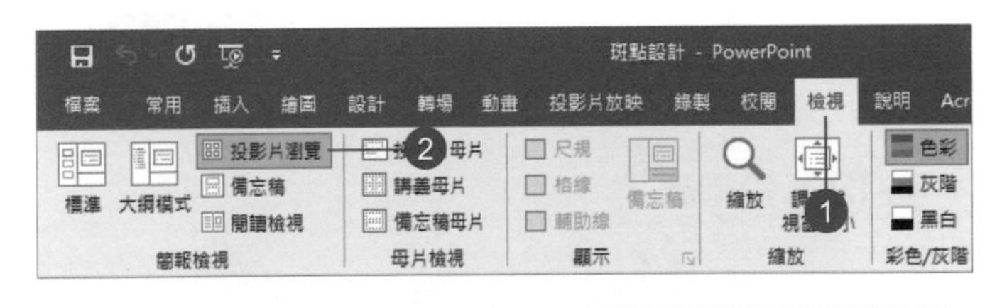

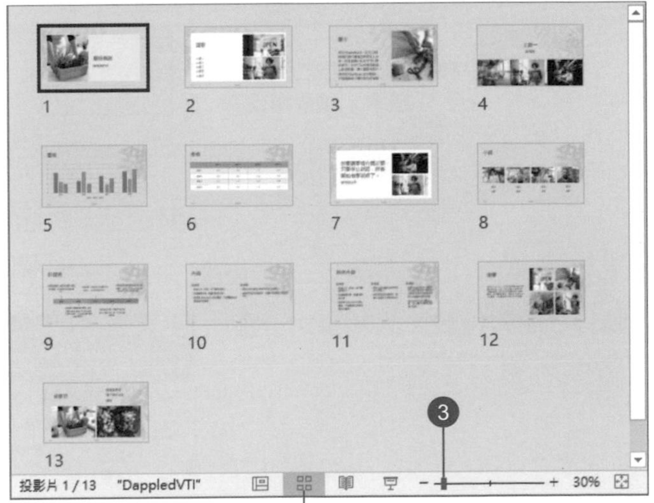

補充說明

此模式下無法編輯投影片內容，但很適合調整投影片順序，或增刪投影片。

2 先點選第 **4** 張縮圖，按住 **SHIFT** 鍵再點選第 **13** 張縮圖，做連續範圍的選取。

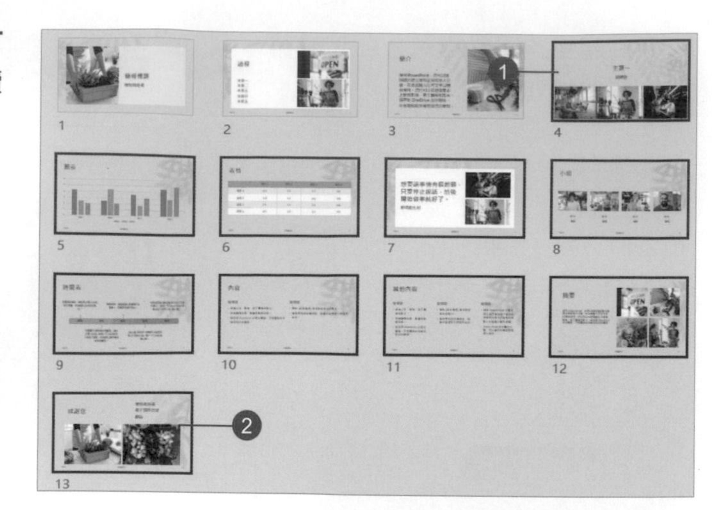

3 接著按住 **Ctrl** 鍵，點選第 **5**、**11** 張縮圖取消選取。

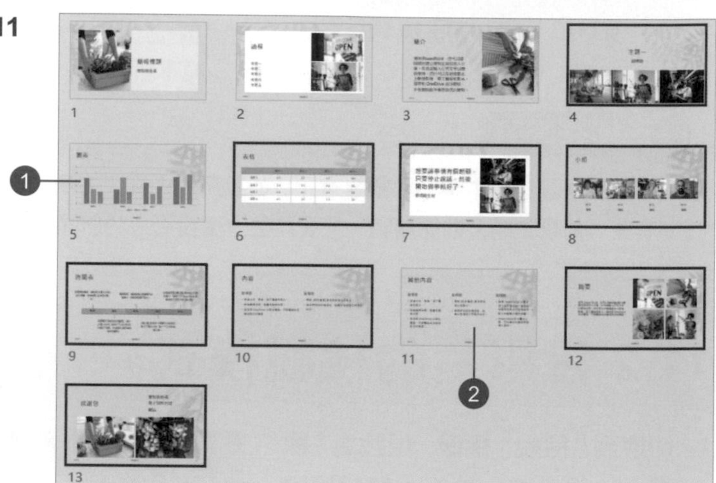

4 按 **DEL** 鍵刪除。

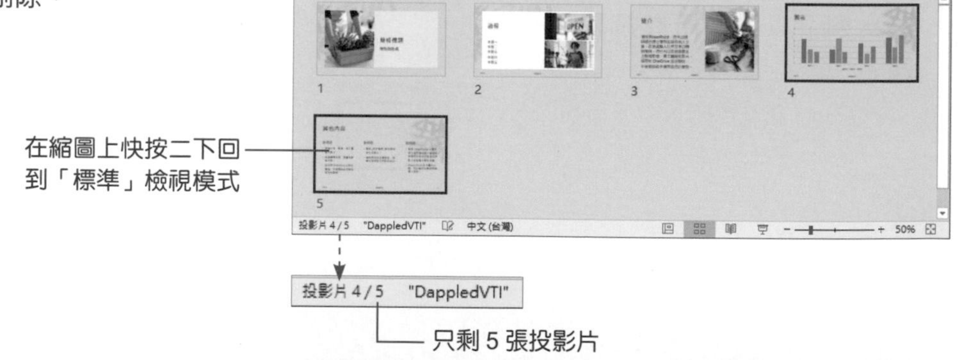

5 執行「簡報檢視 > 大綱模式」指令。

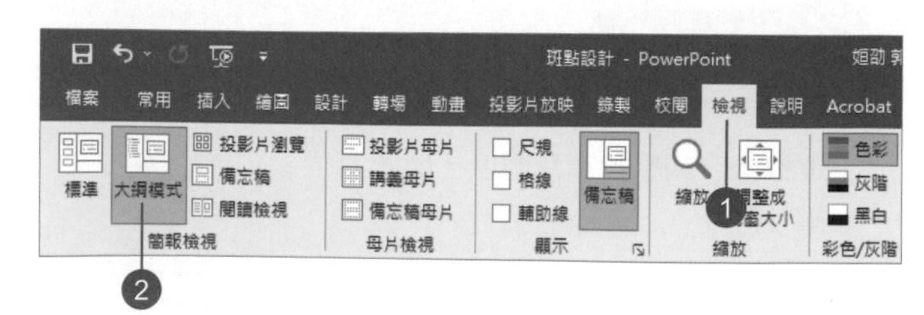

6 可針對投影片上的文字進行編輯作業。

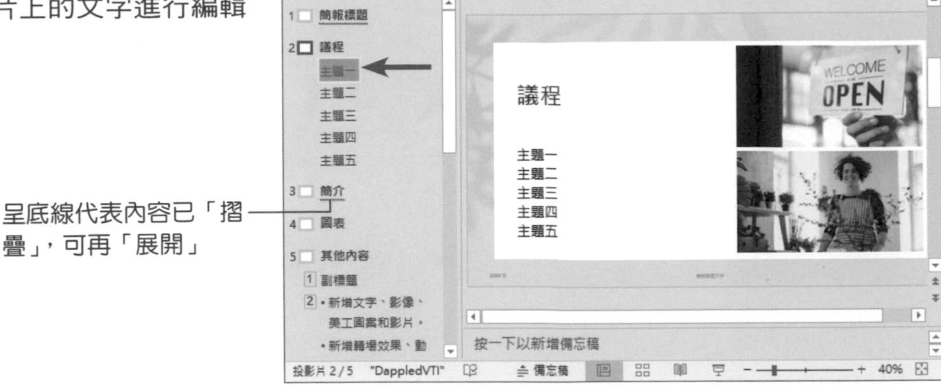

補充說明

「大綱模式」下，可透過按右鍵，將文字段落「摺疊」、「展開」、「升階」、「降階」、「上移」或「下移」。

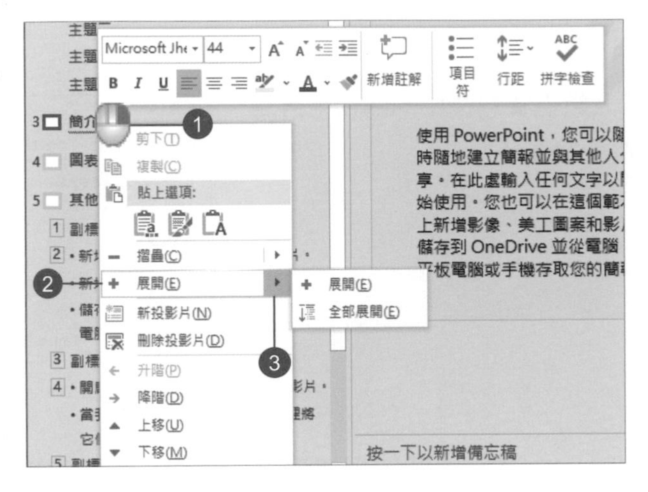

11.3 輸入內容與變更物件

1 回到「標準」檢視模式，點選第 **1** 張投影片。

2 在圖片上按右鍵，執行「變更圖片 > 從檔案」指令。

3 插入範例資料夾中的圖片「台灣小吃 .jpg」。

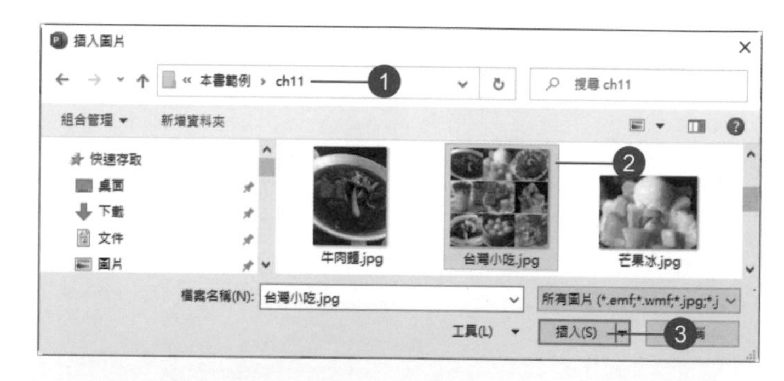

4 分別反白選取標題和副標題文字，輸入內容。

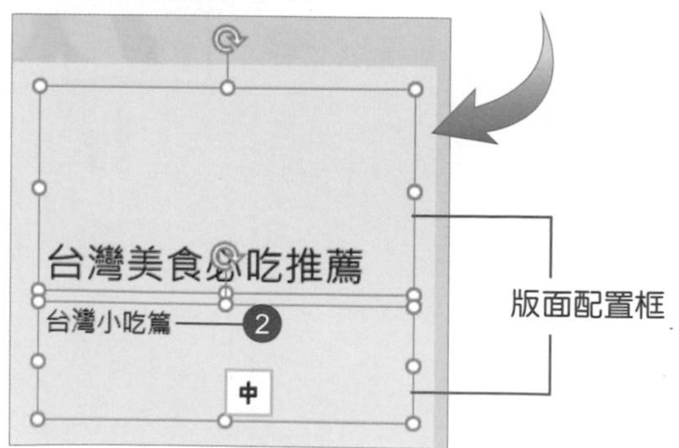

5 重複上述步驟，將第 2、3 張投影片的內容進行變更。

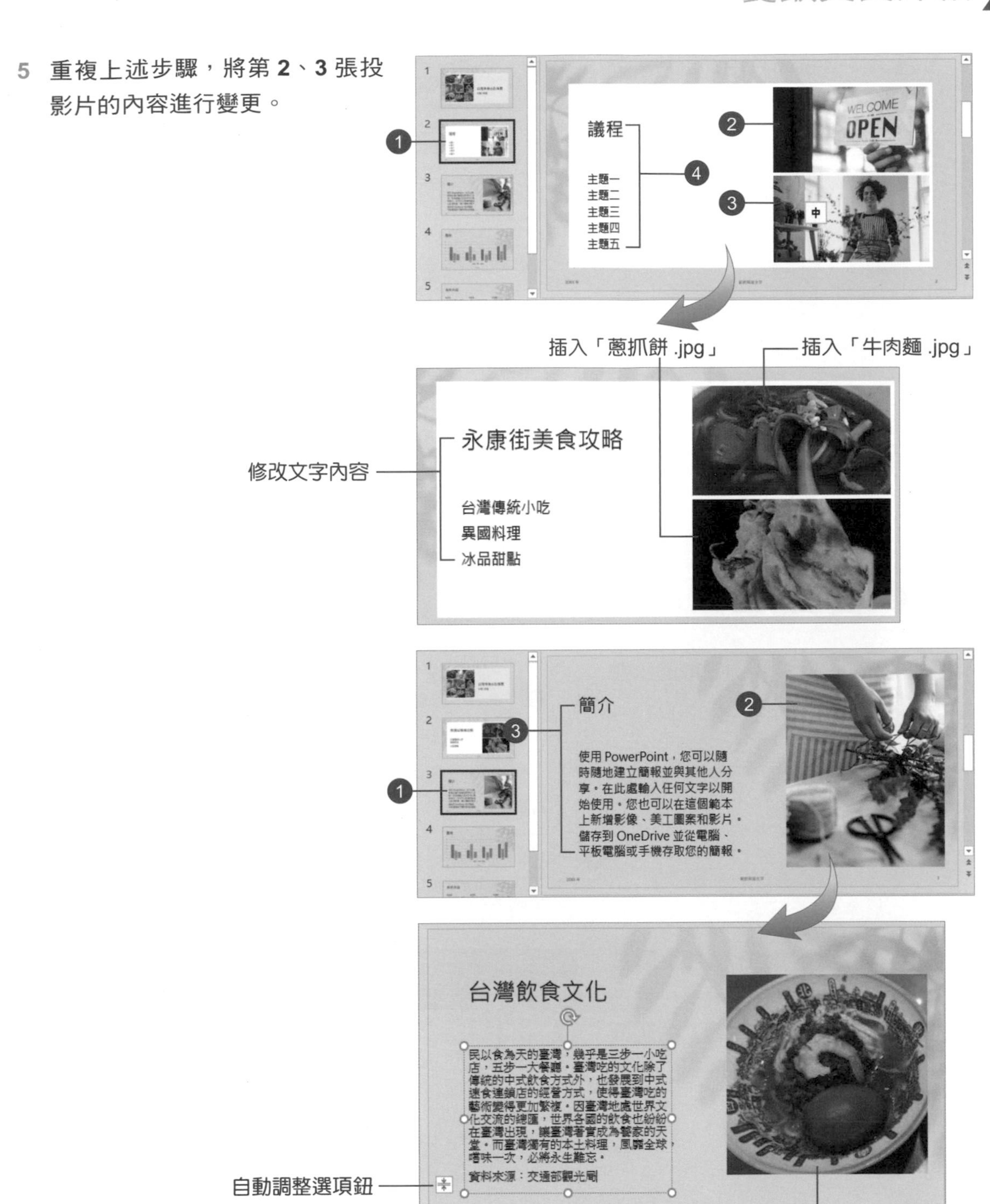

補充說明

當輸入的文字內容超過版面配置框的大小時，「自動調整」的功能會自動調整文字大小，以符合版面配置框的尺寸。

6 點選第 **3** 張投影片中的圖片，執行「圖片工具 > 圖片格式 > 圖片樣式」指令，套用一種圖片樣式。

11.4 變更版面配置

1 點選第 **4** 張投影片，選取圖表將其刪除。

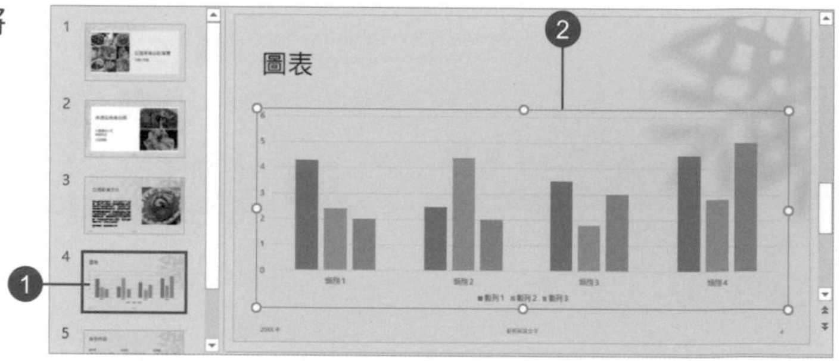

2 執行「常用 > 投影片 > 投影片版面配置」指令展開清單，目前使用的是「標題及內容」的版面配置，改點選「兩個內容」。

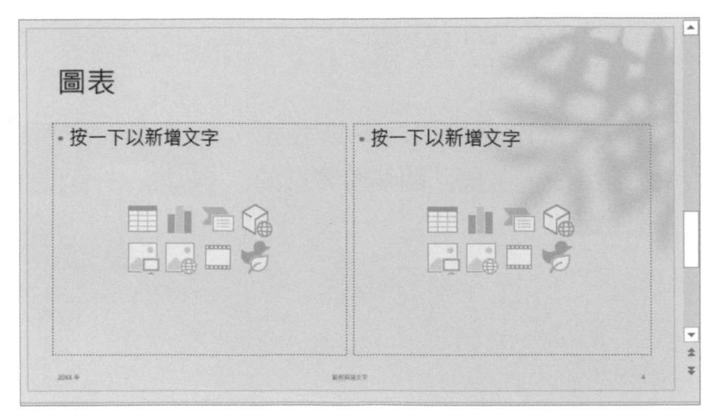

3 輸入標題及文字內容，於右側版面配置框點選「圖片」圖示，插入「小籠包 **.jpg**」，並套用一種圖片樣式。

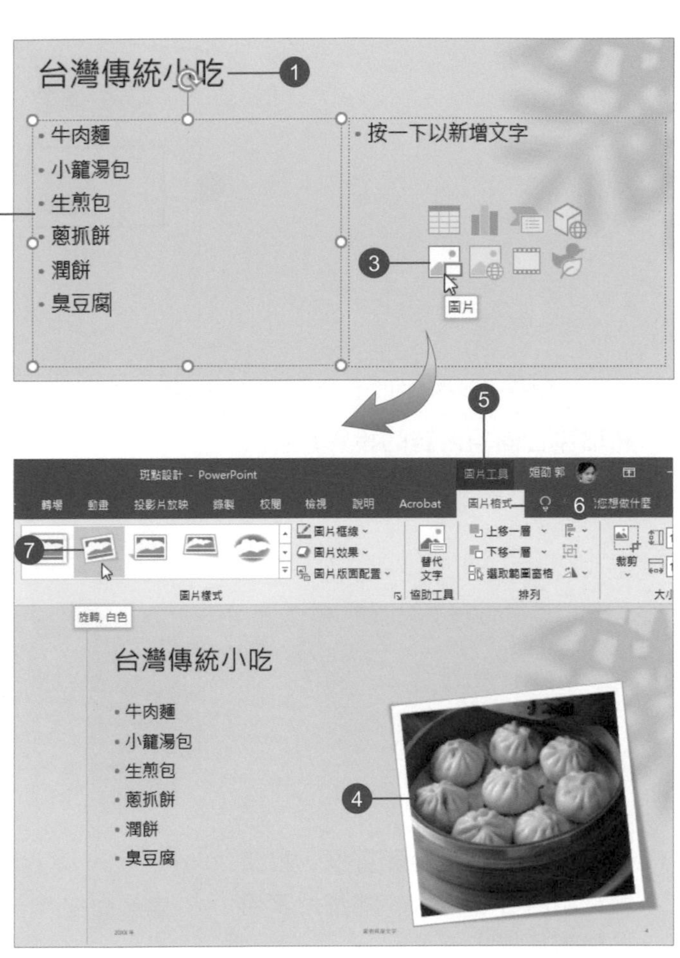

11.5 新增投影片

1 執行「常用 > 投影片 > 新投影片」指令，選擇「兩個內容」的版面配置。

2 新增包含兩項內容的投影片。

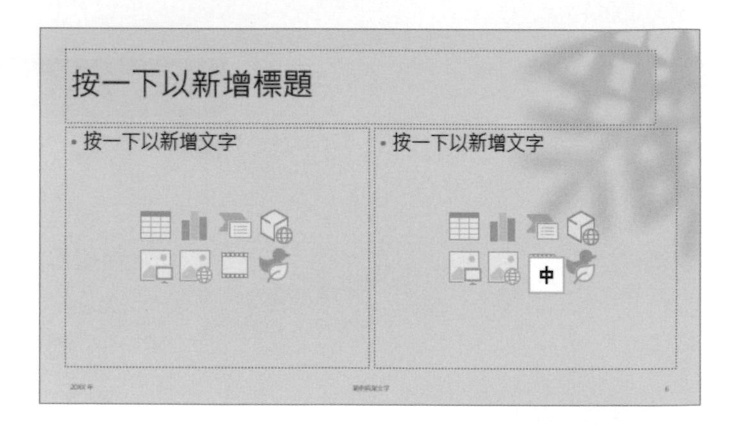

3 依照提示點選版面配置框，以新增文字內容和圖片，將圖片套用一種圖片樣式。

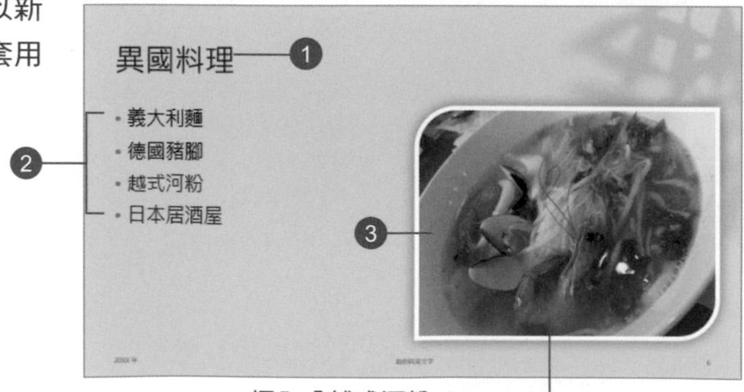

插入「越式河粉 .jpg」

4 點選第 **6** 張投影片，修改標題、副標題內容，再點選下方的 **3** 個版面配置框將其刪除。

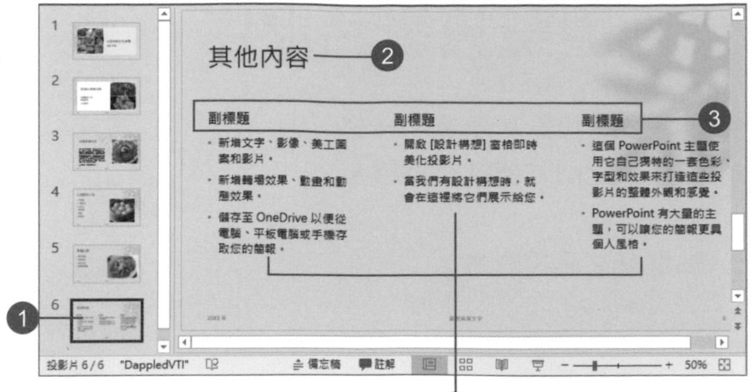

5 改插入 **3** 張圖片，並套用圖片樣式。

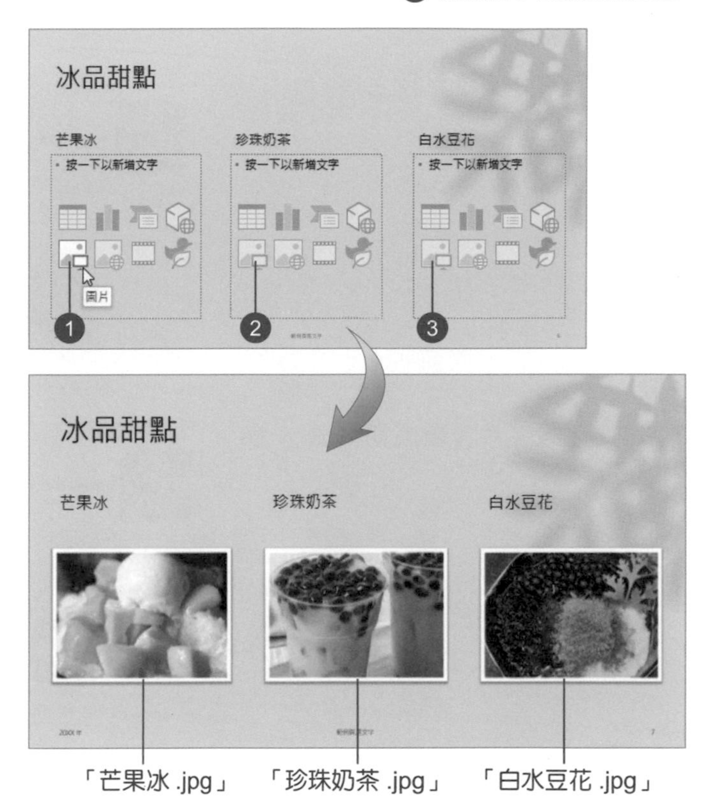

11.6 調整投影片順序

1 切換到「投影片瀏覽」模式，調整顯示比例方便進行搬移。

2 點選第 2 張投影片。

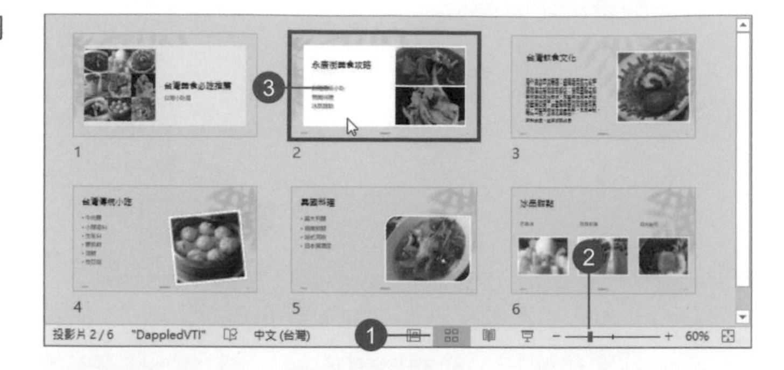

3 拖曳到第 3 張投影片右側。

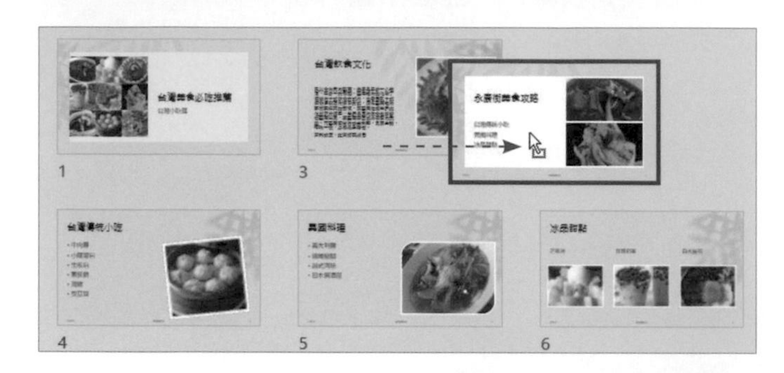

4 第 2 張投影片會變成第 3 張。

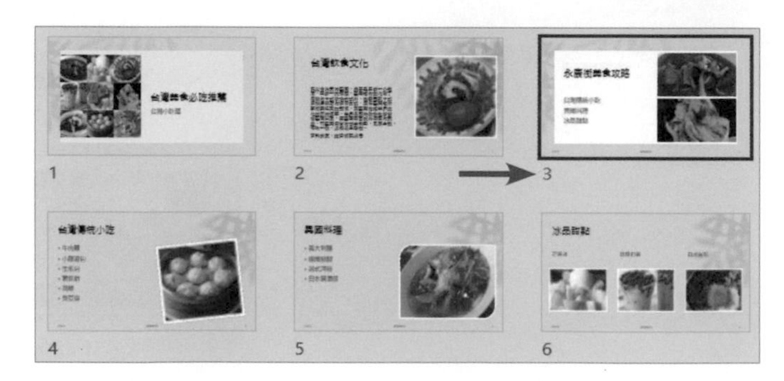

11.7 放映投影片

1 點選「快速存取工具列」上的「從首張投影片」指令。

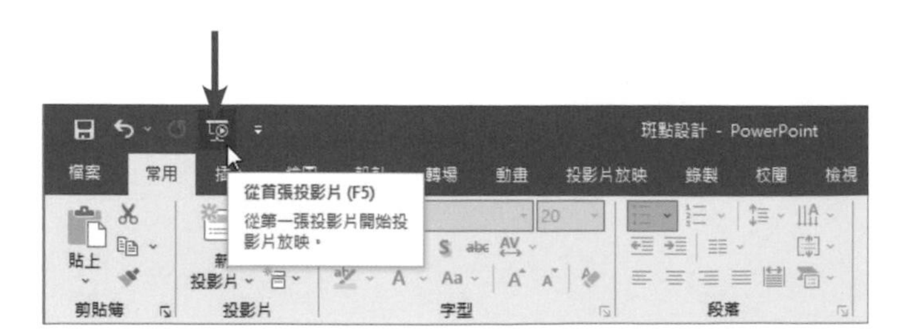

2 投影片會進入「投影片放映」模式，並且從第一張開始播放，以滑鼠左鍵點選控制投影片播放。

3 最後一張播完後，出現黑底畫面，按 **ESC** 鍵或點選一下，即可結束放映回到編輯狀態。

4 點選「快速存取工具列」上的「儲存檔案」指令。

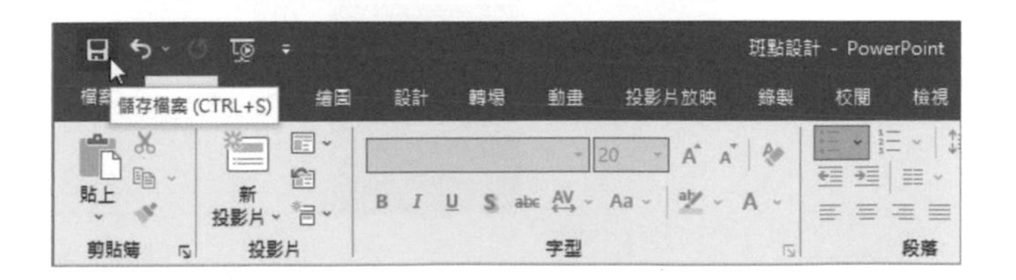

5 選擇存檔位置，將簡報儲存為「**PowerPoint** 簡報（**.pptx**）」格式。

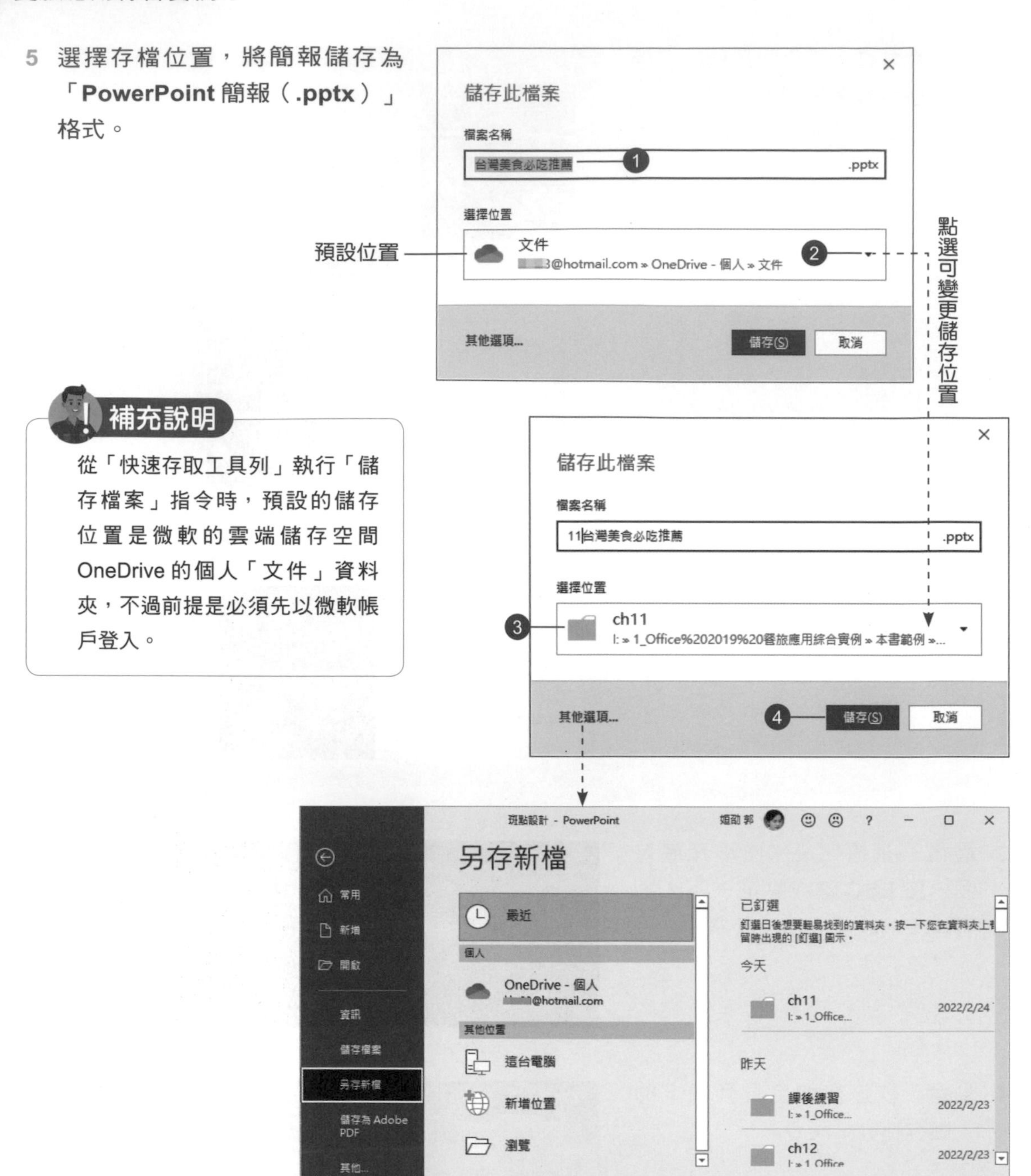

補充說明

從「快速存取工具列」執行「儲存檔案」指令時，預設的儲存位置是微軟的雲端儲存空間 OneDrive 的個人「文件」資料夾，不過前提是必須先以微軟帳戶登入。

一、選擇題

1. (　) 哪一個功能區可以進行投影片模式切換？（A）常用（B）設計（C）檢視。
2. (　) 哪一個模式適合刪除及移動投影片的順序？（A）標準（B）投影片瀏覽（C）投影片放映。
3. (　) 哪一個功能區可以新增投影片？（A）常用（B）設計（C）插入。
4. (　) 哪一個功能區可以變更簡報設計範本和佈景主題？（A）常用（B）設計（C）插入。
5. (　) 投影片放映完畢可以按哪一個按鍵回到編輯狀態？（A）ESC（B）TAB（C）ALT。

二、實作題

1. 在第 4 張投影片後新增「比較」版面配置的投影片，插入圖片和文字，並套用圖片樣式後，將檔案另存新檔。

2. 新增以「旅遊」為關鍵字，所搜尋到的任一簡報設計範本，來產生新簡報。

PowerPoint 篇

美食製作DIY

言簡意賅的文字和美觀的圖片，是成功簡報的基本要素，加上影音多媒體的助陣，可以讓簡報更具說服力。

學習目標

- 新增空白簡報
- 套用佈景主題/色彩/字型
- 各種版面配置
- 段落編號及項目符號
- 套用圖片樣式
- 插入影片
- 插入音效
- 變更背景圖案
- 投影片轉場特效
- 以閱讀檢視模式播放

12.1 新增空白簡報

1 啟動 **PowerPoint** 後，按「空白簡報」縮圖以建立空白新簡報。

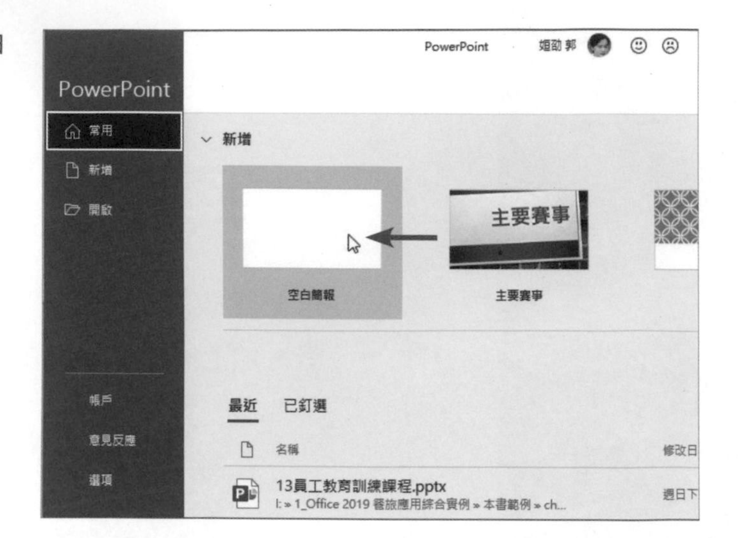

2 視窗中顯示一張空白投影片。

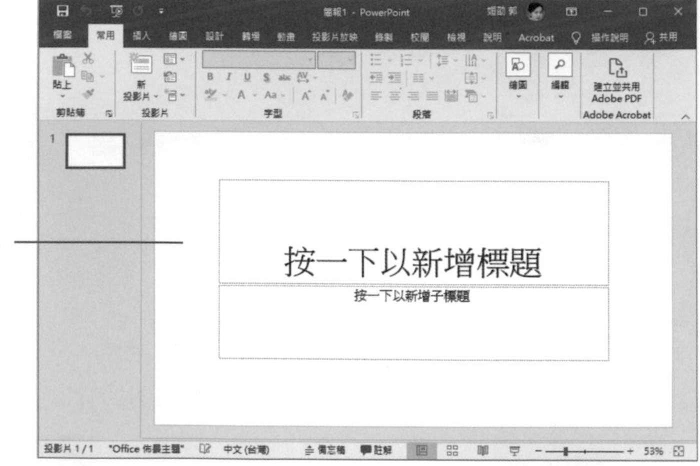

預設為「寬螢幕（16:9）」的大小

3 執行「設計 > 自訂 > 投影片大小 > 標準（**4:3**）」指令。

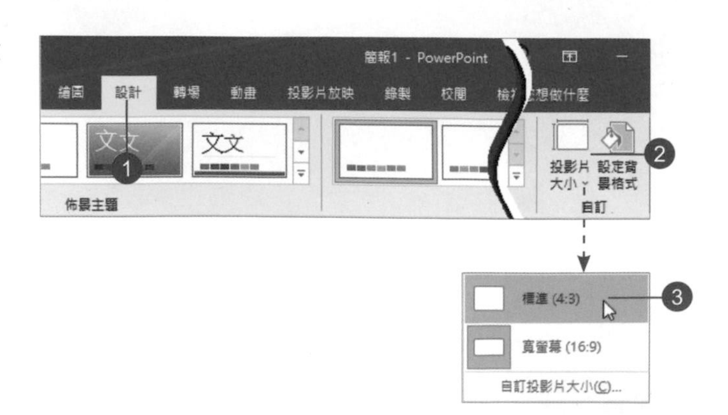

4 投影片改為標準尺寸。

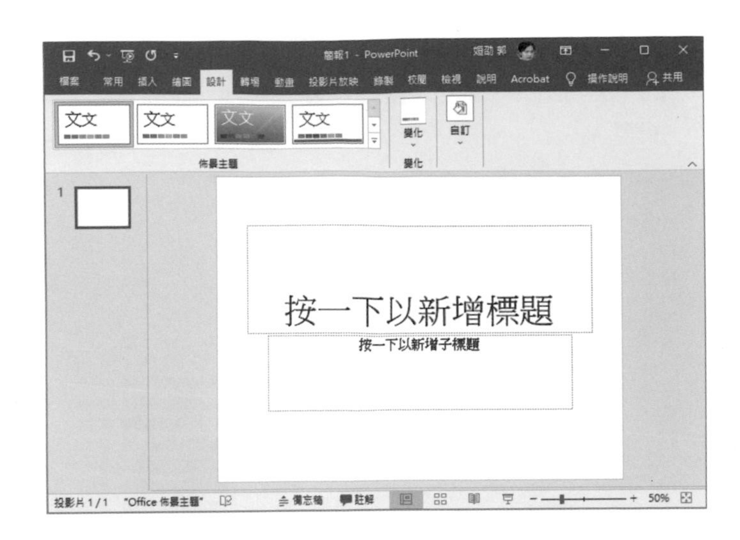

12.2 套用佈景主題與色彩

1 在「設計 > 佈景主題」區域中選擇一種主題套用。

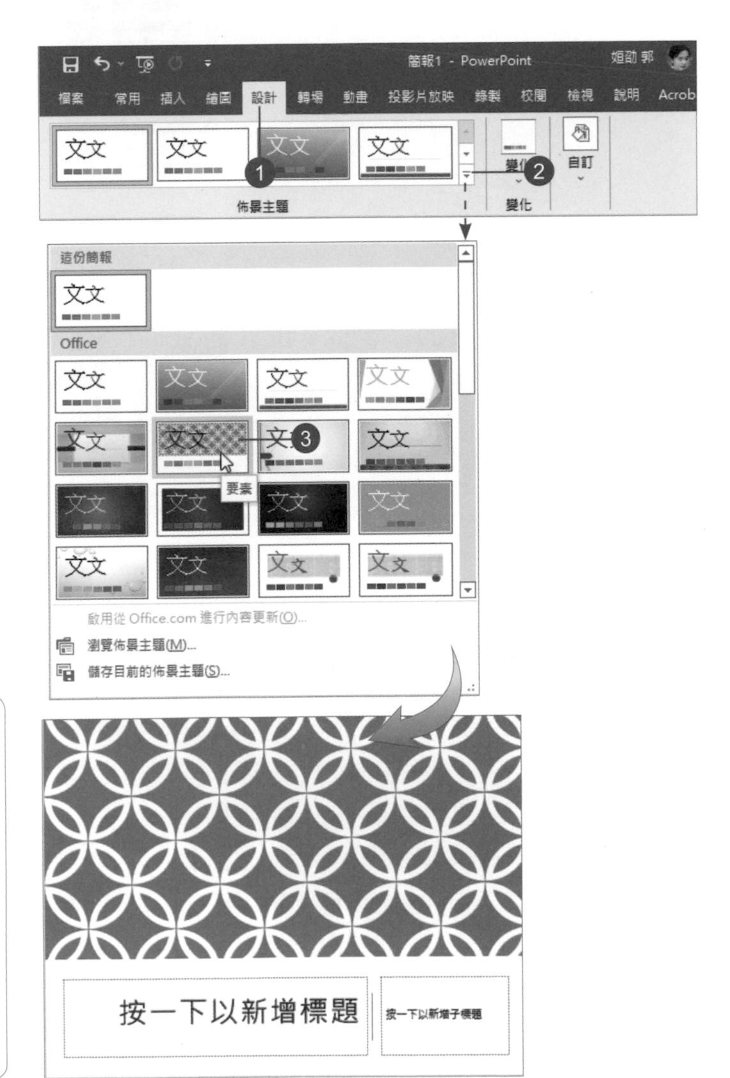

補充說明

簡報套用佈景主題或設計範本後，每一種版面配置都會有預設的格式，包括：字型、色彩、大小、項目符號 ... 等格式，以便維持簡報整體的一致性，因此只要點選這些版面配置框，輸入內容即可，而這些格式也可視需要進行修改。

2 從「變化」區域可選擇一種預設的「變化」，或是改變「色彩」配置。

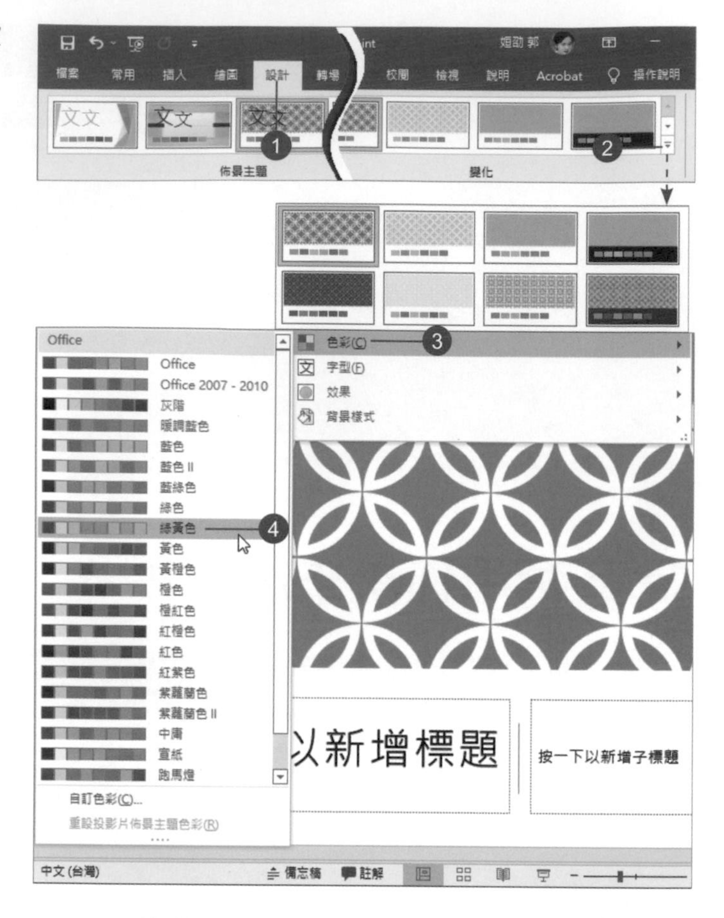

3 再選擇一種預設的「字型」配置。

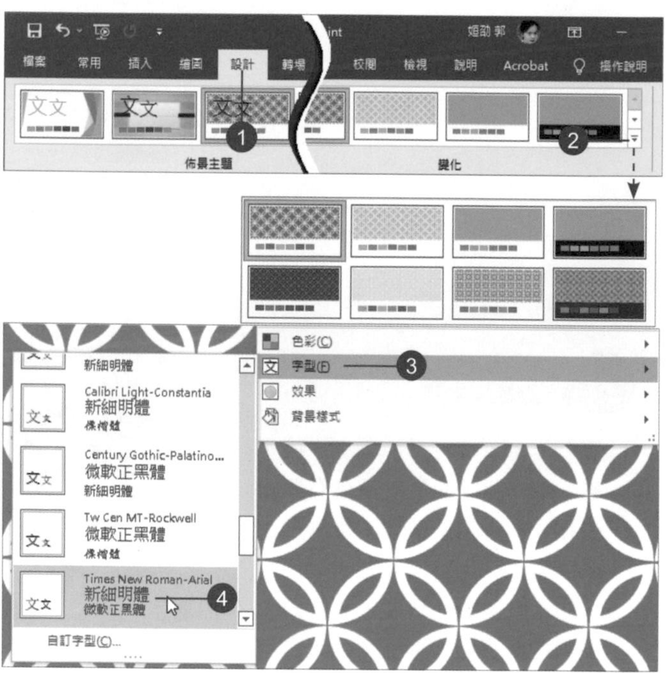

12.3 投影片 1：標題投影片

1 在投影片的提示文字上點選，輸入標題文字。

2 再輸入副標題文字。

12.4 投影片 2：兩個內容

1 執行「常用 > 投影片 > 新投影片 > 兩個內容」指令。

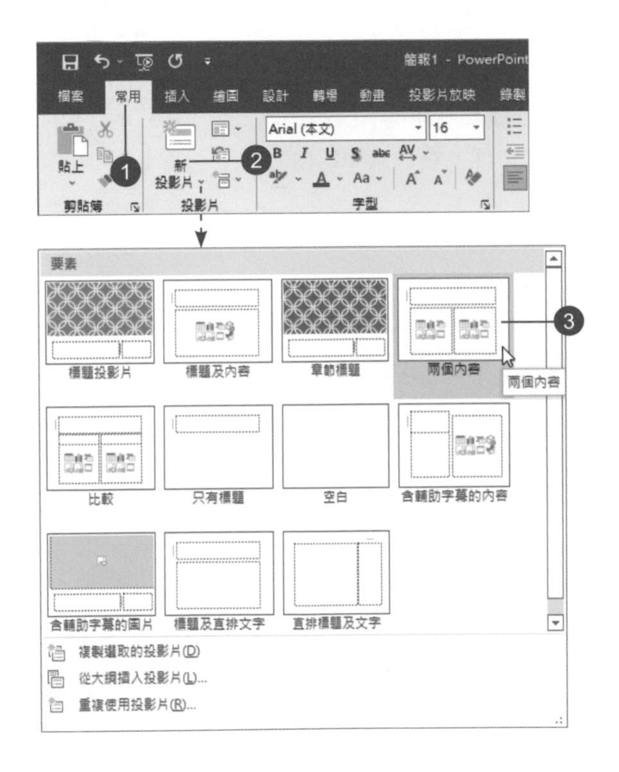

補充說明

請注意！投影片的版面配置種類，會因所選擇佈景主題或設計範本的不同而有差異，不同的 Office 版本，在版面配置的名稱上會有些改變。

2 視窗中顯示新增的投影片。

3 輸入標題和文字內容。

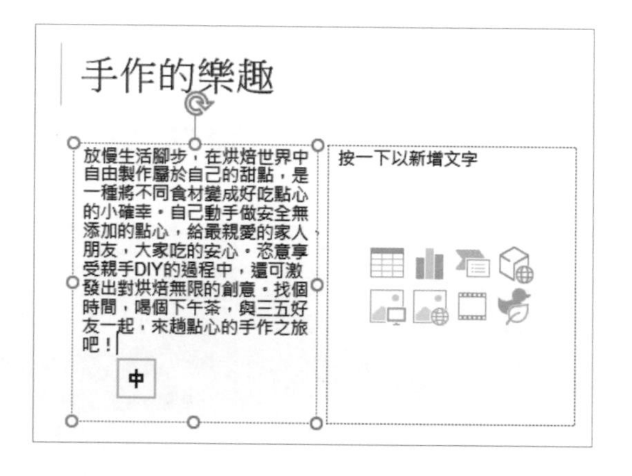

補充說明

可開啟範例資料夾中的「DIY 蛋糕 .docx」文件，複製其中的內容後貼上。

4 點選右側版面配置框中的「圖片」，插入「cake.jpg」圖片。

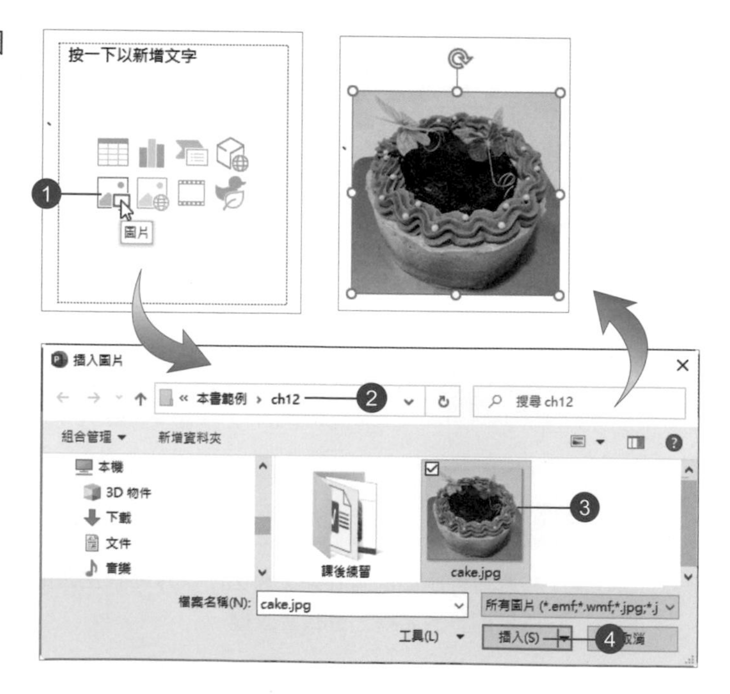

5 在「圖片工具 > 圖片格式 > 圖片樣式」清單中選擇一種樣式套用。

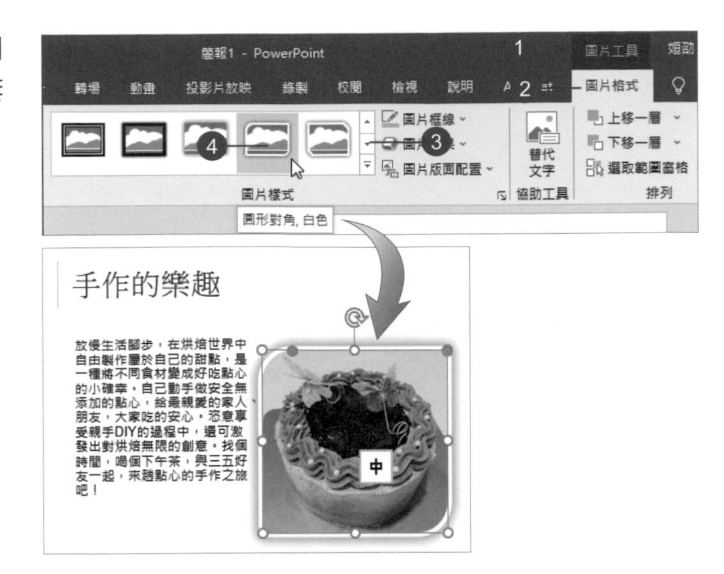

12.5 投影片 3：比較

1 執行「常用 > 投影片 > 新投影片 > 比較」指令。

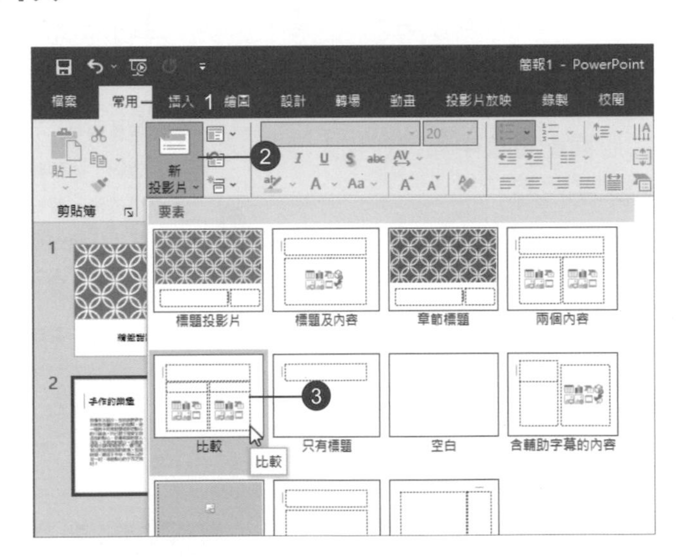

2 視窗中顯示新增的投影片。

3 一一點選版面配置框，並輸入標題及文字。

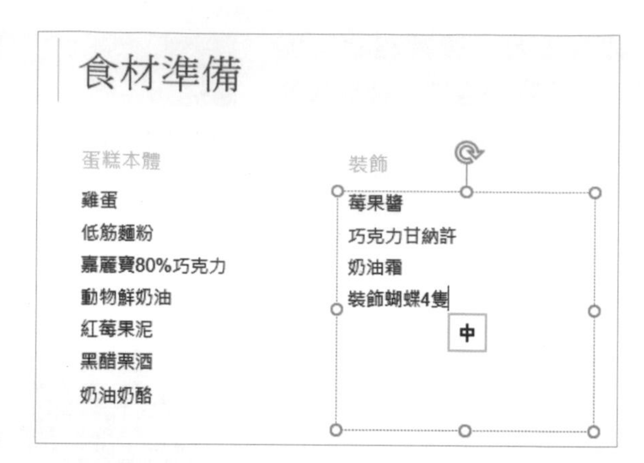

12.6 投影片 4：標題及內容

1 執行「常用 > 投影片 > 新投影片 > 標題及內容」指令。（參考 **12.5 步驟 1 的圖**）

2 於版面配置框中點選並輸入標題及文字內容。

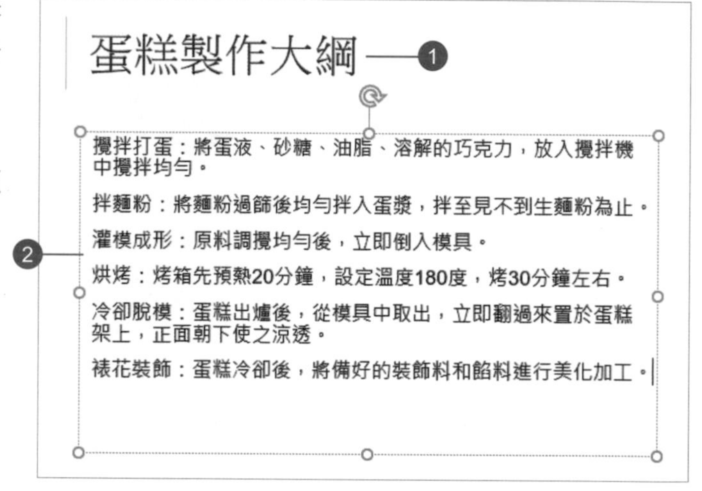

3 選取項目清單的版面配置框，執行「常用 > 段落 > 編號」指令，設定一種編號格式。

12.7 投影片 5：標題及內容

1 按 **Ctrl+M** 快速鍵，新增與前一張投影片相同版面配置「標題及內容」的投影片。

2 輸入標題文字，再點選下方版面配置框的「插入視訊」鈕。

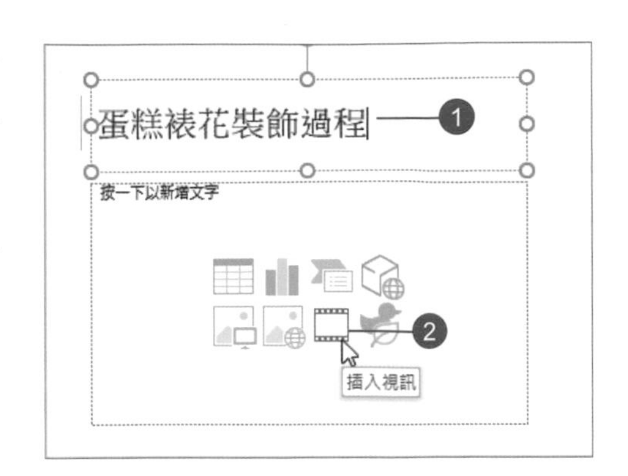

3 將「**DIY.mp4**」影片插入。

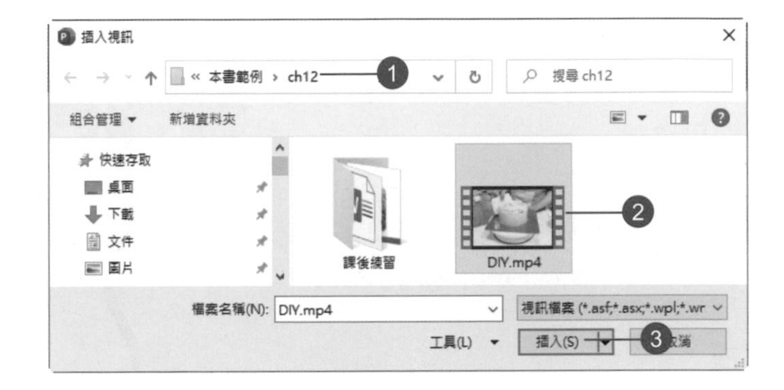

4 按「播放」鈕可以播放影片內容。

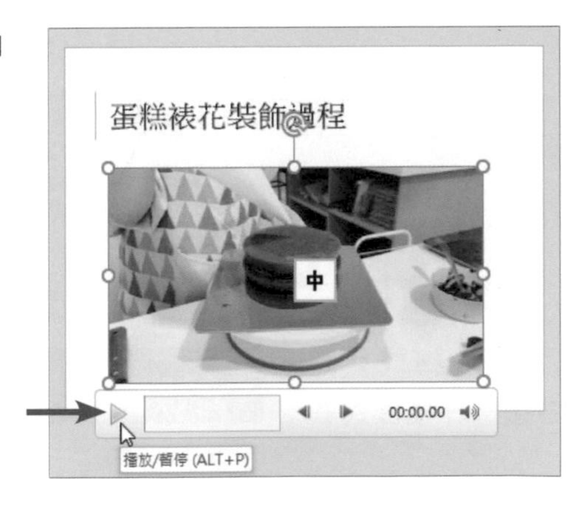

點選可暫停播放

12.8 投影片 6：兩個內容

1 參考 **12.4** 的步驟，執行「常用 > 投影片 > 新增投影片 > 兩個內容」指令，於版面配置框中點選並輸入文字。

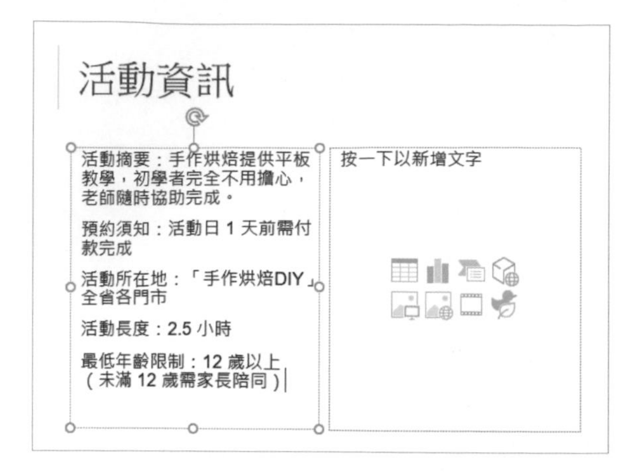

2 點選版面配置框，套用一種「項目符號」。

3 點選右側版面配置框中的「圖片」鈕，插入「**map.jpg**」圖片。

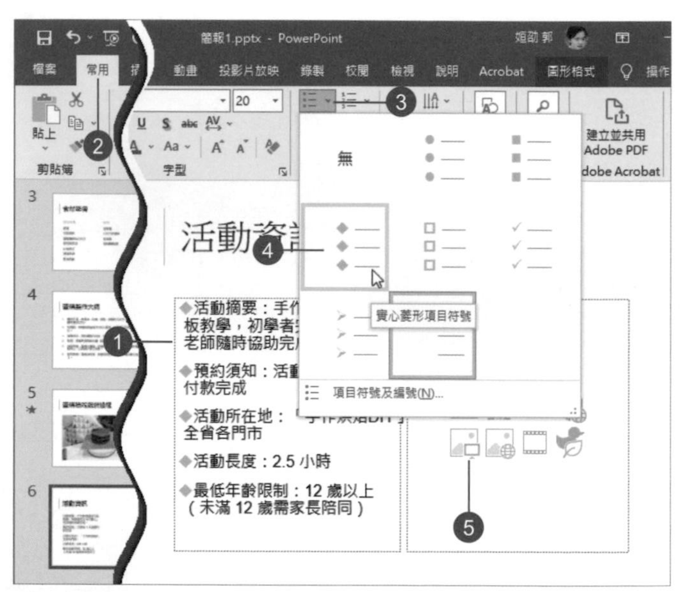

4 在「圖片工具 > 圖片格式 > 圖片樣式」清單中選擇一種樣式套用。

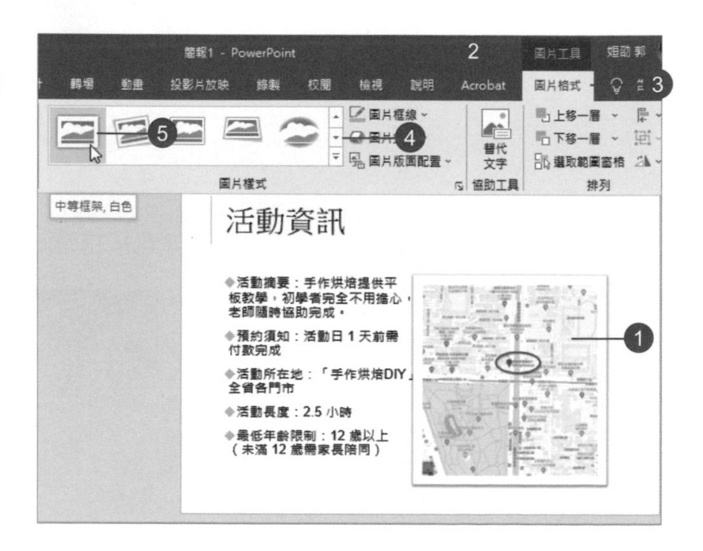

12.9 插入音效

1 點選第 **1** 張投影片，執行「插入 **>** 媒體 **>** 音訊 **>** 我個人電腦上的資訊」指令。

2 將音效檔「**Music.mp3**」插入。

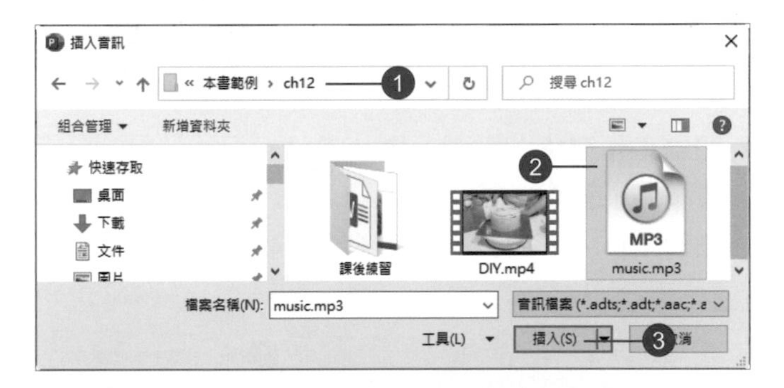

3 將音效圖示往下拖曳。

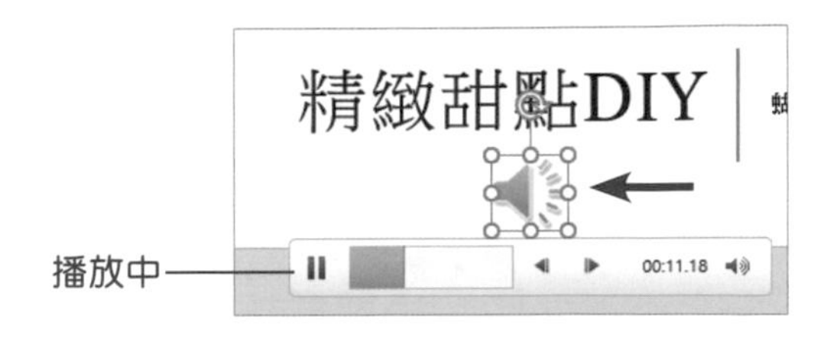

4 在「音訊工具 > 播放 > 音訊選項」區域中，勾選「跨投影片撥放」、「循環播放，直到停止」、「放映時隱藏」核取方塊，並設定「自動」的「開始」選項。

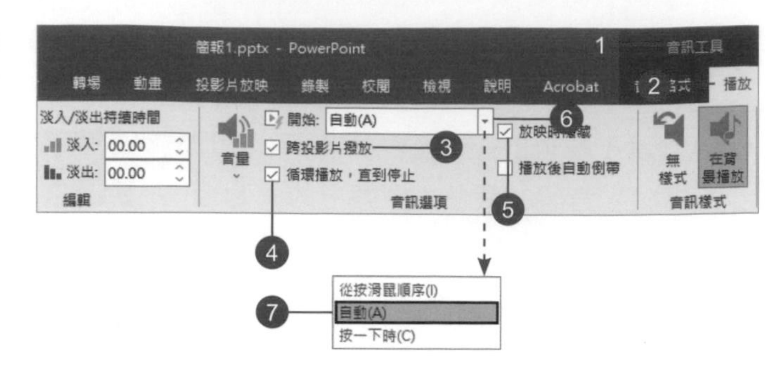

12.10 變更背景圖案

1 執行「設計 > 自訂 > 設定背景格式」指令。

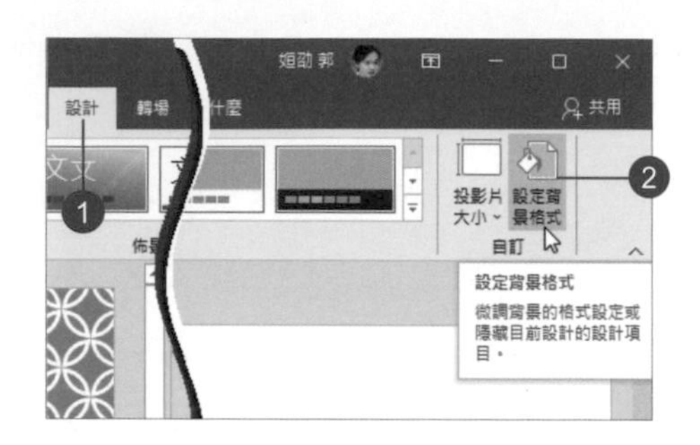

2 開啟工作窗格，點選「圖片或材質填滿」選項，按下「圖片來源」中的【插入】鈕。

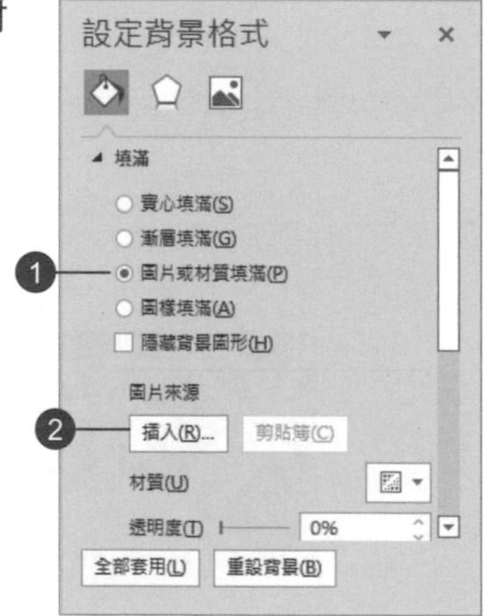

3 選擇「線上圖片」。

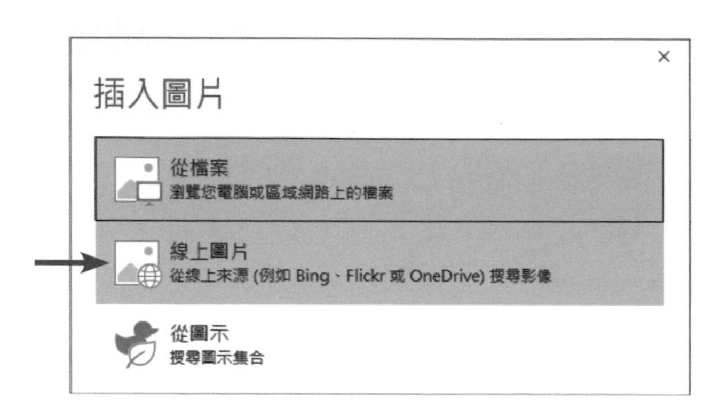

4 輸入關鍵字「背景」，按 **Enter** 鍵，再選擇一種圖片插入。

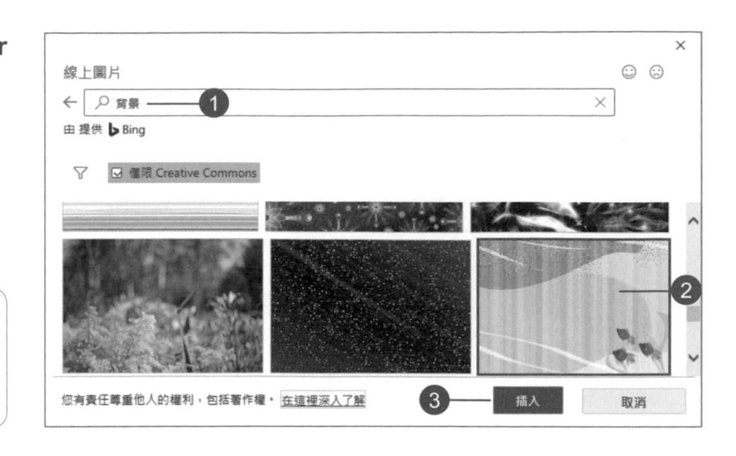

補充說明

請注意！線上圖片會經常更新，可選擇任一搜尋到的圖片使用。

5 調整「透明度」後，按【全部套用】鈕，再關閉工作窗格。

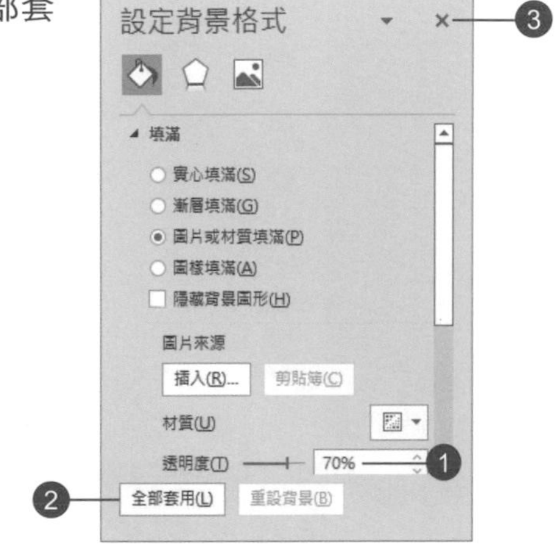

6 所有投影都會套用相同的背景圖片。

12.11 投影片轉場特效

1 在「轉場 > 切換到此投影片」中選擇一種轉場特效。

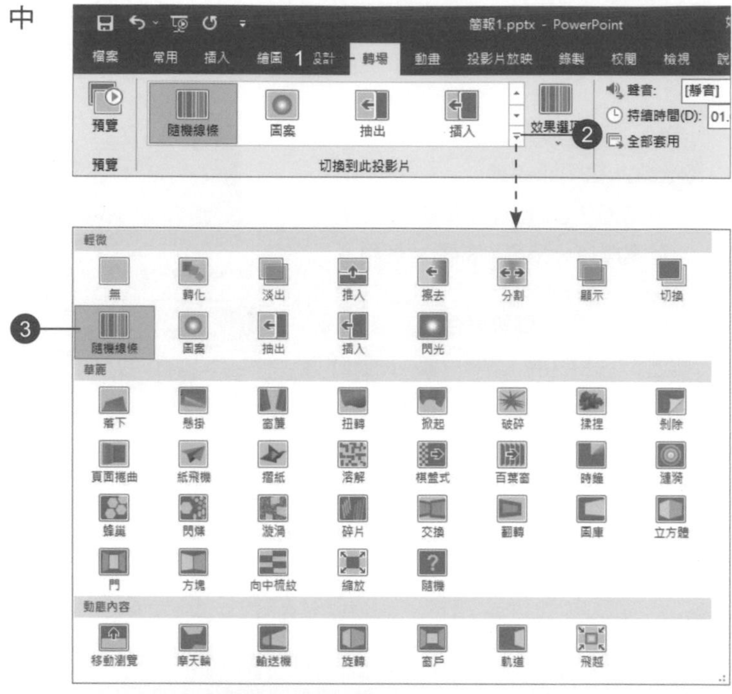

2 執行「預存時間 > 全部套用」指令。

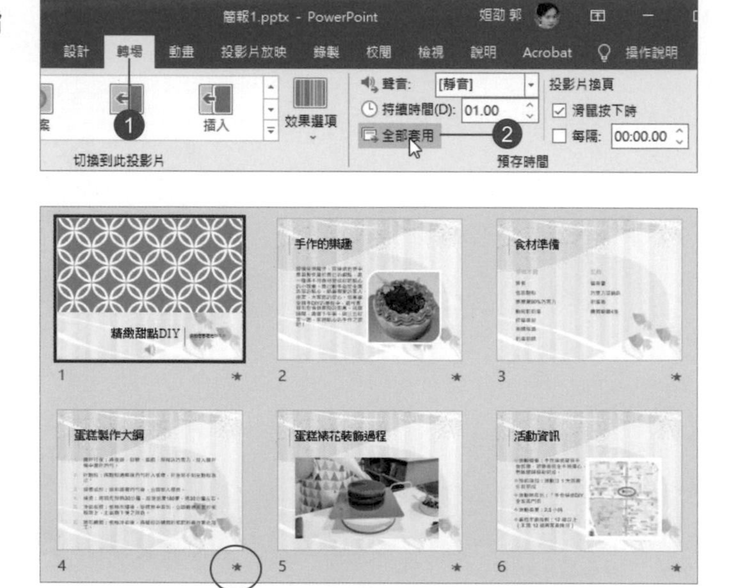

每張投影片上會出現此圖示

12.12 以閱讀檢視模式播放

1 執行「檔案 > 儲存檔案」指令，選擇「瀏覽」，找到儲存位置後，將簡報命名儲存。

2 執行「檢視 > 簡報檢視 > 閱讀檢視」指令。

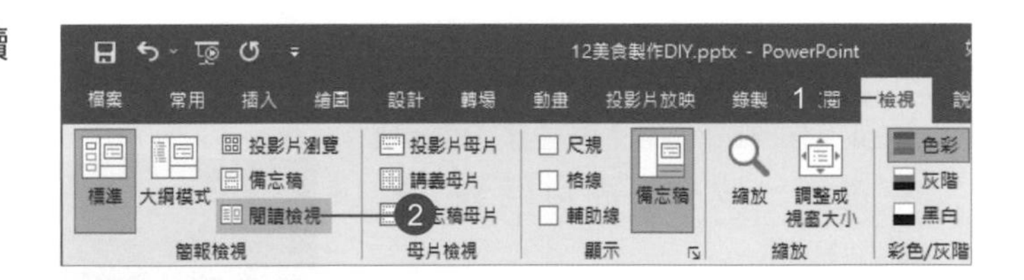

3 開始放映投影片，且會有音效出現（會循環播放），以狀態列上的按鈕控制投影片播放。

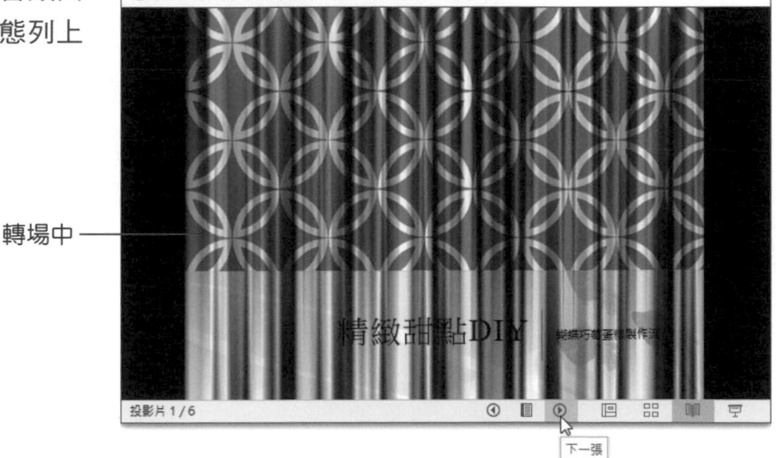

4 也可控制要移到哪張投影片播放。

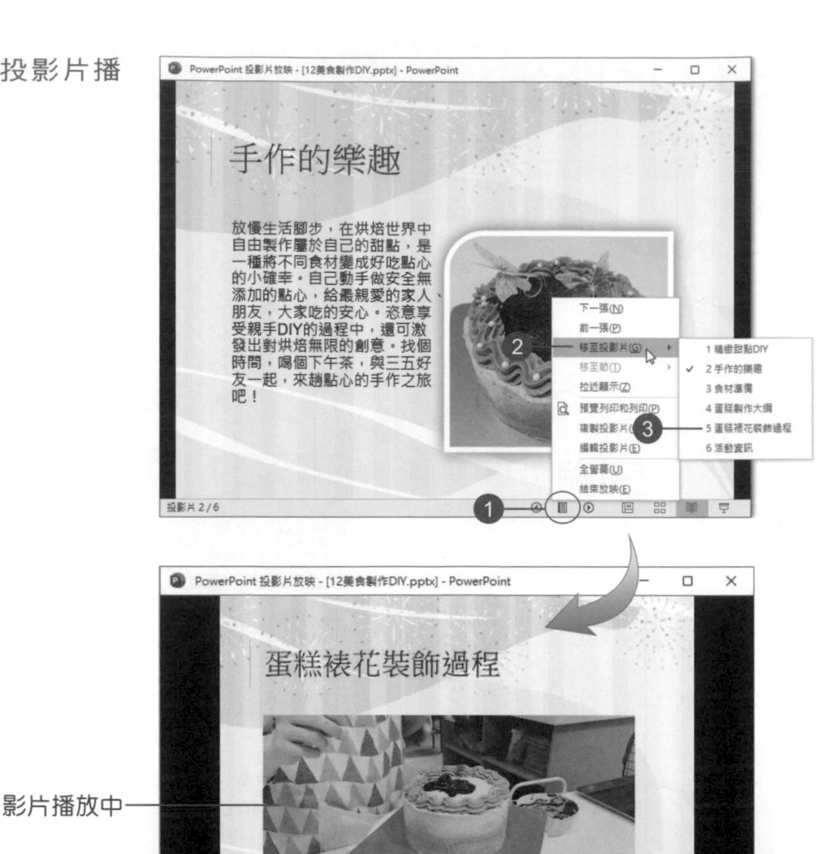

5 播放到最後，出現黑色的放映結束畫面，按一下即可回到「標準」模式。

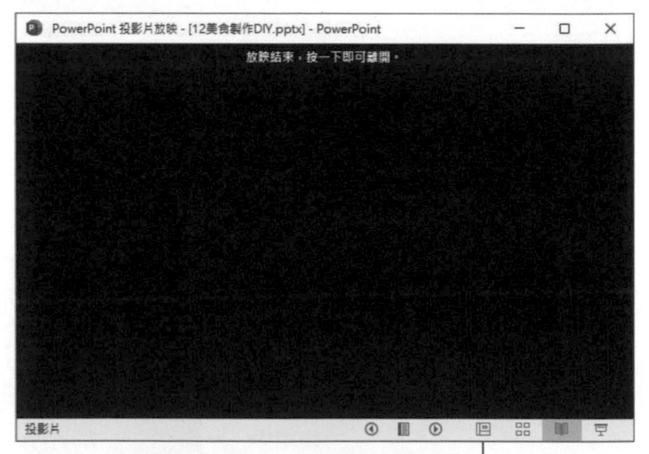

注意！按視窗關閉鈕「x」會將簡報關閉。

一、選擇題

1. (　) 哪一個功能區可以變更投影片大小？（A）常用（B）檢視（C）設計。

2. (　) 空白簡報的預設大小是？（A）4:3（B）16:9（C）1:1。

3. (　) 哪一個功能區可以變更佈景主題的色彩？（A）常用（B）設計（C）插入。

4. (　) 哪一個功能區可以產生音訊？（A）插入（B）設計（C）常用。

5. (　) 哪一個功能區可以變更背景圖案？（A）插入（B）設計（C）常用。

二、實作題

1. 新增空白簡報後，改為 4:3 的大小，套用一種佈景主題，內容包含標題和圖片。

2. 新增包含標題、圖片和文字內容的投影片。

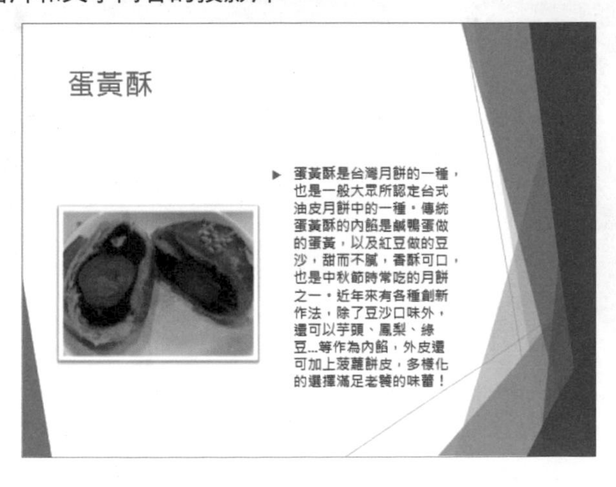

PowerPoint 篇

員工教育訓練

利用投影片的預設版面配置，可以製作包含文字以外的內容，視覺化的呈現方式，更容易傳達簡報的宗旨。

學習目標

- 改變投影片大小
- 投影片的各種版面配置
- 段落清單階層的增加與減少
- 插入線上圖片
- 插入圖表
- 插入表格
- 插入SmartArt圖形
- 編輯投影片母片

13.1 改變投影片大小

1 啟動 **PowerPoint** 後，執行「新增」指令，在 **Office** 分類中點選「佈景主題」標籤，再點選「主要賽事」佈景主題縮圖。

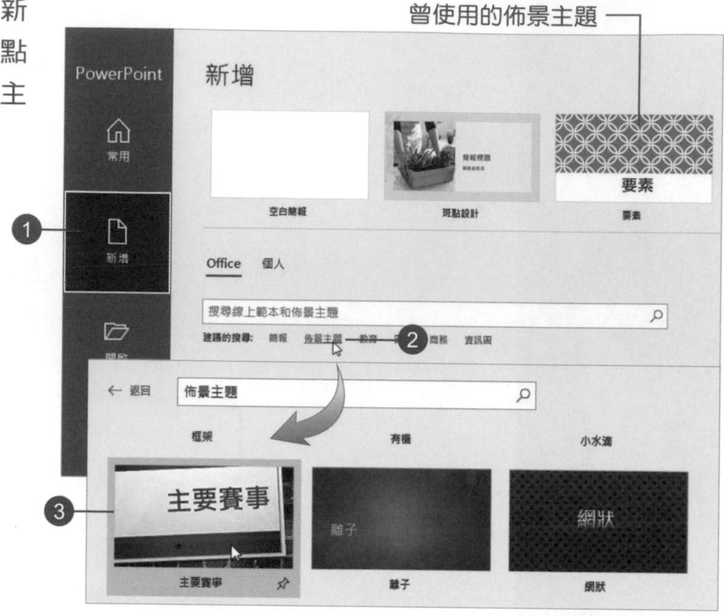

2 選擇一種色彩配置，按「建立」鈕。

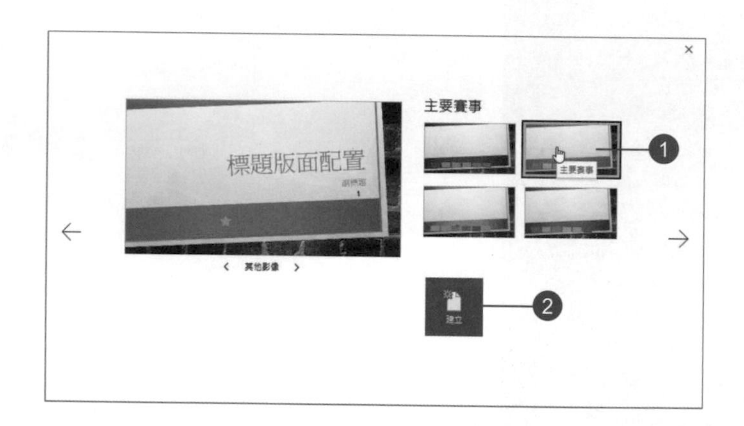

3 視窗中顯示新增的空白簡報。

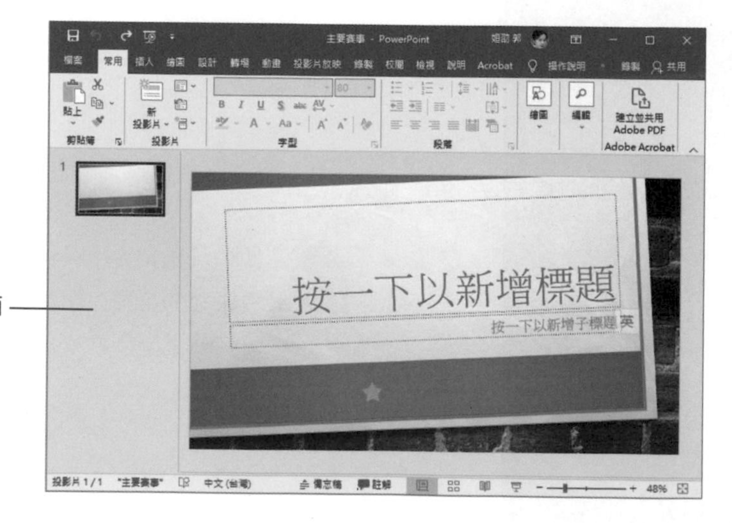

4 執行「設計 > 自訂 > 投影片大小 > 標準」指令。

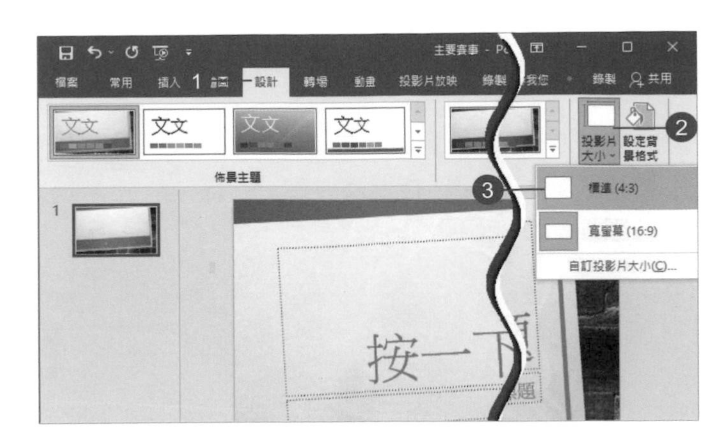

5 選擇「最大化」選項。

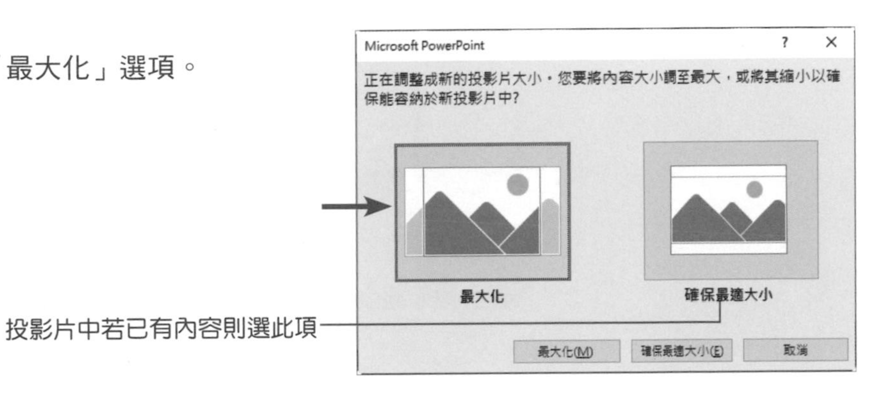

投影片中若已有內容則選此項

13.2 投影片 1：標題投影片

1 簡報的第一張投影片稱作「標題投影片」。

標準「4:3」的投影片大小

2 在提示文字「按一下以新增標題」上點選一下，輸入標題文字，然後再輸入副標題文字。

13.3 投影片 2：標題及內容

1 執行「常用 > 投影片 > 新增投影片」指令，選擇「標題及內容」的版面配置。

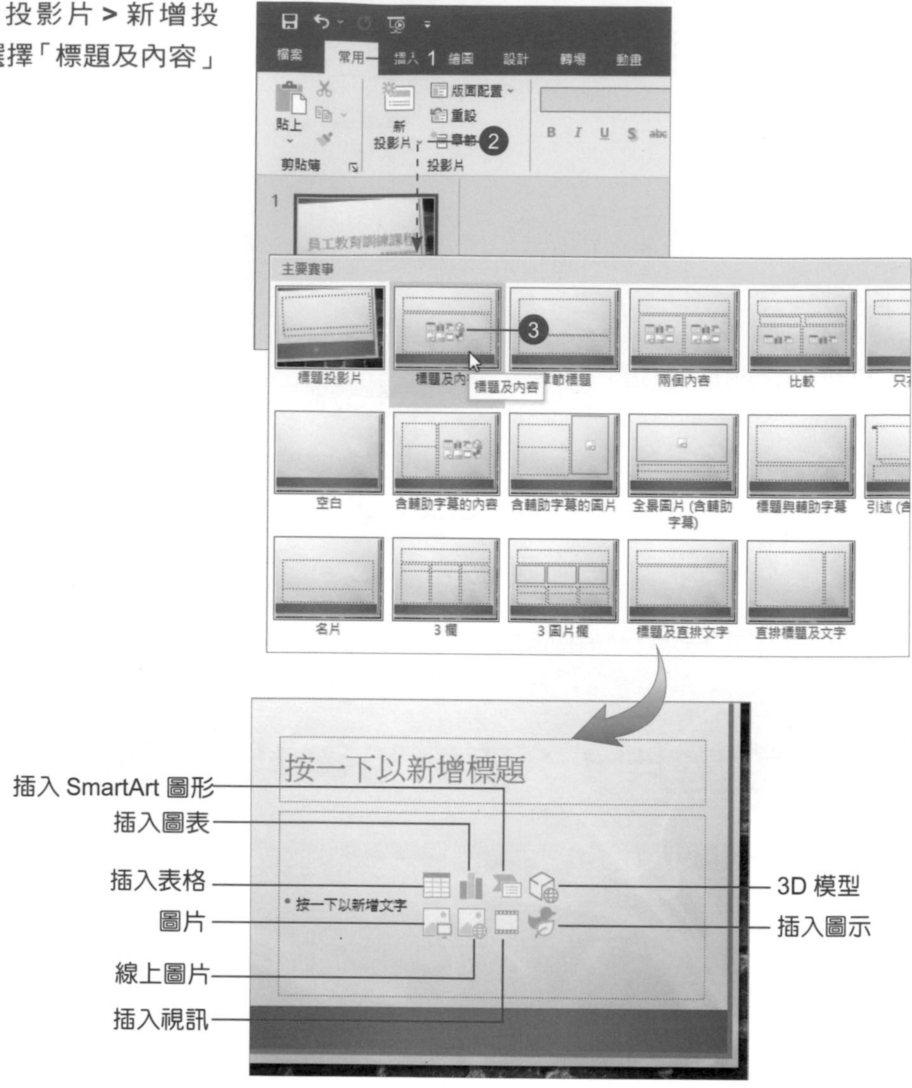

2 點選標題提示文字，並輸入標題內容。

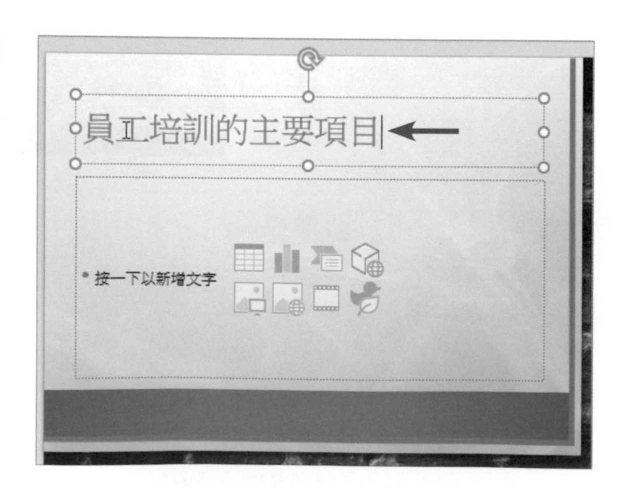

3 點選下方的版面配置框，輸入段落文字。文字內容可複製自範例資料夾中的「投影片文字 **.docx**」文件。

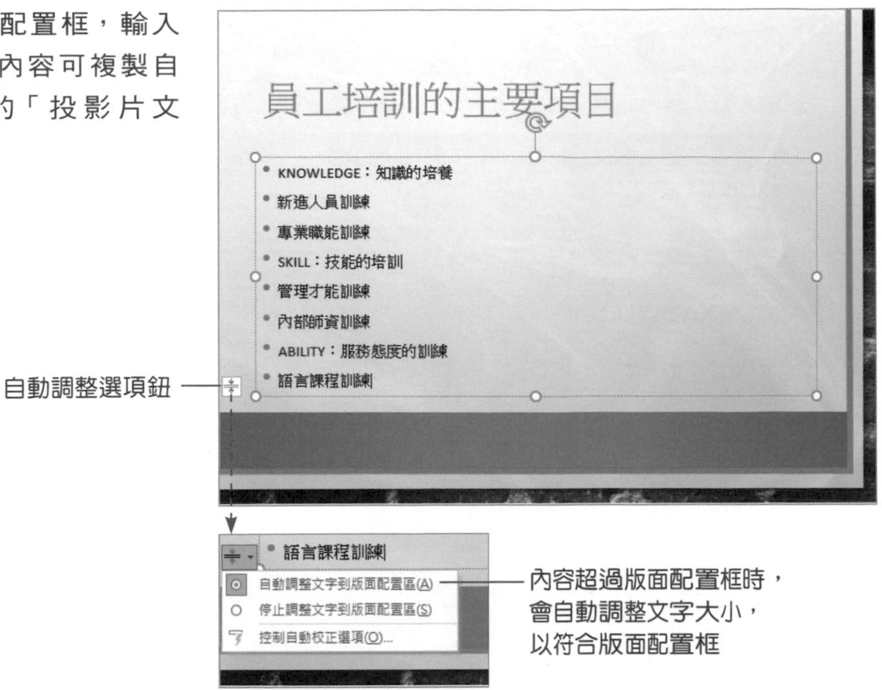

4 拖曳選取第 **2**、**3** 段落，再按住 **Ctrl** 鍵選取第 **5**、**6** 和 **8** 段落文字。

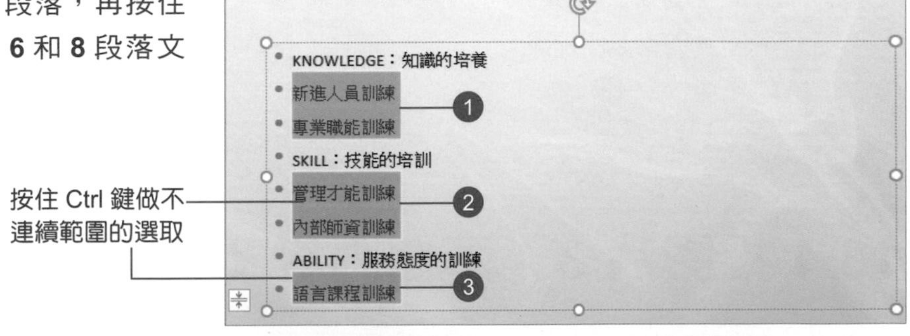

5 執行「常用 **>** 段落 **>** 增加清單階層」指令，選取的段落會降為第二階層。

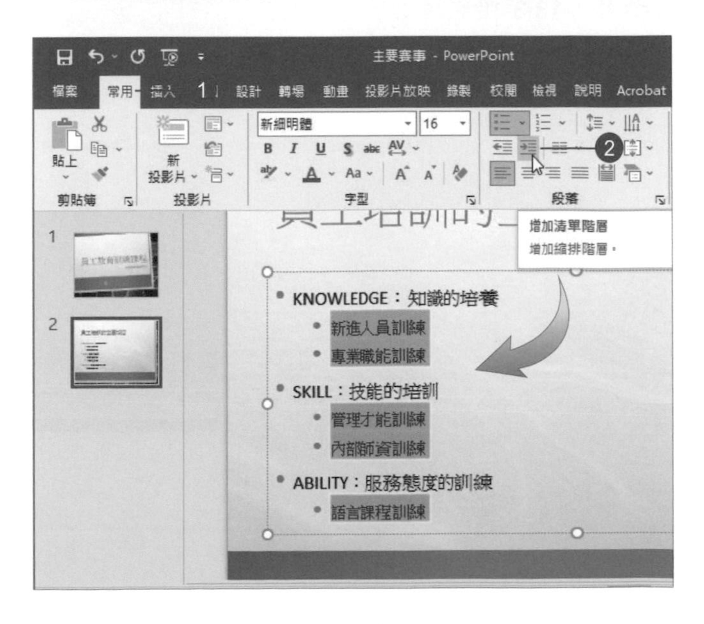

● 輸入第二層內容時，可先按「增加清單階層」鈕，再輸入文字。

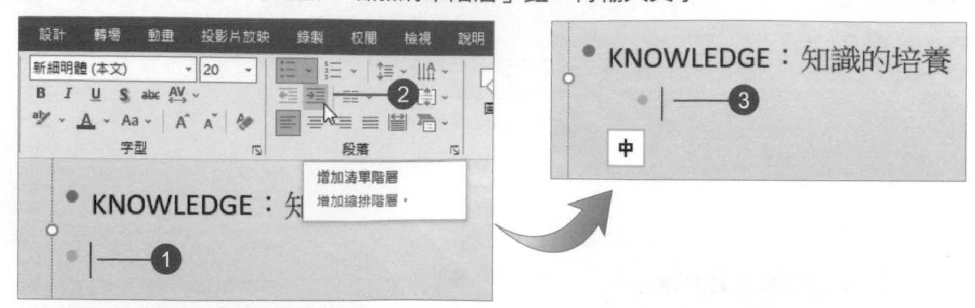

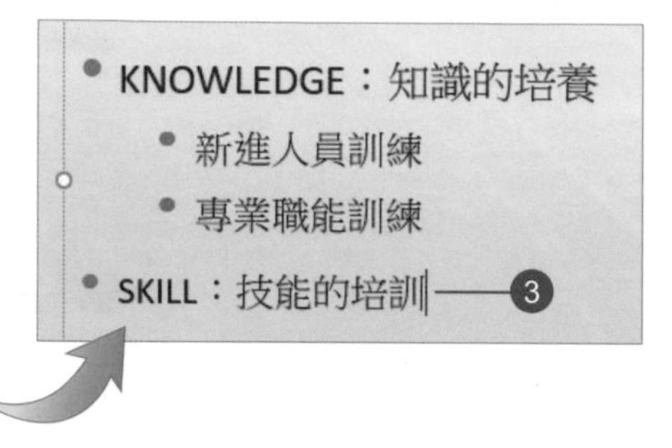

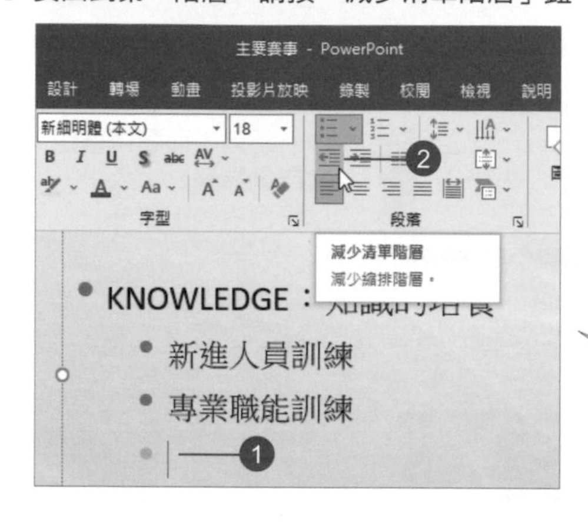

● 要回到第一階層，請按「減少清單階層」鈕。

13.4 投影片 3：兩個內容（插入線上圖片）

1 參考「**13.3 投影片 2**」的新增方法，新增「兩個內容」版面配置的投影片。

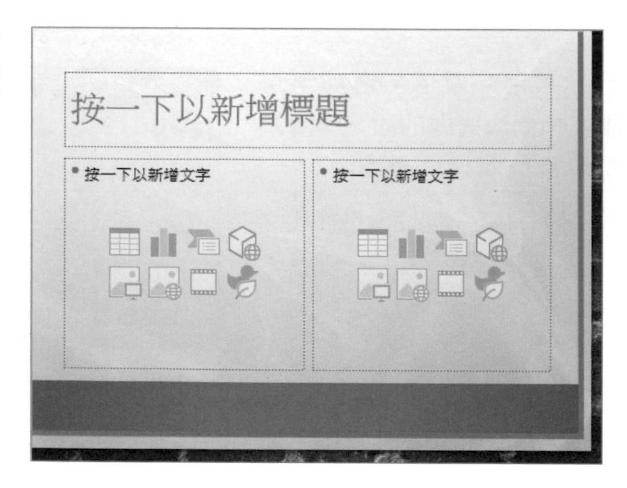

2 分別點選標題和下方左側的提示文字並輸入文字，內容可複製自「投影片文字 .docx」文件。接著在右側的版面配置框中點選「線上圖片」鈕。

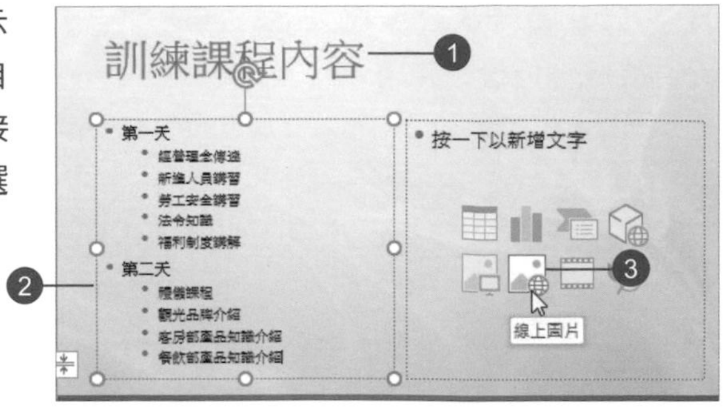

3 輸入關鍵字「**Training**」，按 **Enter** 鍵。

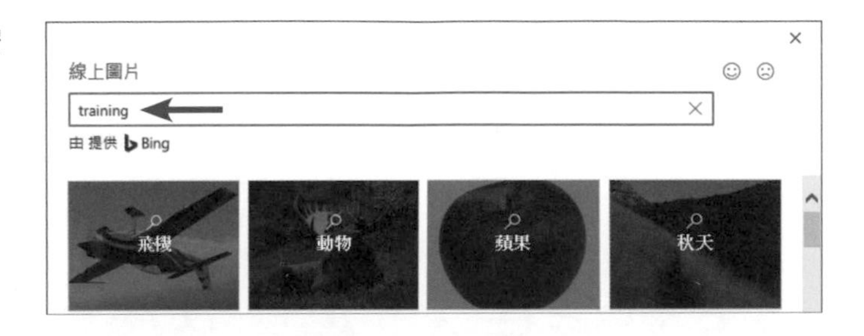

4 按「篩選」鈕，選擇「美工圖案」。

5 點選要使用的項目，按【插入】鈕。

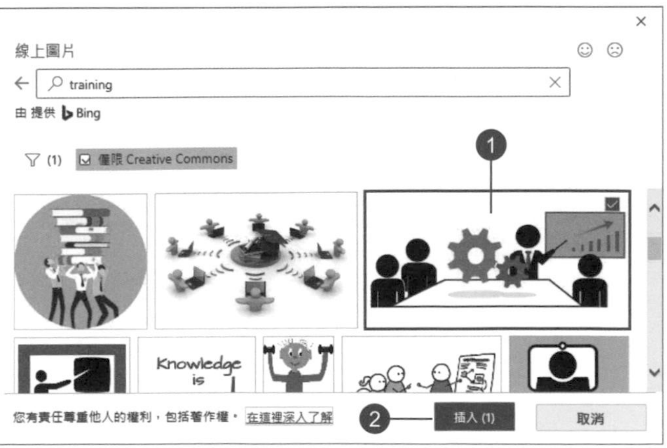

補充說明

提醒您！線上圖片的內容會經常更新，使用時請小心謹慎，勿引起侵權問題。

6 在「圖片工具 > 圖片格式 > 圖片樣式」中選擇一種樣式套用。

13.5 投影片 4：標題及內容（圖表）

1 新增「標題及內容」版面配置的投影片，輸入標題內容。接著在版面配置框中點選「插入圖表」鈕。

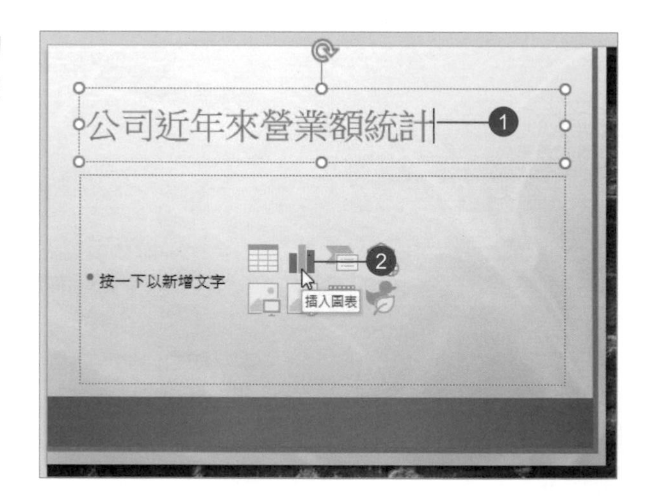

2 選擇「群組直條圖」，按【確定】鈕。

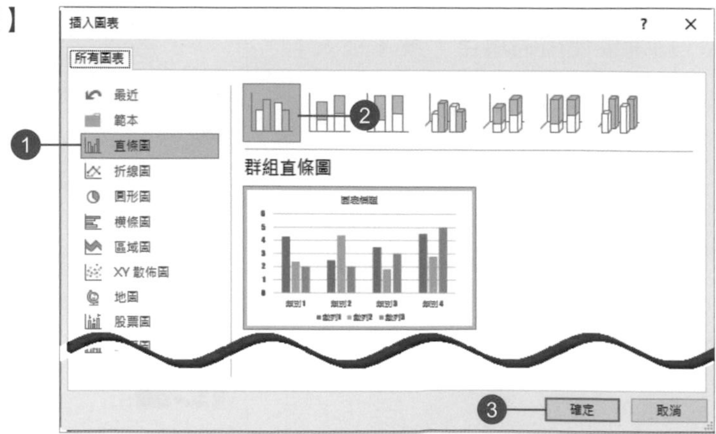

3 產生圖表的同時，工作表會開啟並顯示預設圖表的資料數據。

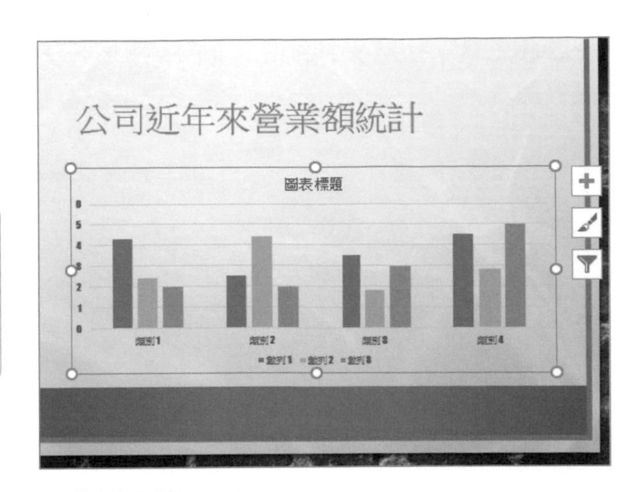

補充說明

這個預設圖表的格式（色彩），會根據所套用的設計範本或佈景主題而變化。

Microsoft PowerPoint 的圖表

	A	B	C	D	E	F	G
1		數列1	數列2	數列3			
2	類別1	4.3	2.4	2			
3	類別2	2.5	4.4	2			
4	類別3	3.5	1.8	3			
5	類別4	4.5	2.8	5			
6							

4 修改工作表的內容，完成後將工作表關閉。

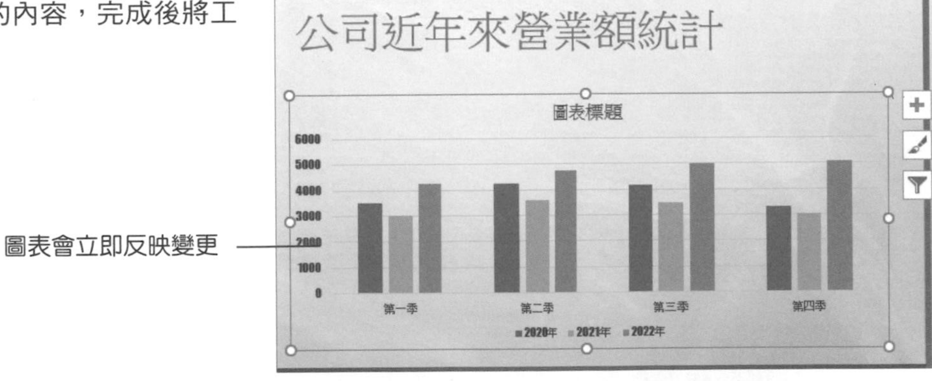

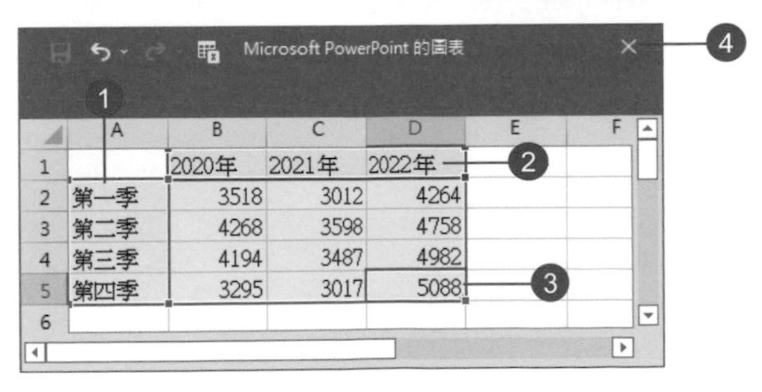
Microsoft PowerPoint 的圖表

	A	B	C	D	E	F
1		2020年	2021年	2022年		
2	第一季	3518	3012	4264		
3	第二季	4268	3598	4758		
4	第三季	4194	3487	4982		
5	第四季	3295	3017	5088		
6						

5 透過「圖表工具」功能區中的指令，編修圖表。

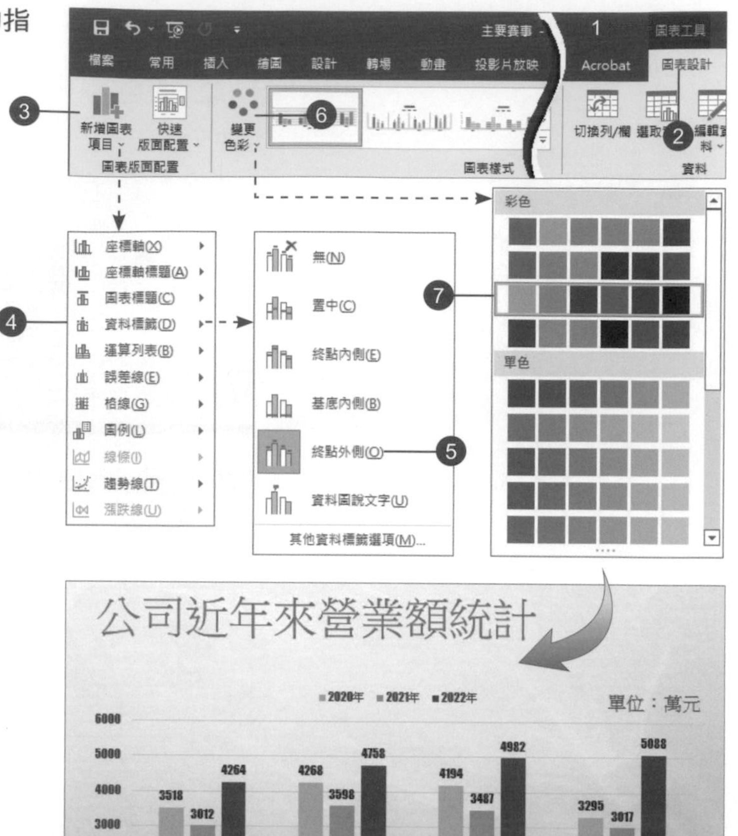

13.6 投影片 5：標題及內容（表格）

1 按 **Ctrl+M** 快速鍵，新增與上一張投影片相同版面配置的投影片，輸入標題內容。接著在版面配置框中點選「插入表格」鈕。

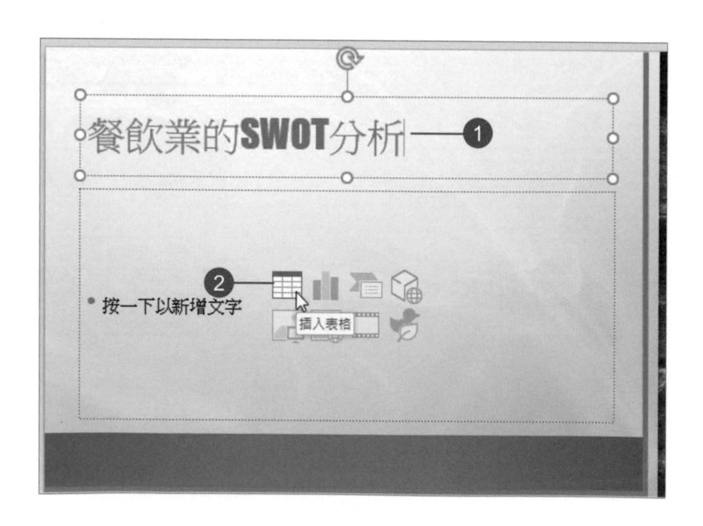

2 新增 **2X2** 的表格。

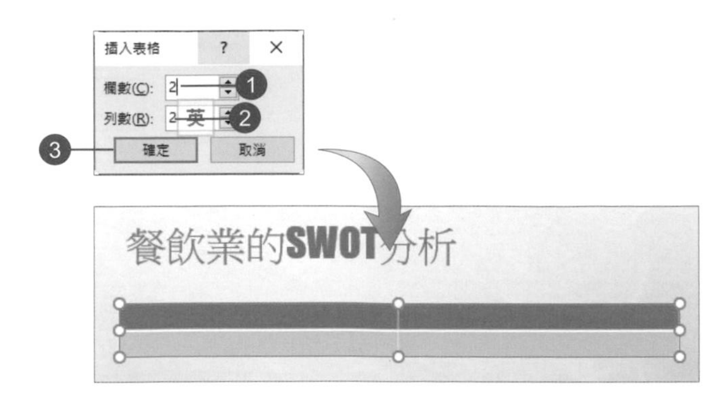

3 在各儲存格中輸入文字（內容可複製自「投影片文字 .docx」文件）套用一種「表格樣式」，再視需要格式化內容。

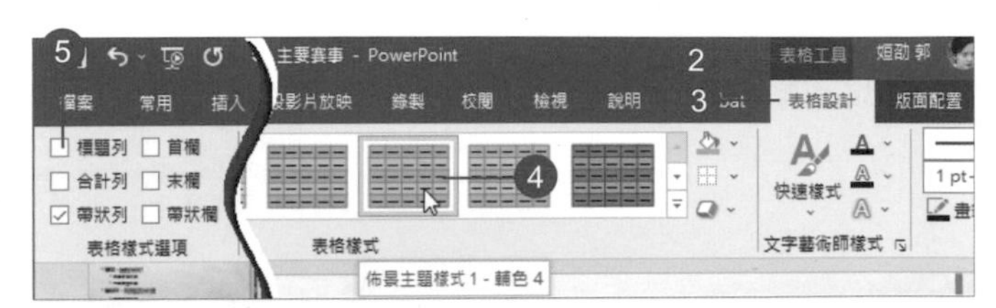

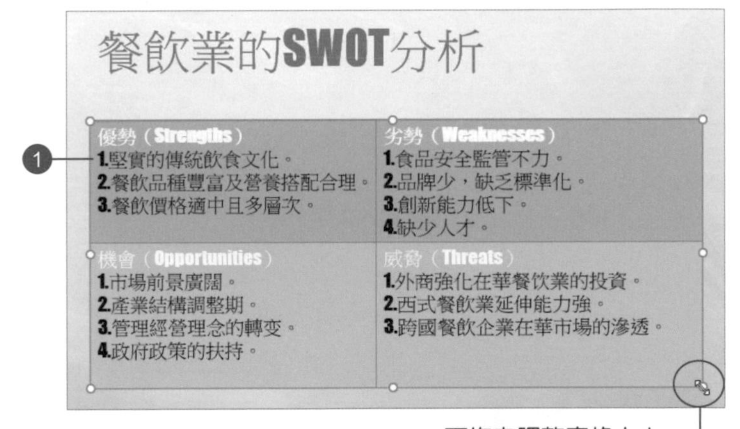

可拖曳調整表格大小

13.7 投影片 6：標題及內容（SmartArt 圖形）

1 新增「標題及內容」版面配置的投影片，輸入標題內容。在版面配置框中點選「插入 **SmartArt** 圖形」鈕。

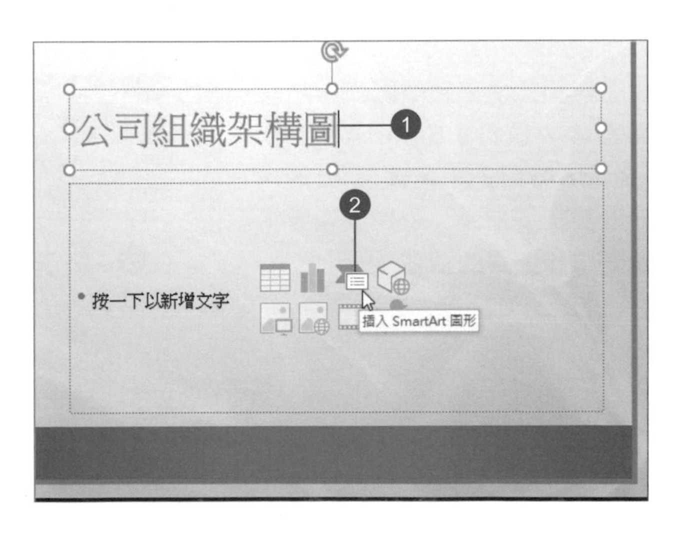

2 選擇「階層圖」及一種樣式，按【確定】鈕。

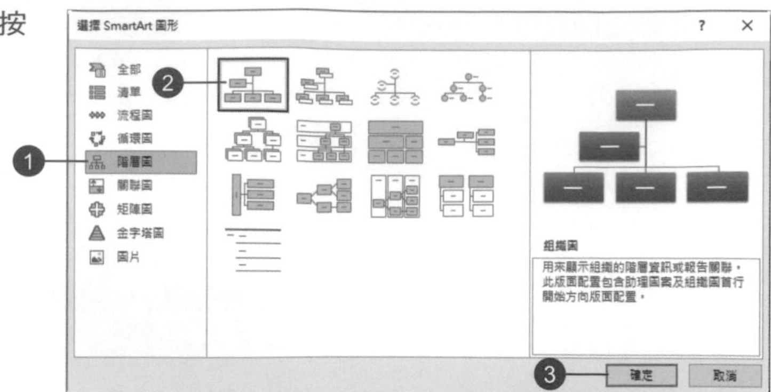

3 修改圖案中顯示的文字內容。

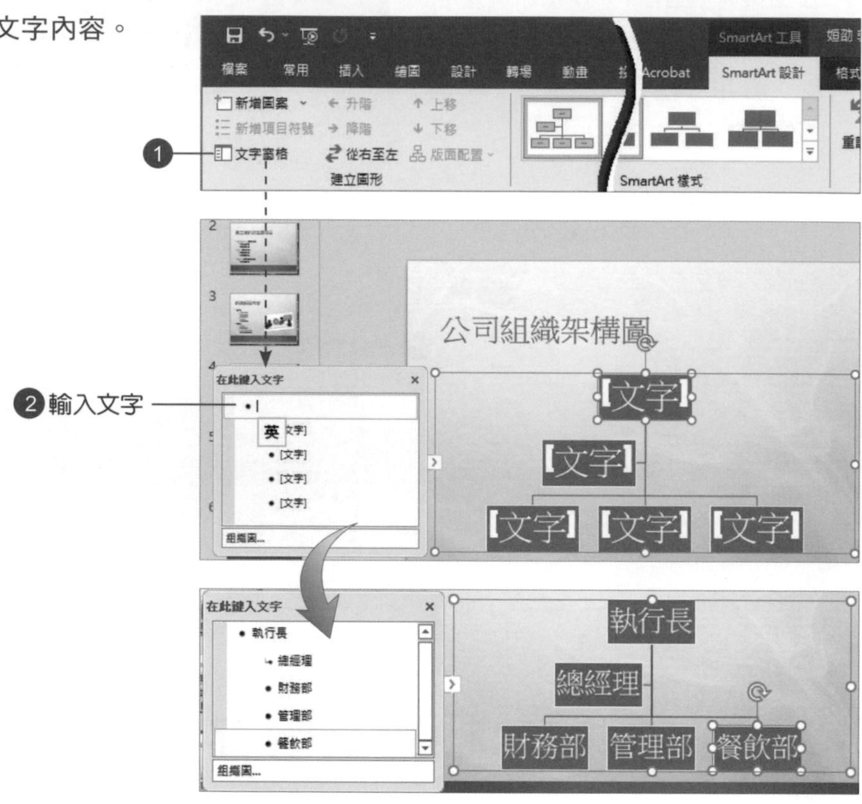

4 視組織圖架構來新增圖案，點選圖案後，執行「**SmartArt** 工具 **>SmartArt** 設計 **>** 建立圖形 **>** 新增圖案」指令，選擇要新增哪個階層和位置的圖案。

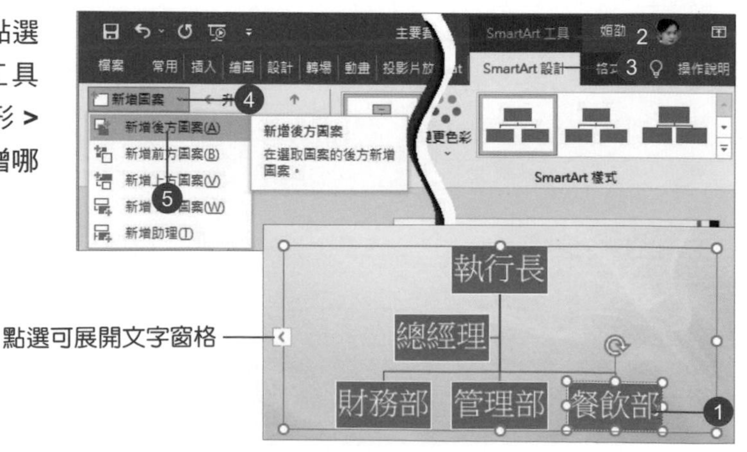

5 在新增的圖案上輸入文字。

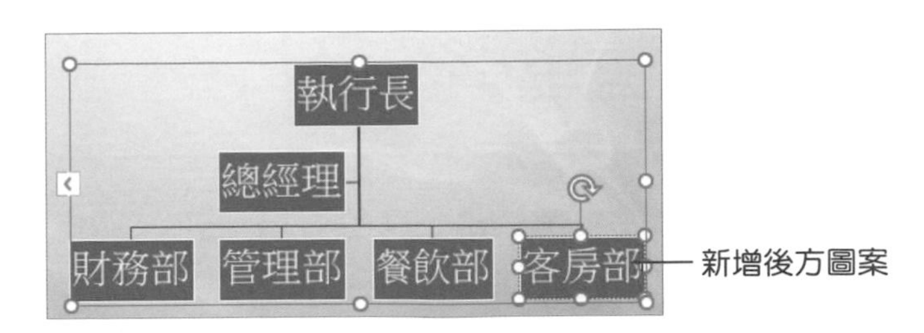

6 透過「**SmartArt** 工具」功能區的指令美化組織圖。

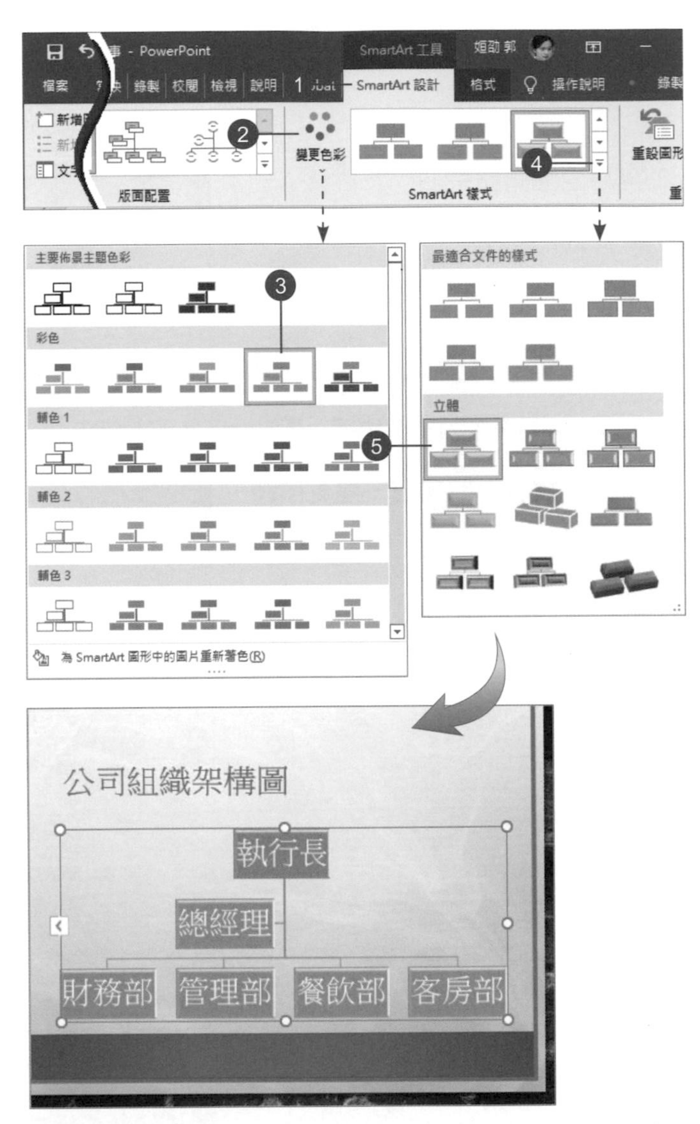

可透過「SmartArt 工具 > 格式」功能區中的指令，對圖案進行個別的格式化。

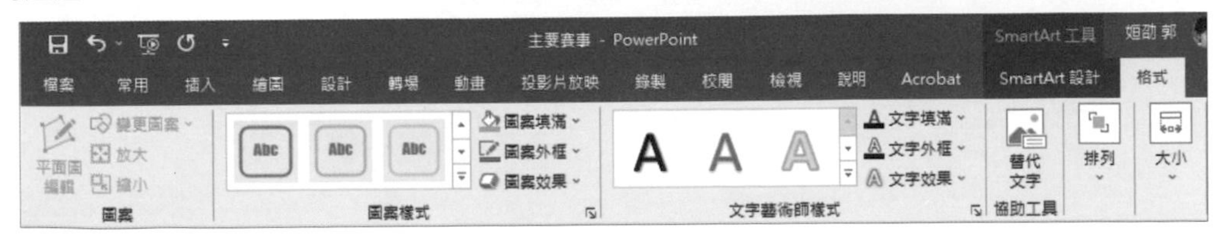

13.8 編輯投影片母片

1 執行「檢視 > 母片檢視 > 投影片母片」指令，選取最上層的「投影片母片」縮圖。

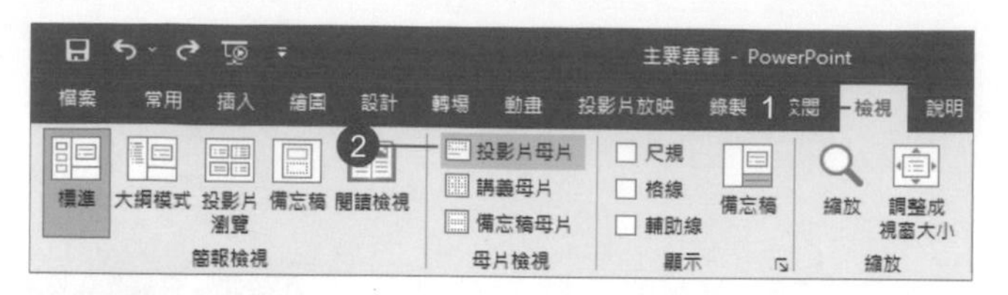

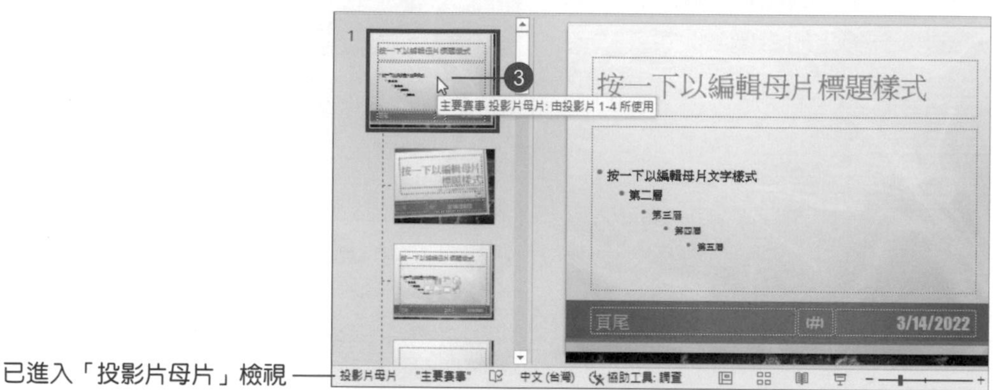

已進入「投影片母片」檢視

2 選取標題版面配置框，變更標題文字的格式。

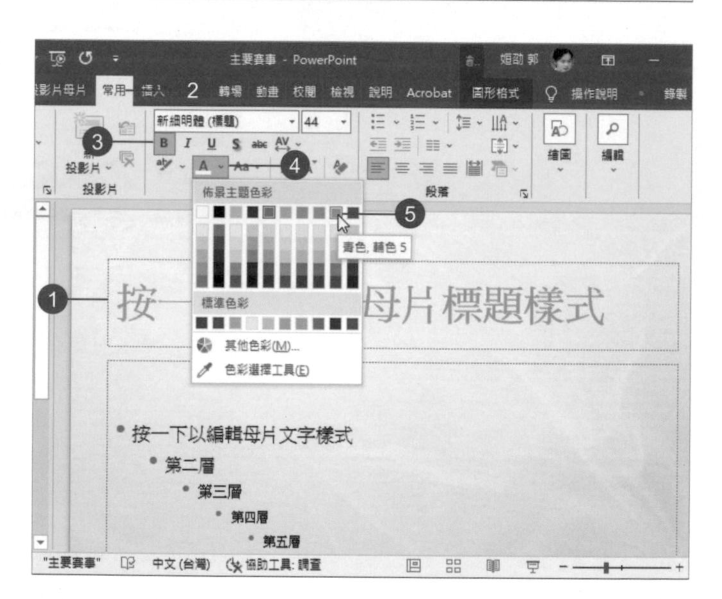

3 執行「插入 > 影像 > 圖片 > 此裝置」指令，插入「logo.png」圖片。

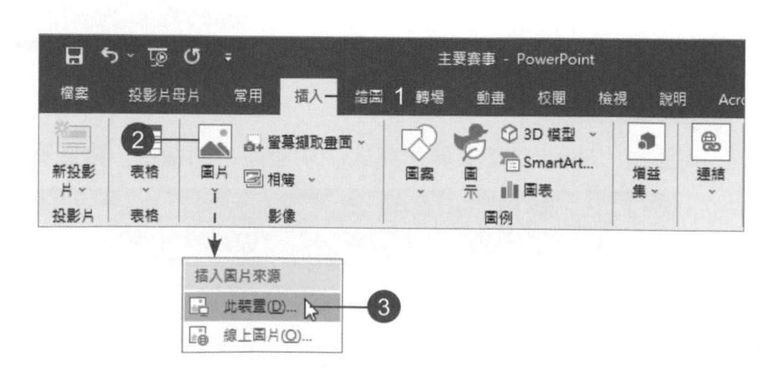

4 調整圖片大小及位置。

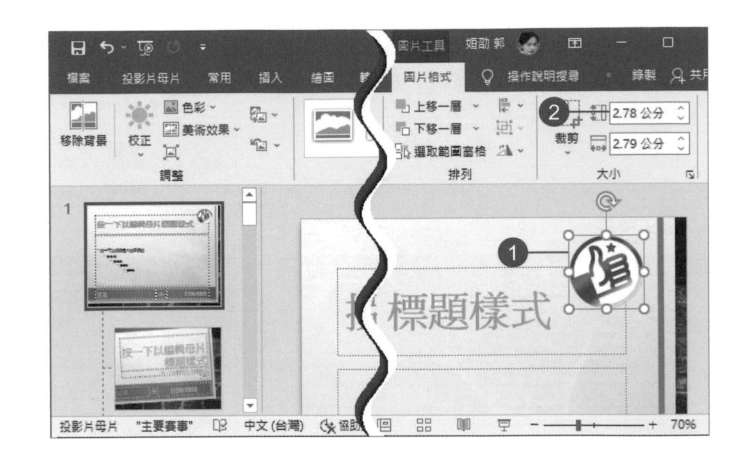

5 將插入點置於版面配置框中第一層段落的任意處。

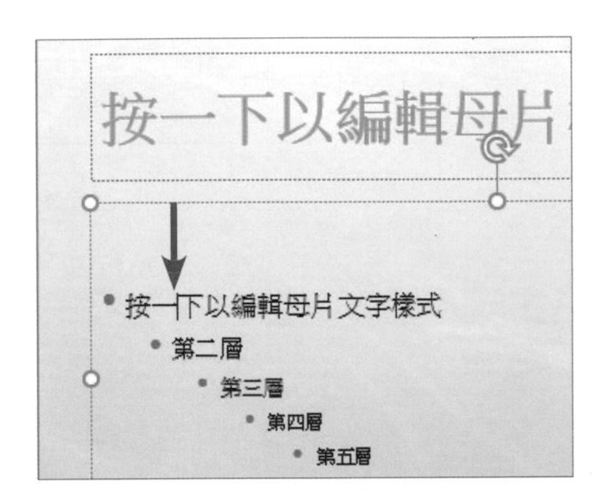

6 執行「常用 > 段落 > 項目符號」指令，展開清單變更項目符號。

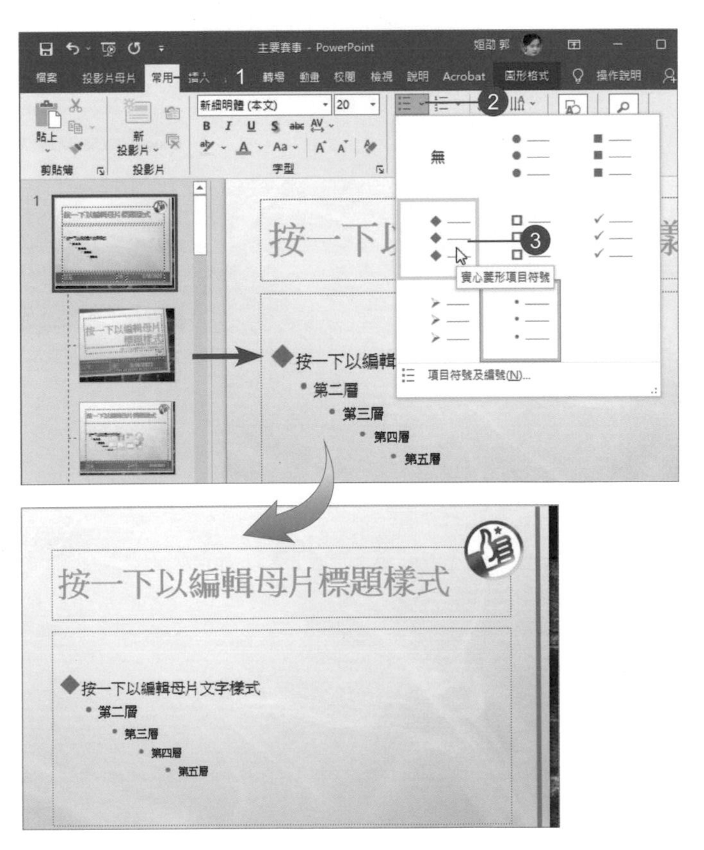

7 執行「投影片母片 > 關閉 > 關閉母片檢視」指令離開母片檢視模式。

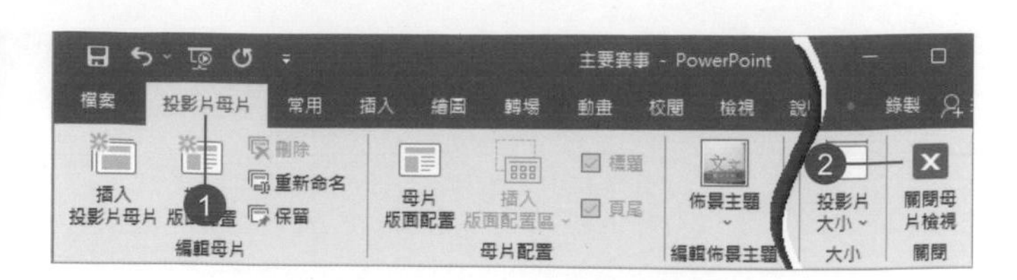

8 執行「儲存檔案」指令將簡報儲存。

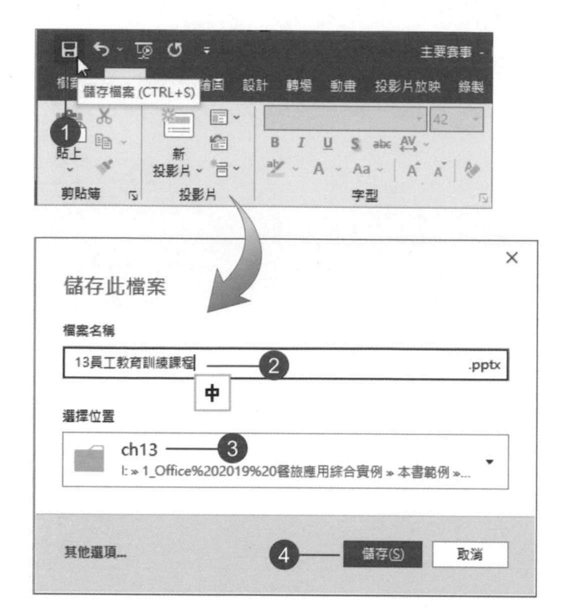

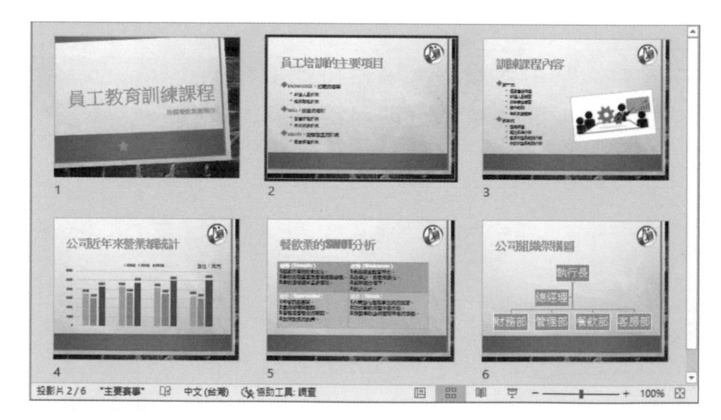

一、選擇題

1. (　) 簡報的第一張投影片稱為：（A）標題投影片（B）標準投影片（C）投影片母片。
2. (　) 位置框中的 圖示代表可以：（A）插入線上圖片（B）插入圖片（C）插入圖表。
3. (　) 哪一個功能區可以增加段落清單階層？（A）設計（B）插入（C）常用。
4. (　) 執行哪一個圖示鈕會開啟工作表視窗？（A）（B）（C）。
5. (　) 哪一個功能區可以進入投影片母片？（A）檢視（B）設計（C）插入。

二、實作題

1. 將本例中的簡報變化一種色彩。

2. 在投影片母片中，將標題套用不同的字體和色彩。

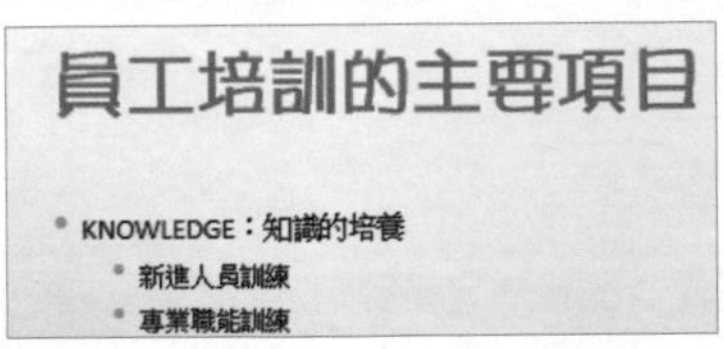

3. 新增一包含折線圖的統計圖表。

	A	B	C	D
1		2020年	2021年	2022年
2	第一季	250	340	400
3	第二季	320	390	440
4	第三季	350	380	450
5	第四季	310	350	470
6				

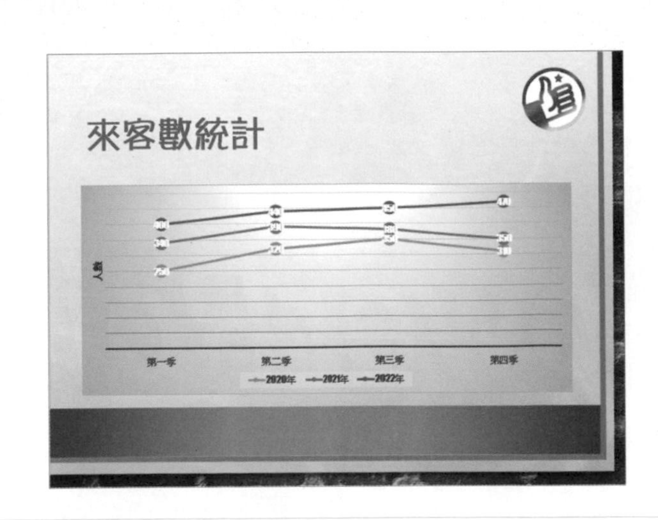

PowerPoint 篇

新品上市企劃書

為簡報元素加上動畫和音效，投影片加上編號並設定切換效果，可以豐富簡報並增加可看性。。

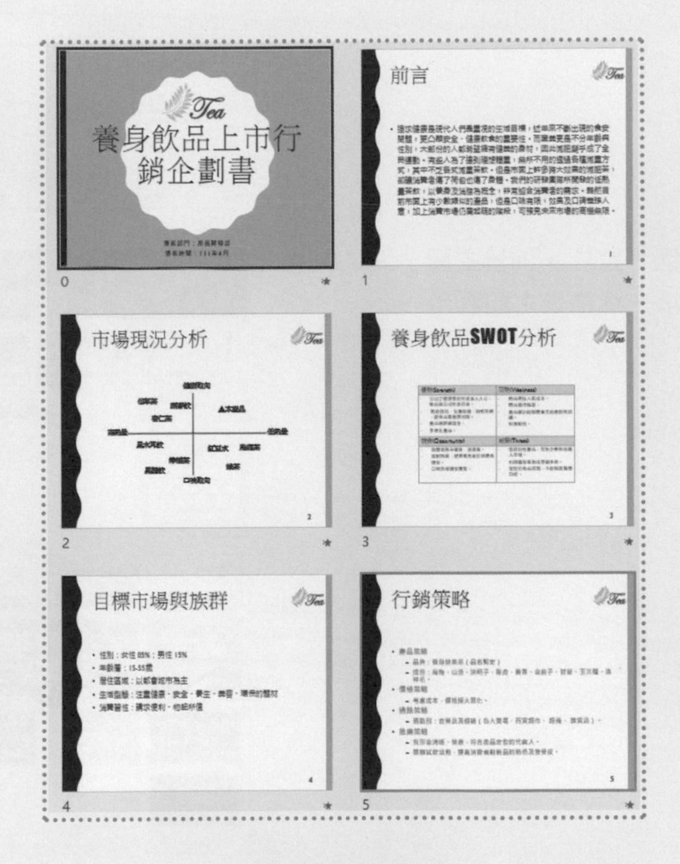

學習目標

- 套用佈景主題
- 投影片母片
- 插入圖片
- 調整圖片色彩
- 投影片編號
- 設定動畫
- 投影片轉場效果
- 投影片放映

14.1 套用佈景主題

1 開啟範例「新品上市行銷企劃書 .PPTX」，這是一份已完成文字內容的 **6** 頁「寬螢幕」的簡報，由「空白簡報」開始建立。

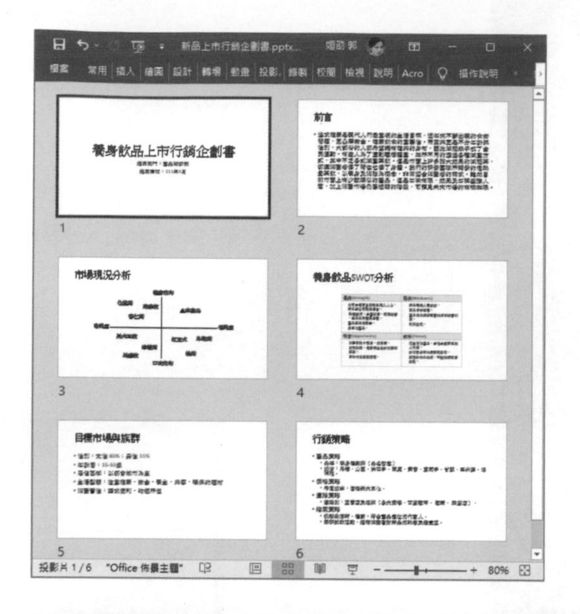

2 從「設計 > 佈景主題」清單中選擇一種佈景主題套用。

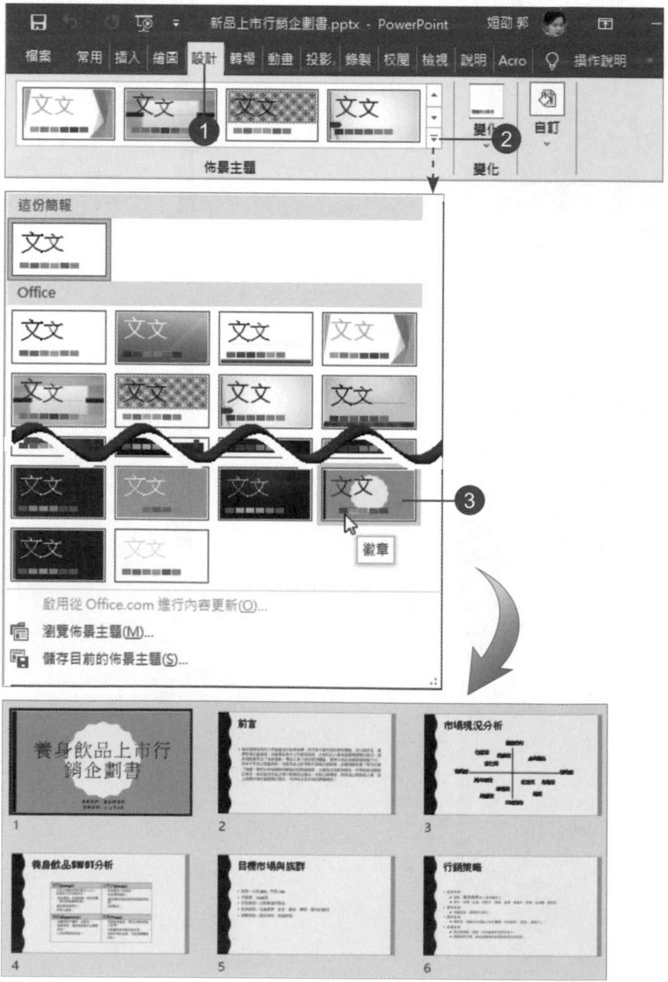

3 從「變化」中變更色彩，再執行「自訂 > 投影片大小 > 標準 (4:3)」指令。

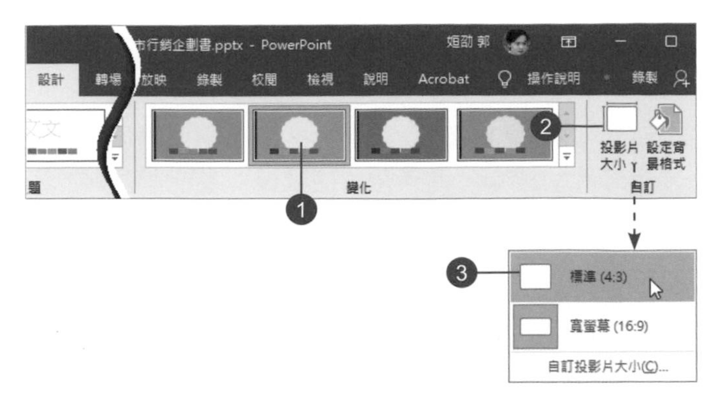

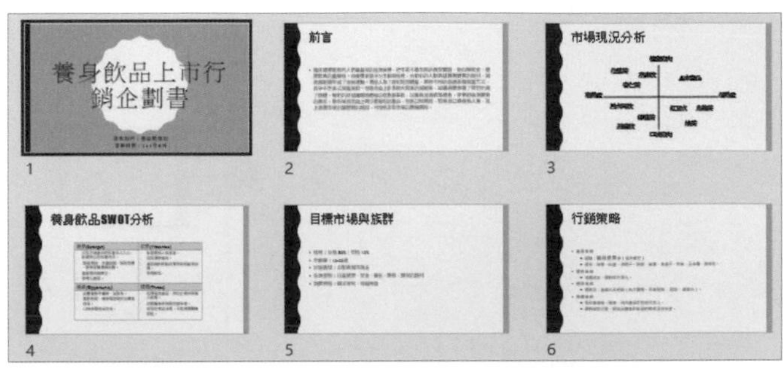

4 選擇「確保最適大小」選項。

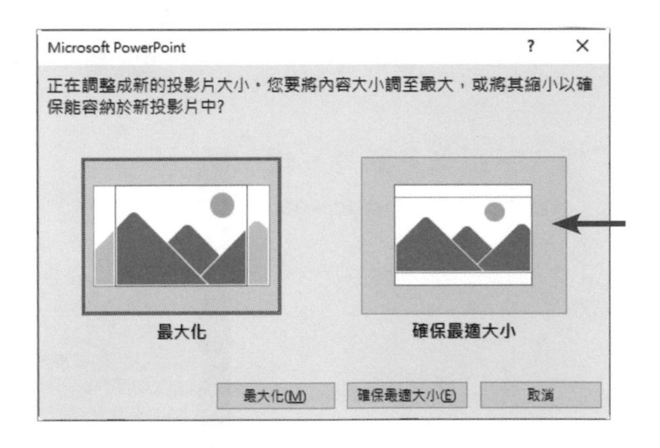

5 投影片內容會自動調整，以符合頁面尺寸和佈景主題。

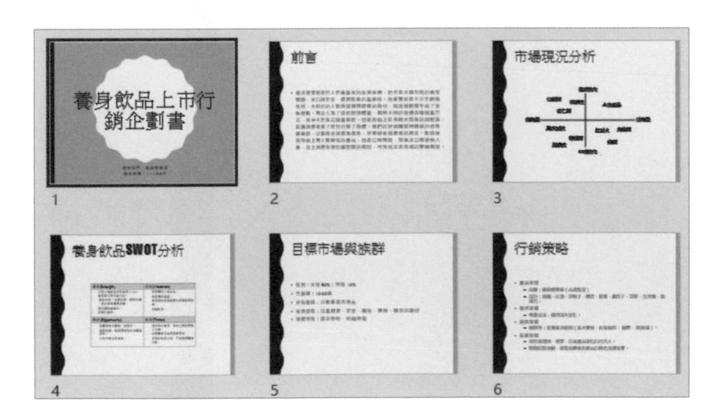

14.2 插入 LOGO 圖片

1 執行「檢視 > 母片檢視 > 投影片母片」指令，進入母片檢視模式，選取最上層的投影片母片。

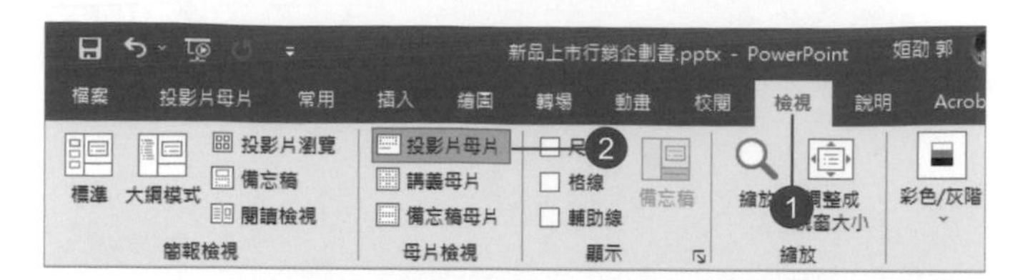

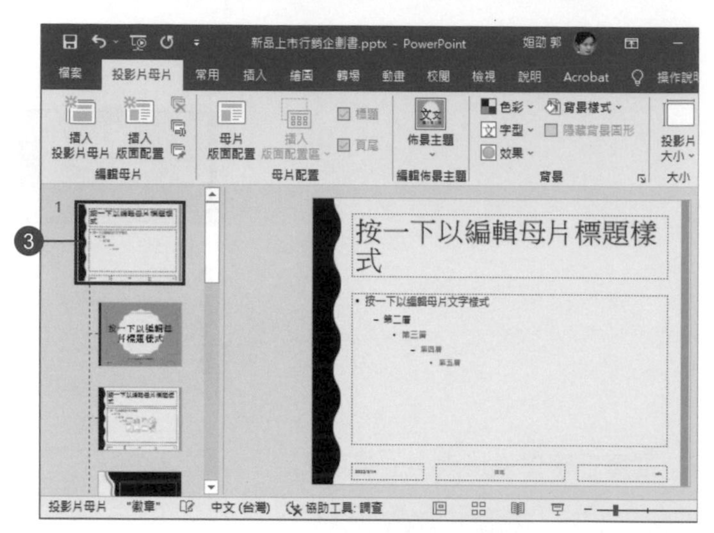

2 執行「插入 > 圖像 > 圖片 > 此裝置」指令，將「**logo-tea.png**」圖片插入母片中。

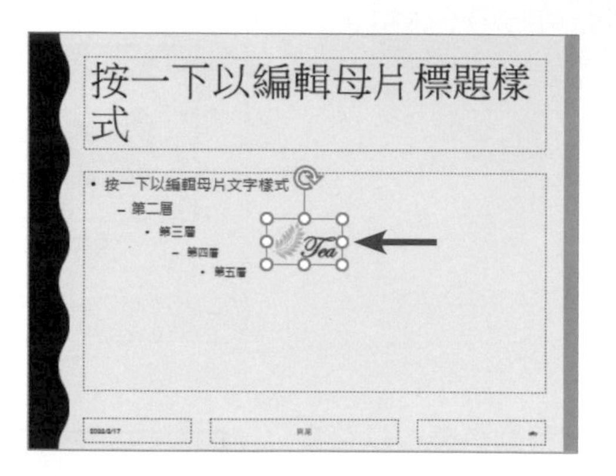

3 將圖片拖曳到母片右上角位置。

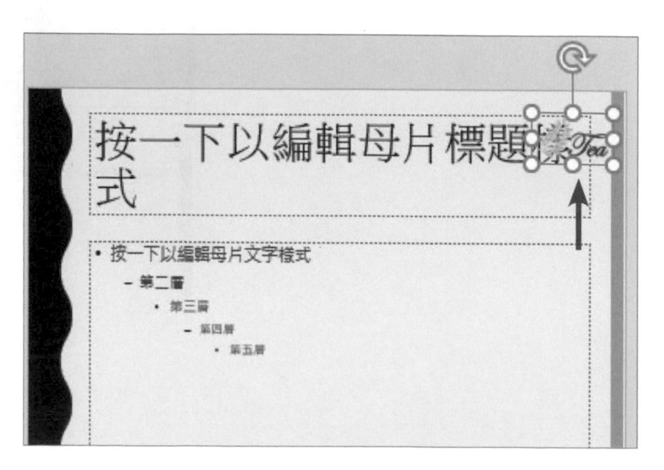

4 在「圖片工具 > 圖片格式 > 調整 > 色彩」清單中，變更圖片的「色彩飽和度」。

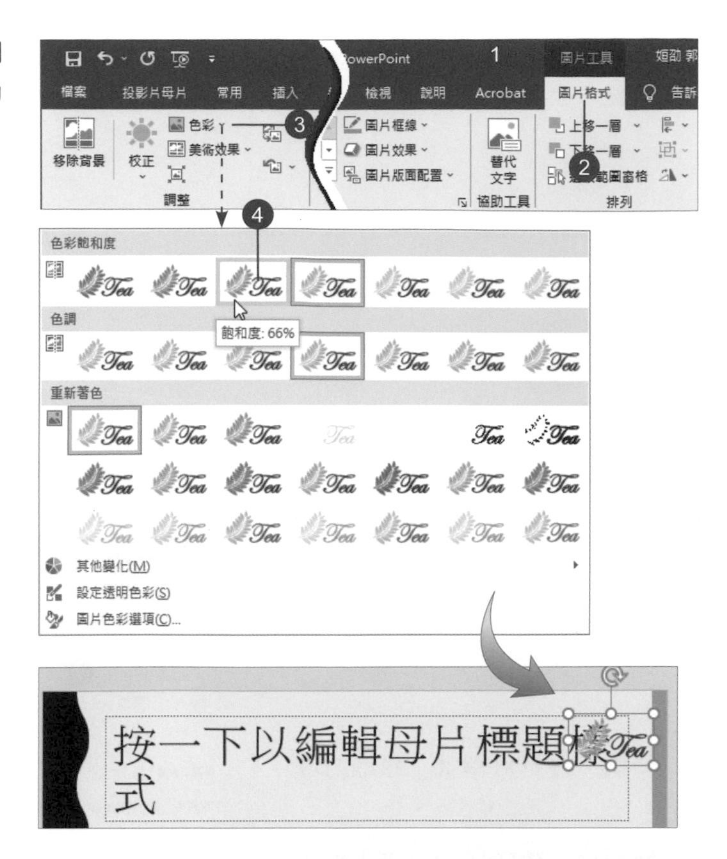

5 執行「投影片母片 > 關閉 > 關閉母片檢視」指令，離開母片模式。

6 點選狀態列上的「投影片瀏覽」鈕，除了標題投影片之外，每張投影片都會在相同的位置顯示 **LOGO** 圖片。

7 在第一張投影片縮圖上快按二下，回到「標準檢視模式」。

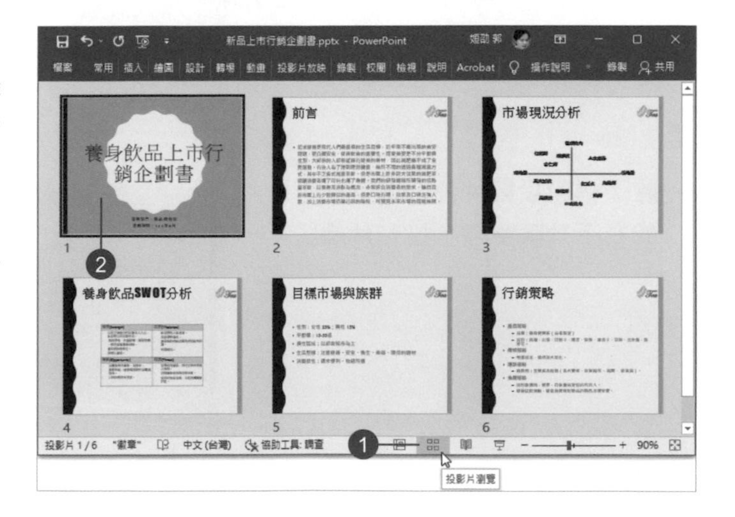

8 重複步驟 **2** 將 **LOGO** 圖片插入，調整大小和位置。

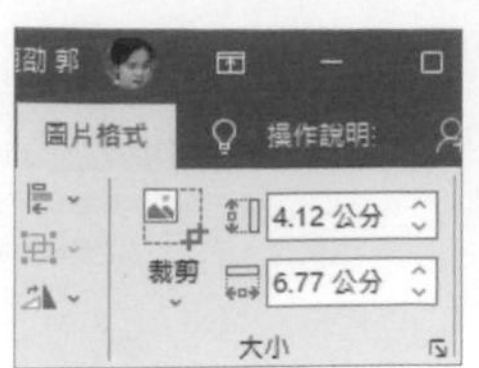

14.3 投影片編號

1 執行「插入 > 文字 > 頁首及頁尾」指令。

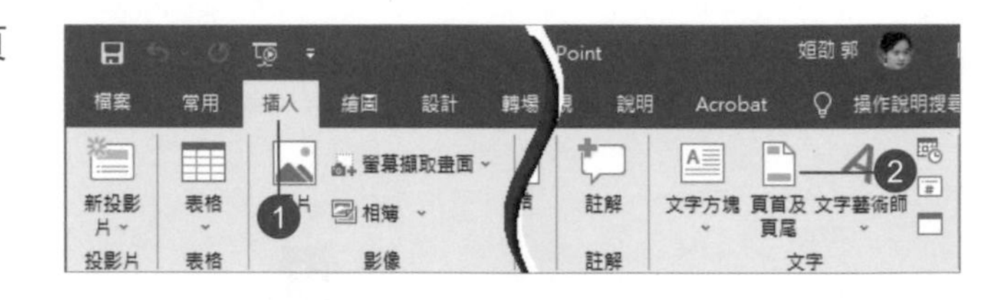

2 勾選「投影片編號」核取方塊。

3 再勾選「標題投影片中不顯示」核取方塊。

4 按【全部套用】鈕，套用至所有投影片。

5 除了標題投影片外，每張投影片的右下角都會顯示投影片編號。

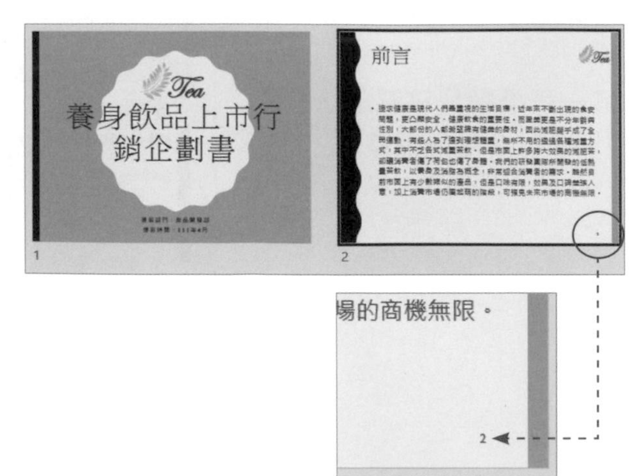

補充說明

投影片編號顯示的位置，與所套用的設計範本或佈景主題有關。

6 執行「設計 > 自訂 > 投影片大小 > 自訂投影片大小」指令。

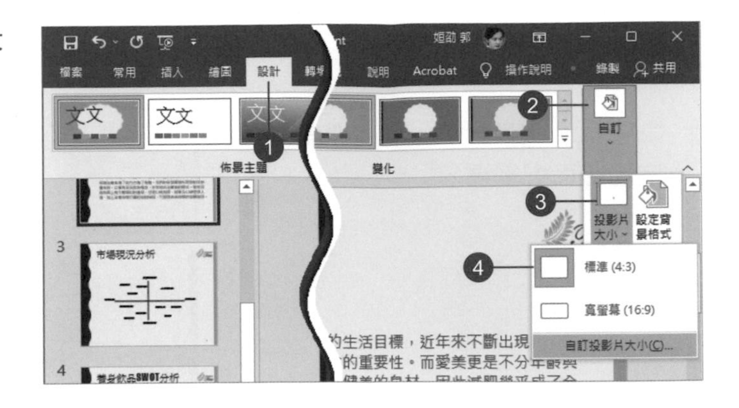

7 將「投影片編號起始值」設定為「**0**」，按【確定】鈕。

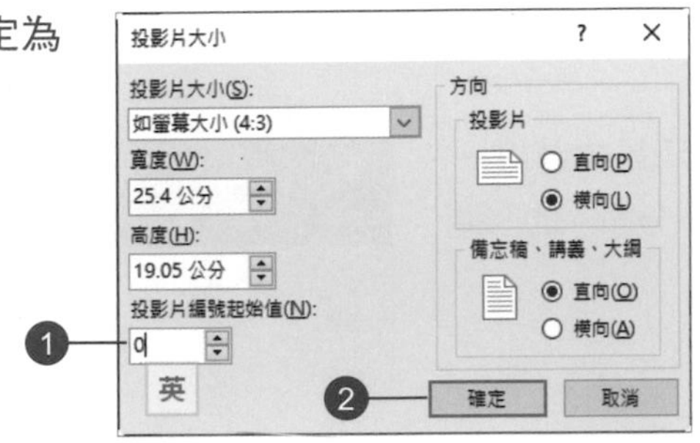

8 第 **2** 張投影片會從「**1**」開始編號。

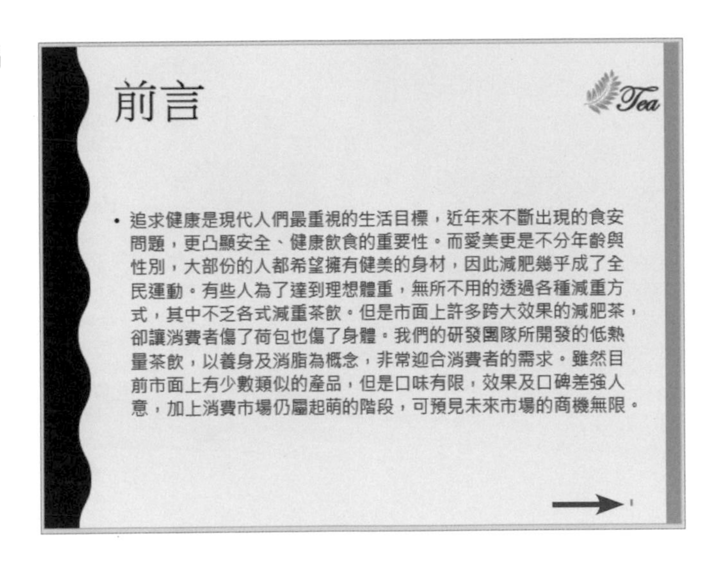

補充說明

想要編輯投影片編號的格式，例如加大字體或變更色彩，請執行「檢視 > 母片檢視 > 投影片母片」指令進入「母片檢視模式」，在「投影片母片」中，選取頁碼的版面配置框再進行格式設定。

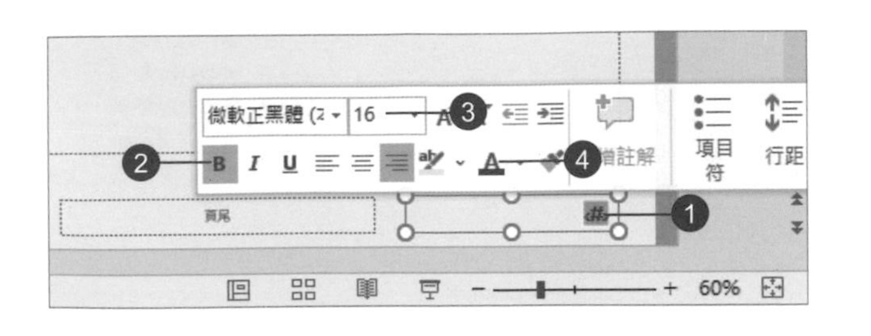

14.4 設定動畫

1 點選第 **0** 張投影片，選取標題文字的版面配置框。

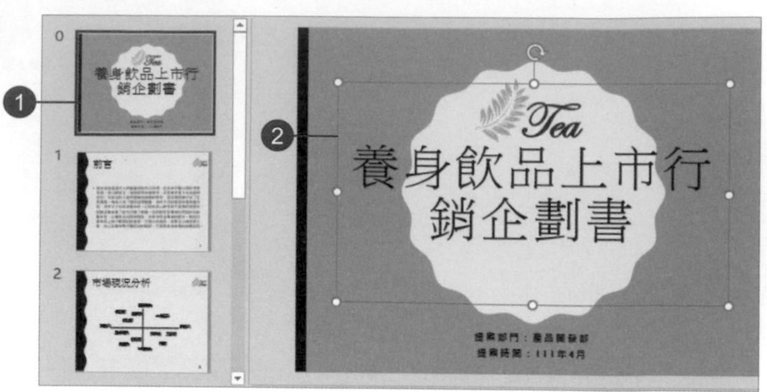

2 在「動畫 > 動畫」清單中選擇一種效果套用，例如「分割」的「進入」效果。

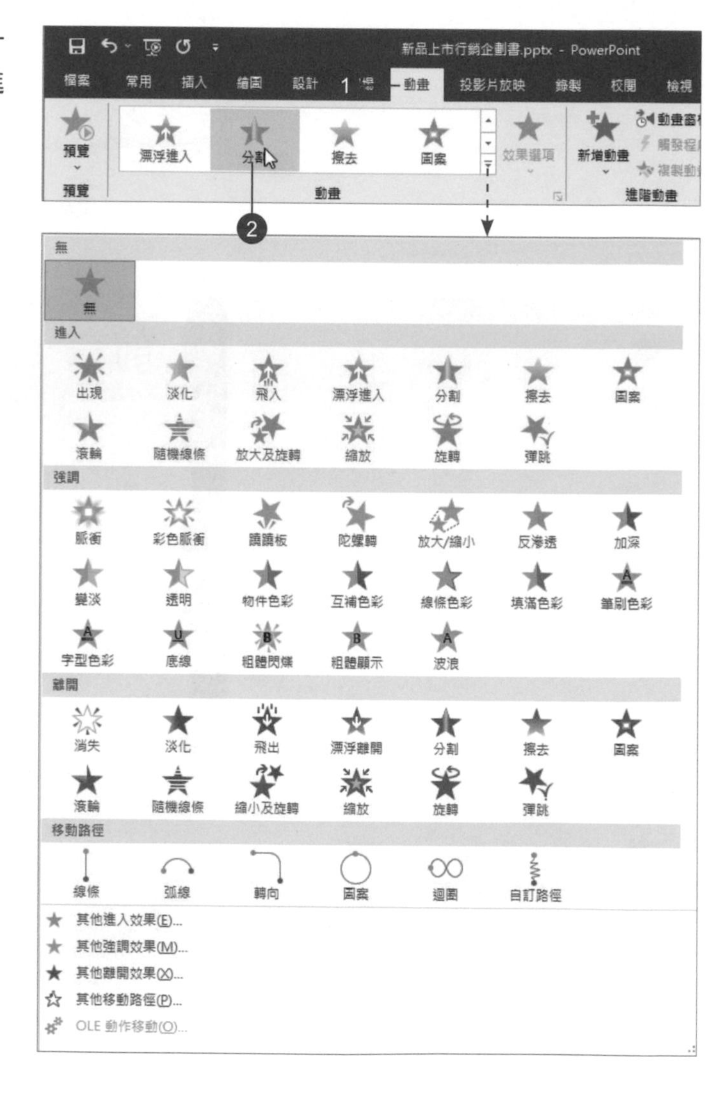

3 投影片中會立即播放動畫效果，物件會顯示順序編號。

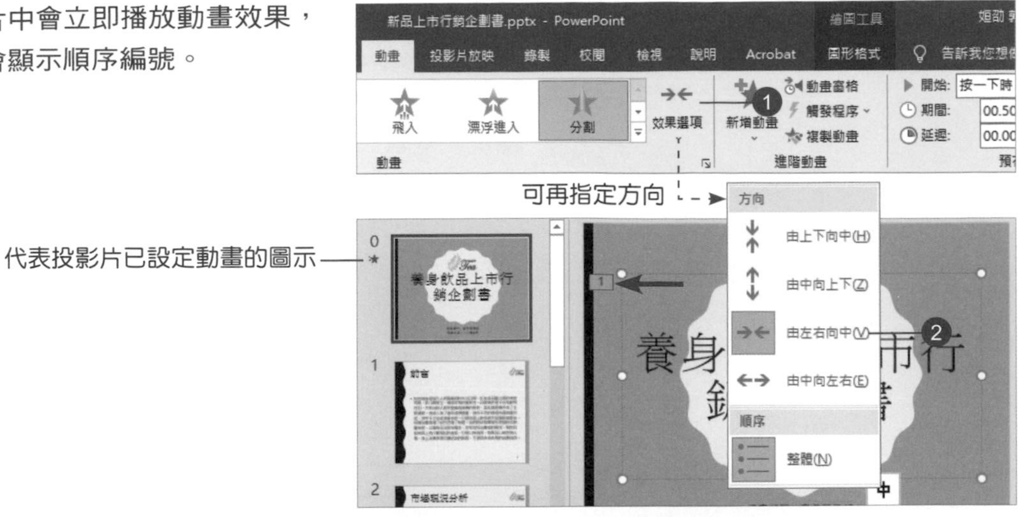

4 重複步驟 **2-3**，設定副標題文字框的「飛入」效果。

5 選取 **LOGO** 圖片，設定「淡化」的「進入」效果。

6 緊接著執行「動畫 > 進階動畫 > 新增動畫 > 強調 > 脈衝」指令。

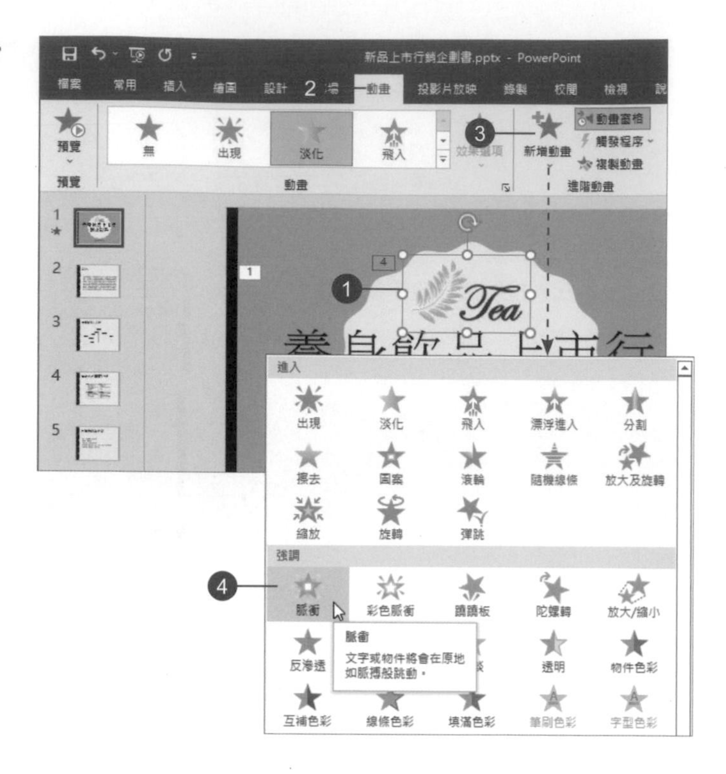

補充說明

- 投影片中的文字、圖片…等任何物件，都可新增一個以上的動畫效果。
- 執行「動畫 > 進階動畫 > 動畫窗格」指令會開啟「動畫窗格」，可以看到動畫設定的順序和效果。
- 簡報中的每張投影片，都可依照相同的步驟進行設定。

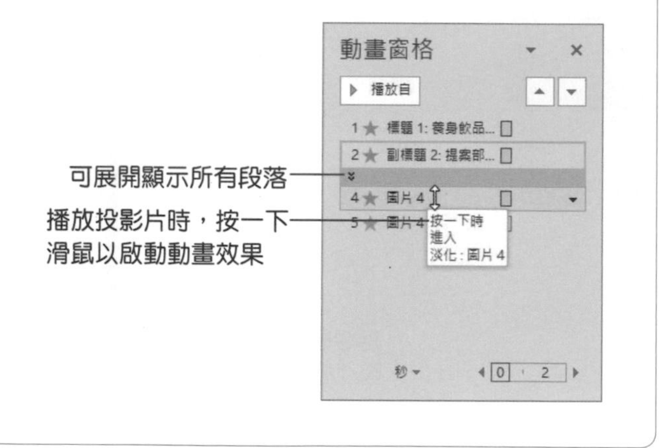

14.5 投影片轉場效果

1 進入「投影片瀏覽模式」，點選第 0 張投影片。

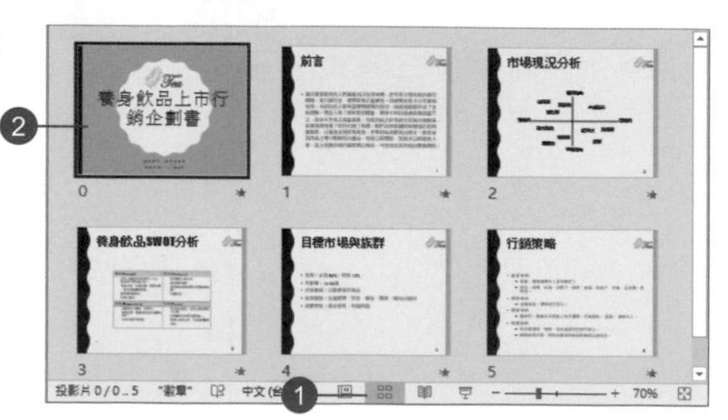

2 在「轉場 > 切換到此投影片」清單中選擇一種切換效果。

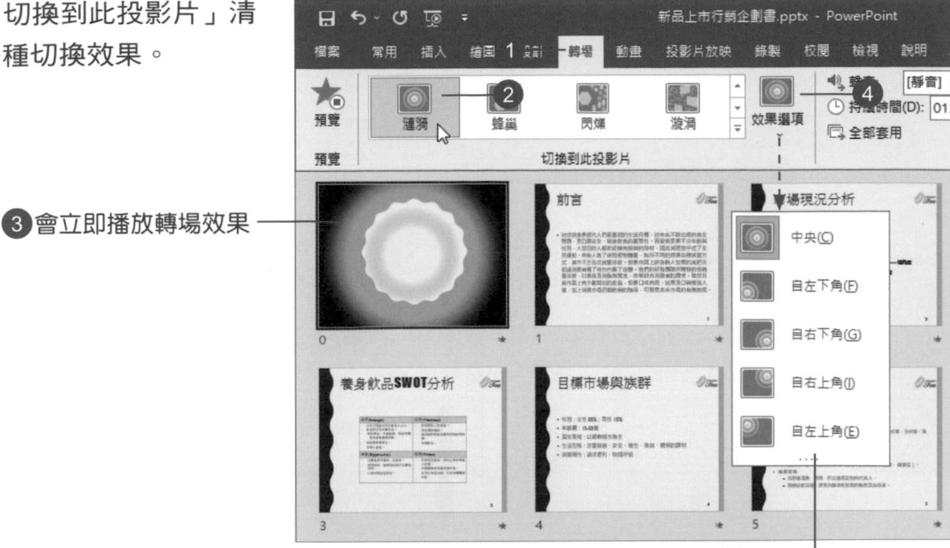

3 會立即播放轉場效果

可再指定效果選項

3 重複上述步驟，一一設定每張投影片的轉場特效。

補充說明

按「全部套用」鈕，可將所有投影片套用相同的轉場效果。

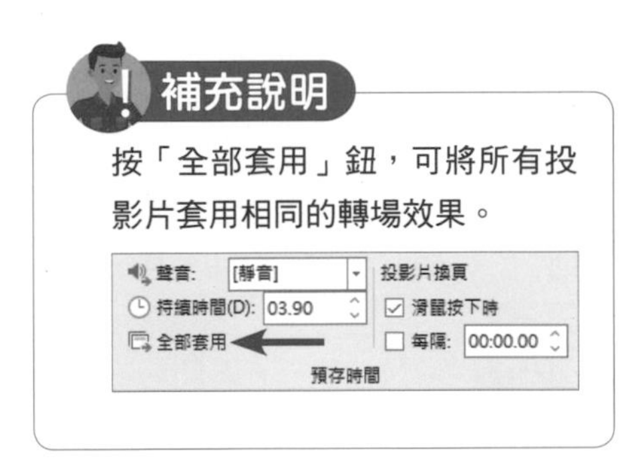

14.6 投影片放映

1 執行「檔案 > 另存新檔」指令，將簡報重新命名儲存。

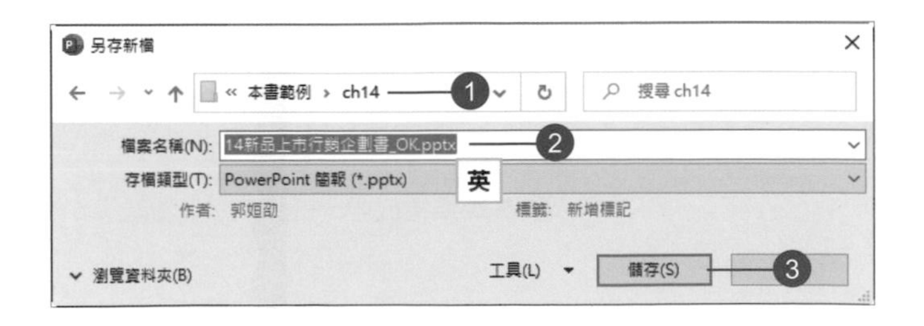

2 執行「投影片放映 > 開始投影片放映 > 從首張投影片」指令。

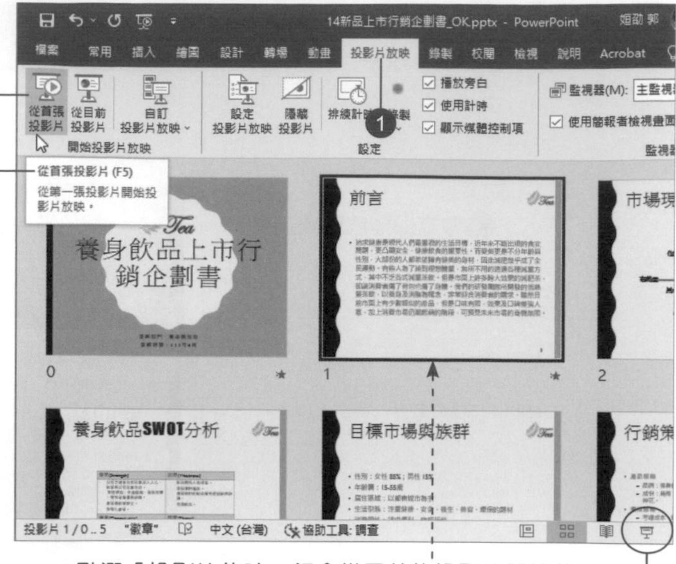

3 進入全螢幕播放模式，從頭開始播放投影片，請按滑鼠左鍵進行投影片的切換，檢視動畫和投影片的轉場效果。

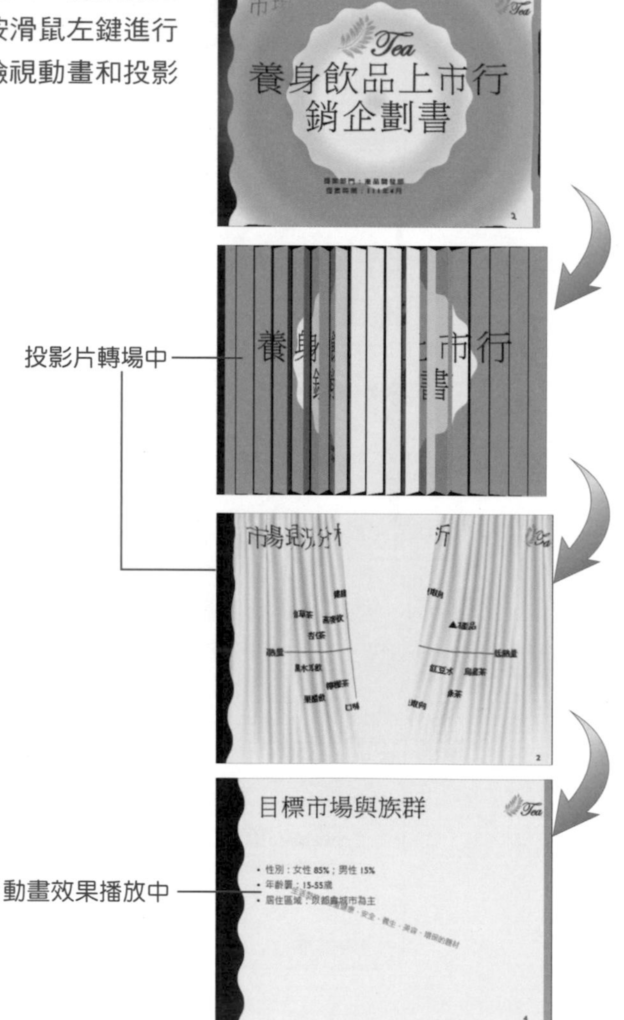

一、選擇題

1. (　) 「圖片工具 > 圖片格式」的哪一個功能群組可以變更圖片的飽和度？（A）圖片樣式（B）調整（C）大小。

2. (　) 哪一個功能區可以產生投影片編號？（A）常用（B）設計（C）插入。

3. (　) 哪一個功能區可以變更投影片編號的起始值？（A）常用（B）設計（C）插入。

4. (　) 哪一個檢視模式可以編輯投影片編號的格式？（A）母片（B）標準（C）投影片瀏覽。

5. (　) 哪一個功能區可以設定投影片換頁效果？（A）動畫（B）插入（C）轉場。

二、實作題

1. 開啟實作範例，在標題投影片中，將標題、副標題及圖片，加上動畫效果。

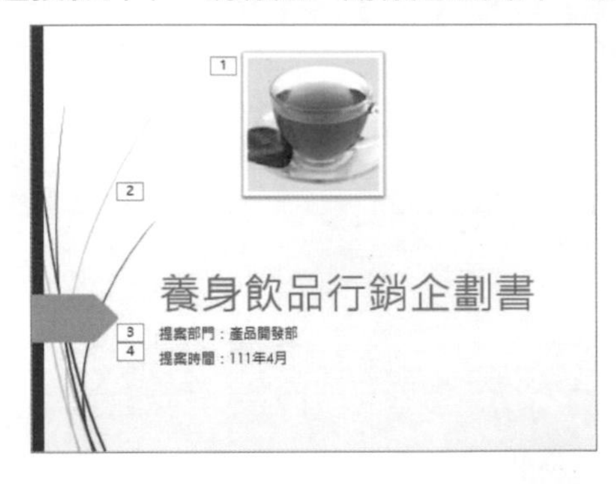

2. 加入投影片編號，從「0」開始。

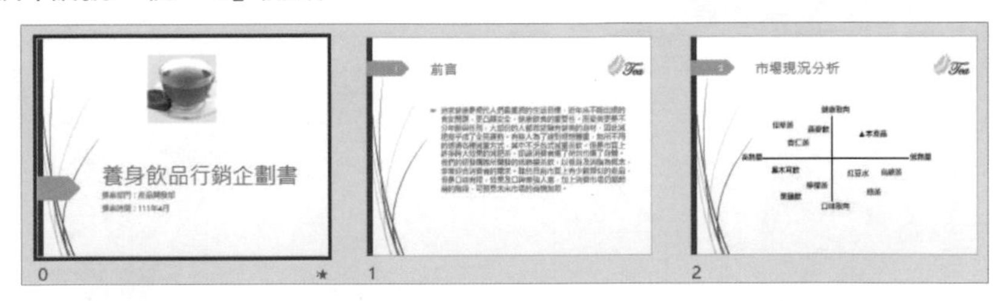

3. 設定投影片的轉場效果後，將簡報另存新檔。

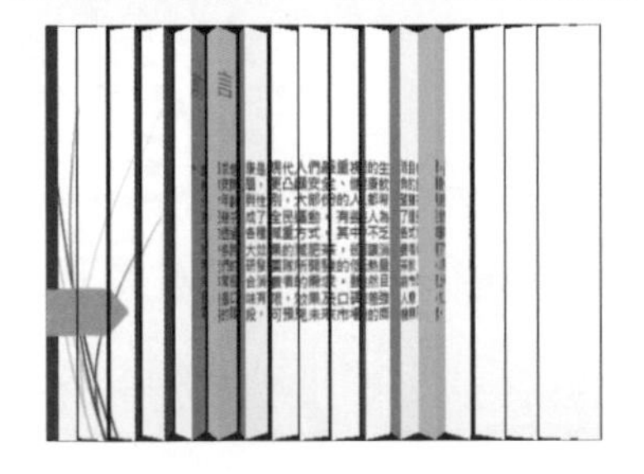

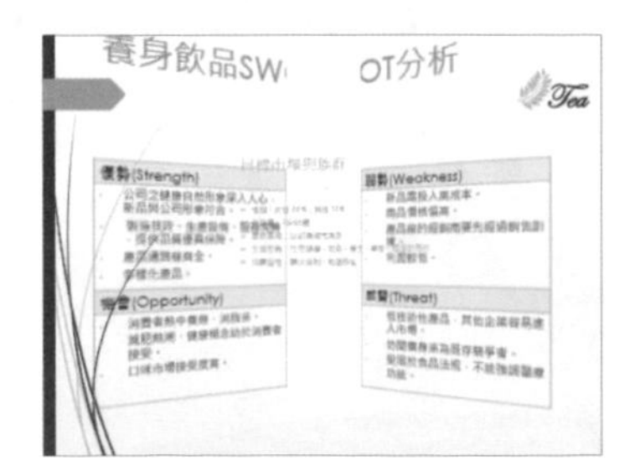

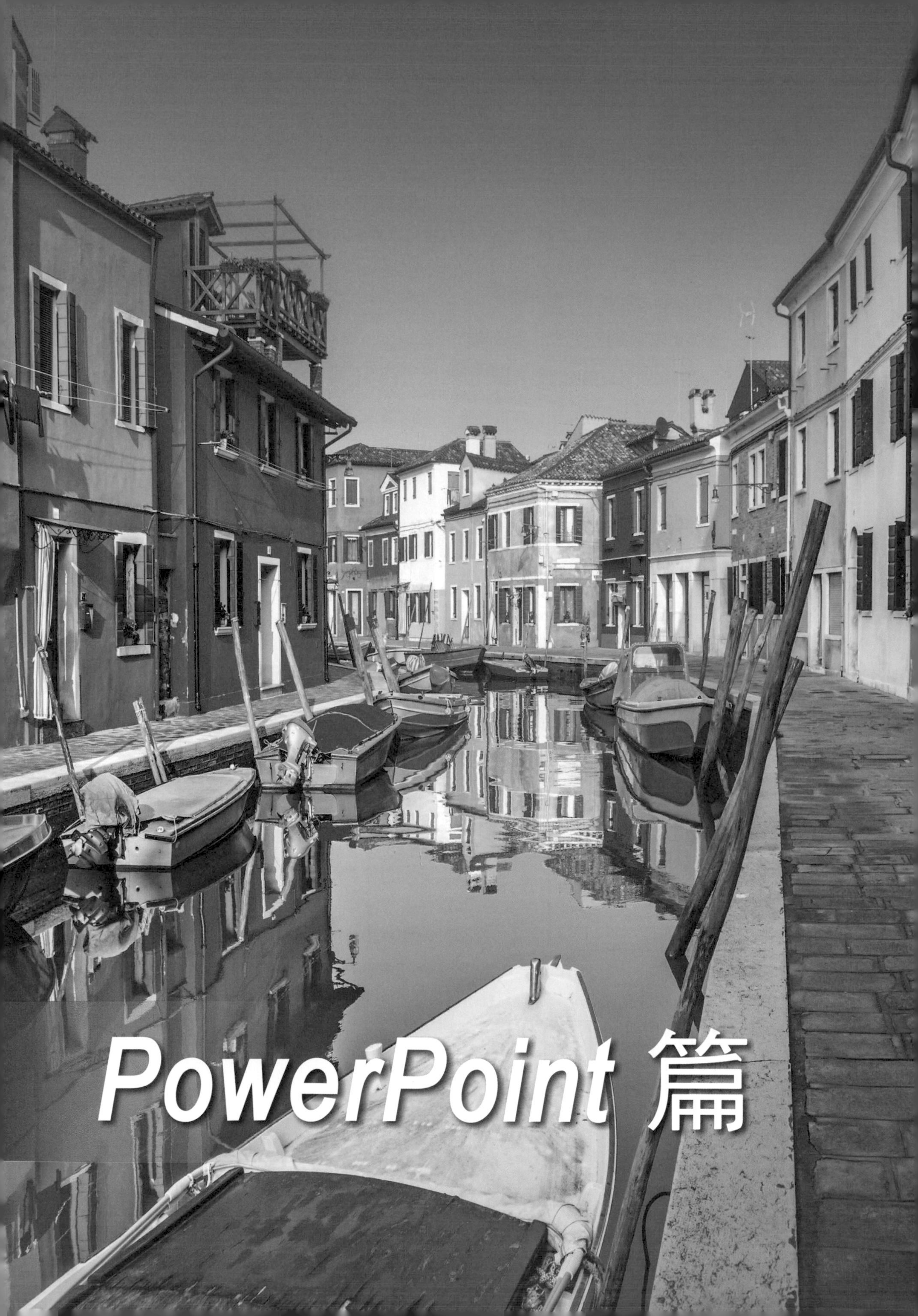

PowerPoint 篇

世界旅遊景點介紹

「相簿」功能，可以將多張影像同時擷取到新簡報中，加上文字說明或備忘稿，以超連結或動作按鈕控制投影片的播放順序，快速完成旅遊相簿的建立。

學習目標

- 插入相簿
- 輸入文字內容
- 產生備忘稿
- 插入圖片並對齊
- 變更佈景主題色彩
- 插入線上圖片
- 超連結
- 動作按鈕
- 投影片放映
- 排練計時

15.1 插入相簿

1 進入 **PowerPoint** 後，執行「插入 > 影像 > 相簿 > 新增相簿」指令。

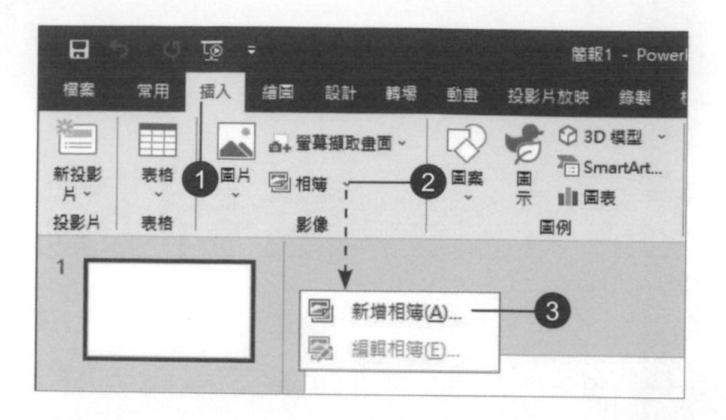

2 按下【檔案 / 磁碟片】鈕。

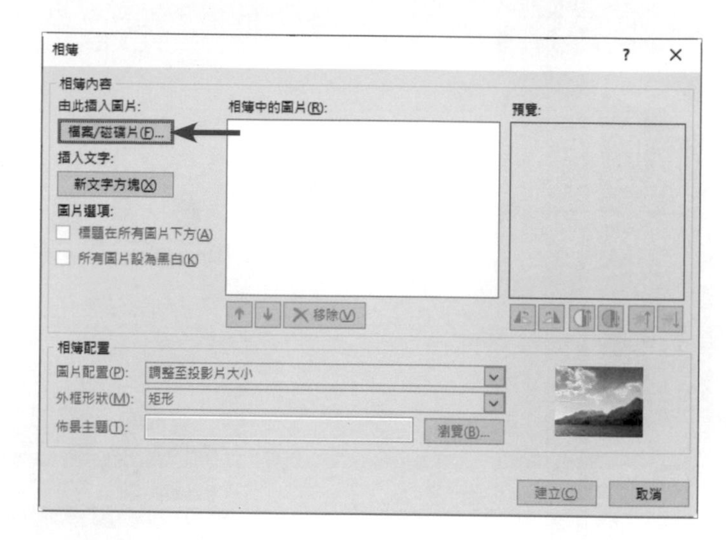

3 選取範例資料夾中的六張圖片，如右圖所示，按【插入】鈕。

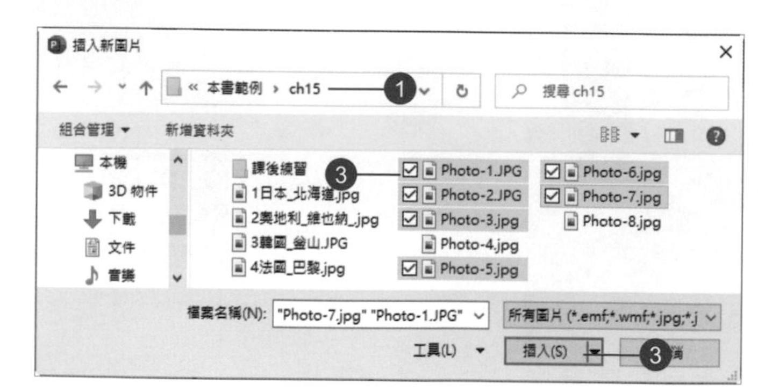

4 選取「**photo-3**」，按「插入文字」下方的【新文字方塊】鈕。

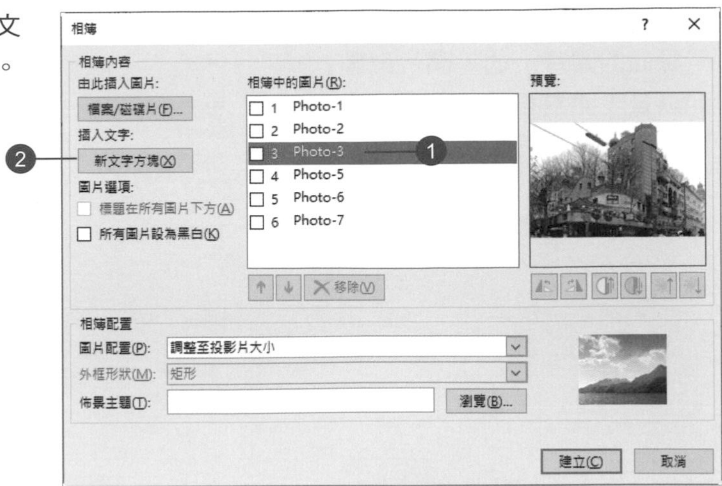

5 再選「**photo-7**」，按【新文字方塊】鈕。

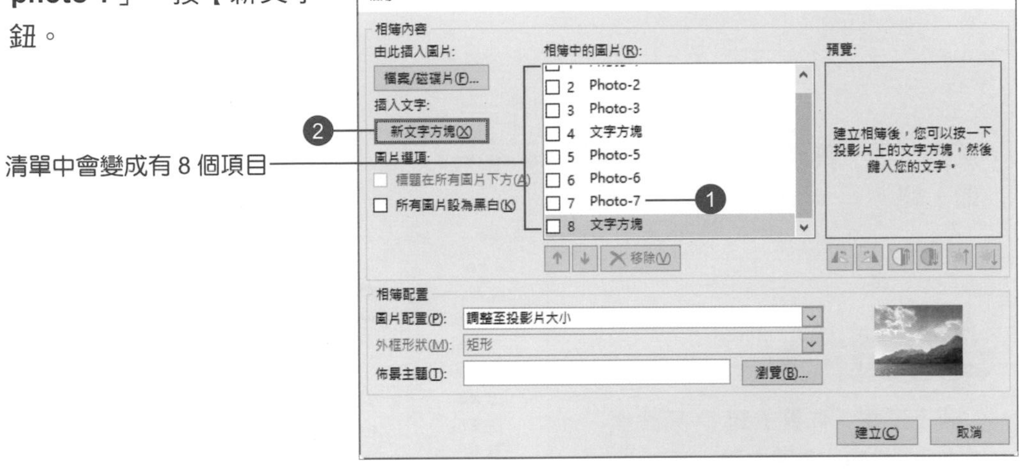

補充說明

勾選圖片名稱前方的核取方塊後，可以移動、移除或進行影像調整。

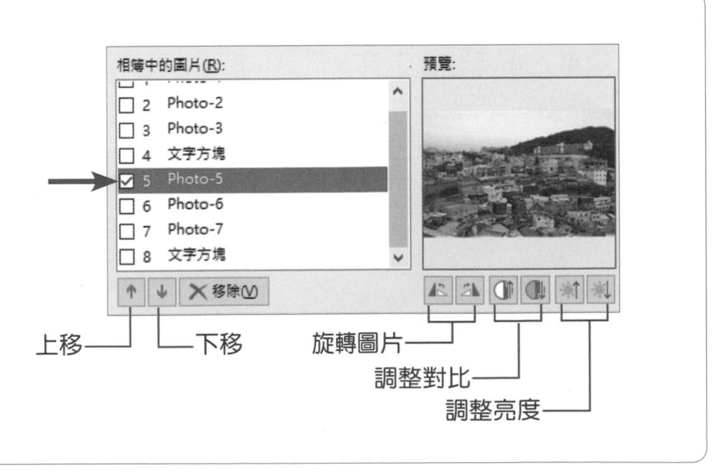

6 在「相簿配置」中選擇「二張有標題的圖片」的「圖片配置」，以及「簡易框架，白色」的「外框形狀」，再點選【瀏覽】鈕。

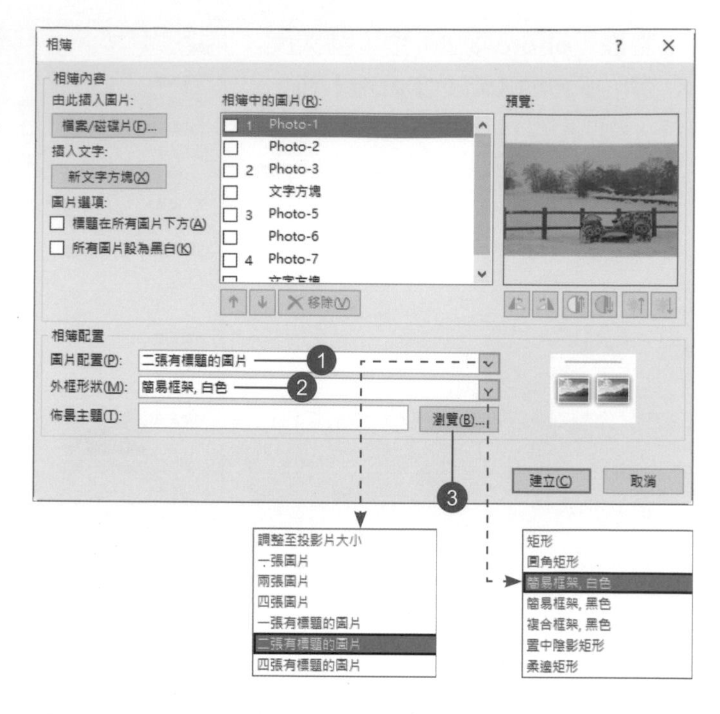

7 選擇一種「佈景主題」，按【選取】鈕。

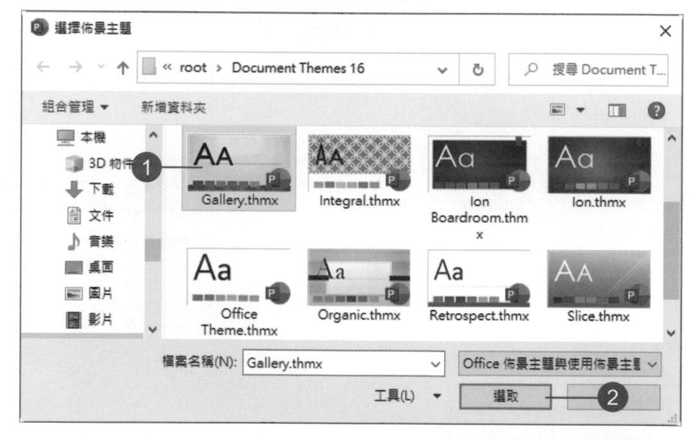

補充說明

若不選擇「佈景主題」，預設會套用「Office 佈景主題」，可之後再進行變更。

8 設定完畢，按【建立】鈕。

9 產生新簡報，並依所設定的配置插入圖片於投影片中。

標題會自動命名為「相簿」

套用的佈景主題

15.2 插入文字內容與備忘稿

1 點選第 **1** 張投影片，輸入文字內容。

副標題的名稱，會自動採用「檔案 > 選項」的「PowerPoint 選項 > 一般」中的「使用者名稱」。

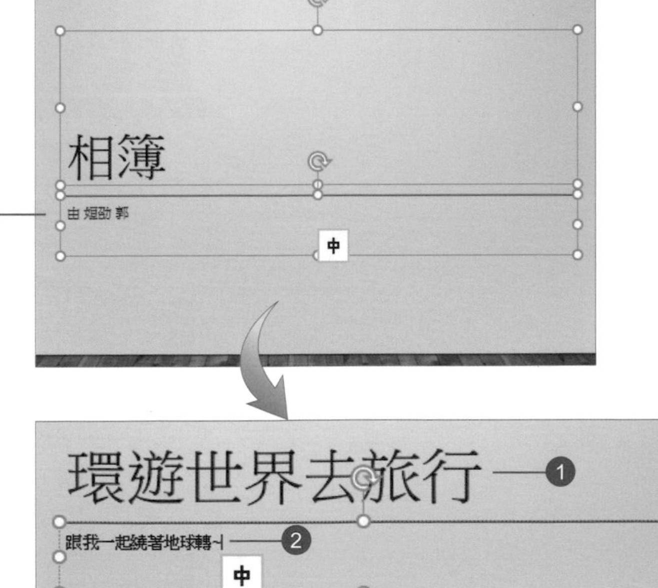

2 點選第 2 張投影片，輸入標題內容。

3 依序將其他投影片輸入標題。

4 點選第 **3** 張投影片，在右側的文字方塊中輸入內容，並調整文字大小。（可開啟範例資料夾中的「文字內容 **.docx**」文字檔，複製內容後貼上。）

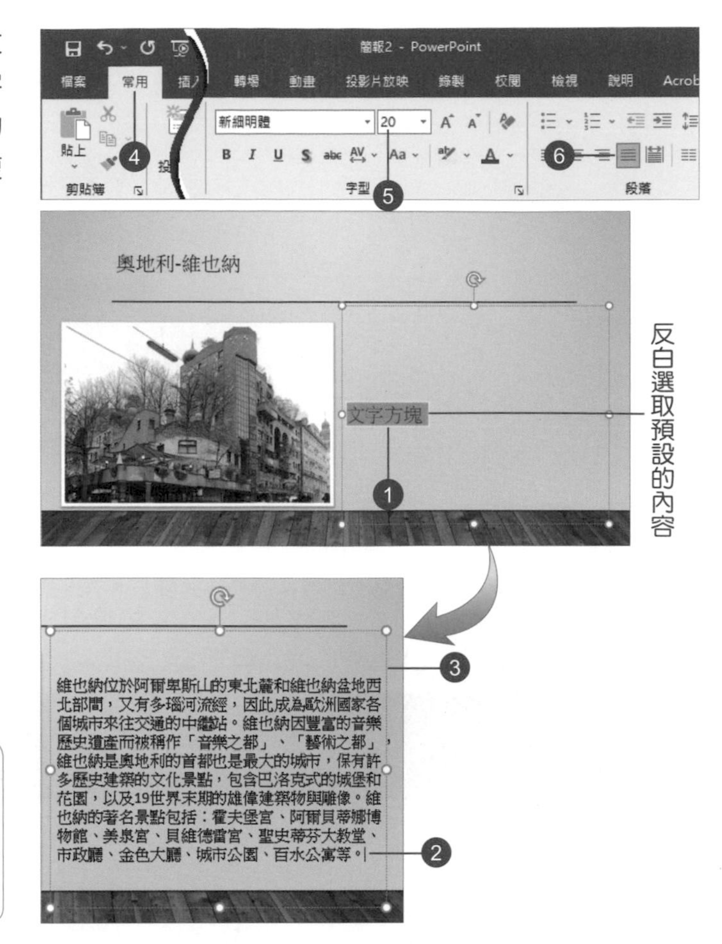

補充說明

請點選版面配置框後，進行「字型」的格式設定，例如：放大字型。

5 將第 **5** 張投影片的文字方塊也輸入內容。

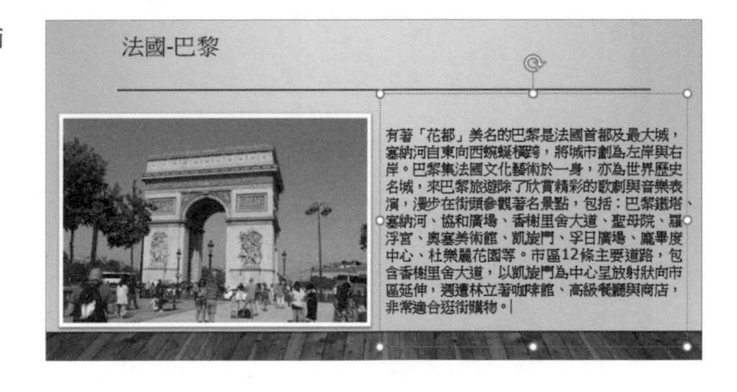

6 點選第 **2** 張投影片，在備忘稿區域按一下。

7 輸入內容。(可複製「文字內容 .docx」文字檔的內容後貼上。)

可拖曳調整視窗高度

補充說明

備忘稿的內容，可以做為簡報者在放映時的備忘內容，只會在簡報者檢視畫面中顯示，不會出現在放映的投影片中。

觀眾只會看到這個畫面

忘備稿內容

8 於第 **4** 張投影片的備忘稿區也輸入內容。

15.3 插入圖片並對齊

1 在第 **1** 張投影片執行「插入 **>** 影像 **>** 圖片 **>** 此裝置」指令，插入範例資料夾中的 **4** 張圖片。

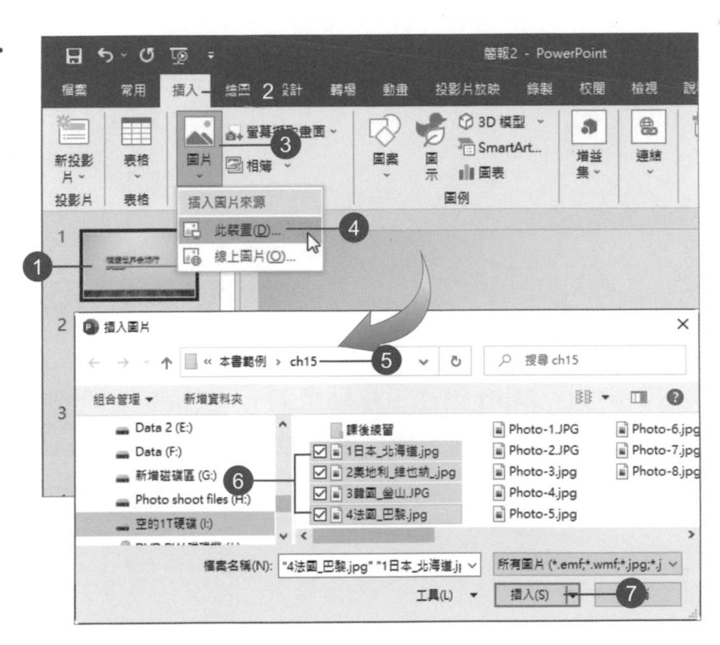

2 將 **4** 張圖片的「圖案寬度」都指定為「**4** 公分」。

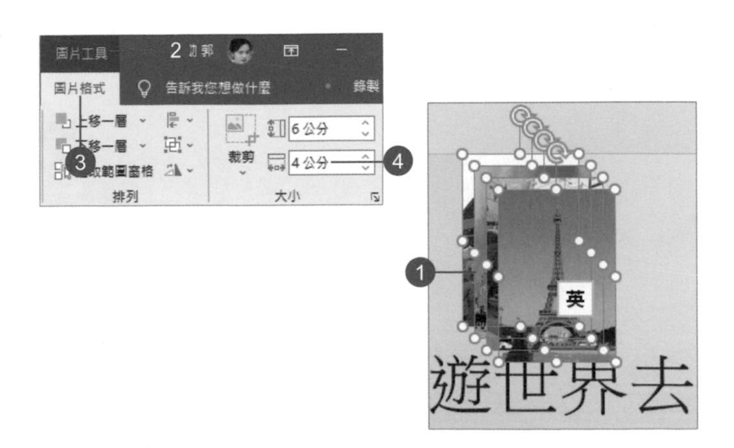

3 接著執行「圖片工具 > 圖片格式 > 排列 > 對齊物件 > 貼齊投影片」指令，再接著執行「垂直置中」和「水平均分」指令。

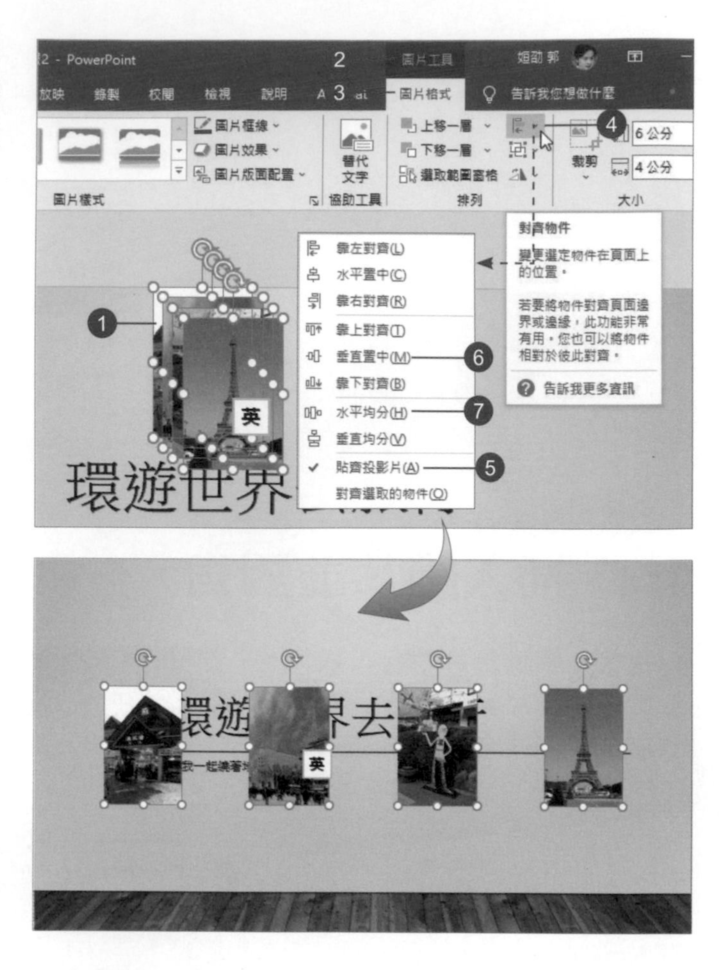

4 然後按住 **Shift** 鍵往下移動至適當位置後，套用一種「圖片樣式」。

5 點選「設計 > 變化」的「其他」鈕，選擇「色彩 > 暖調藍色」，變更佈景主題的色彩。

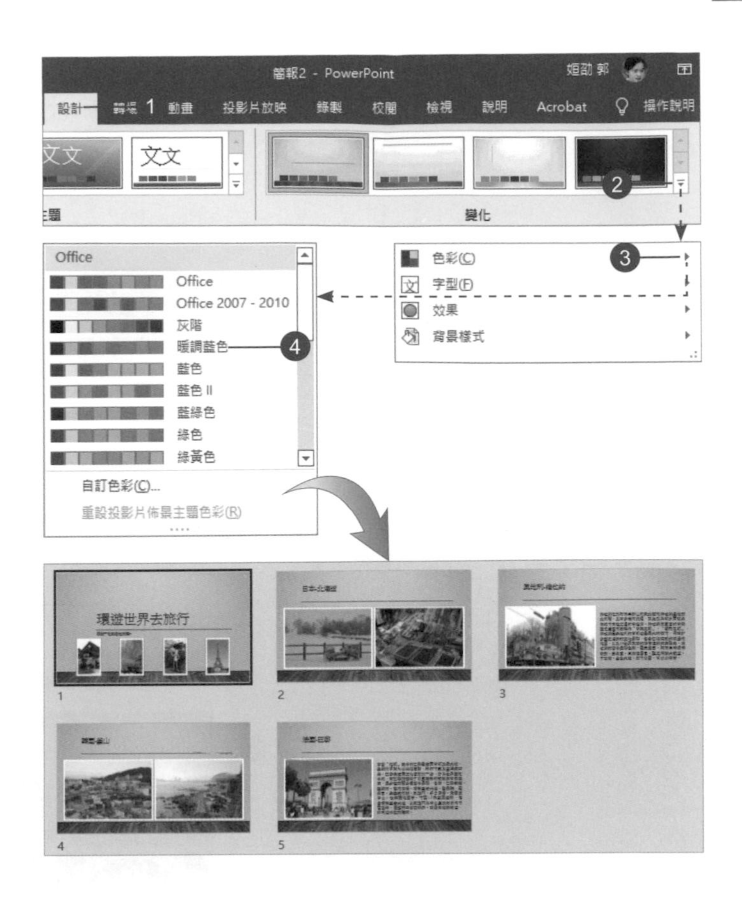

15.4 結尾投影片

1 在第 **5** 張投影片之後，新增一張「空白」投影片。

2 執行「插入 > 影像 > 圖片 > 線上圖片」指令。

3 插入一張關鍵字為「**The End**」的「線上圖片」。

4 套用一種「圖片樣式」。

15.5 超連結

1 在第 **1** 張投影片選取第 **1** 個圖片縮圖，按右鍵選擇「超連結」指令。

2 選取「這份文件中的位置」，再選取「**2.** 日本 **-** 北海道」，按【確定】鈕。

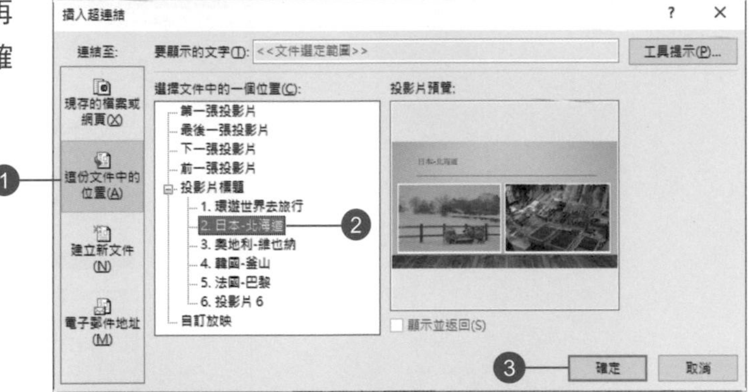

3 重複上述步驟，將其他 **3** 張圖片也超連結到各自的投影片中。

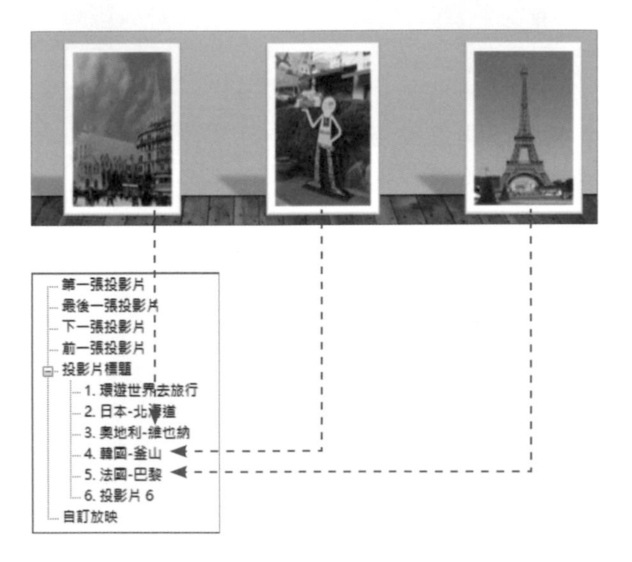

15.6 動作按鈕

1 執行「檢視 > 母片檢視 > 投影片母片」指令，進入母片檢視模式。

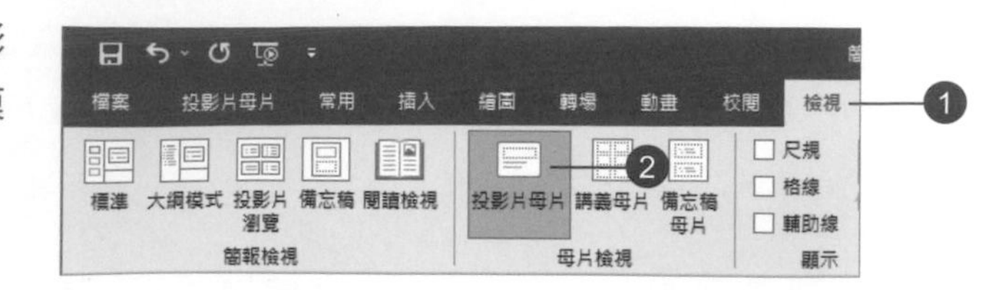

2 於左側窗格中點選「只有標題」版面配置的縮圖。

會顯示目前有哪些投影片使用此版面配置的提示

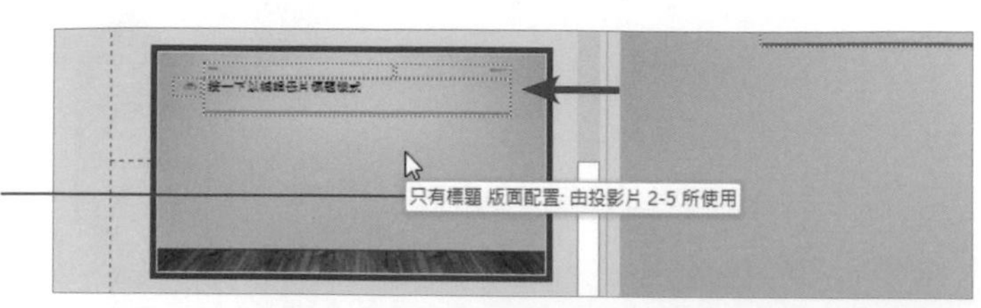

3 執行「插入 > 圖例 > 圖案」指令，選擇「移至首頁」的「動作按鈕」。

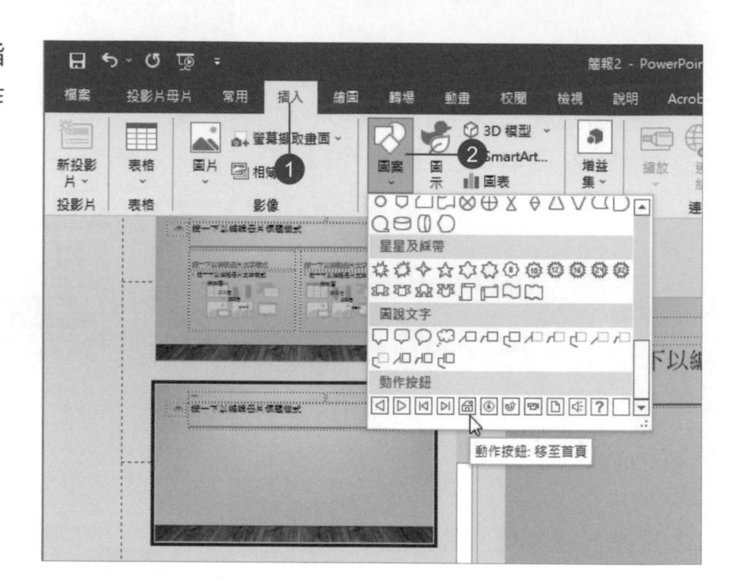

4 在投影片左下角拖曳產生圖案，並設定「跳到：第一張投影片」的動作，按【確定】鈕。

5 關閉母片檢視，第 **2-5** 張投影片會顯示加入的動作按鈕。

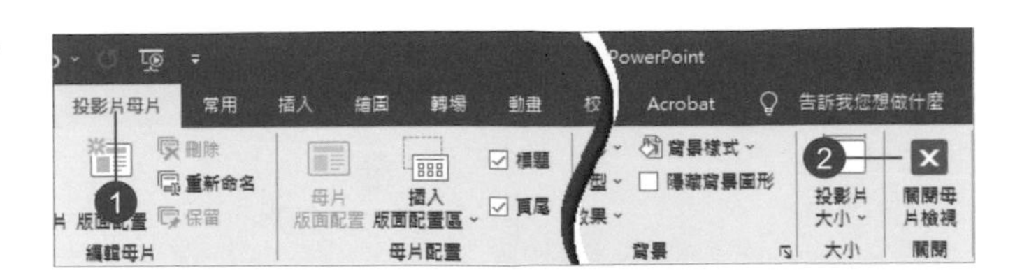

15.7 投影片放映

1 一一設定投影片的「轉場」特效。

2 儲存簡報。

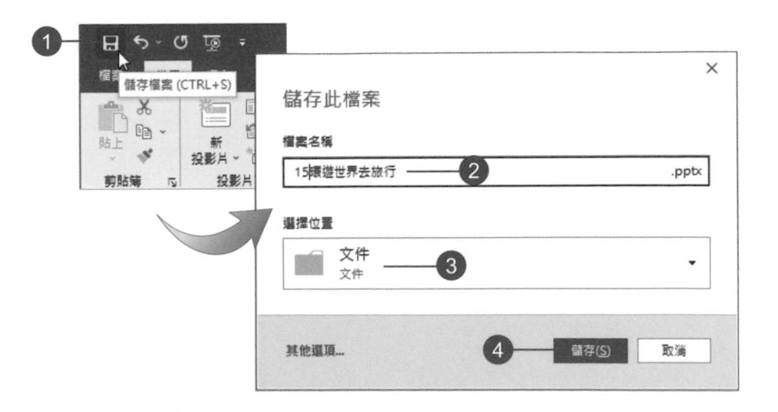

3 執行「投影片放映 > 開始投影片放映 > 從首張投影片」指令。

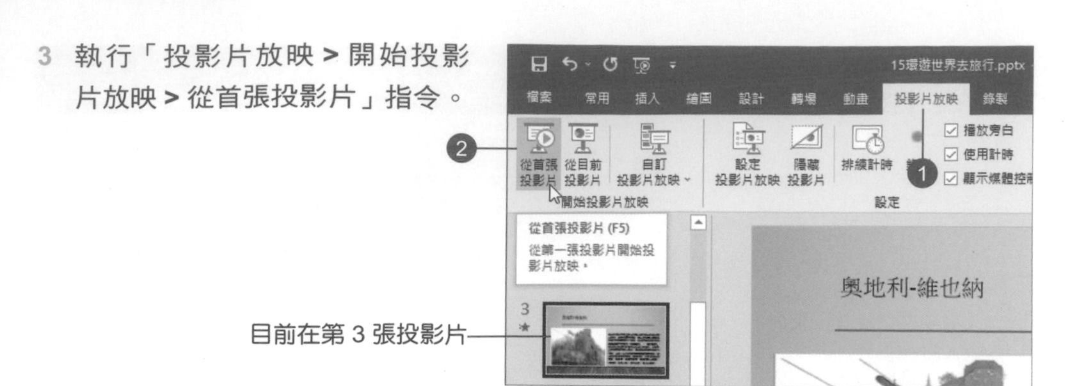

4 按滑鼠左鍵可跳到下一張投影片。

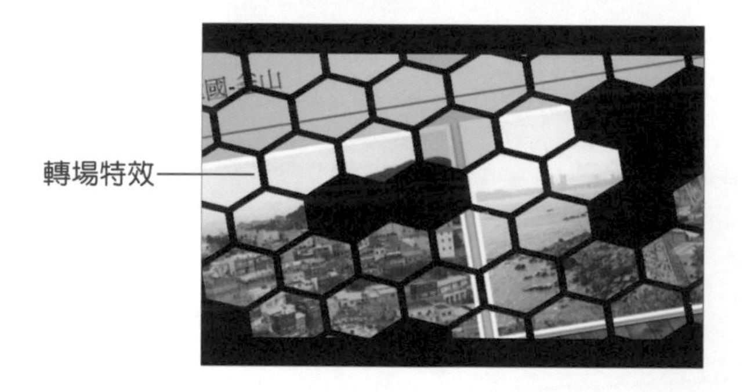

5 在 **2-5** 張投影片按「首頁」鈕，可以回到第 **1** 張投影片。

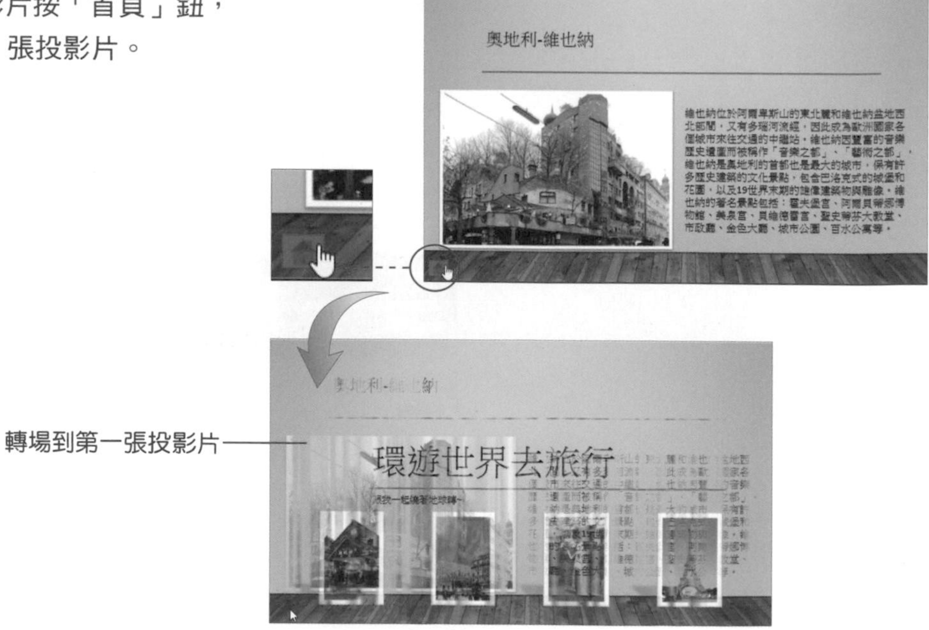

6 在第 **1** 張投影片按「縮圖」鈕，可跳到指定的投影片。

7 最後 **1** 張播完，按一下滑鼠會出現「放映結束，按一下即可離開。」的訊息，按一下即可回到原來的檢視模式。

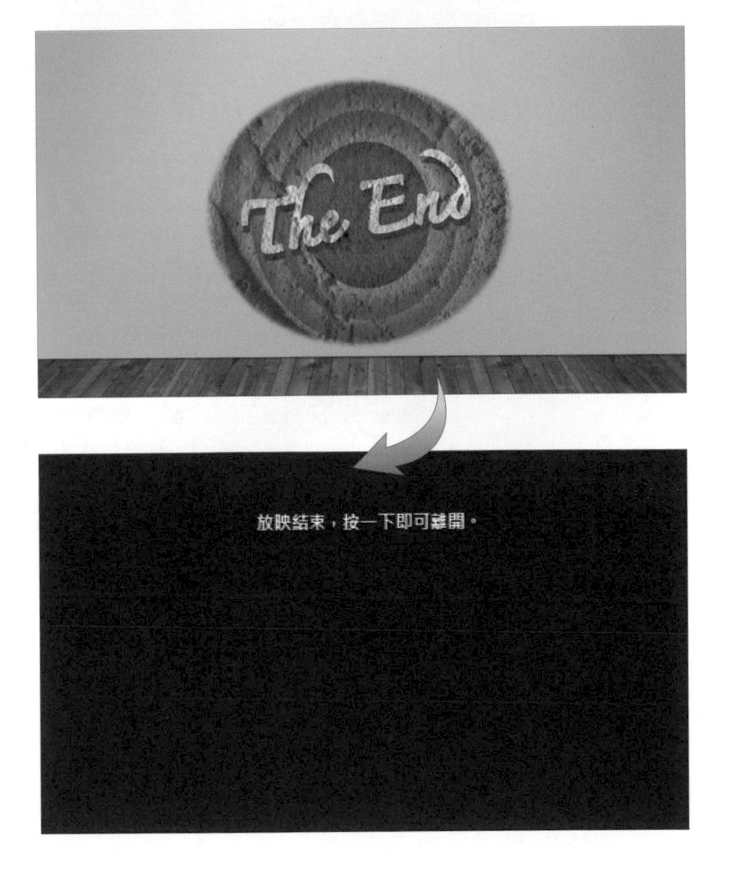

15.8 排練計時

1. 執行「投影片放映 > 設定 > 排練計時」指令，可以從頭放映投影片並記錄時間。

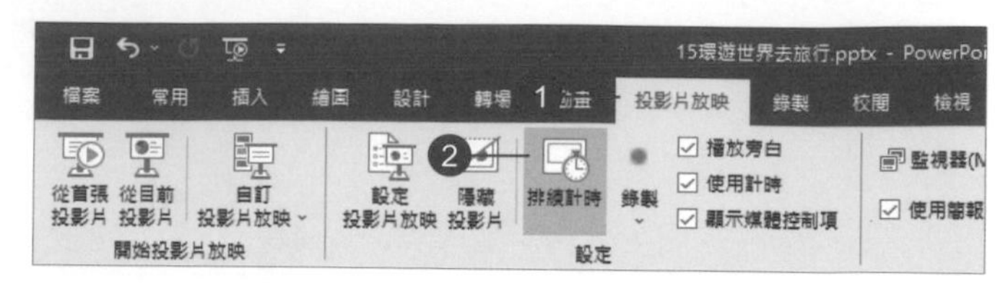

2. 放映時會顯示投影片播放的時間。

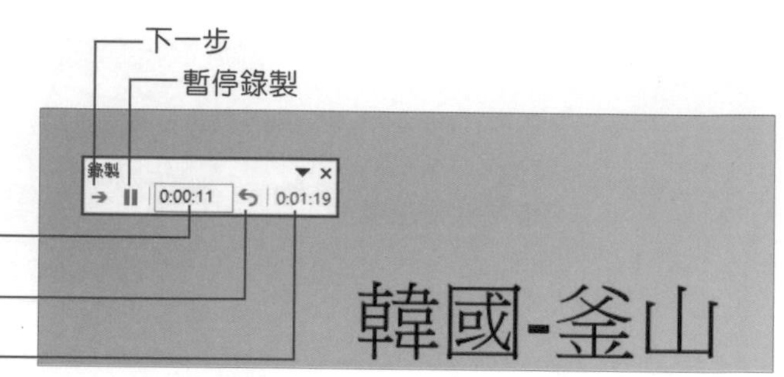

3. 放映結束時，出現是否儲存放映時間的訊息，選【是】鈕，會成為投影片放映的時間依據。

一、選擇題

1. (　) 哪一個功能區可以產生相簿？（A）常用（B）插入（C）設計。

2. (　) 哪一個指令「無法」設定跳到某張投影片？（A）超連結（B）動作按鈕（C）註解。

3. (　) 哪一個功能區可以進行簡報的排練計時？（A）投影片放映（B）轉場（C）動畫。

4. (　) 哪一個區域的內容不會出現在放映的投影片中？（A）圖表（B）備忘稿（C）頁尾。

5. (　) 「插入 > 圖例」的哪一個指令可以產生動作按鈕？（A）圖片（B）圖表（C）圖案。

二、實作題

1. 利用本章的範例圖片，新增「兩張圖片」配置的相簿，插入 4 張圖片，並新增文字方塊，貼上文字內容。

2. 在第 1 張插入圖片，製作縮圖的超連結效果。

綜合應用篇

開幕邀請函(合併列印)

透過 Word「合併列印」的功能，可以將邀請函與通訊錄資料庫中的資訊結合在一起，寄送給要通知的對象。

	A	B	C	D	E
1	郵遞區號	姓名	職稱	地址	電話
2	100	周曉均	經理	台北市中正區牯嶺街11號	02-23787363
3	103	康立紋	副理	台北市大同區昌吉街99號	02-25697356
4	103	張淑真	主任	台北市大同區昌吉街33號	02-25438546
5	104	周茜芬	經理	台北市中山區松江路10號2樓	02-25845316
6	105	賴美玲	經理	台北市松山區八德路1段126號5樓	02-27753741
7	106	廖莉莉	主任	台北市大安區辛亥路1段27號	02-27358221
8	108	張秀美	副理	台北市萬華區東園街35號	02-23267388
9	111	鍾淑媛	執行長	台北市士林區中正路100號5樓	02-29487367
10	112	吳佳珍	顧問	台北市北投區泉源路25號	02-27118272
11	112	許美芳	理事長	台北市北投區泉源路47號	02-22637490
12	114	洪瑞瑜	代表	台北市內湖區民權東路2段6號7樓	02-22735647
13	115	劉靄梅	委員	台北市南港區南港路2段12號6樓	02-28862731

學習目標

- 版面設計
- 頁面框線
- 插入圖片
- 產生藝術文字
- 插入圖案
- 插入合併欄位
- 預覽合併列印
- 執行合併列印
- 檢視合併列印結果
- 上傳到OneDrive

16.1 版面設計

1 啟動 **Word**，開啟新文件，點選「版面配置 > 版面設定」區的「版面設定」鈕。

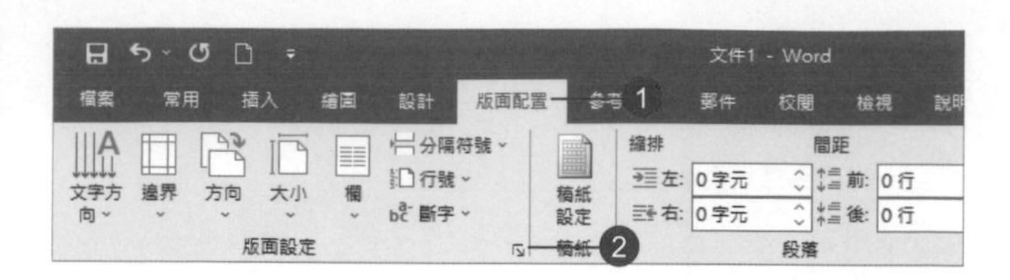

2 開啟「版面設定」對話方塊，切換到「紙張」標籤，「高度」設為「**14.8**」公分，按【確定】鈕。

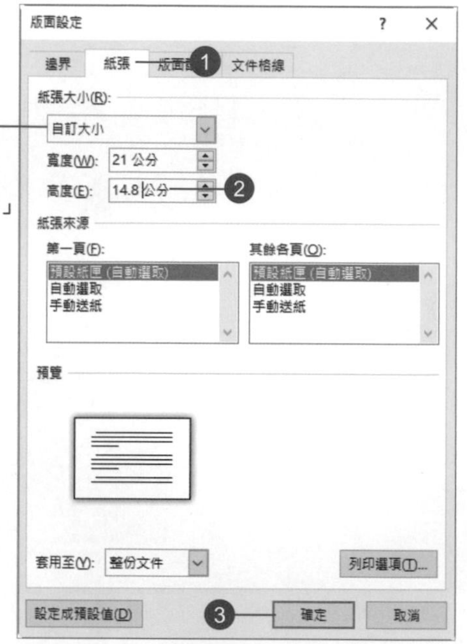

3 輸入文字內容並格式化。

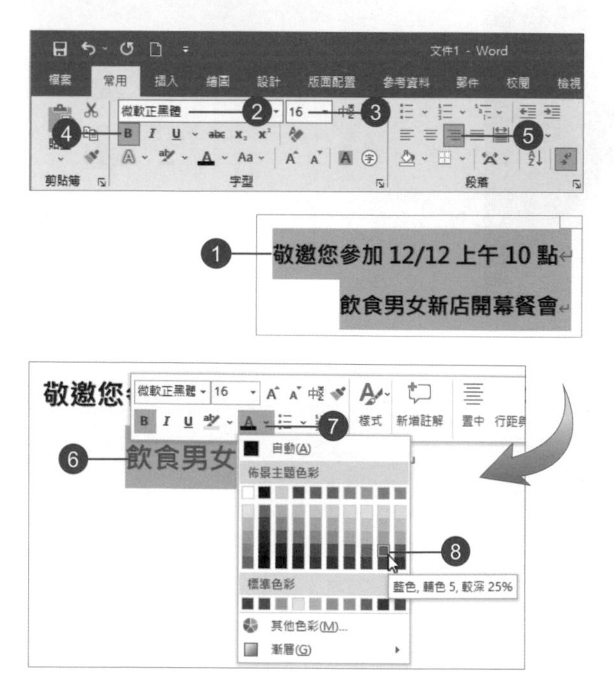

16.2 頁面框線

1 執行「設計 > 頁面背景 > 頁面框線」指令。

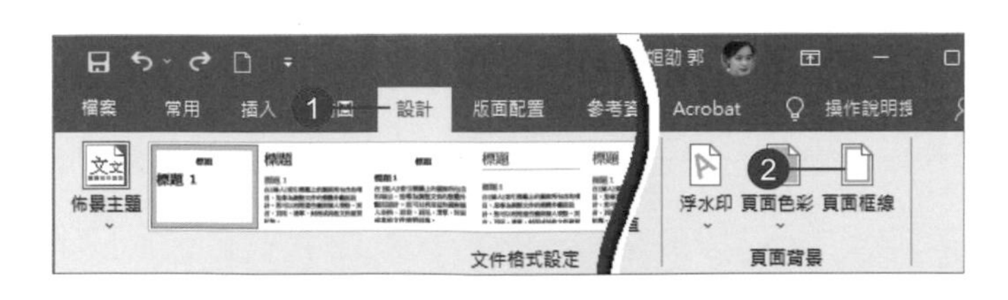

2 選擇一種「花邊」，再指定「寬度」，按【選項】鈕。

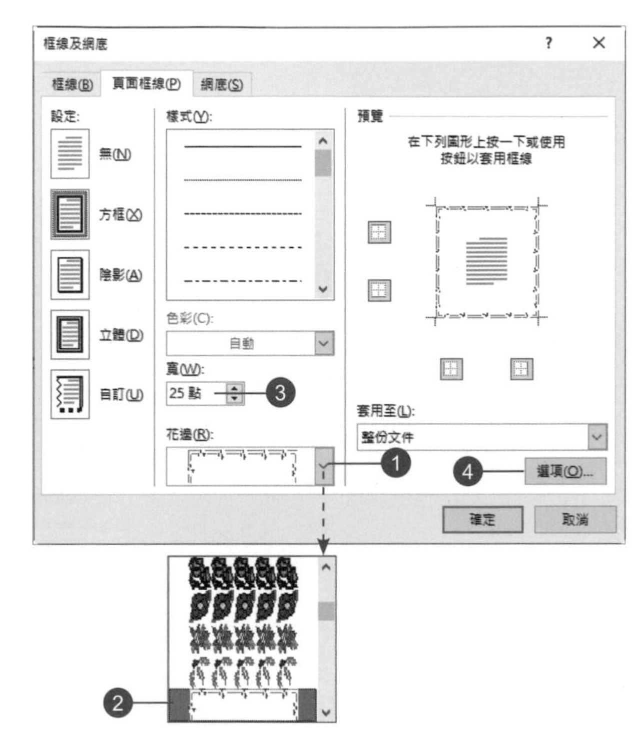

3 修改「邊界」值為「**20**」，並取消勾選「永遠顯示在最上層」核取方塊，按【確定】鈕，回到「框線及網底」對話方塊，再按【確定】鈕。

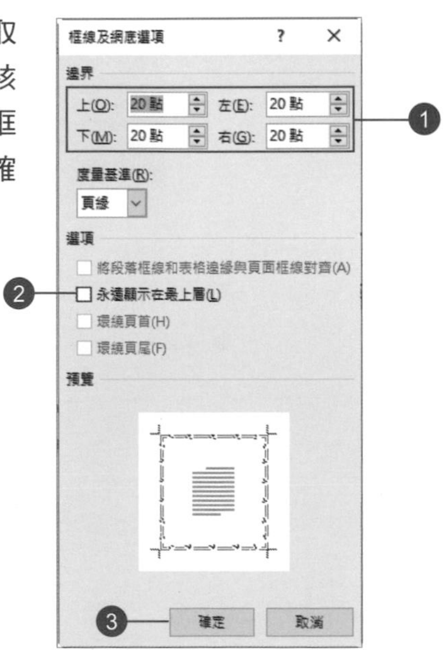

4 文件的邊界上會出現框線。

16.3 插入圖片

1 執行「插入 > 圖例 > 圖片 > 此裝置」指令，插入「**bg.jpg**」圖片。

2 設定「文字在前」的文繞圖效果。

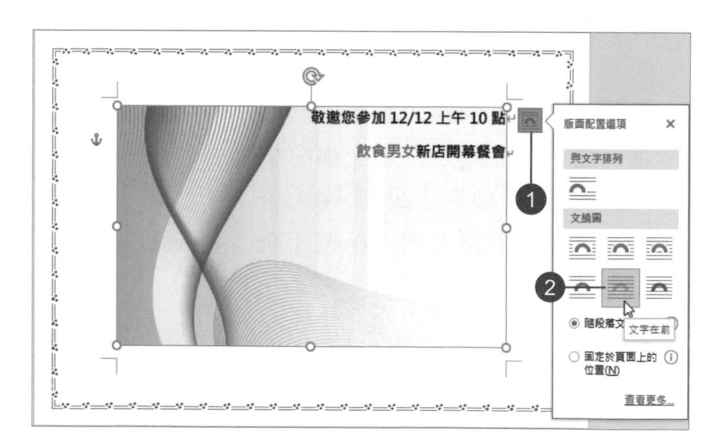

3 拖曳圖片控制點調整大小。

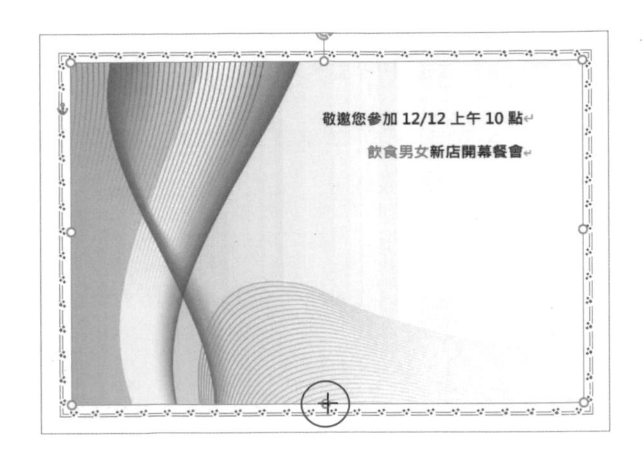

4 再插入「**wine.png**」圖片，設定「文字在後」的文繞圖效果。

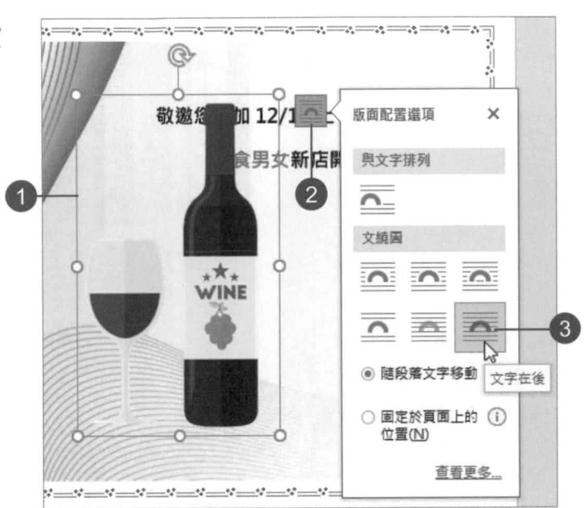

5 調整大小和位置。

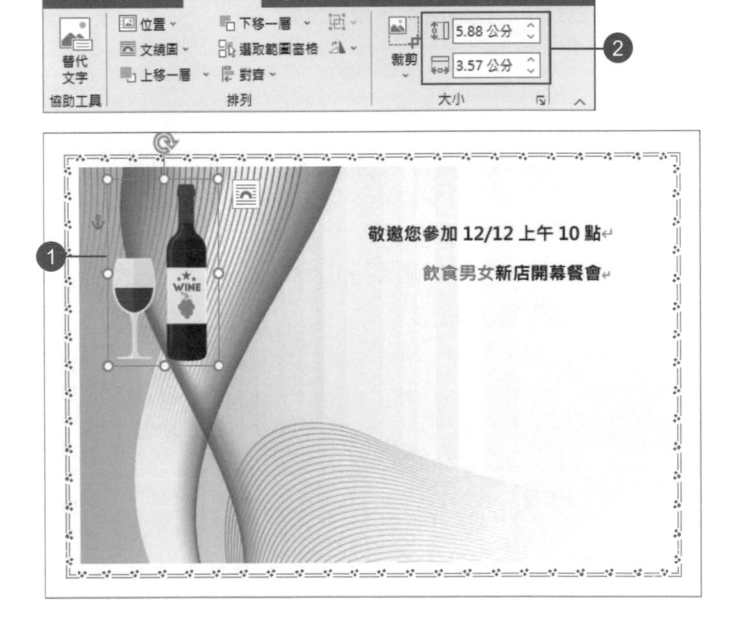

16.4 產生藝術文字

1 執行「插入 > 文字 > 文字藝術師」指令，點選一種樣式。

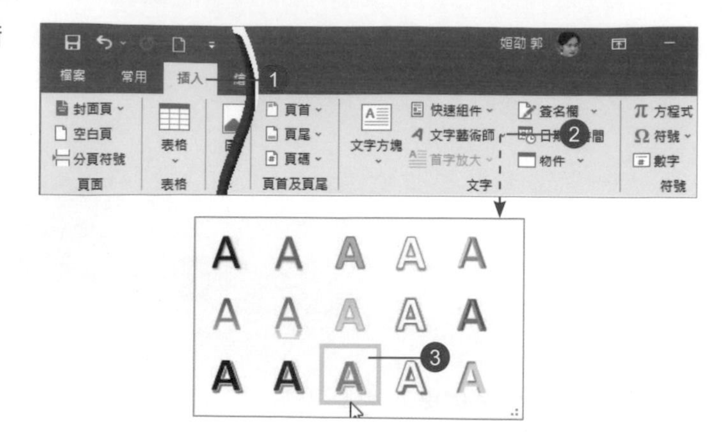

2 產生藝術文字並輸入文字內容。

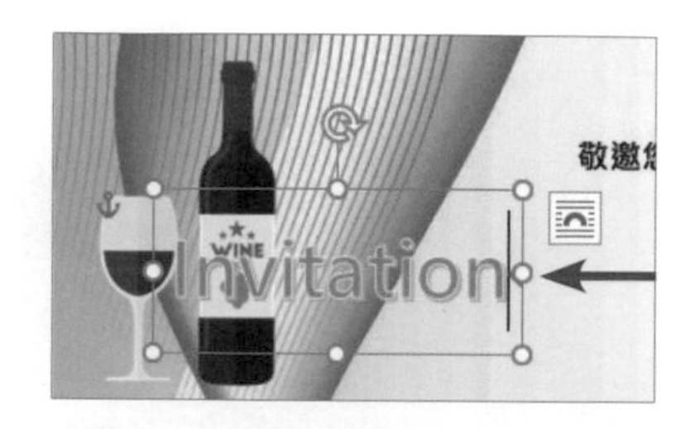

3 將藝術文字移到水平中央位置。

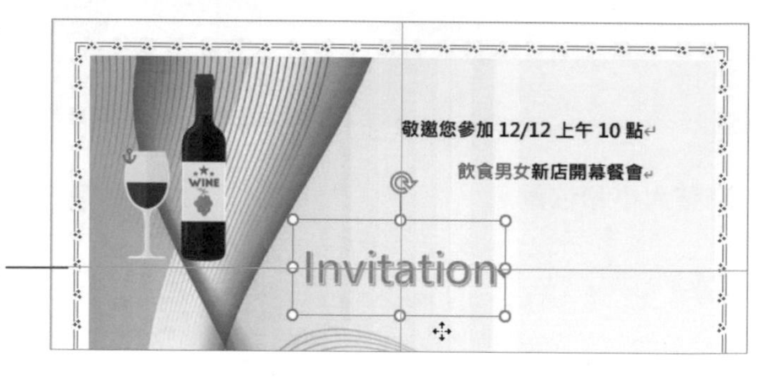

對齊中心位置時會出現提示線

16.5 插入圖案

1 執行「插入 > 圖例 > 圖案」指令，插入一「圓角」矩形。

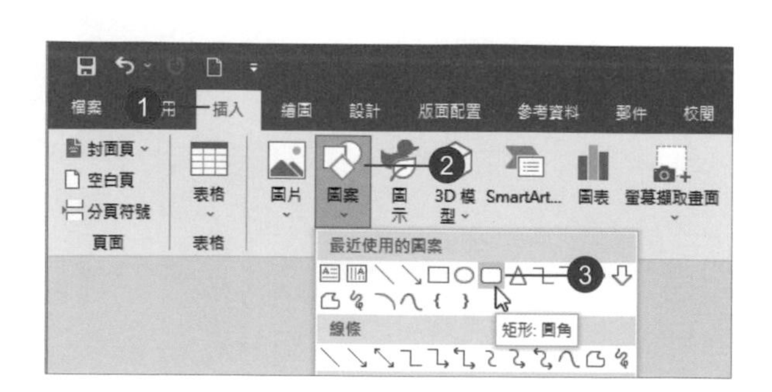

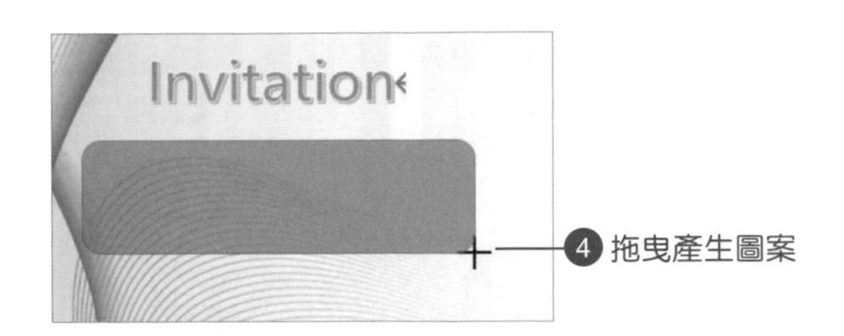

2 先選擇一種「圖案樣式」套用，再點選「設定圖形格式」鈕。

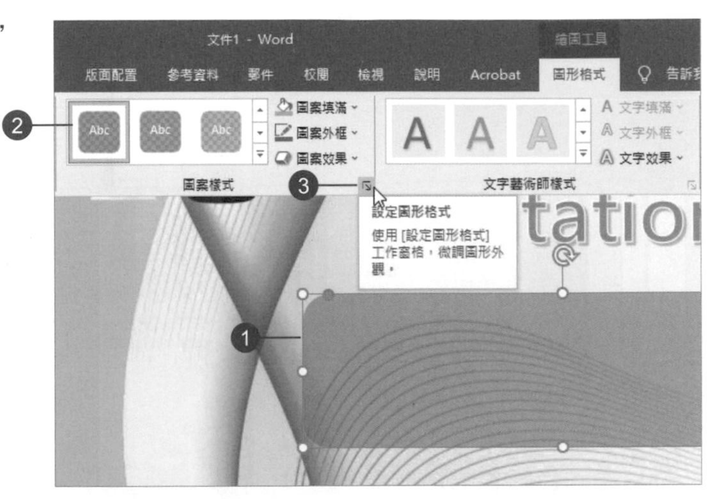

3 開啟「設定圖形格式」工作窗格，設定圖案「線條」的「寬度」和「複合類型」。

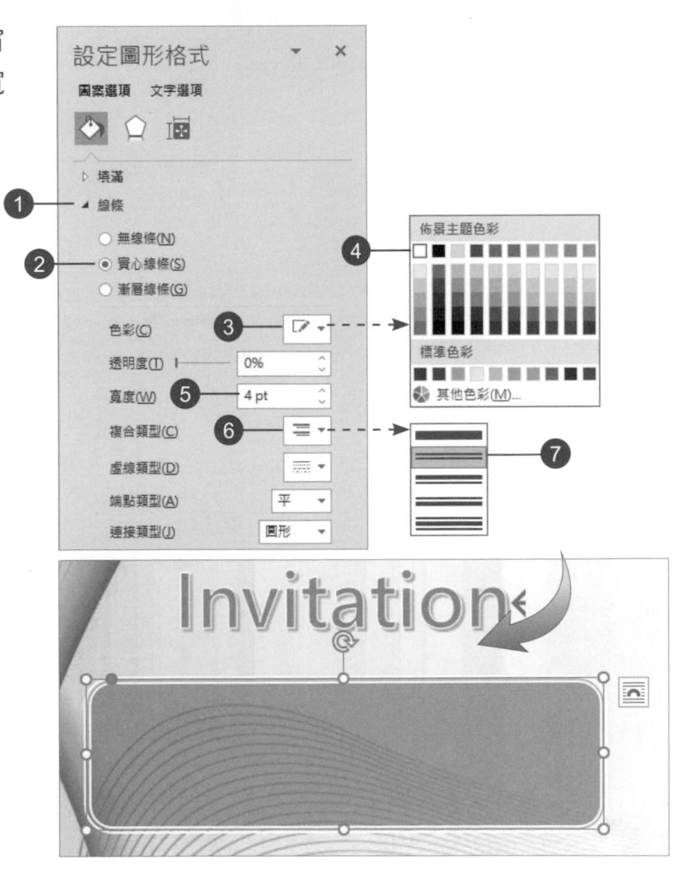

4 從「設計 > 文件格式設定 > 佈景主題」清單中選擇「視差」套用。

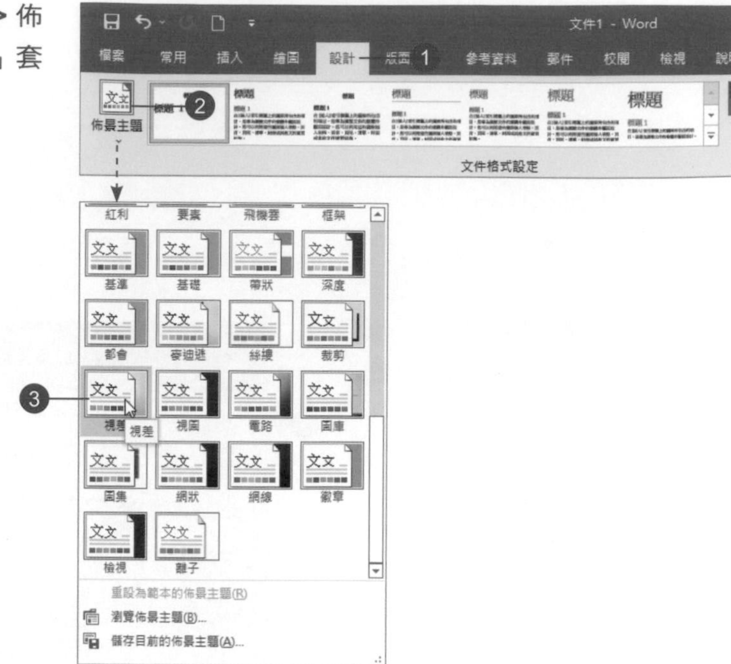

5 在圖案上按右鍵，「填滿」中的佈景主題色彩也隨之改變，選擇一種色彩填滿。

文字和圖案色彩會改變

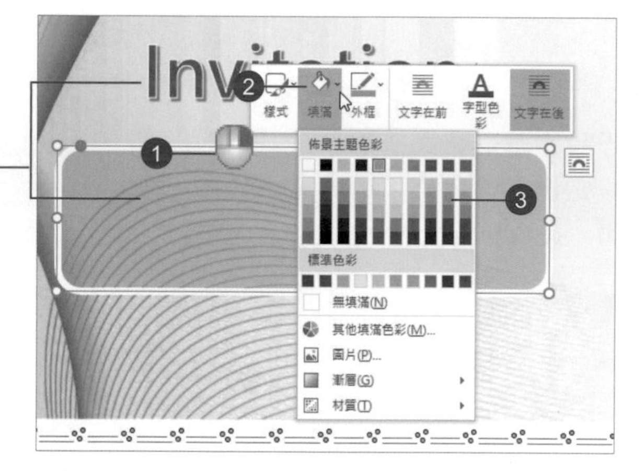

6 再次在圖案上按右鍵，選擇「新增文字」指令。

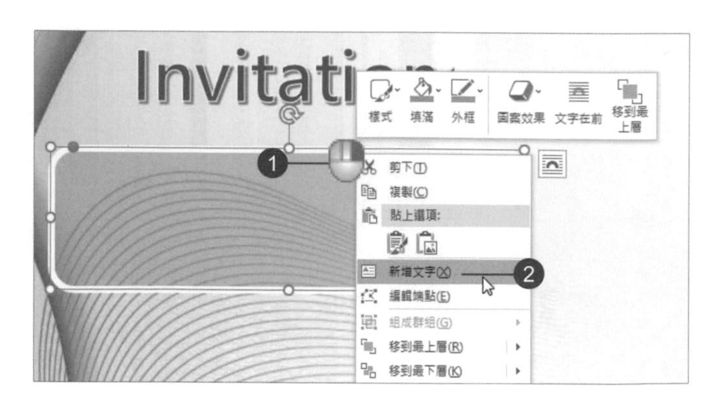

7 圖案中央出現插入點，執行「常用 > 段落 > 靠左對齊」指令。

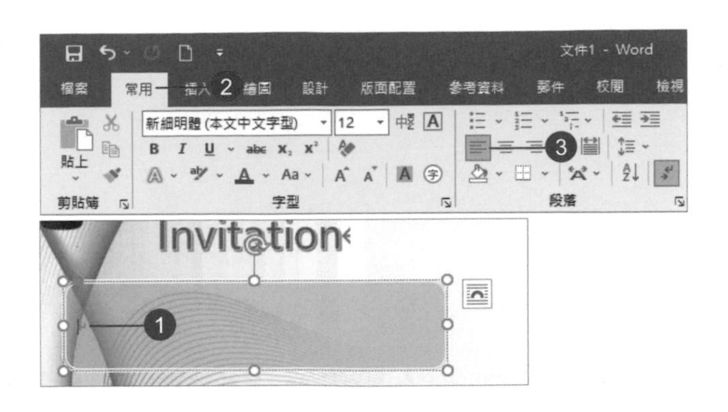

8 執行「儲存檔案」指令，命名為「邀請函 - 主文件 .docx」。

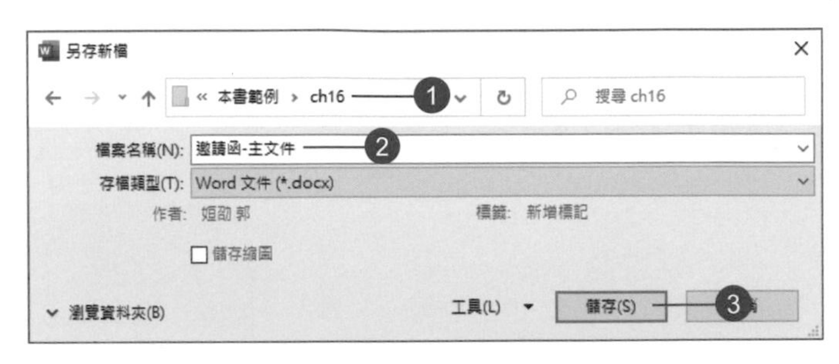

補充說明

執行「合併列印」時，要準備的基本元件有三部份：主文件、資料檔案和合併欄位。16.1 至 16.5 節的內容都是在建立其中的「主文件」。

16.6 合併顧客通訊錄

1 執行「郵件 > 啟動合併列印 > 選取收件者 > 使用現有清單」指令。

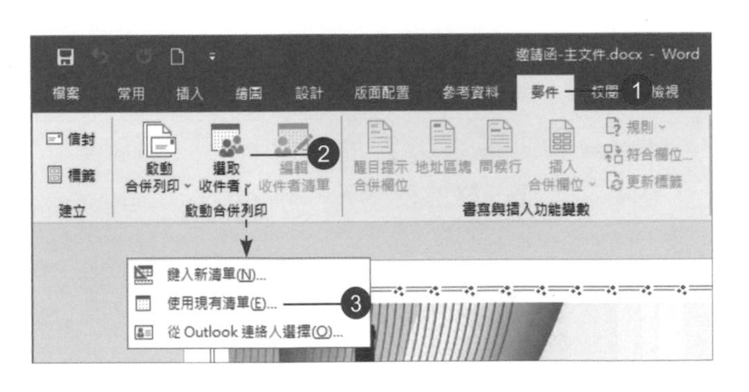

2 找到範例資料夾中的「顧客通訊錄 .xlsx」工作表，按【開啟】鈕。

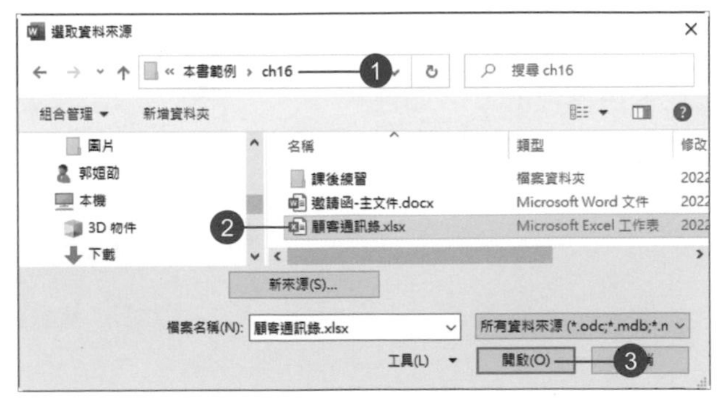

3 選取「台北市 VIP」，按【確定】鈕。

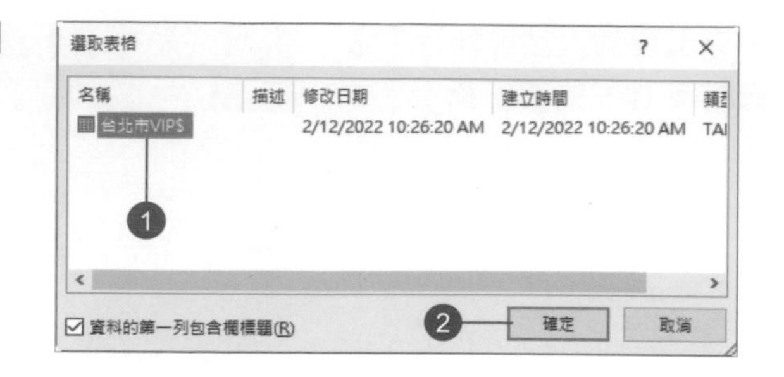

4 插入點移至文字方塊中，執行「郵件 > 書寫與插入功能變數 > 插入合併欄位」指令，從展開的清單中點選「郵遞區號」。

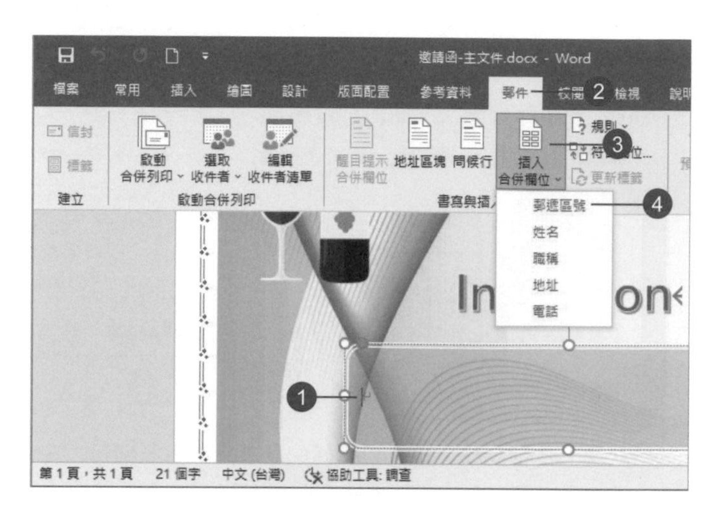

5 重複步驟 **4**，繼續插入合併欄位「地址」和「電話」，插入處會顯示欄位名稱。

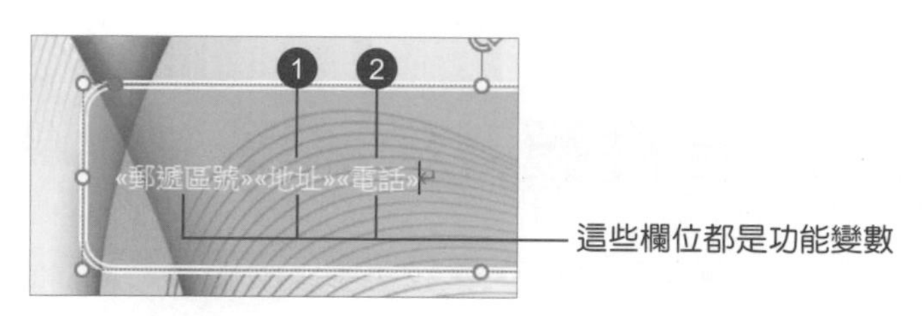

6 按 **Enter** 鍵，再插入合併欄位「姓名」，空一格然後輸入「親啟」。

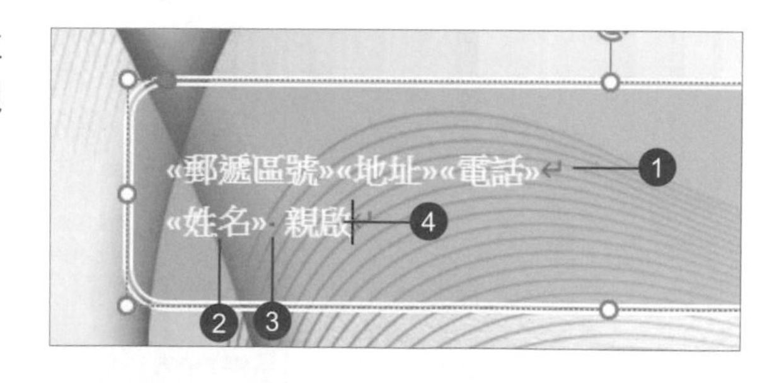

7 設定合併欄位的文字屬性。

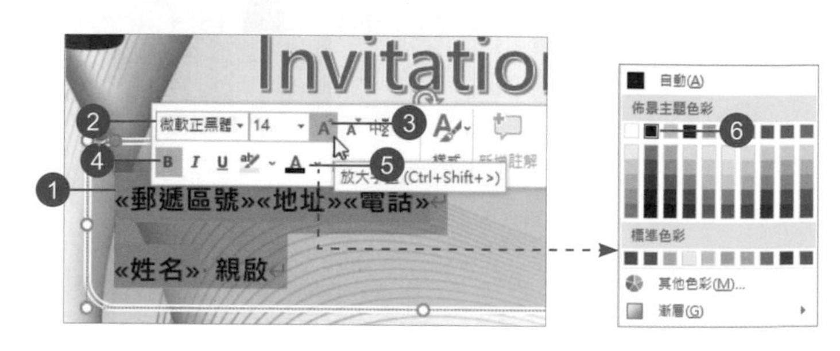

8 執行「郵件 > 預覽結果 > 預覽結果」指令，檢視套用欄位的結果。

9 一一瀏覽每筆合併後的結果，再視需要調整圖案大小和位置。

10 先執行「另存新檔」指令，命名為「邀請函 - 合併欄位 .docx」。

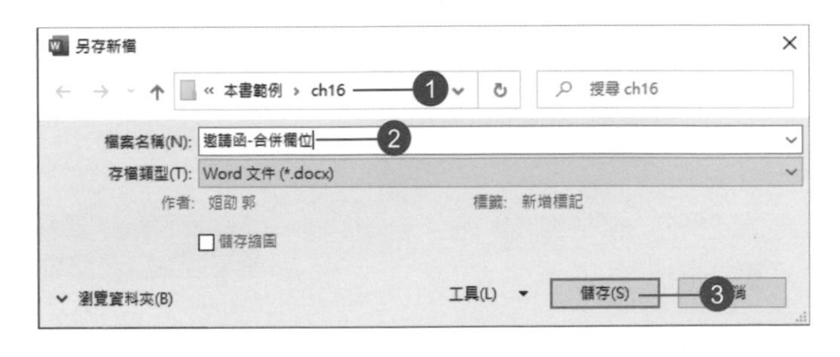

11 再執行「郵件 > 完成 > 完成與合併 > 編輯個別文件」指令。

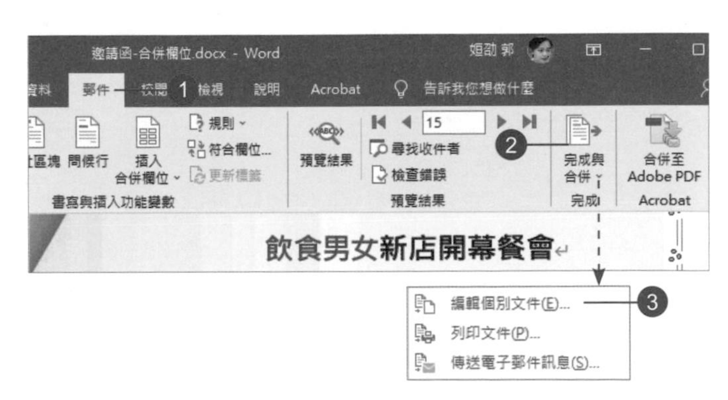

12 採預設的「全部」選項，按【確定】鈕。

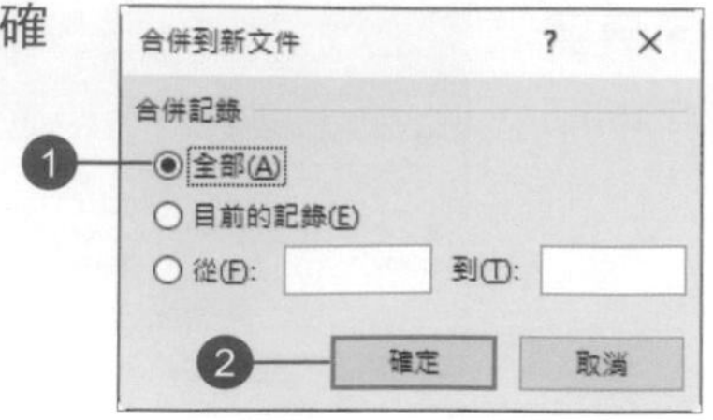

13 得到 **15** 頁新文件的合併結果，且自動命名為「信件 **1**」。

14 請儲存為「邀請函 - 合併結果 **.docx**」。

16.7 上傳到 OneDrive

除了在本機或隨身碟儲存檔案外，若希望：無論身在何處，都能在任何裝置上即時存取檔案，那麼就要將檔案上傳到安全的雲端儲存空間。OneDrive 是微軟所推出的網路硬碟和雲端服務，使用者可以上傳檔案後，再透過網路瀏覽器瀏覽檔案，還可直接編輯檔案。只要擁有微軟帳戶，就有 5G 的免費空間，Office 365 的訂閱者則可獲得 1TB 的儲存空間。

補充說明

- 您可以使用任何電子郵件地址做為 **Microsoft** 帳戶的使用者名稱，包括來自 **Outlook.com**、**Yahoo!** 或 **Gmail** 的地址。如果您有 **Hotmail**、**Windows Live**、**Xbox Live**、**Windows Phone** 或 **Outlook.com** 等微軟的相關帳號，或曾登入 **Office 365** 或 **Skype**，就代表已經擁有 **Microsoft** 帳戶。
- 除了微軟的 **OneDrive**，還有 **Google Drive**（**15GB**）、**Dropbox**（**2GB**）等比較知名的永久免費儲存空間可以申請使用。

1 開啟要上傳的文件，執行「檔案 > 另存新檔」指令，選擇「**OneDrive**」，按【登入】鈕。

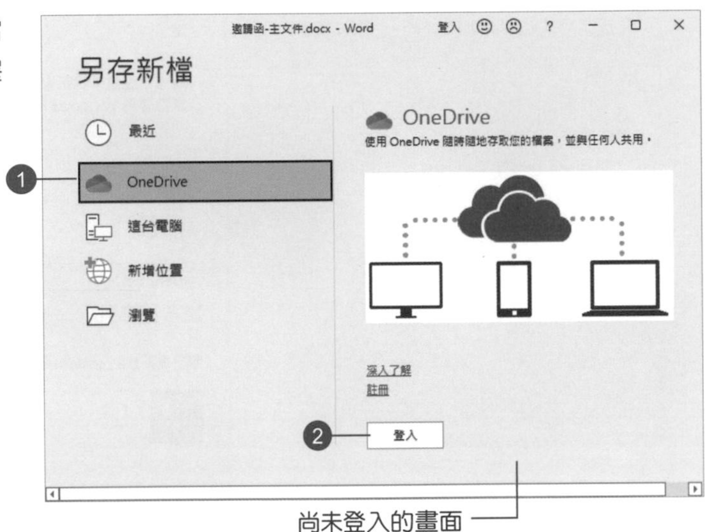

2 輸入用於登入的帳戶，按【下一步】鈕。

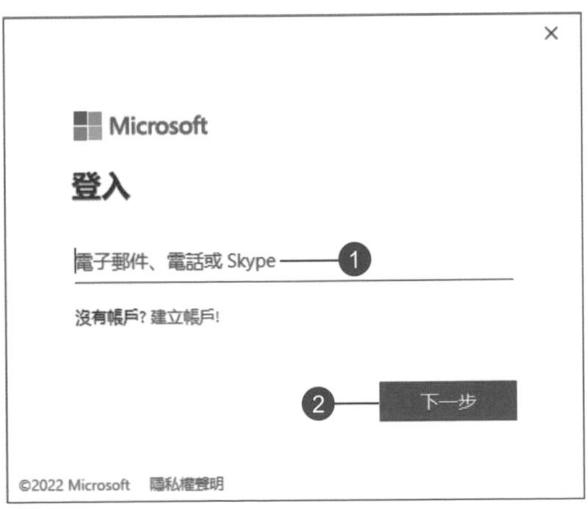

3 輸入密碼，按【登入】鈕。

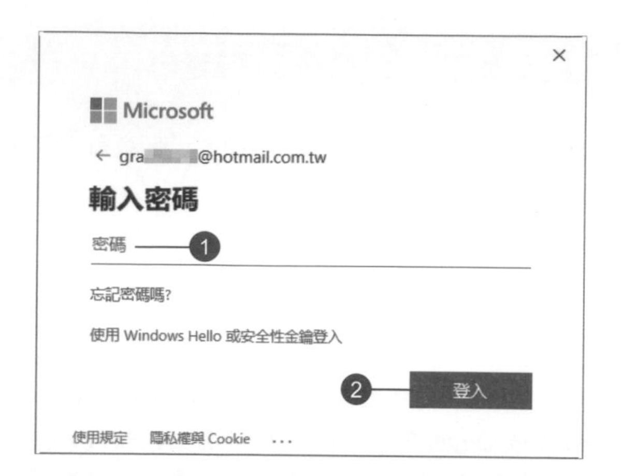

4 出現要求使用 **Windows Hello** 驗證的訊息，按【確定】鈕並輸入 **PIN** 驗證。

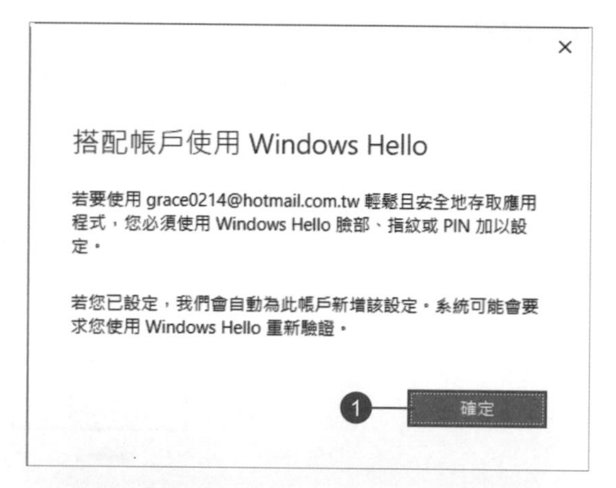

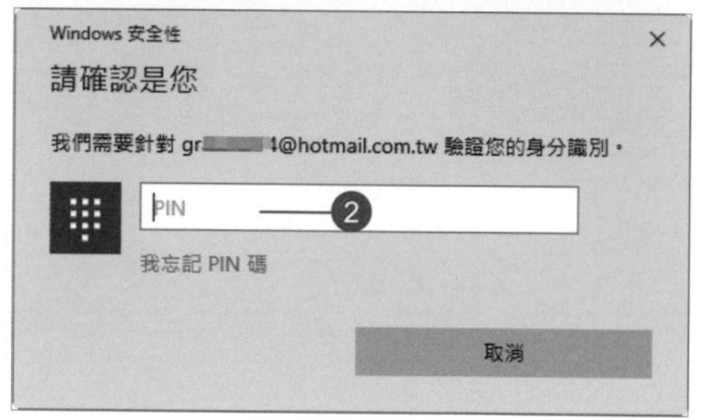

5 成功登入後，會出現 **OneDrive** 資料夾，請點選。

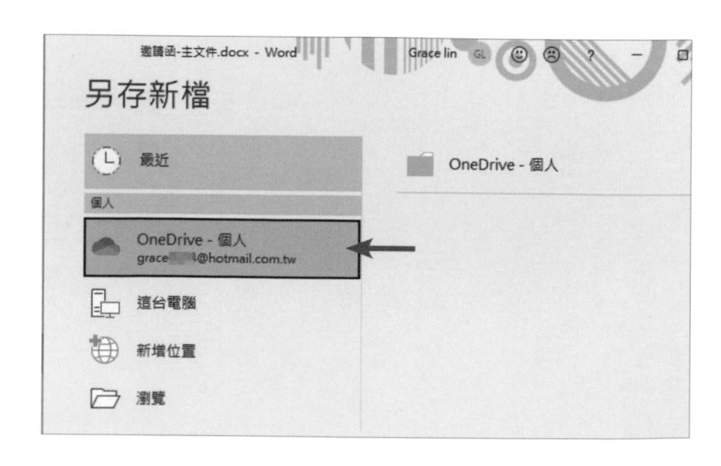

6 選擇要上傳的位置，按【儲存】鈕。

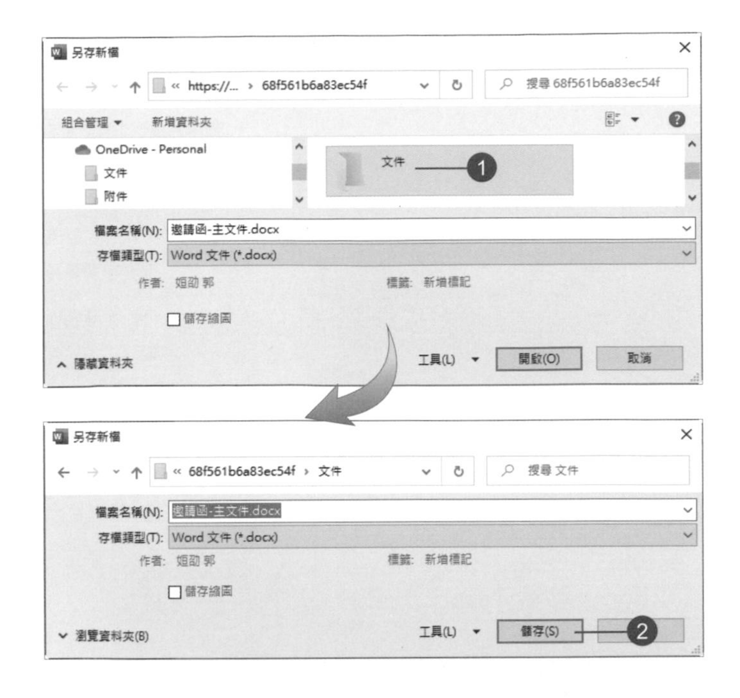

7 上傳完畢後，開啟瀏覽器，登入 **OneDrive**，找到上傳檔案的所在資料夾將其開啟。

8 即可看到上傳的文件。

9　可選擇在線上或本機軟體開啟。

一、選擇題

1. (　)　WORD 哪一個功能區可以設定頁面框線？(A) 常用 (B) 版面配置 (C) 設計。
2. (　)　哪一功能區可以執行合併列印？(A) 郵件 (B) 設計 (C) 版面配置。
3. (　)　合併列印的結果會產生新文件，名稱類型為：(A) 信件 (B) 信封 (C) 標籤。
4. (　)　微軟提供的免費雲端空間是：(A) Dropbox (B) OneDrive (C) Google Drive。
5. (　)　要使用微軟的雲端空間需要先申請：(A) 手機帳號 (B) 微軟帳號 (C) LINE 帳號。

二、實作題

1. 參照本章作法製作邀請函。

2. 將邀請函和顧客通訊錄內容進行合併列印後，將結果上傳到自己的 OneDrive 空間。

Office 餐旅應用綜合實例(適用 Office 2019/2016)

作　　者：郭姮劭
企劃編輯：石辰蓁
文字編輯：詹祐甯
設計裝幀：張寶莉
發 行 人：廖文良

發 行 所：碁峰資訊股份有限公司
地　　址：台北市南港區三重路 66 號 7 樓之 6
電　　話：(02)2788-2408
傳　　真：(02)8192-4433
網　　站：www.gotop.com.tw
書　　號：AEI007600
版　　次：2022 年 05 月初版
建議售價：NT$450

國家圖書館出版品預行編目資料

Office 餐旅應用綜合實例(適用 Office 2019/2016) / 郭姮劭著. -- 初版. -- 臺北市：碁峰資訊, 2022.05
面；　公分
ISBN 978-626-324-166-4(平裝)
1.CST：OFFICE(電腦程式)　2.CST：餐旅管理
312.49O4　　111005382

讀者服務

- 感謝您購買碁峰圖書，如果您對本書的內容或表達上有不清楚的地方或其他建議，請至碁峰網站：「聯絡我們」\「圖書問題」留下您所購買之書籍及問題。（請註明購買書籍之書號及書名，以及問題頁數，以便能儘快為您處理）
http://www.gotop.com.tw
- 售後服務僅限書籍本身內容，若是軟、硬體問題，請您直接與軟、硬體廠商聯絡。
- 若於購買書籍後發現有破損、缺頁、裝訂錯誤之問題，請直接將書寄回更換，並註明您的姓名、連絡電話及地址，將有專人與您連絡補寄商品。